Russian Arctic Seas

Nataliya Marchenko

Russian Arctic Seas

Navigational conditions and accidents

Springer

Nataliya Marchenko
The University Centre in Svalbard
Arctic Technology
Vei 231-1
9170 Longyearbyen
Norway
nataly.marchenko@unis.no

ISBN 978-3-662-50787-2 ISBN 978-3-642-22125-5 (eBook)
DOI 10.1007/978-3-642-22125-5
Springer Heidelberg Dordrecht London New York

Softcover reprint of the hardcover 1st edition 2012

Cover illustration: Nuclear powered icebreaker Rossiya. Photo by Aleksey Marchenko

Printed on acid-free paper

Springer is part of Springer Science+Business Media (www.springer.com)

Введение

Арктика всегда манила людей. В ней была и притягательная романтическая сила, и определенная утилитарная необходимость. Исследователи и путешественники отмечали, что в людях, побывавших в Арктике «поселяется арктический вирус», который заставляет вновь и вновь рисковать, терпеть неудобства, холод и голод в северных странствиях.

Привлекла к себе Арктика и природными богатствами. В средние века люди отправлялись на промысел китов, моржей и тюленей, пушнины и рыбы. В начале XX века стали добывать уголь и другие полезные ископаемые. На рубеже XX и XXI веков стал актуальным вопрос о добыче углеводородного сырья на шельфе.

Все арктические путешествия и предприятия были связаны с определенным риском, который желательно было свести к минимуму. Мореплаватели перед отправлением в странствия старались навести справки об опасностях в пути.

У норвежских рыболовов, поморов и коренных народов Сибири накопленные знания передавались из поколения в поколение. С развитием науки и книгопечатания возможности найти и получить необходимые сведения значительно выросли, а сама информации стала более полной и многогранной. Объем напечатанных о Северном морском пути произведений огромен. С развитием интернета сведения стали более доступными. Но во все времена остро стоял вопрос о сборе, накоплении, систематизации, представлении и получении информации.

Foreword

The Arctic has long been considered a romantic and attractive area with a certain utilitarian appeal. Researchers and travellers have noted that those who visit the Arctic are likely to be bitten by the Arctic bug, which causes people to repeatedly risk their lives and endure discomfort, cold temperatures and hunger to undertake more northern travels.

The Arctic has also attracted people because of its natural resources. In the Middle Ages, people hunted whales, walruses and seals for their fur, blubber, skin, and meat. In the early twentieth century, the production of coal and other minerals began. During the twentieth century, the extraction of hydrocarbons from the continental shelf became an important issue, and it remains so currently.

Travel and commerce in the Arctic have always been associated with risk that should ideally be minimised. Sailors, before departing on trips, asked about the dangers they might see along the way.

Norwegian fishermen, the Pomors, and the indigenous population of Siberia gathered and passed knowledge down through the generations. Opportunities to locate and obtain this information have grown, and the information itself has become more comprehensive and multifaceted as scholarship and publishing have developed. The body of literature on navigation in the Arctic is now huge. Information has also become more accessible with the development of the Internet. However, the choice of methods of collection, compilation, classification, reporting and receiving of this information has always been very important.

N. Marchenko, *Russian Arctic Seas*,
DOI 10.1007/978-3-642-22125-5, © Springer-Verlag Berlin Heidelberg 2012

При современном освоении Арктики большое внимание уделяется проблемам, связанным с морским льдом, как при движении транспортных средств, так и при добыче полезных ископаемых, при сооружении и эксплуатации платформ, разгрузочных терминалов.

В основу этой книги была положена исследовательская работа, проведенная по проекту Норвежского университета науки и техники (NTNU) «ПетроАрктик» в 2007–2010 годах. Этот проект финансировался Норвежским научным консульством и был посвящен добыче и перевозке углеводородного сырья в Арктике. Одной из задач проекта было обобщение опыта мореплавателей, которые сталкивались с тяжелыми ледовыми условиями, преодолевали их или терпели неудачи (кораблекрушения, повреждения судна, зимовки). Эта задача выполнялась норвежским кораблестроителем Йоханнесом Бьярне Альме (Johannes Bjarne Alme) и автором данной книги. Целью исследования являлась систематизация знаний о ледовых условиях и поведении людей в экстремальных ситуациях для обеспечения безопасности транспортных и других операций в Арктике, устойчивого развития региона, правильной эксплуатации природных богатств. Собранная в итоге коллекция сведений о морских происшествиях и опыте мореплавателей — это комбинация географических, исторических, технологических и психологических данных. Создание этой коллекции продиктовано необходимостью знать, как люди могут работать в Арктике, решать сложные задачи, чувствовать и осознавать экстремальные условия и действовать в них. Подробное описание происшествий может не только дать нам примеры героического поведения моряков, но также снабдить информацией о природных особенностях морей, погодных и ледовых условиях в Северном Ледовитом океане и о специальных приемах, используемых командой корабля для спасения судна.

Мой коллега по проекту Йоханнес Альме, потомственный мореплаватель, предки которого занимались промыслом морского зверя в Северном море, обобщил опыт норвежских мореплавателей. Итогом его работы стала книга «Опыт полярных мореплавателей» ("Ishavfolk si erfaring") (Alme, 2009) на норвежском языке — рассказ о людях и судах, бороздивших Норвежское и Северное моря в поисках китов и ластоногих. С презентацией

Considerable attention has been paid to problems associated with sea ice caused by the present development of the Arctic. Sea ice can significantly affect shipping, drilling, and the construction and operation of platforms and handling terminals.

This book is based on research undertaken for the project *PetroArctic*, led by the Norwegian University of Science and Technology (NTNU) in 2007–2010. The PetroArctic project was funded by the Research Council of Norway and was dedicated to the problem of extraction and transport of hydrocarbons in the Arctic. Along with other tasks, the project faced the challenge of documenting the experience of sailors who dealt with heavy ice conditions and either overcame them or failed to do so (resulting in shipwreck, vessel damage, or forced overwintering). The project was carried out by Norwegian shipbuilder Johannes Bjarne Alme and me. The purpose of the study was to systematize knowledge of ice conditions and of human behaviour in extreme situations to ensure the safety of transport and other operations in the Arctic for sustainable development and appropriate exploitation of natural resources. The information collected as a result of this work summarises the marine incidents and experiences of seafarers. It combines geographical, historical, technological, and psychological data. This compilation has been guided by the need to understand how people operate in the Arctic to solve complex problems while dealing with extreme conditions. Detailed descriptions of accidents can provide us not only with examples of bravery by seafarers but also information on the natural features of the sea, on weather and ice conditions in the Arctic Ocean, and on special skills used by ship crews to save their ships.

My colleague on the project, Johannes Alme, comes from a family of sailors: his ancestors hunted marine mammals in the North Sea. He studied the experiences of Norwegian sailors, and the result of his work was the book *The Experience of the Polar Sailors* (*Ishavfolk si erfaring* in Norwegian) (Alme 2009). His book describes the people and ships that scoured the Norwegian and North Seas in search of whales and seals. The book was presented in English at the

этой книги на английском языке можно познакомиться по материалам международной конференции, посвященной судостроению и сооружениям для ледовых условий IceTech в сентябре 2010 (Alme, Gudmestad, 2010). Некоторые результаты моих исследований были опубликованы в Трудах международных симпозиумов (Марченко, 2009а, 2009в [на английском языке]) и в Трудах Государственного океанографического института (Марченко, 2010 [на русском языке]).

В книге, с которой предстоит познакомиться читателям сейчас, представлен Восточный сектор Арктики. Главной идеей книги было описание морей Российской Арктики и происшествий, вызванных тяжелыми ледовыми условиями. Четыре моря — Карское, Лаптевых, Восточно-Сибирское и Чукотское, где морской лед наблюдается постоянно и представляет большую опасность для транспортных средств, были рассмотрены с навигационной точки зрения. Баренцево море, испытывающее сильное отепляющее влияние Северо-Атлантического течения и по природным условиям резко отличающееся от других арктических морей, осталось за рамками книги. Морской лед здесь обычно находится вдали от основных транспортных путей и не препятствует мореплаванию. Среди происшествий, связанных со льдом, известно только несколько случаев обледенения. Один из эпизодов — гибель трех траулеров в 1931 году, которые пропали во время промысла. Наиболее вероятной причиной их гибели было названо обледенение (Песков, 1936). В других арктических морях случаи обледенения единичны благодаря ледовому покрову. Осенью 1949 года в Карском море сильно обледенел крупный ледокол, в носовой части которого образовалось несколько сот тонн льда. Но аварию удалось предотвратить своевременным входом в плавучий лед (Аксютин, 1979).

В описании происшествий за точку отсчета принят 1900 год, и рассматриваются только события, зафиксированные в XX и XXI веке, сведения о которых опубликованы в общедоступных источниках информации — книгах, научных статьях, репортажах.

Чтобы представить естественный фон, на котором эти героические и порой трагические события разворачивались, сделан обзор природных условий четырех арктических морей. В этом была определенная необходимость и актуальность, по-

International Conference on Ship and Structure in Ice (IceTech) in September 2010 (Alme and Gudmestad 2010). Some results of my investigation were published in the proceedings of international conferences (Marchenko 2009a,b, in English) and in the proceedings of the State Oceanographic Institute (Marchenko 2010, in Russian).

This book is devoted to the eastern sector of the Arctic, with a description of the Russian Arctic seas and accidents caused by heavy ice conditions. Four seas, the Kara, Laptev, East Siberian, and Chukchi, where sea ice is consistently observed and is very dangerous for ships, were reviewed from a navigational point of view. The Barents Sea, which is strongly influenced and warmed by the North Atlantic Current, has a natural environment that is dramatically different from those of the other Arctic seas; therefore, it is not considered here. Sea ice in the Barents Sea is usually located far from major transport routes and does not impede navigation. Only a few incidents involving ice are known there, and they have been mainly caused by icing. One of the episodes – the loss of three trawlers which went missing in 1931 while fishing – most likely happened because of icing (Peskov 1936). In the eastern part of the Arctic, icing is rare because of the ice cover. In the fall of 1949, a large icebreaker in the Kara Sea underwent strong icing during which a few hundred tonnes of ice accumulated in the forward part of the ship. However, the potential accident was prevented when the ship entered an area of floating ice, which stopped cold water dropping (Aksyutin 1979).

The only accidents to happen after 1900 are described in this book. I consider those events recorded in the twentieth and twenty-first centuries for which details are given in publicly available sources of information, such as books, scientific articles, and reports.

To provide a background for the daunting and sometimes tragic events that unfolded, we offer an overview of the natural conditions of the four Arctic seas. This information is necessary because a detailed natural-scientific 'portrait' of the seas was last

скольку подробный естественно-научный «портрет» этих морей был сделан последний раз в 1982 году в книге А.Д. Добровольского и Б.С. Залогина «Моря СССР». В 1995 году было опубликовано «Руководство для сквозного плавания судов по Северному морскому пути», в котором содержатся навигационные характеристики морей и описываются рекомендованные для плавания пути. С тех пор было выполнено немало исследований рассматриваемых морей и их ледового режима. Все эти материалы обобщены и представлены в главах 3–6.

Книга состоит из 6 глав, две из которых (первая и вторая) вводные, а четыре (с третьей по шестую) посвящены четырем морям Российской Арктики за исключением Баренцева моря. В первой главе рассмотрены общие свойства этих морей, организация навигации и основные трассы Северного морского пути от Карских проливов до Берингова моря. Во второй главе представлен небольшой экскурс в историю открытия и освоения Российской Арктики с древнейших времен до сегодняшнего дня; кратко затронуты трудности 90-х годов и начала XXI века, а также перспективы развития. Каждая из последующих «морских глав» состоит из двух частей: описания самого моря и описания происшествий. Первая часть содержит традиционную физико-географическую характеристику моря (границы и подводный рельеф, климат и динамика вод, гидрологические особенности и морские льды) и сведения об условиях навигации и основных морских трассах. Во второй части в хронологическом порядке описываются происшествия, вызванные тяжелыми ледовыми условиями, случившиеся начиная с 1900 года. Предваряет рассказ о этих событиях карта, на которой условными знаками показаны места событий и линии дрейфов в соответствии с принятой классификацией. Номер на карте соответствует номеру в таблице, которая является также своеобразной легендой к карте, и в которой для каждого события приведены дата происшествия с точностью до года, название вовлеченного судна и тип происшествия. По номеру легко найти подробное описание происшествия в тексте, который следует за таблицей. Этот номер выделен в тексте жирным шрифтом и предваряет рассказ о событии.

Вполне естественно, что для создания карты происшествий необходимо было провести их

done in 1982 in the book by A. Dobrovolsky and B. Zalogin *Seas of the USSR* (Dobrovolsky and Zalogin 1982). In 1995, the *Guide for Through Navigation of Ships Along the Northern Sea Route* (Guide 1995) was published. It contains information on navigation performance in the seas and described the recommended sailing routes. Since that time, several studies have considered the seas and their ice conditions. All of these materials are summarised and presented in Chaps. 3–6.

This book consists of six chapters, two of which are introductory, while the remaining four address the four seas of the Russian Arctic, with the exception of the Barents Sea. The first chapter deals with the general features of these seas, including navigation and organisation of the main shipping lanes of the Northern Sea Route from the Kara Straits to the Bering Sea. In the second chapter, we introduce briefly the history of discovery and development in the Russian Arctic from ancient times until today, and we briefly describe the difficulties that developed in the 1990s and early twenty-first century and prospects for development. Each of the subsequent 'sea chapters' consists of two parts: a description of the sea and descriptions of accidents that occurred there. The first part describes the traditional physical-geographical characteristics of the sea (its borders and underwater topography, climate and water dynamics, hydrological features and sea ice) and presents information about the navigation conditions and the main sea routes. In the second part of each sea chapter, accidents caused by heavy ice conditions that have occurred since 1900 are described in chronological order. Preceding the descriptions of these events is a map that shows the locations of events and the drift lines using conventional symbols that are in accordance with accepted classification. The numbers on the map match those in the table, which also serve as a legend for the map. The date of the accident, the name of the vessel involved and the type of accident are listed for each event in the table. It is easy to find a detailed description of the event by finding the number in the text that corresponds to the table. This number is set in bold print and precedes the story about the event.

Quite naturally, it was necessary to classify accidents to create such maps. Among the ice-induced

классификацию. Среди происшествий, связанных со льдом, были выделены следующие типы: вынужденный дрейф, вынужденные зимовки, кораблекрушения и серьезные повреждения корпуса, при которых команда (иногда с помощью других экипажей) все же смогла спасти судно. Необходимо отметить, что выделение этих четырех групп весьма условно.

accidents we found the following types: forced drift, forced overwintering, shipwreck, and serious damage to the hull in which the crew, sometimes with the help of other crews, could still save the ship. It should be noted that the allocation of these four groups is one of convenience.

Как вынужденный дрейф, так и вынужденные зимовки могут иметь летальный исход. Порой зимовки сопровождаются дрейфом. Наиболее красноречивый пример трудностей классификации — это дрейф каравана ледокола *Ленин* в море Лаптевых. В октябре 1937 года ледокол *Ленин* вместе с пятью другими судами после неудачных попыток пробиться через тяжелые льды был поставлен на зимовку в проливе между островами Бегичева и материком. Однако в середине ноября под влиянием юго-западного шторма лед в районе зимовки взломало, и суда были вынесены в открытое море, где они дрейфовали до лета 1938 года. Одно судно, лесовоз *Рабочий*, было раздавлено льдами при сжатии и торошении и затонуло 23 января 1938 года, другие суда получили повреждения. Таким образом, в этом событии сплелись все четыре типа происшествий. Несмотря на неоднозначность, все же удобно картографировать и рассматривать морские происшествия, выделяя ведущий фактор, что и было сделано. Линии дрейфов показаны на главной карте весьма схематично, поскольку отобразить все зигзаги и хаотичные движения льдов достаточно трудно в мелком масштабе. Если имеется информация, дрейф представлен детально на отдельной карте. Такие сведения могут быть очень полезны, их внимательное рассмотрение не раз приводило уже к географическим открытиям (например, острова Визе в Карском море). Особое внимание уделяется такому частному случаю ледового дрейфа, как попаданию в «ледовую реку». Эти случаи показаны на карте особым знаком. «Ледовая река» — это дрейф со значительной скоростью (доходящей до 1–2 морских миль в час), против которого бывают бессильны даже мощные ледоколы и который не раз приводил к гибели судов. Этот феномен малоизвестен в англоязычной научной литературе и в то же время является наиболее опасным.

For example, a forced drift or forced overwintering can be fatal. Sometimes overwinterings were accompanied by drift. The most eloquent example of the difficulties of classification is the drift of a caravan with the icebreaker *Lenin* in the Laptev Sea. In October 1937, the icebreaker *Lenin*, along with five other vessels, was forced to overwinter in the strait between the Begichev Islands and the mainland, following unsuccessful attempts to break through heavy ice. However, in mid-November, the ice field in the overwintering location was broken by the southwest gale hack, and the vessels were brought into the open sea, where they drifted until the summer of 1938. One vessel, the timber carrier *Rabochy,* was crushed by ice and compression hummocking and sank on 23 January 1938. The other ships were damaged. This event involved all four types of accidents. Despite there being no ambiguity, it is convenient to map and examine marine accidents by highlighting the leading factor. This convention was applied in this case. Lines of drifts are sketchy on the main map because drawing all of the twists and chaotic movements of the ice on a small scale is very difficult. If there is enough information, the drifts are presented in detail on separate large-scale maps. Such information can be very helpful, and its careful consideration has often led to geographical discoveries (for example, Vize Island in the Kara Sea). Particular attention is paid to cases of ice drift falling into the 'ice jet'. Such cases are shown on the maps by special characters. An ice jet is a drift with considerable speed (up to 1 to 2 nautical miles per hour) against which icebreakers are powerless. More than once an ice jet has led to the loss of ships. This phenomenon is little known in the English-language literature but is often the most dangerous.

Несколько слов необходимо сказать о полноте представленной в книге информации. О некото-

A few words should be said about the completeness of the information in the book. Numerous books

рых происшествиях, как, например, о трагическом дрейфе *Святой Анны* или героической «Челюскинской эпопее», написаны многочисленные книги и научные статьи, сняты документальные и даже художественные фильмы, а о других почти ничего неизвестно, и сведения приходилось собирать по крупицам, постепенно восстанавливая ход событий. К сожалению, это не удалось сделать для гибели 2-х судов: *Казахстана* в 1949 году и *Севана* в 1956 году — эти события так и остались под знаком вопроса на карте. Возможно, не совсем корректно было представлять подобную подборку, где об одних событиях написаны страницы, приведены карты, схемы, фотографии, а о других содержатся только краткие сведения. Она никак не удовлетворяет критерию единообразия. Информация, которую удалось найти, порой крайне разнородна. Однако унифицировать эти данные означало бы потерять множество ценных сведений и выхолостить всю суть проводимой работы.

В этой книге читатель сможет найти не «базу данных», а скорее коллекцию сведений и воспоминаний. От сборника мемуаров книгу отличает научный подход, поскольку представленные сведения географически и исторически систематизированы и локализованы, соотнесены с имеющимися представлениями о метеорологических и ледовых условиях, о динамике морских льдов и о тенденциях в кораблестроении. Созданная коллекция будет пополняться и совершенствоваться, но уже и сейчас может быть использована для анализа как ледовых условий и пригодности различных типов судов, так и поведения людей в экстремальных ситуациях.

Особенно хочется остановиться на проблемах навигации. У читателя может создаться впечатление, что в книге отражены главным образом события, предшествующие эпохе перемен в России, которая получила название «перестройка», что автор остановился на начале 90-х годов прошлого века. Это отчасти справедливо, поскольку с переходом на рыночные отношения объемы перевозок и активность в Арктике существенно сократились, а ледовые плавания практически прекратились, за исключением трассы Мурманск–Дудинка. Информация о современном положении дел в Российской Арктике крайне скудна. И, к сожалению, это пока в основном констатация бедственного положения. Из 67 полярных станций и обсерваторий, работав-

and scholarly articles, including documentaries and feature films, have been devoted to some relevant incidents, such as the tragic drift of the schooner *Svyataya Anna* or the *Chelyuskin* epic. Almost nothing was known about the other accidents, and information had to be accumulated slowly by gradually reconstructing the course of events. Unfortunately, it was not possible to find information about the losses of two ships: the *Kazakhstan* in 1949 and the *Sevan* in 1956. These events are marked with question marks on the map. Perhaps I was not entirely correct to provide such a compilation, in which there are written pages, maps, diagrams, and photos for some of the events and only a short summary for others. This decision does not satisfy the principle of uniformity. The information collected was extremely heterogeneous at times. However, to unify these data would mean losing a lot of valuable information and would dilute the essence of the work.

The reader will not find a database in the book but rather a collection of information and reminiscences. The book differs from memoirs in its scientific approach. The information presented is geographically and historically systematised and correlated with existing ideas about the weather and ice conditions and about the dynamics of sea ice and trends in shipbuilding. The collection that has been created will be expanded and improved; however, it can still be used in its current form to analyse ice conditions and the suitability of different types of vessels and human behaviour in extreme situations.

In particular, I want to focus on problems of contemporary navigation. The reader might form the impression that the book mainly reflects the events preceding the era of reforms in Russia that came to be known as *perestroika* and that the author left off in the early 1990s. This is partly true because with the transition to a market economy the volume of traffic and activity in the Arctic have been greatly reduced, and ice navigation practically ceased except for the Murmansk–Dudinka route. Information about the current state of affairs in the Russian Arctic is extremely scant. Unfortunately, this is still basically a statement of the impoverished state of affairs. Only 15 of the 67 polar stations and observatories, including maintenance of the Northern Sea Route, remain; Arctic

ших в том числе и на обслуживание Северного морского пути, осталось только 15; арктические управления Гидрометслужбы находятся на грани ликвидации. Полностью прекратила свое существование система навигационной ледовой разведки, способные ее заменить космические средства мониторинга льдов в России почти не развиваются, а используются зарубежные источники, доступ к которым ограничен или стоит больших денег. Полностью ликвидированы подразделения аварийно-спасательной службы, базы снабжения и технического обслуживания флота на Северном морском пути, располагавшиеся в поселках Диксон, Тикси, Певек. Об этом не раз говорили руководители пароходств, штабов морских операций, научно-исследовательских институтов (например Бабич, 2007, Пересыпкин, 2010), эксперты. Нерадостные «Размышления о судьбе арктического судоходства» (так называется последняя глава) представлены и в опубликованной в 2010 году книге известного ледового капитана Г.Д. Буркова «В стране туманов, около океана, в бесконечной и безотрадной ночи...» (Бурков, 2010).

Застыла в своем развитии и законодательная база. До сих пор используются «Правила плавания по трассам Северного морского пути» 1990 года. Внесенный на рассмотрение в Государственную думу проект закона о Северном морском пути так и не принят.

Остро стоят и проблемы подготовки капитанов для ледового плавания. «Пока плавание во льдах — это не утраченное ремесло, но обучение плаванию в ледовых условиях — это уже утраченная традиция» (Ольшевский и др. 2009). Искусство ледового плавания требует тщательной подготовки, четкой организации службы, высокой дисциплины, умения быстро ориентироваться и принимать решения в постоянно меняющейся обстановке. Ледовая аварийность во многом зависит от опыта капитанов и старших помощников проводимых судов (Абоносимов, 2002, 2007).

Однако запустение в Арктике и остро стоящие проблемы не умаляют исторической ценности представленного в книге материала и его анализа.

В 2010 году произошло несколько событий, позволяющих думать, что этот год станет поворотным пунктом в развитии Российской Арктики. Три важных события, про каждое из которых можно сказать «впервые в истории», вернули многим

hydrometeorological governing bodies are on the verge of elimination, and the navigation system for ice reconnaissance has ceased to exist. Furthermore, space-based tools for monitoring that could replace these systems are not being developed in Russia. Russia uses mostly foreign sources, which are limited in access or are costly. The division of emergency services, supply depots and maintenance of the fleet in the Northern Sea Route, located in the settlements of Dikson, Tiksi and Pevek, have been completely eliminated. Leaders of shipping companies, maritime operation headquarters, heads of research institutes (e.g. Babich 2007; Peresypkin 2010), and experts have all discussed this change. Reflections on the fate of Arctic shipping (as the final chapter of the book cited below is called), which does not make for pleasant reading, are presented in the book published in 2010 by the famous ice Captain G.D. Burkov (2010).

Northern Sea Route legislation has stalled. The Rules for Sailing Along the Northern Sea Route, accepted in 1990, are still in use. A bill on the Northern Sea Route that had been submitted to the State Duma (parliament) did not pass.

The problems of training captains for ice navigation are severe. 'Sailing in ice – this is not a lost craft, but training to sail in icy conditions is already a lost tradition' (Olshevsky et al. 2009). The art of ice navigation requires careful preparation and clear organization of service, high discipline, and the ability to quickly orient and make decisions in a constantly changing environment. The likelihood of an accident on ice depends largely on the experience of the captain and chief officers on the vessel (Abonosimov 2002, 2007).

However, the desolation of the Arctic and these acute problems do not diminish the historical value of the material presented in this book and its analysis.

Several events in 2010 suggested that this year would be a turning point in the development of the Russian Arctic. Three important achievements have increased hope that Russia will again sail ships along the Arctic coast. Each of these achievements hap-

надежду на то, что вдоль арктических берегов России снова поплывут суда. Это три уникальных проводки Северным морским путем крупнотоннажного танкера *Балтика*, пассажирского парома *Георг Отс* и шведского ледокольного буксира *Тур Викинг*. На различных этапах судам помогали атомные ледоколы *Таймыр, Россия* и *50 лет Победы*.

14 по 27 августа 2010 года состоялся эксперимент по проводке из Мурманска в Нинбо (Китай) танкера *Балтика* грузоподъемностью 100 тысяч тонн и шириной 44 м. До этого опыт проводки в Арктике ограничивался судами с дедвейтом 15–20 тысяч тонн. Экономия времени по сравнению с классическим маршрутом через Суэцкий канал составила 45 %. В октябре 2010 года Северным морским путем впервые прошло пассажирское судно теплоход *Георг Отс*. Путь из Санкт-Петербурга во Владивосток занял 41 день, а по самой трассе Северного морского пути — 16 суток. В то же время *Георгий Отс* стал и первым за последние несколько лет судном, зашедшим в Петропавловск-Камчатский после перехода через северные широты.

В декабре 2010 года атомный ледокол *Россия* совершил проводку шведского ледокольного буксира *Тор Викинг* от Берингова пролива до кромки льдов в Баренцевом море. Эта первая в истории зимняя проводка по всей трассе Северного морского пути заняла 9 суток. На пути встретились два участка торосистых льдов, в которых *Тор Викинг* застревал, и атомоходу *Россия* приходилось проводить частые околки льда вокруг судна, а на одном участке даже взять на буксир (http://atomic-energy.ru).

Интересно отметить, что при проводке вышеупомянутых судов для оценки ледовой обстановки по трассе следования и выбора оптимального пути применялись радиолокационные спутниковые снимки, поставляемые компанией «Сканэкс» (http://www.scanex.ru/ru/index.html).

В сентябре 2010 года в Москве прошел международный форум «Арктика — территория диалога», на котором проблемы обсуждались на высшем государственном уровне. А в конце 2010 года были сделаны правительственные заявления о необходимости воссоздать Администрацию Северного морского пути и о том, что закон о Северном морском пути может быть принят уже в 2011

pened for the first time in history. The hope comes from three unique escorts along the Northern Sea Route: the large-capacity tanker *Baltica,* the cruise ferry *Georg Ots,*and the Swedish icebreaker tug *Tor Viking*. The nuclear icebreakers *Taymyr*, *Rossiya*, and *50 Let Pobedy* assisted the vessels at various stages.

Between 14 and 27 August 2010, there was an experimental escort trip from Murmansk to Ningbo (China) of the tanker *Baltica*, which has a capacity of 100,000 tonnes and a width of 44 metres. Prior to this trip, navigation was limited in the Arctic to vessels with a dead weight of 15,000 to 20,000 tonnes. The savings in time compared to the classic route through the Suez Canal was 45%. In October 2010, the first passenger ship, the *Georg Ots*, sailed along the Northern Sea Route. The trip from St. Petersburg to Vladivostok took 41 days, with 16 days along the Northern Sea Route. At the same time, the *Georg Ots* was also the first vessel in the last few years to reach Petropavlovsk–Kamchatsky after passing through the northern latitudes.

In December 2010, the nuclear icebreaker *Rossiya* escorted the Swedish tug *Tor Viking* from the Bering Strait to the edge of the ice in the Barents Sea. This first-ever winter escort along the entire Northern Sea Route took 9 days. On the way, hummocky ice was met twice, and the *Tor Viking* got stuck. The nuclear icebreaker *Rossiya* had to frequently scarify and chop the ice around the vessel and even tow the *Tor Viking* at one point (http://atomic-energy.ru).

It is interesting to note that radar satellite images supplied by the SCANEX company have been used to assess ice conditions along the routes of vessels to help identify the optimal path (http://www.scanex.ru/ru/index.html).

In September 2010, Moscow hosted an international forum called "The Arctic: the Territory of Dialogue", in which issues were discussed at the highest political level. In late 2010, government statements were made about the need to recreate the Administration of the Northern Sea Route and the fact that a law on the Northern Sea Route could be adopted in 2011. Economists predict an increase in traffic to 30 million

году. Экономисты говорят об увеличении объема перевозок до 30 млн. тонн в год. Ожидается, что к 2020 году будут построены три универсальных атомных ледокола с переменной осадкой мощностью 60 МВт и пять дизельных линейных ледоколов мощностью 25 МВт. Обсуждается проект создания атомного ледокола-лидера мощностью 110–130 МВт для эффективной круглогодичной работы в любых ледовых условиях в любом районе Арктики. Кроме того, до 2020 года ожидаются поставки около 60 судов за счет средств ресурсодобывающих компаний.

Северный морской путь возрождается. Об этом, конечно, будут написаны книги и статьи. Пока же главная моя задача — собрать и систематизировать как можно больше сведений о навигации во льдах, трагических эпизодах и героическом поведении моряков, фатальном и удачном стечении обстоятельств — выполнена. И она представляется весьма актуальной.

Эта книга не могла бы быть написана и оформлена без поддержки и помощи многих людей и организаций, которым я хотела бы выразить сердечную благодарность. Финансирование работ осуществлялось в основном Норвежским научным консульством (Norges Forskningsrådet — NFR), а на заключительном этапе Норвежским центром по интернационализации высшего образования (Senter for internasjonalisering av høgre utdanning — SIU).

Идея проведения работы по обобщению опыта мореплавателей принадлежит профессорам Уве Тобиасу Гудместаду (Ove Tobias Gudmestad) и Свейнунгу Лозету (Sveinung Løset). Я благодарна им за возможность работать с этой увлекательной темой. В ходе сбора материала была неоценима помощь сотрудников библиотек и архивов, особенно Государственного океанографического института в Москве и Арктического и Антарктического научно-исследовательского института в Санкт-Петербурге.

Большое спасибо хочется сказать ознакомившимся с рукописью и высказавшим целый ряд ценных замечаний: профессору С.Лозету, который первым прочел и поправил английскую версию этой книги; председателю Московской ассоциации полярников и Отделения географии полярных стран Русского географического общества, арктическому капитану дальнего плавания Герману

tonnes per year. It is expected that by 2020, three universal nuclear icebreakers will be built. They will have a variable draft and a power of 60 megawatts. Five diesel-powered icebreakers with linear power of 25 megawatts will also be used. Scientists and engineers have also discussed a project using a nuclear-powered icebreaker, which could lead with 110–130 megawatts of capacity for effective year-round operation in any icy conditions and in any region of the Arctic. In addition, by 2020, about 60 ships are expected to be built at the expense of mineral resource companies.

It is hoped that the Northern Sea Route will eventually be reborn. Many books and articles will be written about the process. Meanwhile, the main task of this book – to gather and organise as much information as possible about navigating in ice, along with the tragic and daunting episodes of the sailors, under the best and worst circumstances – has been completed and seems to be very relevant.

This book could not have been written and designed without the support and assistance of many people and organisations to whom I would like to express my heartfelt thanks. Financial support of the work was provided mainly by Norwegian Scientific Research Council (Norges Forskningsrådet, NFR) and in the final stage by the Norwegian Center for Internationalization Cooperation in Higher Education (Senter for internasjonalisering av høgre utdanning, SIU).

The idea of summarising the ice piloting experience belongs to Professors Ove Tobias Gudmestad and Sveinung Løset. I extend to them my deepest appreciation for all they've done on my behalf. The assistance of workers at various libraries and archives, particularly the State Oceanographic Institute in Moscow and the Arctic and Antarctic Research Institute in St. Petersburg, was invaluable.

I would like to express a special thanks to those who read the manuscript and made many valuable comments. Professor Sveinung Løset was the first to read and correct the English version of the book. For the Russian version, deserving of particular mention are the chairperson of the Moscow Association of Polar Researchers and the Polar Geography Department of the Russian Geographical Society, Arctic

Дмитриевичу Буркову; исполнительному директору Некомерческого партнерства по координации использования Северного морского пути, капитану Владимиру Владимировичу Михайличенко; докторам географических наук, знатокам Российской Арктики Галине Владимировне Агаповой и Владиславу Сергеевичу Корякину; доктору технических наук Лолию Георгиевичу Цою; а также Маоле Георгиевне Ушаковой, которая своей энергией объединяет российских полярников и познакомила меня со многими.

Для придания документального характера в книге широко используются архивные фотографии и цитаты из книг и статей очевидцев событий, их мородственников, исследователей Северного Морского пути. Публикация этих материалов была бы невозможна без любезного разрешения их авторов и правообладателей: «Дальневосточного морского пароходства», издательства «Транспорт», редакции журнала «Атомная стратегия», музея «Московский дом фотографии» и лично Л.Г. Цоя, Г.Д. Буркова, исполнительного директора Дальневосточного морского пароходства Владимира Никодимовича Корчанова и пресс-секретаря Татьяны Куликовой.

Всем авторам и издательствам, предоставившим разрешение на публикацию материалов, я выражаю сердечную признательность.

На заключительном этапе подготовки рукописи очень важно было редактирование русского текста Татьяной Борисовной Воляк и английского текста агенством «Американский журнальный эксперт» (American Journal Expert), а также «шлифовка» карт Еленой Клименко.

Все время работы над книгой я находила понимание коллег и администрации Университетского центра на Свальбарде (The University Centre in Svalbard) и моей семьи, за что им большое спасибо.

Лонгиербюен, июнь 2011
Наталия Марченко

sea Captain German Dmitrievich Burkov; Executive Director of the Noncommercial Partnership for Coordinating Use of the Northern Sea Route, Captain Vladimir Vladimirovich Mikhaylichenko; Drs. Galina Vladimirovna Agapova and Vladislav Sergeevich Koryakin, specialists in geographical sciences and on the Russian Arctic; and Dr. Loliy Georgievich Tsoy. I am grateful to Maola Georgievna Ushakova, who with characteristic energy brought together the Russian polar explorers and introduced me to many of them.

To create the documentary character of the book I made liberal use of archival photographs and quotes from books and articles of eyewitnesses, their relatives, and researchers of the Northern Sea Route. The publication of these materials would not be possible without the kind permission of their authors and copyright holders: Far Eastern Shipping Company, Transport publishers, Atomic Strategy magazine, ProAtom, and Moscow House of Photography. A personal debt of gratitude is extended to L.G. Tsoy, G.D. Burkov, executive director of Far Eastern Shipping Vladimir Nikodimovich Korchanov, and FESCO press secretary Tatyana Kulikova. To all authors and publishers who granted permission to publish materials I express my sincere gratitude.

In the final stage of manuscript preparation the assistance of Tatyana Borisovna Volyak in the editing of the Russian text, the assistance of *American Journal Expert* with the English text, and the 'grinding' of the maps by Elena Klimenko were all of enormous importance.

Finally, I would like to express my deep appreciation to my colleagues and the administration at the University Centre in Svalbard and to my family for their patience and understanding during the long stretches I spent working on the book.

Longyearbyen, June 2011
Nataliya Marchenko

Предисловие

Preface

В настоящее время в мире происходит стремительное сокращение легкодоступных источников энергии. С этой точки зрения Арктика, конечно, будет играть первостепенную роль в восполнении дефицита в энергетическом секторе. Ресурсы Арктики должны использоваться с применением самых современных и безопасных технологий. Это касается как поиска и оценки, так и добычи полезных ископаемых, в особенности нефти и газа. Отдельную важную задачу представляет транспортировка сырья, доставка которого к потребителю подразумевает теперь огромные расстояния, и привлечение специальных судов (ледоколов) и / или танкеров.

Для эксплуатации судов и другой техники в арктических водах жизненно важно иметь обширные знания о природных условиях и использовать опыт предшественников. В рамках проекта *«Оффшорные и прибрежные технологии для производства нефти и транспорта из арктических вод» (ПетроАрктик - PetroArctic)* была собрана и представлена в форме двуязычной (русско-английской) книги информация о русских арктических морях и разных видах деятельности в них. В книге, которую вы держите в руках, описаны физическая среда и навигация в Карском, Лаптевых, Восточно-Сибирском и Чукотском морях. Книга Наталии Марченко дает хорошее представление о физических процессах, влияющих на морской ледяной покров, особенно о ветрах и течениях. Так полыньи вдоль кромки льда могут быть использованы для плавания по Северному морскому пути, но это весьма опасно. В результате изменения направления ветра или течений полынья может закрыться в течение очень короткого времени, а следующее за этим сжатие и торошение может привести к тяжелому повреждению корпуса судна.

The world will soon face an era of energy scarcity. Under these circumstances, the Arctic will surely play a paramount role in meeting the expected needs of the energy sector. The resources of the Arctic should be exploited in a sustainable way with the safest and best available technology for locating, assessing and producing the resources, especially in the case of oil and gas. Finally, the resources will have to be transported over great distances to market. This transport involves ship traffic, including supply or tanker traffic.

For operations conducted in Arctic waters, it is vitally important to have extensive knowledge of the conditions that naturally occur. In this context, we can learn from the previous experiences of ice pilots. In the framework of the project *Offshore and Coastal Technology for Petroleum Production and Transport from Arctic Waters (PetroArctic)*, information about Russian Arctic seas and activities has been compiled and presented in the form of this bilingual (Russian–English) book. It describes the physical environment and the features of navigation in the Kara, Laptev, East Siberian and Chukchi Seas. Dr. Nataliya Marchenko's book also offers insights into the physical processes that influence ice cover, with an emphasis on the stresses resulting from wind and currents. For example, polynyas along the shorelines can be utilised in sailing the Northern Sea Route, but following a land polynya can be dangerous. A rapid change in the direction or magnitude of wind or current can close up such polynyas within minutes. Following after this, hummocking and compressions can lead to the serious damage of ship hull.

N. Marchenko, *Russian Arctic Seas*,
DOI 10.1007/978-3-642-22125-5, © Springer-Verlag Berlin Heidelberg 2012

Половина книги посвящена несчастным случаям, вызванным тяжелыми ледовыми условиями, произошедшим после 1900 года. Девяносто четыре несчастных случая рассмотрены и классифицированы. Основными видами происшествий являются кораблекрушения, вынужденные дрейфы, зимовки и повреждения судов. Для многих несчастных случаев были собраны подробные сведения (описание события, поведение экипажа, фотографии и карты). Самой оригинальной частью книги являются карты ледовой обстановки и карты происшествий (на которых показаны дата, место, тип происшествия и вовлеченные суда). Такие карты составлены для каждого из четырех рассмотренных морей. Обладая университетским географическим образованием, Н. А. Марченко смогла содержательно и наглядно представить читателю сложность мореплавания в арктических морях и особенности описанных событий.

Н. А. Марченко написала книгу, которая связывает современную ситуацию с историей, показывает, чему мы можем научиться у предшественников. Актуальным представляется даже опыт древних мореплавателей эпохи поморов, закончившейся в 18 веке, хотя их простые суда и не были рассчитаны на противостояние тяжелому паковому льду, торошению и сжатию, с которыми приходится сталкиваться мореплавателям в Арктике. В книге затронуты и вопросы развития судостроения, показано как в результате использования опыта предшественников постепенно улучшалась конструкция, и суда становились все более приспособленными к маневрированию в ледовых условиях. Хороший пример тому конструкция корабля Ф. Нансена *Фрама*. Построенный на верфи К. Арчера *Фрам* имел округлую яйцевидную форму корпуса и пережил экстремальные сжатия льда во время плавания и дрейфа в Северном Ледовитом океане. Книга содержит также подробную информацию о развитии мореплавания в 20-м веке, получившем качественно новую форму после постройки и внедрения известным русским исследователем адмиралом Степаном Макаровым мощного ледокола *Ермак*. Н. А. Марченко проследила процесс освоения Арктики с использованием ледоколов в течение 20-го века до современного этапа.

Двуязычный формат книги позволяет читателю увидеть оригинальные имена, географические на-

Half of the book is devoted to accidents caused by heavy ice conditions after 1900. Ninety-four accidents are considered and classified. The main types of accidents are shipwreck, forced drift with ice, overwintering and damage to ships. For many accidents, detailed information (distinguishing features, behaviour of the crews, photos and maps) has been collected. The most original aspects of the book are the maps of ice conditions and the maps of the accidents (showing the date, location, vessels and other information) for each of the four seas. Owing to her geographical education and background, Dr. Marchenko has been able to offer descriptive and clear maps of these challenging waters and has provided an excellent graphical presentation of the historical events of interest.

Dr. Marchenko's book effectively links contemporary conditions with history in a way that allows us to learn from the early sailing ship traffic of the Pomors epoch, which ended in the 18th century. These simple sailing ships were not designed to come up against massive ice features or to withstand lateral ice pressure of the sort that occurs in the Arctic Ocean and along the Russian Arctic coasts. The book offers glimpses of the difficulties that these vessels could confront and relates how experience gradually improved design and manoeuvring in these vast waters. The book also describes the Western experience and knowledge that improved sailing in the Arctic Ocean, in particular the round-bottomed ship hull designed by C. Archer and F. Nansen for the ship *Fram*. This rounded-hull shape allowed the *Fram* to endure extreme ice stresses and nipping. The book also elaborates on the experience gained during the twentieth century from the exploration and mastery of the Arctic associated with the invention of proper icebreakers and the development of manoeuvring tactics by the famous Russian explorer Admiral Stepan Makarov using the powerful icebreaker *Yermak*. Dr. Marchenko outlines the historical developments during the past century that have produced the powerful icebreakers of today, superbly capable vessels that can master all types of ice conditions.

The bilingual format of the book allows the reader to see the original names of people, places (also ap-

звания (в том числе на картах) и названия судов. Это, несомненно, позволит улучшить взаимопонимание между Россией и западным миром, даст возможность узнать специальные термины и выражений русскоговорящим читателям, и наоборот. Книга представляет собой уникальную коллекцию старых и забытых материалов о морских льдах и несчастных случаях, проиллюстрированную фотографиями, живописными цитатами участников событий и оригинальным картами, которые отображают места аварии. Книга является первым полным описанием Арктических морей России с точки зрения навигации доступным для англоговорящих читателей.

Автор показывает уважения к Арктической морской истории и большое желание передать потомкам опыт уходящего поколения ледовых капитанов. Это особенно важно для студентов, изучающих технологии и логистику оперирования в Арктике, а также для исследователей и специалистов, непосредственно вовлеченных в производственные процессы на крайнем севере.

Книга будет интересна и широкой аудитории, поскольку она дает представление о жизни коренных народов и трудностях, с которыми они сталкиваются на сибирских берегах Северного Ледовитого океана. Я также хотел бы порекомендовать книгу и представителям социальных наук, изучающим условия жизни в высоких широтах Арктики. Книга отражает влияние человека на природу и наоборот, а также способность людей принимать правильные решения в сложных ситуациях.

Большой интерес представляет книга для высших учебных заведений, например, Норвежского университета науки и технологии, и Университетского центра на Свальбарде, где претворяется в жизнь инициатива подготовить молодое поколение инженеров, которые будут работать в Арктике и непосредственно реализовывать проекты освоения ресурсов высоких широт. Книга может быть настольным пособием и для уже работающих на производстве инженеров, которые с ее помощью смогут лучше ориентироваться в природных ситуациях и развитии арктических технологий, в частности иметь лучшее представление о свойствах морского льда и его влиянии на транспортные средства и сооружения.

pearing on the maps) and ships. This presentation will improve communication between Russia and the Western world and will give the reader the opportunity to learn a special vocabulary and expressions. Russian-speaking readers, as well as those readers who do not speak Russian, are the joint beneficiaries of this opportunity. The book is a unique collection of old and forgotten materials about sea ice navigation and accidents with illustrations, citations of picturesque accounts by people with direct experience and creatively produced maps that display the locations of accidents. The book is also the first full navigational description of the Russian Arctic seas available to English-speaking readers.

The author deeply respects Arctic naval history and is genuinely committed to the goal of transferring the knowledge gained by the naval figures of the classical era to the current generation. This meritorious feature of the book will be of particular interest to students in engineering whose work concerns logistics and ship transport in the Arctic as well as to researchers and industrial professionals involved in developing the resources of the Arctic.

The book will also appeal to a wider audience as it offers insights into the lives of indigenous peoples and their problematic situation on the Siberian coasts. For this reason, I also recommend the book to social scientists and lay readers interested in the conditions of life in the High Arctic. The book is also of broad interest because it reflects the human impact on nature and vice versa and highlights the ability of individuals to make the right decisions under stress and in difficult situations.

It is of the greatest importance for our educational institutions, the Norwegian University of Science and Technology (NTNU) and the University Centre in Svalbard, that we have taken this initiative to prepare the younger generation of engineers whose work will include Arctic projects, for the challenges that they will need to overcome to execute these projects and to operate in the Arctic. The work may also serve as a reference book for more senior engineers who wish to remain current in the field of Arctic Technology and, in particular, those who wish to obtain or maintain expertise regarding the impact of ice.

Наталия Марченко закончила географический факультет Московского государственного университета им. М.В.Ломоносова и защитила диссертацию на соискание ученой степени кандидата географических наук на специализированном совете Института географии Российской Академии Наук. Решение совета было утверждено Высшей аттестационной комиссией при Совете Министров СССР.

Работа над книгой и подготовка к печати книги были поддержаны проектом *ПетроАрктик* (PetroArctic) Норвежского университета науки и технологии (NTNU) в период 2007-2010, и финансировались программой ПЕТРОМАКС Научного Консульства Норвегии (NRC), и Норвежским центром по интернационализации высшего образования (SIU).

Тронхейм, июль 2011
Свейнунг Лосет
Профессор в области
Арктических морских технологий
Норвежский университет науки и технологии (NTNU)

Dr. Nataliya Marchenko holds a Master of Science from Moscow State University, Faculty of Geography, and a Ph.D. from the Institute of Geography of the Russian Academy of Sciences and Higher Attestation Board under the Council of Ministers of the USSR.

The writing and printing of the book were supported by the *PetroArctic* project conducted by NTNU during the period 2007–2010 with major financial support from the PETROMAKS programme of the Research Council of Norway and the Norwegian Centre for the Internationalisation of Higher Education (SIU).

Trondheim, July 2011
Sveinung Løset
Professor in Arctic Marine Technology
Norwegian University of Science and Technology

Оглавление

Contents

Глава 1

Общие свойства морей Российской Арктики

1.1 Природные условия

Четыре моря Арктики (Карское, Лаптевых, Восточно-Сибирское и Чукотское), по которым проходят трассы Северного морского пути и которые

Chapter 1

Common Features of the Russian Arctic Seas

1

1.1 Natural Conditions

The four Arctic seas of the Northern Sea Route (Kara, Laptev, East Siberian and Chukchi), which will be discussed in detail in Chaps. 3–6, are very similar in

Рис. 1.1 Арктические моря России

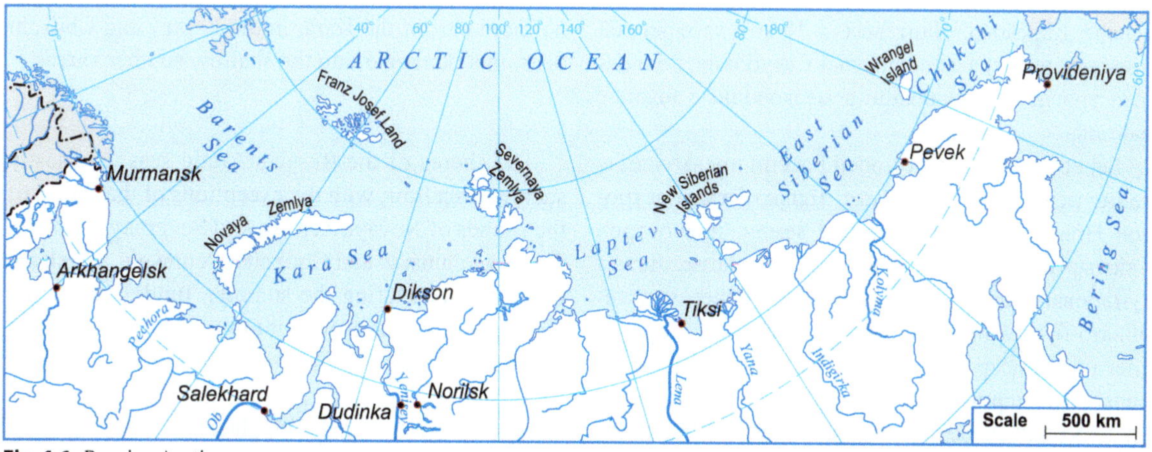

Fig. 1.1 Russian Arctic seas

N. Marchenko, *Russian Arctic Seas*,
DOI 10.1007/978-3-642-22125-5_1, © Springer-Verlag Berlin Heidelberg 2012

будут рассмотрены далее подробно (главы 3–6), весьма близки по природе (рис. 1.1). Все они относятся к типу окраинных морей, почти целиком расположены в пределах шельфа и лежат за полярным кругом. На юге они ограничены естественным рубежом — побережьем Евразии, а на севере свободно сообщаются с океаном и отделяются от него условными границами — линиями, проходящими примерно по окраине шельфа. Моря отделены одно от другого архипелагами Новосибирские острова и Северная Земля, островом Врангеля, а также условными линиями. Карское море и море Лаптевых, расположенные на западе, испытывают сильное воздействие Атлантического океана. Влияние же Тихого океана на восточные арктические моря (Восточно-Сибирское и Чукотское) не так существенно. Перечисленные выше факторы и формируют природные условия в этих морях.

nature (Fig. 1.1). All belong to a group of marginal seas, are almost entirely located within the Arctic shelf and lie north of the Arctic Circle. They are delimited by natural boundaries, including the coast of Eurasia to the south. To the north, they widely and freely mix with the Arctic Ocean and are separated from it by conventional boundaries, i.e. lines passing around the edge of the shelf. The seas are separated from each other by conventional lines and by the archipelagos of the New Siberian Islands and Severnaya Zemlya, Wrangel Island. The Kara and Laptev Seas are located in the west and are strongly influenced by the Atlantic Ocean. There is a much smaller effect of the Pacific Ocean on the eastern seas (East Siberian and Chukchi Seas). The natural conditions in each of these four seas have developed under the influence of these factors (shelf and north location and influence of the Atlantic and Pacific Oceans).

1.1.1 Рельеф дна и типы берегов

Все арктические моря геологически молоды и подобны по происхождению. В ледниковое время на их месте была суша, покрытая льдом. После оледенения низменные участки оказались затопленными водой, а возвышенности остались над ее поверхностью в виде островов и полуостровов. Бо́льшая часть акваторий арктических морей имеет сравнительно небольшие (до 200 м) глубины, но рельеф дна у них различен. Наиболее сложен и расчленен рельеф дна Карского моря. По мере движения к востоку строение дна морей упрощается и его поверхность выравнивается. На севере Карского, Лаптевых и Чукотского морей прослеживаются относительно глубокие подводные троги, проникающие в мелководные южные районы.

Берега арктических морей России преимущественно невысокие и отмелые. Только берега островов Новая Земля и Северная Земля, полуостров Таймыр и Чукотский полуостров гористы. Летом тундровая растительность придает берегам зеленовато-бурый оттенок. После выпадения первого снега все побережье становится бело-серым с отдельными черными пятнами. До половины площади крупных островов и архипелагов покрыто ледниками.

1.1.1 Bottom Topography and Shore Types

All of the Arctic seas are geologically young and identical in origin. There was a landmass covered by ice in their present locations during the glacial period. After the glaciation dissipated, low-lying areas were flooded with water, and the higher areas remained elevated above the surface in the forms of islands and peninsulas. Most of the sea areas in the Arctic are relatively shallow (up to 200 m deep), but their bottom reliefs are different. The Kara Sea has the most complex and dissected bottom relief. As one moves east, the seabed structure is simplified, and its surface is levelled. There are deep underwater trenches in the northern part of the Kara, in the Laptev and Chukchi Seas, that penetrate into the shallow southern areas.

The shores of the Russian Arctic seas are mostly short and shallow, with the exceptions of the shores of the islands of Novaya Zemlya and Severnaya Zemlya, Taymyr Peninsula and Chukotka Peninsula, which are mountainous. During the summer, tundra vegetation confers a greenish-brown tint to the shores. After the first snowfall, the entire coast is white-grey with black spots. Up to half of the area of the large islands and archipelagos is covered with glaciers.

1.1.2 Климат и гидрологические особенности

Для арктических морей, расположенных в высоких широтах, характерен недостаток солнечного тепла и крайне суровый климат. Наиболее холодными являются Восточно-Сибирское море и море Лаптевых. Зимой в Карском и Чукотском морях развивается циклоническая деятельность. Циклоны перемещаются с Атлантического и Тихого океанов и вызывают усиление ветров и резкую смену погоды. В Восточно-Сибирском море и море Лаптевых преобладает антициклональная малооблачная погода со слабыми ветрами. Летом атмосферная циркуляция становится менее интенсивной, климатические различия между морями сглаживаются, и погоду определяет непрерывный в течение полярного дня поток солнечной радиации.

В арктические моря поступает значительное количество пресной воды из рек, и большой материковый сток существенно влияет на гидрологические свойства морей. Особенно велик сток в Карское море, куда впадают реки Обь и Енисей. Значительное количество пресной воды приносит в море Лаптевых река Лена. Основная масса материковой воды поступает в моря весной, когда акватории еще покрыты льдом, и в течение короткого лета. Вследствие малой плотности поступающая с континента вода растекается по поверхности холодных морских вод и прослеживается на значительном удалении от устьевых областей.

Теплые и соленые воды из Атлантики в виде мощной (200–400 м) прослойки проникают по подводным трогам в Карское, Лаптевых и Чукотское моря. Воды тихоокеанского происхождения (также более теплые и соленые по сравнению с арктическими) хорошо выражены в нижних горизонтах Чукотского и отчасти Восточно-Сибирского морей. При смешивании речных и океанических вод образуются поверхностные арктические воды. Они имеют соленость ниже средней, относительно прогреты и занимают подавляющую часть пространств сибирских арктических морей. В районах с небольшими глубинами (до 25–50 м) эти воды занимают весь объем моря до дна. Летом они расслоены по вертикали, а зимой однородны. В районах с большими глубинами под поверхностными водами располагается более соленый и холодный слой.

1.1.2 Climate and Hydrological Features

A lack of solar heat and an extremely harsh climate characterise the high latitudes of the Arctic seas, with the East Siberian Sea and the Laptev Sea being the coldest Arctic seas. During the winter, cyclonic activity develops over the Kara and Chukchi Seas. Cyclones move from the Atlantic and Pacific oceans and cause more severe storms and harsh changes in weather. Over the East Siberian and Laptev Seas, anticyclone cloudless weather with light winds prevails. During the summer, the atmospheric circulation becomes less intense, climatic differences among the seas are stabilised, and the weather is determined by the influx of solar radiation, which is continuous during the polar day.

Arctic seas have large continental run-off, which greatly affects their hydrological properties. The run-off is particularly heavy in the Kara Sea, into which large rivers, the Ob and the Yenisey, flow. A considerable amount of freshwater is brought to the Laptev Sea by the Lena River. The bulk of the continental water enters the sea in the spring, when the waters are still covered with ice, and during the short summer. Because of its low density, the water flowing from the continent spreads on top of the cold seawater and can be traced far from the river mouth areas.

Warm and salty Atlantic water penetrates into the Kara, Laptev and Chukchi Seas in a deep (200 to 400 m) layer via underwater troughs. Warm and salty water of Pacific origins is well represented in the lower horizons of the Chukchi Sea and part of the East Siberian Sea. Surface Arctic water forms as a result of the mixing of river and ocean water. It is relatively warm, has below-average salinity, and occupies the bulk of the volume of the Siberian Arctic seas. At shallow depths (up to 25 to 50 m), Arctic water is distributed from the surface to the bottom. During the summer, it stratifies vertically, whereas in the winter, it is homogeneous. In deeper areas, there are more salty and cold layers under the surface water.

Такая вертикальная структура вод в сибирских арктических морях затрудняет развитие конвективного перемешивания, несмотря на сильное охлаждение и интенсивное льдообразование. В прибрежных, более южных районах поверхностные воды движутся преимущественно с запада на восток, а в северных — в обратном направлении. В результате постоянные течения образуют в морях хорошо выраженные круговороты против часовой стрелки. Течения вокруг островов становятся более заметными.

В арктических морях наблюдаются приливы, во время которых колебания уровня в большой степени зависят от конфигурации берегов. Однако на большей части побережья сгонно-нагонные колебания уровня воды существенно больше, чем приливы и отливы. Наиболее значительны они в море Лаптевых и Восточно-Сибирское море — до 2 м и более, особенно в восточной части моря Лаптевых, где экстремальная высота нагона может достигать 5–6 м (Ванькина Губа). В Карском море сгонно-нагонные колебания уровня превышают 1 м, а в Обской губе и Енисейском заливе близки к 2 м. В Чукотском море эти явления заметно превышают по размаху приливно-отливные, и только на острове Врангеля они примерно равны.

Условия для развития волновых процессов в арктических морях в целом неблагоприятные из-за широкого распространения морских льдов. В Карском море наибольшую повторяемость имеют волны высотой 1,5–2,5 м, осенью иногда до 3 м. В Восточно-Сибирском море высота волн не превышает 2–2,5 м при северо-восточных ветрах, а при северо-западных ветрах в редких случаях достигает 5 м. В Чукотском море в июле–августе волнение слабое, но осенью разыгрываются шторма с максимальной высотой волн до 7 м. В южной части моря мощные волнения могут наблюдаться до начала ноября.

Важными для мореплавания физико-географическими явлениями в арктических морях являются полярные сияния и большая рефракция атмосферы. Полярные сияния лучистой, быстро меняющейся структуры сопровождаются магнитными бурями и нарушениями радиосвязи на коротких волнах. Рефракция часто наблюдается при большой разности температур воды и нижнего слоя воздуха. При этом отдаленные предметы могут быть видны со значительно бо́льших

Such a vertical water structure in the Siberian Arctic seas hinders the development of convective mixing, despite strong cooling and intense ice formation. Surface water moves predominantly from west to east along the mainland coast and in the opposite direction in the northern areas. As a result of this movement, persistent currents in the seas form well-defined anticlockwise cycles. Currents are evident around the islands.

The Arctic seas are influenced by tides. The tides are larger or smaller in height depending on the configuration of the coast. However, the wind-surge difference of water level is substantially higher than tidal fluctuation on most of the coast. They are most significant in the Laptev and East Siberian Seas – up to 2 m or more, especially in the eastern part of the Laptev Sea, where the extreme height of the surge can reach 5 to 6 m (Vanka Guba). In the Kara Sea, wind-surge-level fluctuations exceed 1 m, and in the Ob Bay and Yenisey Bay they are close to 2 m. In the Chukchi Sea, these fluctuations greatly exceed the scale of the tidal ones, and only on Wrangel Island are they approximately equal.

Conditions for the development of wave processes in the Arctic seas are generally poor because of the widespread sea ice. In the Kara Sea, waves up to 1.5 to 2.5 m high have the highest frequency and in the fall they can reach 3 m. In the north-easterly winds in the East Siberian Sea wave heights do not exceed 2 to 2.5 m, in rare case, with a north-westerly wind they can reach 5 m. In the Chukchi Sea in July-August, the waves are weak, but in fall the storms play out with a maximum height of waves up to 7 m. In the southern part of the sea the powerful waves can be observed before the start of November.

Physiographical phenomena in the Arctic seas, including auroras and large degrees of refraction, are important for navigation. Polar lights are radiant. They have rapidly changing structures and are accompanied by magnetic storms and shortwave radio disturbances. Refraction is often observed when there is a large temperature difference between the water and the lower layer of air. Under these conditions, distant objects are visible from much greater distances than under normal conditions. Ice, although sparse, seems

расстояний, чем в обычных условиях. Лед, даже разреженный, при рефракции кажется стоящим на горизонте в виде громадной стены, но темно-синие вертикальные полосы в этой стене издалека указывают мореплавателю на просветы с чистой водой или полыньи.

to be located on the horizon in the form of a huge wall due to refraction, but dark blue vertical stripes in the wall that are seen from a distance indicate to the navigator that there are clean water clearances or polynyas.

1.1.3 Морские льды

Во всех арктических морях круглогодично наблюдаются льды. Основными, важными с точки зрения мореплавания процессами являются сезонное образование и таяние льда, формирование и разрушение припая, а также поведение ледяных массивов и полыней.

Толщина льда естественного нарастания в конце зимы составляет в среднем 120—130 см в проливе Карские Ворота, 160—170 см около острова Диксон и в проливе Лонга, 190—200 см в проливах Вилькицкого. Отклонения от среднего значения толщины могут составлять 50 см. Кроме того, вследствие сжатия и образования нагромождений льда или торосов (этот процесс называется торошеним) на отдельных акваториях толщина льда становиться значительно больше (Бенземан и др., 2004). Нагромождения обломков

1.1.3 Sea Ice

Ice is present throughout the Arctic seas year-round. The most important processes from a navigational point of view are the growth and thawing of ice, formation and destruction of fast ice, and the behaviour of ice massifs and polynyas.

The average thickness of ice appearing as a result of natural growth in late winter is 120 to 130 cm in the Kara Strait, about 160 to 170 cm near Dikson Island and in the De Long Strait, and 190 to 200 cm in the Vilkitsky Straits. Deviations from the average thickness can reach 50 cm. Moreover, due to compression and accumulations of ice in ice ridges and hummocks (a process known as hummocking), in some places ice thickness becomes much larger. (Benzeman et al. 2004). Heaps of rubble ice hummocks may reach up to 10 to 20 m in height. Long-term studies have shown

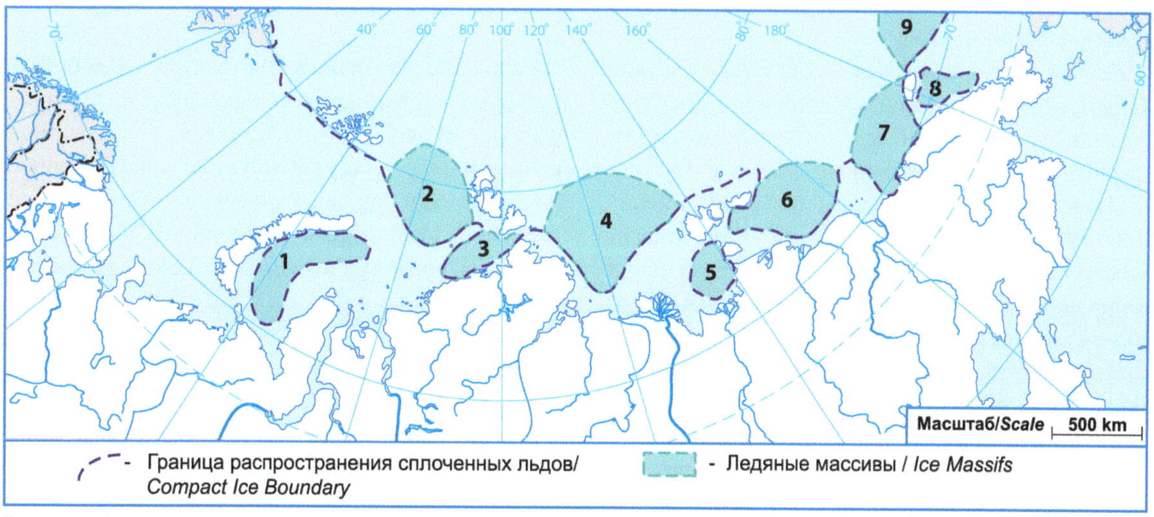

Рис. 1.2 Ледяные массивы: 1 – Новоземельский, 2 – Северный Карский, 3 – Североземельский, 4 – Таймырский, 5 – Янский, 6 – Новосибирский, 7 – Айонский, 8 – Врангелевский, 9 – Северный Чукотский. Составлено на основе (ЕСИМО, Бенземан и др., 2004)

Fig. 1.2 Ice massifs: 1 – Novaya Zemlya, 2 – Northern Kara, 3 – Severnaya Zemlya, 4 – Taymyr, 5 – Yana, 6 – New Siberian, 7 – Ayon, 8 – Wrangel, 9 – Northern Chukotka (adapted from USIMO 2011; Benzeman et al. 2004)

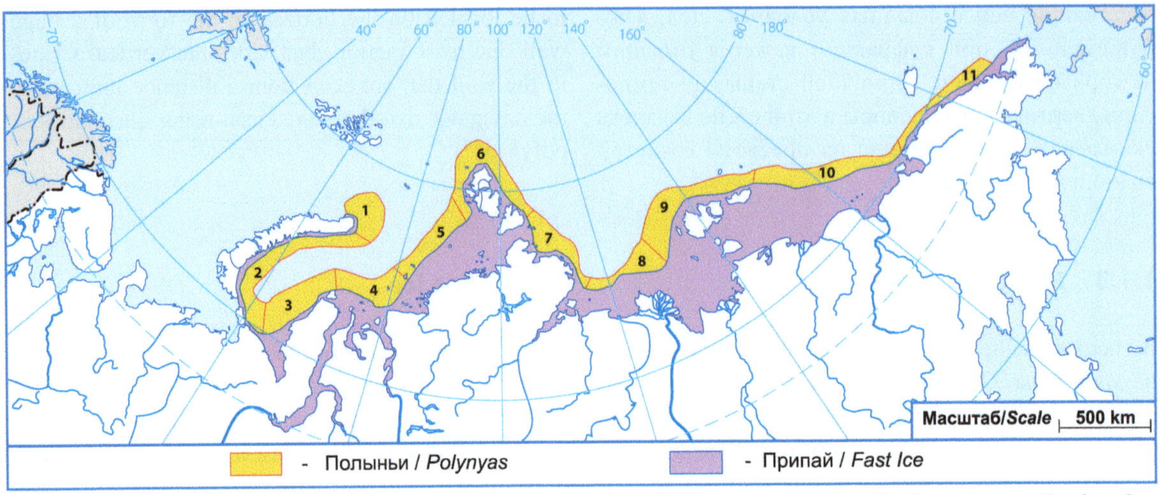

Рис. 1.3 Заприпайные полыньи: 1 – Северная Новоземельская, 2 – Восточно-Новоземельская, 3 – Ямальская, 4 – Обь-Енисейская, 5 – Центрально-Карская, 6 – Североземельская, 7 – Таймырская, 8 –Ленская, 9 –Новосибирская, 10 – Айонская, 11 – Чукотская прогалина. Составлено на основе (ЕСИМО, Бенземан и др., 2004)

Fig. 1.3 Flaw polynyas: 1 – Northern Novaya Zemlya, 2 – East Novaya Zemlya, 3 – Yamal, 4 – Ob-Yenisey, 5 – Central Kara, 6 – Severnaya Zemlya, 7 – Taymyr, 8 – Lena, 9 – New Siberian, 10 – Ayon; 11 – Chukotka glade (adapted from USIMO 2011; Benzeman et al. 2004)

льда в торосах могут достигать 10-20 метров в высоту. Многолетние исследования показали, что в определенных районах Арктики формируются скопления тяжелых торосистых льдов сплоченностью 7-10/10 баллов, получивших название ледяных массивов (рис.1.2). Поскольку сплоченный лед оказывает наибольшее сопротивление движению судов, ледяные массивы существенно затрудняют навигацию.

Четыре ледяных массива — Северный Карский, Таймырский, Айонский, Северный Чукотский — являются отрогами ледяного массива Арктического бассейна. Остальные ледяные массивы — Новоземельский, Североземельский, Янский, Новосибирский и Врангелевский — образованы в основном льдами местного происхождения. К концу периода таяния эти ледяные массивы почти полностью исчезают.

Зимой вдоль берега формируется особый вид неподвижного льда, называемый припаем. В восточной части Карского моря, в море Лаптевых и в западной части Восточно-Сибирского моря припай достигает значительных (тысячи километров в ширину) размеров. Севернее, за припаем расположены свободные ото льда участки акваторий, которые получили название заприпайных полыней, а их отдельные участки собственные имена

that clusters of heavy hummocky with an ice cohesion of 7 to 10/10 points, known as ice massifs, are formed in certain areas of the Arctic (Fig. 1.2). Since nearby ice offers the greatest resistance to ship movements, ice massifs can seriously hamper navigation.

Four solid ice massifs, the Northern Kara, Taymyr, Ayon and Northern Chukotka, make up the spurs of the ice massif of the Arctic Basin. The remaining ice massifs, the Novaya Zemlya, Severnaya Zemlya, Yana, New Siberian and Wrangel, are mainly formed from ice of local origins. These massifs almost completely disappear by the end of the melting period.

A special kind of stabile ice, called fast ice, forms in winter along the coast. Fast ice reaches significant (thousands of kilometres wide) size at the eastern part of the Kara Sea, Laptev Sea and western East Siberian Sea. Further north, behind the fast ice are ice-free areas, called flaw polynyas, and their individual parts have proper names (Fig. 1.3). The formation and existence of such a large area with clean water or young ice and its stability over time is the most important

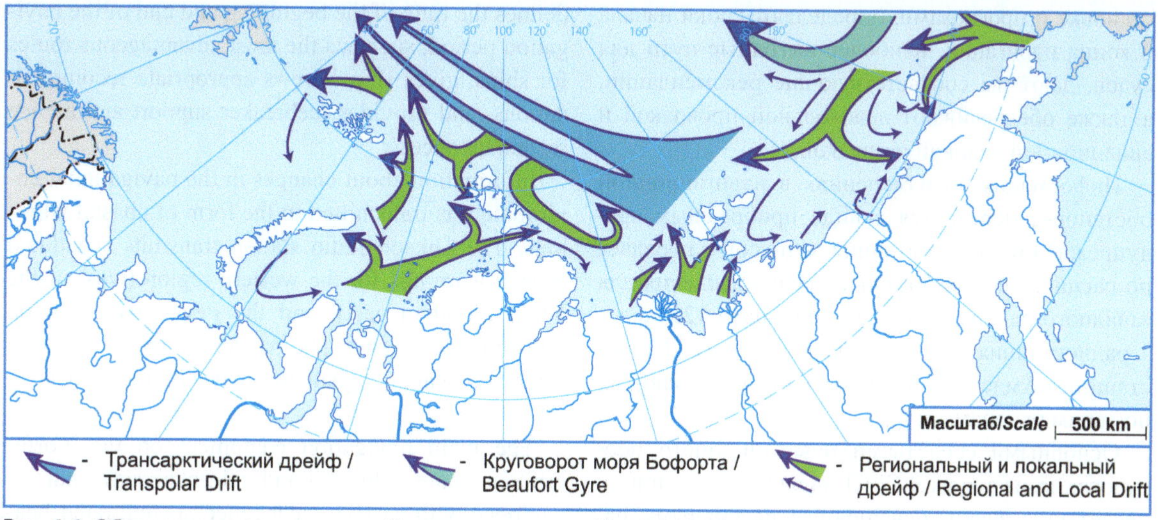

Рис. 1.4 Общая схема движения льда. Составлено на основе (Гордиенко, Лактионов, 1960, Wadhams, 2000)

Fig. 1.4 Total scheme of ice drift (adapted from Gordienko and Laktionov 1960; Wadhams 2000)

(рис 1.3). Образование и существование таких значительных по площади и устойчивых во времени участков с чистой водой и молодыми льдами является самой важной особенностью зимне-весеннего распределения льда и характерной чертой арктических морей.

feature of the winter and spring distribution of ice. It is also a characteristic feature of the Arctic seas.

Льды в арктических морях находятся в постоянном движении, общая схема которого представлена на рис. 1.4.

Ice in the Arctic seas is in constant motion. Figure 1.4 shows the general scheme of motion.

При сходстве морей Арктики в целом каждое из них имеет свою специфику, которая описана в соответствующих главах.

Despite the general similarities of the Arctic seas, each sea has specific characteristics that are described in the chapters devoted to the individual seas.

1.2 Основные трудности и организация навигации

1.2 Major Problems and Organisation of Navigation

Основным фактором, затрудняющим мореплавание в Арктике, является постоянное присутствие льдов. Значительная межгодовая и межсезонная изменчивость состояния льда делает весьма неопределенными как сроки начала навигации, так и ее продолжительность. В период навигации все суда, плавающие по трассе Северного морского пути, находятся в оперативном подчинении штабов морских арктических операций западного и восточного районов Арктики. Границей деятельности штабов является меридиан 125° в.д. Штабы, располагая данными о фактической ледовой об-

The main factor that hampers the development of navigation along the Northern Sea Route is the constant presence of ice. Considerable inter-annual and inter-seasonal variability in ice conditions results in a large variability in the timing and duration of navigation. During the navigation period, all vessels navigating along the Northern Sea Route are under the operational command of the Marine Operations Headquarters. These are the headquarters for the western and eastern parts of the Arctic. The boundary of the headquarters is the meridian 125°E. The headquarters, possessing data on actual ice conditions and forecasts,

становке и прогнозами, определяют сроки начала и конца навигации, наиболее выгодные пути для судов, дают им соответствующие рекомендации, а также обеспечивают ледокольной проводкой и авиационной ледовой разведкой.

Информация об изменениях в навигационной обстановке передается в виде прибрежных предупреждений. Радиостанция «Диксон» передает по расписанию прибрежные предупреждения для западного района (западнее меридиана 125° в.д.), а радиостанция «Певек» для восточного. Радиостанции «Амдерма» и «Челюскин» повторяют их по своим районам.

Основными средствами навигационного оборудования на трассах СМП являются светящие и несветящие знаки, оснащенные пассивными радиолокационными отражателями и радиолокационными маяками-ответчиками. Светящие знаки действуют с середины августа до конца навигации (октябрь). Широко применяются радиотехнические средства: радионавигационные наземные и космические системы, а также морские радиомаяки.

Дальность радиолокационного горизонта может изменяться в зависимости от гидрометеорологических условий. Увеличение дальности наблюдается при ясной погоде и ветрах южных румбов, уменьшение — при северных ветрах.

В арктических моря расположен ряд заповедных зон и биосферных полигонов (Гыданский, Большой Арктический, Усть-Ленский, остров Врангеля), в которых действует особый режим плавания.

defines the time of the beginning and end of the navigation period, suggests the most advantageous routes for ships, gives ships' crews appropriate recommendations, and provides icebreaker support and air ice reconnaissance.

Information about changes in the navigational environment is transmitted in the form of coastal warnings. The Dikson radio station transmits scheduled coastal warnings for the western region (west of the 125th meridian east), and the Pevek radio station transmits to the east. The Amderma and Chelyuskin stations repeat all signals for their individual areas.

The main navigation equipment on the Northern Sea Route is lighted and unlighted signs that are equipped with passive radar reflectors and radar beacons. Illuminated signs are effective from mid-August until the end of the navigation period (October). Radio equipment is also widely used, including ground and space radio navigation systems and marine radio beacons.

The range of the radar horizon may vary depending on meteorological conditions. An increase in the range of the radar horizon occurs in clear weather and southerly winds, and a decrease occurs with northerly winds.

There are a number of protected areas and biosphere polygons (Gydansky, Great Arctic, Ust-Lensky, Wrangel Island) in the Arctic seas. A special navigation regime is used for these zones.

1.3 Основные трассы Северного морского пути

Многолетний опыт плавания в арктических морях определил основные варианты маршрутов, на которых могут формироваться благоприятные для судоходства ледовые условия. Эти маршруты в настоящее время имеют хорошее гидрографическое обеспечение и являются рекомендованными (стандартными) трассами (рис. 1.5). Их расположение зависит от сезона, связано с гидрографическими особенностями каждого района и может изменяться в зависимости от типа судов, осуществляю-

1.3 Main Passages of the Northern Sea Route

Years of sailing experience in the Arctic seas have identified the main route options that can occur under ice conditions that favourable to navigation. These routes currently have good hydrographic support and are recommended (standard) (Fig. 1.5). Their locations depend on the season due to the hydrographic features of each region and can vary depending on the type of vessel engaged in transport. However, the decisive factors that determine the navigational route include the state and distribution of the ice cover.

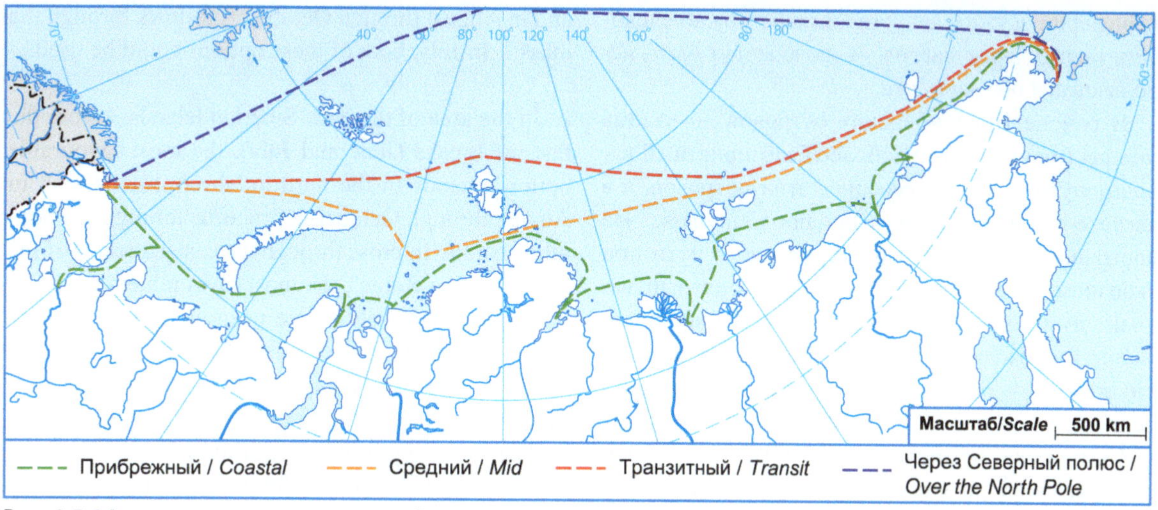

Рис. 1.5 Маршруты плавания по трассе Северного морского пути

Fig. 1.5 Navigation corridors on the Northern Sea Route

щих перевозки. Однако решающими факторами, определяющими маршрут плавания, являются состояние и распределение ледяного покрова.

Конкретные трассы морей и рекомендации по плаванию описаны в соответствующих разделах глав 3–6. При транзитном плавании по Северному морскому пути следует учитывать, что в холодный период года (октябрь–май) вдоль арктического побережья в основных судоходных проливах (кроме проливов Карские Ворота, Лонга и Берингова) устанавливается и сохраняется припай. Вдоль его кромки за счет атмосферной циркуляции и подледных течений формируются заприпайные полыньи (там, где они выражены слабо, их называют прогалинами). Наилегчайший путь в этот период, как правило, проходит через эти полыньи (прогалины) (см. также рис. 1.3). Положение наиболее благоприятного варианта пути в навигационный период (июнь–сентябрь) для всей трассы Северного морского пути определяется состоянием припая (до его взлома) и положением ледяных массивов.

В июне и июле чаще всего путь проходит через проливы Карские Ворота и Югорский Шар, а в сентябре и октябре — вокруг мыса Желания. В августе использование этих путей практически равновероятно. Далее на восток наиболее благоприятный вариант пути проходит по проливу Вилькицкого. В море Лаптевых до начала интенсивного разрушения льда Таймырского ледяного массива рекомендуется обходить его по южной

The specific routes recommended for navigating the seas are described in the relevant sections of Chaps. 3–6. When planning a transit voyage along the Northern Sea Route, it should be noted that fast ice forms and is maintained during the cold season (October through May) on the Arctic coast in the main navigable straits [except for the Karskie Vorota Strait (Kara Gate) and the De Long and Bering Straits]. Due to atmospheric circulation and under-ice currents, flaw polynyas form along fast ice edges (where they are mild and are called glades). The easiest route during this period usually passes through these polynyas (clearings) (see also Fig. 1.3). The location of the most favourable route option for the entire Northern Sea Route during the navigation season (June–September) depends on the state of fast ice (before breaking) and the positions of ice massifs.

In June and July, the route usually passes through the Karskie Vorota and Yugorsky Shar straits, and in September and October, it proceeds around Cape Zhelaniya. In August, these two options could be used with almost equal probability. Further east, the most favourable pathway runs through the Vilkitsky Strait. In the Laptev Sea, before the onset of the intensive destruction of ice of the Taymyr Ice Massif, the most favourable option runs along its southern periphery,

периферии, а уже в августе–октябре можно следовать прямо через массив. В июле могут быть использованы оба варианта.

В районе Новосибирских островов до взлома припая (июнь–июль) наиболее благоприятный вариант пути проходит севернее этих островов, а в августе–октябре — через пролив Санникова. На восточном участке Северного морского пути при сквозном плавании наиболее благоприятный вариант пути имеет сравнительно устойчивое положение и проходит вдоль границы припая, а после его взлома — вдоль побережья Чукотского полуострова.

Суммарная протяженность пути при сквозном плавании по Северному морскому пути колеблется от 2100 до 3400 миль в зависитости от выбранной трассы. Положение наиболее благоприятного варианта пути при движении с востока на запад такое же, как в противоположном направлении. Основными проливами трассы Северного морского пути являются проливы Югорский Шар, Карские Ворота, проливы архипелага Норденшельда (Матисена, Ленина и др.), проливы Вилькицкого, Шокальского, Санникова, Дмитрия Лаптева и Лонга.

and in August through October, it follows through the massif. In July, both of these options could be used.

In the area of the New Siberian Islands, before the fast ice breaks (June and July), the most favourable option extends to the north of these islands, and in August through October, it proceeds through the Sannikov Strait. To cross through the eastern sector of the Northern Sea Route , the most favourable alternative path has a relatively stable position and runs along the border of the fast ice; after the fast ice breaks up, the route proceeds along the coast of the Chukotka Peninsula.

The total length of the path to cross the Northern Sea Route varies from 2100 to 3400 nautical miles. The location of the most favourable pathway is the same travelling east to west as west to east. The main straits in the Northern Sea Route include the Yugorsky Shar Strait, the Karskie Vorota Strait, the straits of the Nordenskiöld Archipelago (Mathisen, Lenin, etc.), and the Vilkitsky, Shokalsky, Sannikov, Dmitry Laptev and De Long Straits.

Глава 2

Основные этапы развития арктического мореплавания и судостроения

Chapter 2

Main Stages of Northern Sea Navigation and Vessel Development

2

Человек появился на Севере России еще в глубине каменного века, тогда и было положено начало арктическому мореплаванию и арктической морской культуре (Окладников, 2003). Однако это мореплавание ограничивалось пределами прибрежной полосы. Кожаная или деревянная лодка, гарпун и каменный топор — вот все, что имели первобытные люди, вступая в борьбу со льдами и океаном.

Humans ventured into northern Russia in the middle of the Stone Age, and Arctic navigation and marine culture began (Okladnikov 2003). However, this "sailing" was limited to the coastal strip. Leather or wooden boats, harpoons and stone axes were all that primitive humans possessed as they entered into a struggle with the ice and the ocean.

На многовековом пути к современному Северному морскому пути как действующей транспортной магистрали совершенствовались не только сами транспортные средства, но и гидрометеорологическое и навигационное обеспечение перевозок.

The Northern Sea Route was developed over the centuries into its existing transport route. At the same time, vessels and their hydrometeorological and navigational support services have improved.

В эволюции судов следуют выделить три основных момента:

1) совершенствование движущих сил: от гребных парусников, через пароходы и дизель-электрические суда к атомоходам;
2) совершенствование материалов корпуса: от простых деревянных судов, через укрепленные с ледовым поясом, к металлическим, с двойным корпусом;
3) совершенствование формы корпуса.

There were three main points in the history of ship evolution:

(1) Improvements in propulsive forces, from paddle and sailing vessels to steamer and diesel-electric ships to nuclear-powered vessels;
(2) Improvements in hull materials, from simple wooden vessels through the strengthening of ice belts to metal and double-hulled vessels;
(3) Improvements in hull shapes.

На смену прямостенным корпусам пришла яйцевидная форма, обеспечивающая выдавливание судна льдом на поверхность во время ледового сжатия. Специфическая форма корпуса ледоколов позволила им преодолевать мощные и торосистые льды.

Round shapes replaced square hull walls, resulting in the squeezing of the vessel out of the ice to the surface under nipping and ice stresses. The specific body forms of icebreakers allow them to overcome powerful and hummocked ice.

Проследим эту эволюцию и развитие Северного морского пути как транспортной магистрали в хронологическом порядке.

The evolution and development of the Northern Sea Route as a transport artery are addressed in chronological order.

N. Marchenko, *Russian Arctic Seas*,
DOI 10.1007/978-3-642-22125-5_2,

2.1 Эпоха деревянных парусных кораблей

В XII веке новгородские промышленники и путешественники вышли к берегам Белого моря, используя речные системы Северной Двины и Онеги, и основали вдоль побережья поселения так называемой Биармии. Главным городом были Холмогоры, затем возникли Архангельск и Кола. Сформировалась особая этническая группа — поморы, которые в течение нескольких веков доминировали как мореплаватели на огромной территории от побережья Баренцева, Белого и Карского морей на север до Новой Земли и Шпицбергена.

В XVI веке русское арктическое мореплавание было особенно активным. В это время появились и использовались 5 основных морских путей:

1) вдоль побережья Кольского полуострова и Норвегии в Европу,
2) Новоземельский ход,
3) Мангазейский ход,
4) Енисейский ход,
5) Грумландский ход (Старков, 2001).

Все эти пути включали целую систему навигационной поддержки: рациональный маршрут, оптимально выбранное время старта, наземные навигационные знаки (например, кресты), использование специальных судов и лоций, возможности для вынужденной зимовки. Все было продумано так, чтобы избежать неблагоприятных ледовых условий или свести к минимуму их воздействие. Одним из главных факторов, который позволял поморам справляться с трудностями арктического мореплавания, было использование специальных кораблей. Для разных путей поморы использовали разные типы судов, приспособленных для специфических условий.

Поморы строили и использовали кочи двух основных типов и их вариации. Большие кочи предназначались для прибрежных плаваний, а маленькие — для навигации в открытом море в ледовых условиях. Благодаря дополнительной обшивке (ледовому поясу), которая называлась «котца» (отсюда, возможно, и название), и особой форме

2.1 The Era of Wooden Sailing Ships

Russian sailors have navigated in icy conditions for many centuries. This history began as early as the twelfth century, when explorers from Novgorod entered the White Sea through the Northern Dvina and Onega estuaries and founded settlements along the sea coasts, including Kholmogory, Arkhangelsk and Kola. The push north was connected to the expansion of sea trade and the development of new territories. The Pomors (inhabitants of northern Russia) dominated as seafarers along the enormous zone from the shorelines of the White, Barents and Kara seas to the archipelagos of Novaya Zemlya and Spitsbergen.

In the sixteenth century, Russian Arctic seafaring became particularly active. During this time, five main sea routes were established (Starkov 2001):

(1) A route towards and along the shore of Norway,
(2) A route towards the northern island of the Novaya Zemlya Archipelago,
(3) A sea route near Mangazeya to the northern part of western Siberia,
(4) A route towards the mouth of the river Yenisey,
(5) The so-called Grumant route to Spitsbergen.

Each of these routes included a system of navigational support: a rational shortcut route, optimal voyage start time, onshore support signs (such as a cross), the use of special types of ships and sailing directions, and the availability of transitional sea ports in case of forced overwintering. One of the major factors that allowed the Pomors to overcome the difficult and challenging Arctic routes was their use of specialized ships. For different routes, the Pomors used different types of vessels designed for specific conditions.

In general, Pomors' koches were of two basic types: large ones used for coastal voyages and small ones used for navigation in open seas with ice. Because of its additional skin-planking (called *kotsa*, from which the name of the type of ship was probably derived) and Arctic design for the body and rudder, a koch could sail without being damaged in waters

корпуса и руля, кочи могли плавать без повреждений в водах, полных льдин. Коч был уникальным в своем классе судов и использовался в течение нескольких столетий.

Эпоха арктический вояжей поморов закончилась в XVIII веке, оставив в наследие сведения о конструкции судов и опыт мореплавателей. Идея о яйцевидной или округлой форме корпуса была использована К. Арчером и Ф. Нансеном в дизайне знаменитого судна *Фрам*. Благодаря этой форме *Фрам* выдержал невероятные ледовые сжатия во всех полярных экспедициях.

В XVI веке планы освоения Северного морского пути начинают разрабатываться на государственном уровне. В 1525 г. дьяк великого князя Московского Василия III Дмитрий Герасимов составил первый проект Северного морского пути и первую карту российских берегов Северного Ледовитого океана и Московии (Белов, 1956). Дмитрий Герасимов путешествовал по морю из Северной Двины в Западную Европу и лично знал условия мореплавания на Севере. В 50-х годах XVI века морскую экспедицию в Китай замышлял Иван Грозный. Для поощрения мореплавателей он приказал выдать им большую денежную премию, и желающих отправиться в эту экспедицию нашлось немало.

Важную роль в освоении Северного морского пути сыграло основание в начале XVII века торговой фактории и порта Мангазея на реке Таз. В 1648 г. группа мореходов во главе с Федотом Поповым и Семеном Дежнёвым обошла на кочах Чукотский полуостров и вышла в Тихий океан. Тем самым было доказано, что Евразия и Северная Америка — два обособленных континента.

Немногим более чем за столетие русские поморы и землепроходцы прошли отдельными участками весь Северный морской путь и подтвердили высказанное ранее предположение о существовании морского пути из Европы в Тихий океан вокруг северных берегов Евразии.

В 1733–1743 годах в водах Северного Ледовитого океана и на его побережье работала Великая Северная экспедиция под руководством В. Беринга. Отряды экспедиции выполнили гидрографическую опись и составили карты побережья от Архангельска на западе до мыса Большой Баранов на востоке.

that were full of ice pieces and floes. The koch was a unique ship of its class and was used for several centuries.

The Pomor epoch ended in the eighteenth century, but it provided information on ship construction and sailor experience. The idea of an egg-shaped or round-bottom ship hull was used by C. Archer and F. Nansen in the construction of a ship called the *Fram*. Due to this rounded hull shape, the *Fram* endured extreme ice stresses and nipping.

In the sixteenth century, plans for a Northern Sea Route began to develop at the state level. In 1525, Dmitry Gerasimov (deacon of Grand Prince Vasily III of Moscow) created the first draft of the Northern Sea Route and the first map of the Russian shores of the Arctic Ocean and the Grand Duchy of Moscow (Belov 1956). Gerasimov travelled by sea from the Northern Dvina in Western Europe and personally knew the navigational conditions in the North.

In the 1550s, naval expeditions to China were planned by Russian Tsar Ivan the Terrible. To encourage sailors, he ordered to award them large cash prizes, and many were willing to participate in these expeditions.

A foundation trading post and the port of Mangazeya on the Taz River at the beginning of seventeenth century played important roles in the development of the Northern Sea Route. In 1648, a group of sailors, led by Fedot Popov and Semen Dezhnev, travelled in koches along the Chukotka Peninsula and entered the Pacific Ocean. Thus, it was proven that Eurasia and North America were two separate continents.

Over a period of slightly more than a century, Russian Pomors and explorers travelled by separate paths throughout the Northern Sea Route and confirmed the earlier assumption of the existence of a sea route from Europe to the Pacific Ocean around the northern shores of Eurasia. From 1733 to 1743, the Great Northern Expedition, led by V. Bering, conducted investigations in the waters of the Arctic Ocean and its coastline. Detachments of the expedition performed hydrographic research and mapped the coast from Arkhangelsk in the west to Cape Bolshoy Baranov in the east.

Обобщив опыт исследований северных морей, выдающийся русский ученый и мыслитель М.В. Ломоносов в 1763 году создал одну из первых обзорных карт Северного Ледовитого океана и представил в Адмиралтейскую коллегию проект освоения Северного морского пути. Ломоносов считал, что создание Северного морского пути приведет к усилению не только экономической, но и военной мощи России на Тихом океане. В своем проекте он отметил ряд важных особенностей арктической природы и вскрыл некоторые закономерности ледообразования, дрейфа льдов и перемещения вод в Северном Ледовитом океане. Ломоносову принадлежит план изыскания высокоширотного варианта Северного морского пути. Благодаря трудам Ломоносова и научным арктическим экспедициям его времени весьма неясная мысль о Северном морском пути приобрела конкретные очертания (Соколов, 1854).

Однако предпринятая в 1765–1766 годах попытка преодолеть этот путь на парусных судах (экспедиция В.Я. Чичагова) закончилась неудачно. Даже двойная обшивка корпусов не позволяла парусникам успешно бороться со льдами.

After gathering the expertise of Northern Sea explorers, a prominent Russian scientist and thinker, Mikhail V. Lomonosov, composed the first map of the Arctic Ocean and presented the project of the Northern Sea Route to the Admiralty Collegium in 1763. Lomonosov believed that the establishment of a Northern Sea Route would increase Russia's economic and military power in the Pacific. In his draft proposal, Lomonosov noted a number of important features of the Arctic environment and revealed patterns of ice formation, ice drift and movement of water in the Arctic Ocean. Therefore, he created a plan to find a high-latitude version of the Northern Sea Route. Thanks to his work and the scientific Arctic expeditions of his time, a vague idea of the Northern Sea Route was established (Sokolov 1854).

However, attempts to overcome the ice encountered in high latitudes on sailing vessels, undertaken in 1765–1766 (expedition led by Vasily Y. Chichagov), were unsuccessful. Even double-planked hulls did not allow sailboats to compete successfully with the ice.

2.2 Эпоха деревянных и металлических судов с паровыми двигателями

Реальное превращение Северного морского пути в действующую транспортную магистраль началось только с появлением судов, способных решить эту задачу, т.е. судов с паровыми двигателями, которые обладали бы достаточной мощностью для маневрирования во льдах.

В 1878–1879 годах первым за две навигации успешно совершил сквозной проход по Северному морскому пути шведский полярный исследователь Н.А. Норденшельд на парусно-паровой зверобойной шхуне *Вега.* Ледовые условия складывались благоприятно, но *Вега* не дошла до Берингова пролива всего 200 км и вынуждена была зазимовать у берегов Чукотки. На следующий год, освободившись ото льда 20 июля 1879 года, *Вега* миновала мыс Дежнева и преодолела Северный морской путь на всем его протяжении, подтвердив, что такой путь реально существует, и он проходим.

2.2 The Era of Wooden and Metal Vessels with Steam Engines

The real transformation of the Northern Sea Route into the existing transport line began with the design and construction of vessels that could manage these difficult conditions. Ships with steam engines provided sufficient power capacity to manoeuvre in the ice.

From 1878 to 1879, the Swedish polar explorer Nils Adolf Erik Nordenskiöld, on the sealing steam-sailing schooner *Vega*, successfully passed through the Northern Sea Route for the first time during only two navigation seasons. The ice conditions were favourable; the *Vega* did not reach the Bering Strait and had only 200 km left. The vessel had overwintered off the coast of Chukotka. The following year, the *Vega* was released from the ice on 20 July 1879 and passed Cape Dezhnev. The ship had managed the Northern Sea Route along its entire length, confirming that this path actually existed. However, the long duration of

Однако большая продолжительность плавания привела Норденшельда к выводу о непригодности Северного морского пути для коммерческого использования на том этапе развития судостроения и навигации.

В 1912 году попытки сквозного плавания по Северному морскому пути предприняли лейтенант Г.Л. Брусилов на паровой шхуне *Святая Анна* и известный полярный исследователь В.А. Русанов на зверобойном судне *Геркулес.* Деревянные корпуса этих судов были мало приспособлены для плавания во льдах, к тому же ледовые условия в тот год сложились крайне тяжелые. Поэтому обе экспедиции закончились трагически: суда и почти все члены их экипажей пропали без вести во льдах Карского моря, спаслись только два участника экспедиции Брусилова.

Совершенно новый этап в исследовании и освоении Северного Ледовитого океана связан с изобретением ледокола и именем знаменитого русского мореплавателя адмирала С.О. Макарова. Предполагая, что в восточном секторе Северного Ледовитого океана нет паковых льдов, он обосновал возможность плавания в этом районе при наличии мощного ледокола. По его предложению и при непосредственном участии в 1898 году в Англии и был построен первый в мире мощный ледокол *Ермак* (рис. 2.1), который предназначался как для регулярного сообщения с Обью и Енисеем через Карское море, так и для научных исследований океана и возможного достижения Северного полюса (Макаров, 1901). *Ермак* имел усиленный металлический корпус особой формы и был способен форсировать тяжелые льды двухметровой толщины. Следовавшие за ним металлические суда разной конструкции могли активно преодолевать сопротивление ледяного покрова.

В 1908 году на Невском судостроительном заводе в Петербурге были построены ледокольные пароходы *Таймыр* и *Вайгач*. Эти пароходы были специально созданы для исследования Арктических морей России Гидрографической экспедицией Северного Ледовитого океана 1910–1915 годов.

В 1912 году на этом же заводе был построен ледокол *Петр Великий* мощностью 4000 л.с. Во время Первой мировой войны Россия покупает за границей ледоколы мощностью от 6500 до 8000

the expedition led Nordenskiöld to conclude that the Northern Sea Route was useless for commercial purposes.

In 1912, attempts to cross the Northern Sea Route were made by the famous polar explorer V.A. Rusanov on the sealer *Gerkules* and Lieutenant G.L. Brusilov on the steam schooner *Svyataya Anna.* The wooden hulls of these vessels were poorly suited for navigation in ice, especially because the ice conditions were extremely severe that year. Therefore, both of these expeditions ended tragically. The vessels and nearly all members of their crews were lost in the ice of the Kara Sea. Only two members of Brusilov's expedition survived.

A new stage in the exploration and mastery of the Arctic Ocean was associated with the invention of proper icebreakers and the famous Russian explorer Admiral Stepan Makarov. Assuming that there was no pack ice in the eastern sector of the Arctic Ocean, he substantiated the possibility of sailing there with the help of a powerful icebreaker. Based on his suggestion and direct participation, the world's first powerful icebreaker, the *Ermak*, was built in 1898 in England (Fig. 2.1). The *Ermak* was intended for regular sailing to the Ob and Yenisey Rivers through the Kara Sea and for the investigation of the Arctic Ocean and possibly reaching the North Pole (Makarov 1901). It had a rugged metal hull with a special shape that was capable of sailing in heavy ice up to 2 m thick. Later metal vessels of different designs were able to overcome the resistance of the ice cover.

In 1908, the Nevsky Shipyard in St Petersburg built the icebreakers *Taymyr* and *Vaygach.* These ships were specifically designed for the investigation of the Arctic Russian seas during the Hydrographic Expedition of the Arctic Ocean from 1910 to 1915.

In 1912, at the same plant, the icebreaker *Petr Veliky,* with a 4000-hp engine, was built. During World War I, Russia bought the foreign icebreakers *Ilya Muromets* and *Dobrinya Nikitich*, *Alexander Nevsky*

л.с. и называет их *Илья Муромец* и *Добрыня Никитич*, *Александр Невский* и *Микула Селянинович*, заказывает ледокол *Святогор* мощностью 10000 л.с. Кроме того приобретаются суда ледового плавания: ледорез *Федор Литке*, пароходы *Садко, Малыгин, Владимир Русанов, Александр Сибиряков, Георгий Седов* (Бабич, 2007). Таким образом, был сделан решающий шаг в освоении Северного морского пути. В Арктике появились суда, способные бороться со льдом.

Превращение Северного морского пути в нормально действующую судоходную магистраль стало возможным после строительства ледокольного флота и специализированных транспортных судов с ледовыми усилениями корпуса. Однако требовалось также создание системы навигационной поддержки и дополнительные исследования.

До 1920 г. ледоколы совершали в Арктике преимущественно экспедиционные плавания. Наиболее известным в этом ряду является Гидрографическая экспедиция Северного Ледовитого океана 1910–1915 годах. На первом этапе, базируясь во Владивостоке, экспедиция за три года выполнила детальную гидрографическую опись от мыса Дежнева до устья Лены и соорудила на побережье навигационные знаки. В 1913 году экспедиция должна была продолжить гидрографическую опись до Таймырского полуострова и при благоприятных условиях совершить сквозное плавание по Северному морскому пути до нынешнего Мурманска. Но мыс Челюскина оказался блокирован тяжелыми льдами. Тогда было принято решение обойти льды с севера. На этом пути моряки сделали крупнейшее географическое открытие XX века — архипелаг Северная Земля. В 1914 году они вновь вышли в плавание и после зимовки у северо-западного берега Таймырского полуострова благополучно прибыли в Архангельск.

После Октябрьской революции 1917 года мощным стимулом к освоению Арктики стали экономические интересы СССР. 8 августа 1920 года 19 судов 1-й Карской (Хлебной) экспедиции вышли из Архангельска в Обскую губу для вывоза сибирского хлеба в голодающие районы Архангельской губернии. Суда были старыми, непригодными для плавания во льдах, однако они уже 4 октября с грузом хлеба, мяса, жиров и пушнины они вернулись в Архангельск. Эта и последовавшие затем другие Карские товарооб-

and *Mikula Selyaninovich*, with a capacity of 6500 to 8000 hp. The icebreaker *Svyatogor*, with a capacity of 10,000 hp, had been ordered. Then Russia bought other ships that were suitable for ice navigation: the ice-cutter *Fedor Litke* and the steamers *Sadko*, *Malygin*, *Vladimir Rusanov*, *Alexander Sibiryakov*, and *Georgy Sedov* (Babich 2007). These purchases and ship constructions were great steps towards the commercial use of the Northern Sea Route. Vessels could now overcome the sea ice and enter the Arctic.

The transformation of the Northern Sea Route into an efficiently functioning shipping line was made possible after the construction of an icebreaking fleet and specialised cargo ships with ice reinforcement of their enclosures. However, a system of navigational tools and additional studies were also required.

Before 1920, the icebreakers performed primarily expeditionary sailing in the Arctic. The best known of these series was the Hydrographic Expedition of the Arctic Ocean from 1910 to 1915 based in Vladivostok. In the first stage over the course of 3 years the expedition completed a detailed hydrographic inventory from Cape Dezhnev to the mouth of the Lena River and built navigation marks on the coast. In 1913, the expedition was supposed to continue to create a hydrographic inventory of the Taymyr Peninsula and, under favourable conditions, should have completed a through voyage on the Northern Sea Route to the current city of Murmansk. However, Cape Chelyuskin was blocked by heavy ice. Therefore, the decision to bypass the ice from the north was made. Along the way, the sailors made the largest geographical discovery of the twentieth century: the Severnaya Zemlya Archipelago. In 1914, they again set out to sea, and after overwintering on the northwestern coast of the Taymyr Peninsula, they arrived safely at Arkhangelsk.

After the October Revolution of 1917, the economic interests of the USSR were a powerful stimulus for Arctic exploration. On 8 August 1920, 19 ships of the first Kara expedition left Arkhangelsk, heading for the Ob Gulf to transport Siberian grain to the famine-stricken districts of the Arkhangelsk province. The ships were old and not suitable for navigation in ice, but they returned to Arkhangelsk on 4 October with a cargo of grain, meat, fat and fur. This and other subsequent Kara barter expeditions in the 1920s and 1930s initiated commercial navigation in the Russian

менные экспедиции в 1920–1930 годов положили начало коммерческому судоходству в Российской Арктике. В 1921 году для поддержки судоходства и изучения арктических морей был создан Плавучий морской научно-исследовательский институт, а на побережье и островах построены полярные радиометеостанции.

Arctic. To support the navigation in 1921, the Floating Marine Research Institute was founded, and polar radio meteorological stations were built on coasts and islands.

В 1932 году было образовано Главное управление Севморпути (ГУ СМП) (с 1971 года — Администрация Северного морского пути). В этом же году ледокольный пароход *Сибиряков* впервые прошел Северным морским путем за одну навигацию и показал возможность его коммерческой эксплуатации. В 1933 году это достижение должен был повторить пароход *Челюскин*. Однако ледовая обстановка в восточном секторе Арктики сложилась крайне неблагоприятная, а сам пароход был плохо приспособлен для ледового плавания. В Чукотском море *Челюскин* был вовлечен в ледовый дрейф и затонул в результате сжатия.

In 1932, the General Directorate of the Northern Sea Route (GU SMP) (since 1971, it has been known as the Administration of the Northern Sea Route) was established. In the same year, the steamer icebreaker *Sibiryakov* passed the Northern Sea Route in a single season for the first time and showed the possibility of commercial exploitation. In 1933, the steamship *Chelyuskin* tried to repeat this achievement. However, the ice conditions in the eastern sector of the Arctic were extremely unfavourable that year, and the ship was poorly suited for ice navigation. In the Chukchi Sea, the *Chelyuskin* was stuck in drift ice and sank as a result of ice compression.

Далее количество задействованных судов и тоннаж перевозимых грузов росли, строились новые порты, была введена патрульная ледовая служба. Однако природа периодически преподносила неприятные сюрпризы. Навигация 1937 года показала насколько трудными и непредсказуемыми могут быть ледовые условия: двадцать пять судов остались на вынужденную зимовку во льдах. В 1938 году был введен в эксплуатацию первый ледокол отечественной постройки *Сибирь*. В 1939–1941 годах вступили в строй еще три ледокола того же типа с паровой энергетической установкой мощностью 7350 кВт.

Later, the number of vessels and tonnage of goods transported increased, new ports were built, and an ice patrol service was established. However, the environment occasionally presented unpleasant surprises. Navigation in 1937 showed how difficult and unpredictable the ice conditions could be: 25 ships were forced to overwinter in the ice. In 1938, the first icebreaker of Russian manufacture was built. It was called the *Sibir* (Siberia). Between 1939 and 1941, three icebreakers of the same type with steam power plant capacities of 7350 kW were put into operation.

Вторая мировая война надолго прервала северные исследования, однако Северный морской путь продолжал действовать и внес значительный вклад в разгром агрессора. На Севере постоянно функционировали две транспортные морские магистрали: внешняя — для перевозки грузов из Англии и США и внутренняя — для поставок из восточных районов страны. Корабли Северного флота активно использовались при конвоировании. После Второй мировой войны существенно увеличилась экономическая активность на севере и востоке России. Перебазированный еще в годы войны из Мончегорска в Норильск медно-никелевый комбинат вырос в крупный металлургический центр. На севере Якутии возникла и быстро разви-

The Second World War interrupted northern studies for a long period of time, but the Northern Sea Route made a significant contribution to the defeat of the enemy. Two marine transport pathways always operated in the North: an external pathway, for the transport of goods from Britain and the USA, and a domestic pathway, for shipments from the eastern regions of the Soviet Union. Northern Fleet ships were used extensively in the convoy. After the Second World War, economic activity in the north and east of Russia increased greatly. Relocated during the war from Monchegorsk to Norilsk, the copper-nickel plant grew into a major metallurgical centre. A diamond industry emerged and rapidly developed in the northern region of Yakutiya. The mining of gold and other precious

Рис. 2.1 Первый в мире ледокол арктического класса *Ермак*. Построен в 1898 в Англии. Списан в 1963 году и затоплен в 1965. Фотография неизвестного автора, сделанная до 1917 года, находится в общественном достоянии

Fig. 2.1 The world's first Arctic Class icebreaker *Ermak*, built in 1898 in England. Decommissioned in 1963 and sunken in 1965 (pre-1917 photo, public domain)

Рис. 2.2 Дизель-электроход ледокол *Ермак*. Головное судно серии (1974-1976 гг.), в которую вошли ледоколы *Адмирал Макаров* и *Красин*. Построен в 1974 году в Финляндии. Печатается с разрешения ОАО «Дальневосточное морское пароходство»

Fig. 2.2 Diesel-electric icebreaker *Ermak*. The first ship in the series (1974–1976) includes the icebreakers *Admiral Makarov* and *Krasin*. Built in 1974 in Finland. Reproduced with permission from Far Eastern Shipping Company

валась алмазная промышленность, а на Чукотке — добыча золота и других ценных металлов. Значительно увеличилась добыча каменного угля и заготовка экспортного леса на Енисее. Были открыты и начали эксплуатироваться богатейшие запасы нефти и природного газа на севере Западной Сибири. Все это требовало резкого увеличения транспортных перевозок по СМП. Арктический флот стал пополняться мощными ледоколами (рис.2.2) и транспортными судами.

В середине 40-х годов были опубликованы материалы исследований ледовых условий Арктики и первые обобщения накопленного опыта в области судостроения и навигации —произведения, ставшие впоследствии классическими. Это «Плавание во льдах морских транспортных судов» Л.Е. Полина (1946) и «Суда ледового плавания» И.В. Виноградова (1946). Книга Н.Н. Зубова «Льды Арктики» (1946) стала классическим учебником по физике и географии морского льда, в 1963 году она была переведена на английский язык, а ее автор назван великим пионером науки о льдах (Leppäranta, 2009).

metals blossomed in Chukotka, and coal mining and the export of timber harvested on the Yenisey significantly increased. Very large reserves of oil and natural gas were discovered, and petroleum operations began north of Western Siberia. All of this development required a considerable increase in transport along the Northern Sea Route. The Arctic fleet was replenished with powerful icebreakers (Fig. 2.2) and cargo ships.

Data from studies of ice conditions in the Arctic and the first generalisations of the cumulative experience in the area of shipbuilding and navigation were published in the mid-1940s. These publications have become classic documents. They include the books *Sailing of Sea Transport Vessels in Ice Conditions* by L.E. Polin (1946) and *Vessels for Ice Navigation* by I.V. Vinogradov (1946). *Arctic Ice* by N.N. Zubov (1945), became the classic textbook on the physics and geography of sea ice, and in 1963, it was translated into English. The researcher and author Nikolay Zubov was a great pioneer of the Arctic Ocean (Leppäranta 2009).

2.3 Эпоха атомных линейных ледоколов

В декабре 1959 года на Адмиралтейском заводе в Ленинграде был спущен на воду первый в мире атомный ледокол *Ленин*. С этой даты берет начало история гражданского атомного флота. Эксплуатация атомного ледокола *Ленин* позволила кардинально расширить сроки навигации в Арктике и увеличить объемы грузооборота на трассе Северного морского пути. В 60-е годы начинается переход от пассивной тактики к внедрению принципов линейного движения по трассе. Ледоколы прокладывают в припае каналы за 15–20 суток до его естественного взлома, форсируют сплоченные перемычки льда. С начала освоения Северного морского пути сроки арктической навигации изменились следующим образом: в 20-е годы 1–1.5 месяца, в 30-е годы 2–3 месяца, в 60-е годы 4–5 месяцев.

В 1976 году состоялся первый Ямальский экспериментальный рейс: атомоход *Ленин* и теплоход *Павел Пономарев* доставили 4000 тонн грузов для газовиков полуострова Ямал уже в апреле. Начиная с 1978 года, навигация в западном районе Арктики стала круглогодичной с перерывом на ледоход на Енисее.

Значительно меньшие успехи были достигнуты на участке от острова Диксон до Берингова пролива. По сравнению с 50-ми годами навигация здесь начинается всего на 10–14 суток раньше.

Ледоколы уверенно продвигаются на север. В 1971 году атомный ледокол *Ленин* совместно с ледоколом *Владивосток* осуществил высокоширотное сквозное плавание из Мурманска в восточный район Арктики.

17 августа 1977 года атомоход *Арктика* впервые в мире достиг географической точки Северного полюса в свободном ледовом плавании. С 1990 года регулярно совершаются туристические рейсы на Северный полюс.

В развитии ледокольного флота можно выделить четыре периода (Бенземан и др., 2004):

1) до середины 50-х годов XX века, когда на трассе Северного морского пути работали паровые ледоколы;
2) до середины 60-х годов XX века, когда продолжалась эксплуатация паровых ледоколов, но

2.3 The Era of Nuclear-Powered Linear Icebreakers

In December 1959, the world's first nuclear-powered icebreaker, the *Lenin*, was launched in the Admiralty Shipyard in Leningrad. This launch marked the beginning of a civil nuclear fleet. Operation of the *Lenin* made it possible to drastically expand the terms of navigation in the Arctic and increasing turnover in the Northern Sea Route. In the 1960s, the transition from passive tactics to the implementation of the principles of linear motion along the route began. Icebreakers paved channels in the fast ice for 15 to 20 days before its natural breaking, overcoming tight-knit ice isthmuses. Since the early development of the Northern Sea Route, the duration of Arctic navigation went from 1 to 1.5 months in the 1920s, to 2 to 3 months in the 1930s, and finally to 4 to 5 months in the 1960s.

In 1976, the First Yamal Pilot Voyage took place. The nuclear-powered icebreaker *Lenin* and the cargo ship *Pavel Ponomarev* delivered 4000 tonnes of cargo for the gas industry on the Yamal Peninsula in April. Since 1978, navigation in the Western Arctic region has become a year-round event, with a pause only during the ice break-up of the Yenisey River.

The achievements in increasing the navigation season are much less significant in the area from Dickson Island to the Bering Strait. Compared to the 1950s, navigation currently starts only 10 to 14 days earlier.

Icebreakers easily navigate to an area of solid, multiyear ice in the north. In 1971, the icebreaker *Lenin*, together with the icebreaker *Vladivostok*, completed a high-latitude through-voyage from Murmansk to the eastern region of the Arctic.

On 17 August 1977, for the first time, the icebreaker *Arktika* reached the geographic North Pole in free ice navigation. Since 1990, tourist cruises to the North Pole have been conducted regularly.

There have been four periods in the development of the icebreaking fleet (Benzeman et al. 2004):

(1) Before the mid-1950s, steam-powered icebreakers worked along the Northern Sea Route.
(2) Until the mid-1960s, the operation of steam-powered icebreakers continued, but the main loads on

основную нагрузку по проводке судов несли дизель-электрические ледоколы. В конце этого периода началась опытная эксплуатация атомного ледокола;

3) до середины 70-х годов XX века, когда из состава ледокольного флота были выведены паровые ледоколы. В этот период доминировали дизель-электрические ледоколы, и началась опытная эксплуатация ядерных энергетических установок второго поколения;
4) продолжается до настоящего времени (с начала XXI века по 2011 год). Лидерство в проводке судов по трассе Северного морского пути перешло к атомным ледоколам (рис. 2.3).

При строительстве ледоколов мощность их электрических установок при переходе от одного типоразмера к другому практически удваивалась.

Параллельно с развитием ледокольного флота идет и усовершенствование транспортных судов. Однако на всех этапах развития определяющим было совершенствование ледокольного флота, к возможностям которого стремились приблизить транспортный флот.

В этом процессе можно выделить следующие ключевые моменты (Бенземан и др., 2004).

1) В послевоенные годы развитие арктического транспортного флота шло по пути увеличения средней грузоподъемности судов, повышения мощности их энергетических установок, роста скорости хода. Увеличивалось число типов судов всех назначений, появились балкеры-контейнеровозы. Существенно улучшались архитектурно-конструктивные и экологические характеристики сухогрузных и наливных судов, их приспособленность к ледовому плаванию. Появились ледокольно-транспортные суда ледового класса. Однако часто с вводом в строй мощных ледоколов повышалась ледовая аварийность транспортного флота, т.к. транспортные суда не соответствовали возросшим возможностям новых ледоколов.
2) Несоответствие между скоростными возможностями ледоколов и проводимых ими транспортных судов обнаружилось и при вводе в эксплуатацию атомных ледоколов в середине 70-х годов. При попытках проводить судно на повышенных скоростях, включая проводку на

the leading ships were carried out by diesel-electric icebreakers. At the end of this period, the trial operation of nuclear icebreakers started.

(3) By the mid-1970s, steam-powered icebreakers had been withdrawn from the icebreaking fleet, diesel-electric icebreakers dominated, and trial operations of second-generation nuclear-powered engines began.

(4) The fourth stage continues to this day (early twenty-first century). Leadership in pilotage along the Northern Sea Route has been accomplished by nuclear icebreakers (Fig. 2.3).

During the construction of these icebreakers, the power of electrical installations nearly doubled in the transition from one type and size to another.

In parallel with the development of the icebreaking fleet, improvements in transport vessels have continued. However, at all stages of development, improvements in icebreakers played the main role and the opportunities available to the merchant fleet were dictated by icebreakers.

The following key points were important in this process (Benzeman et al. 2004).

(1) In the postwar years, the development of the Arctic transport fleet addressed ways of increasing the average cargo capacities of vessels, the power outputs of their power plants, and their speeds. There were increases in the numbers of vessels of all types, including bulk carriers and container vessels. The design and environmental characteristics of the dry cargo and tanker ships and their adaptability to ice navigation have substantially improved, and special icebreaking cargo ships of the ice class were established. However, the failure rate of the transport fleet often increased with the commissioning of powerful icebreakers because the transport vessel capabilities could not match the increased potential of the new icebreakers.
(2) The mismatch between the speed capabilities of the icebreakers and their caravan transport vessels became clear when nuclear icebreakers were developed in the mid-1970s. When attempts were made to maintain vessels at higher speeds, including towing, increased numbers of ice accidents

буксире, возрастала ледовая аварийность. Для ликвидации этой проблемы транспортный арктический флот стал пополняться судами принципиально нового типа — *Норильск* и *Витус Беринг*. По прочности корпуса и по мощности энергетической установки они близки к ледоколам. Лихтеровоз *Севморпуть* с ледопроходимостью до 1.3 м — это уже настоящий ледокол.

3) К концу 80-х годов прошлого века на трассах Северного морского пути работало 16 линейных ледоколов (из них восемь атомных) и более 300 транспортных судов ледового класса (в том числе атомный лихтеровоз *Севморпуть*). Объем перевозок достигал 6.58 млн. тонн (в 1987 году), что в пять раз превышало грузооборот в зарубежной Арктике.

and damaged ships occurred. To overcome these problems, the transport fleet was replenished with vessels of a fundamentally new type: the *Norilsk* and *Vitus Bering*. These vessels are similar to icebreakers in terms of hull strength and engine power. The nuclear-powered, lighter *Sevmorput* can move through ice up to 1.3 m thick, making it a true icebreaker.

(3) By the end of the 1980s, 16 liner icebreakers (8 nuclear) and more than 300 ice-class cargo ships (including the nuclear atomic and lighter *Sevmorput*) worked on the Northern Sea Route. The volume of traffic was almost 7 million tonnes of cargo in 1987, which is five times higher than the cargo turnover in the non-Russian Arctic.

В XX веке Арктика, ее побережье и острова неузнаваемо изменились. В недавнем прошлом диких и неизвестных местах появились несущие круглосуточную вахту полярные станции и радиометцентры, заработали гидрографические базы. Были построены крупные промышленные предприятия, появились благоустроенные города. Северный морской путь стал важнейшей частью экономического комплекса Крайнего Севера и связующим звеном между восточными и западными районами страны. Этот путь объединил в единую транспортную сеть крупнейшие речные артерии. Для Чукотки, арктических островов и побережья Красноярского края и Тюменской области морской транспорт являлся единственным средством обеспечения массовых перевозок грузов.

During the twentieth century, the Arctic, its coast, and its islands have changed beyond recognition. Clock watch polar stations, radio meteorological centres, and hydrographic bases appeared in relatively remote and relatively unexplored locations. Large industrial enterprises and cities with all the modern amenities have been built in the Arctic. The Northern Sea Route is a crucial part of the economic picture of the Far North and serves as the link between the eastern and western areas of Russia. This path combines major rivers into a single transport network. Maritime transport is the only way to ensure mass transport for Chukotka, the Arctic islands and the coast of the Krasnoyarsk Territory and the Tyumen region.

2.4 Экономические трудности перехода к рыночным отношениям

В конце 80-х годов XX века в России начались реформы, вызвавшие кризисные явления во всей стране и особенно на Севере. Переход к рыночным отношениям, приватизация морских пароходств и портов и ликвидация государственного снабжения ослабили прежние основы централизованного управления судоходством в Арктике и нарушили региональные транспортно-технологические связи на Севере. Многие предприятия на Севере были закрыты, города опустели. Грузовая

2.4 Economic Difficulties of Transitioning to Market Relations

In the late 1980s, reforms began in Russia that caused crises in the entire country and especially in the North. The transition to market relations, the privatisation of maritime shipping companies and ports, and the elimination of public procurement weakened the old foundations of a centralised traffic control system in the Arctic and weakened the regional transportation and communication technology in the North. Many businesses closed, and cities in the North were deserted. The amount of cargo being shipped via the Northern

база для Северного морского пути значительно сократилась. На этом фоне достаточно явно обозначились недостатки и проблемы развития транспортного флота в Арктике.

Вдвое сократился объем перевозок, постарел, не получая должного пополнения, как ледокольный, так и транспортный флот. Спад транспортной активности на Северном морском пути поначалу был медленным: 6,3 млн. тонн в 1988 году и 5,8 млн. тонн в 1989 году. С 1990 года темпы спада ускорились, и в 1993 году граница 3 млн. тонн, ниже которой, как принято считать, эксплуатация дорогостоящего ледокольного флота становится нерентабельной, была пройдена (Бабич, 2007).

Sea Route has been significantly reduced. In light of these developments, apparent shortcomings and problems of the Arctic transport fleet have become obvious.

The traffic volume has been halved, and the icebreaking and transport fleets have aged due to shortfalls in proper replenishment. The decrease in transport activity on the Northern Sea Route was initially slow; it dropped from 6.3 million tonnes in 1988 to 5.8 million tonnes in 1989. Since 1990, the rate of decline has accelerated, and in 1993, a minimum of 3 million tonnes of cargo was stipulated. It has been accepted that the exploitation of an expensive icebreaking fleet is unprofitable below a volume of 3 million tonnes (Babich, 2007).

2.5 Современная ситуация и перспективы

На рубеже веков стало очевидно, что экономика России в целом не сможет нормально функционировать без использования ресурсов Арктики. Государство уже затратило огромные средства и усилия многих поколений на ее освоение, и были созданы промышленность и инфраструктура, мощный ледокольный и транспортный флот, системы навигационного, гидрографического и гидрометеорологического обеспечения судоходства.

В 1999–2003 годы объемы грузоперевозок стабилизировались на уровне 1,6–1,7 млн. тонн, а в 2004–2006 годах был отмечен рост объемов до уровня 2 млн. тонн. При этом основной грузопоток перерабатывается в западном районе Северного морского пути, примерно 1,2 млн. тонн составляют грузы Норильского промышленного района. В восточном районе Северного морского пути объем перевозок составляет всего 50–100 тыс. тонн (Бабич, 2007). После 2006 года наметилось улучшение ситуации, и в 2007 году был введен в строй ледокол *50 лет Победы*.

В настоящее время (2009–2010 годы) грузовые перевозки по Северному морскому пути осуществляют главным образом Мурманское, Северное (дочерняя компания Мурманского пароходства), Дальневосточное, Арктическое и Приморское морские пароходства. При этом Арктическое морское пароходство, обладая мало-

2.5 Current Situation and Future Prospects

At the turn of the twenty-first century, it became clear that the Russian economy as a whole could not function normally without the resources of the Arctic. Moreover, the state has already spent huge sums of money and considerable efforts of many generations on the development of the Northern Sea Route. Industry and infrastructure, a powerful icebreaking fleet and transport systems, and navigational, hydrographic, and hydrometeorological support of navigation were implemented with this goal in mind.

Between 1999 and 2003, freight volumes stabilised at 1.6 to 1.7 million tonnes, and from 2004 to 2006, cargo volume grew to 2 million tonnes. The basic flow of goods processed in the western region of the Northern Sea Route includes approximately 1.2 million tonnes of cargo from the Norilsk industrial region. In the eastern region of the Northern Sea Route, traffic is only 50,000 to 100,000 tonnes (Babich 2007). Since 2006, the situation with cargo has improved. In 2007, a new icebreaker, the *50 Let Pobedy* (*50 Years of Victory*) was launched.

In 2009–2010, freight transport on the Northern Sea Route was maintained mainly by several shipping companies: Murmansk, the North (a subsidiary of the Murmansk Shipping Company), Far East, the Primorsk Shipping Corporation, and the Arctic Shipping Company. But the last one, the Arctic Shipping Company, which has a fleet of small-capacity (4- to 6-tonne) ves-

тоннажными (4–6 тонн) судами фактически находится в состоянии банкротства (http://www.tiksi.ru/tiksi-today/323-2009-12-04-08-20-06.html). Принадлежащие этой компании уникальные корабли ледового класса, сконструированные и выпущенные на судоверфи Навашино, имея осадку до 4,5 м, могли плавать в арктических морях от Мурманска до Анадыря и даже заходить в реки. Однако после закрытия в 90-е годы прошлого века олово- и золотодобывающих комбинатов Якутии и Чукотки, ликвидации геологоразведочных экспедиции и полярных станции, эксплуатация судов Арктического пароходства стала нерентабельной.

Главными персонажами в транспортных перевозках в Арктике сейчас являются Мурманское пароходство в западном секторе и Дальневосточное в восточном.

Судоходство в Российской Арктике координирует Администрация Северного морского пути. Ее основные функции — это организация ледокольного, навигационно-гидрографического и правового обеспечения судоходства; предупреждение разливов нефти и нефтепродуктов на трассах Северного морского пути; взаимодействие с аварийно-спасательными службами.

Администрация Северного морского пути обеспечивает также правовую базу судоходства, выпускает соответствующие нормативные документы, например «Требования к конструкции, оборудованию и снабжению судов, следующих по Северному морскому пути» (Требования, 1990) и «Правила плавания по трассам северного морского пути» (Правила, 1990). Эти документы действуют и сейчас и размещены на странице Администрации сайта Министерства транспорта Российской федерации (http://www.morflot.ru/about/sevmorput/index.php). Англоязычные читатели могут познакомиться с их интерпретацией в статье В. Михайличенко и А. Ушакова (Mikhaylichenko, Ushakov,1993).

В 2008 году Федеральное предприятие «Атомфлот» вошло в состав Государственной корпорации по атомной энергии «Росатом». Ему переданы суда с ядерной энергетической установкой и суда атомного технологического обслуживания.

В состав действующего флота входят четыре атомных ледокола с двухреакторной ядерной энергетической установкой мощностью 75000 л.с.

sels, is actually in a state of bankruptcy (http://www.tiksi.ru/tiksi-today/323-2009-12-04-08-20-06.html). Unique ice class ships, owned by the Arctic Shipping Company, were designed and produced at the Navashino shipyard. They have a draft of up to 4.5 m and can sail in Arctic seas from Murmansk to Anadyr and even into rivers. However, ship operations of the Arctic Shipping Company were not profitable in the 1990s after the closure of the tin- and gold-mining plants in Yakutiya and Chukotka and the elimination of exploratory expeditions and polar stations.

Currently, the main players in Arctic transport are the Murmansk Shipping Company in the western sector and the Far East Shipping Company in the eastern sector.

The Northern Sea Route Administration coordinates shipping in the Russian Arctic. Its main functions include the organisation of icebreaking, hydrographic and legal security of navigation, preventing and eliminating oil spills on the lines of the Northern Sea Route, and interacting with emergency services during work on the prevention and mitigation of emergency situations that involve natural and man-made disasters on the Northern Sea Route.

The Northern Sea Route Administration also provides a legal basis for navigation and publishes relevant standard documents, such as “Requirements for the design, equipage and supply of vessels navigating the Northern Sea Route” (1990) and “Rules for navigation on the Northern Sea Route” (Rules 1990).

These documents are current and are available on the Administration’s Web page on the Russian Federation Ministry of Transport’s Web site (http://www.morflot.ru). The documents are also available in English. English-speaking readers may read about them in the article by Mikhaylichenko and Ushakov (1993).

In 2008, the Federal Agency Atomflot became part of the State Atomic Energy Corporation Rosatom. Vessels with nuclear-powered engines and nuclear service ships were transferred to Atomflot.

The active fleet consists of four nuclear-powered icebreakers with double-reactor nuclear power plant capacities of 75,000 hp each [*Rossia* (Fig. 2.3), *Sov-*

(*Россия* (рис. 2.3), *Советский Союз, Ямал, 50 лет Победы*); два ледокола (*Таймыр* и *Вайгач*) с однореакторной установкой мощностью 40000 л.с., атомный лихтеровоз-контейнеровоз *Севморпуть* с реакторной установкой аналогичной мощности. Информация об этих ледоколах представлена на сайте корпорации «Росатом»(http://rosatom.ru/).

В Транспортной стратегии России до 30-го года XXI века развитие Северного морского пути связывается с надеждой на то, что в скором будущем на шельфе арктических морей начнут разрабатываться богатейшие месторождения углеводородного сырья мирового уровня. Уже добывается углеводородное сырье в Печорском море, на Ямале. На повестке дня разработка Штокманского месторождения в Баренцевом море.

В августе 2010 года состоялся уникальный эксперимент по проводке крупнотоннажного танкера *Балтика* («SCF Baltica») по трассе Северного морского пути в Китай. До этого опыт проводки в Арктике ограничивался судами с дедвейтом 15–20 тысяч тонн. В этот же раз впервые в истории арктического судоходства атомные ледоколы провели танкер грузоподъемностью 100 000 тонн и шириной 44 м. Танкер *Балтика* с грузом газового конденсата прошел 14 по 27 августа 2010 года от Мурманска до крайней восточной точки материковой части России мыса Дежнева и проследовал далее через Берингов пролив в Тихий океан в порт назначения Нинбо (Китай).

Экономия времени по сравнению с классическим маршрутом через Суэцкий канал, составила 45%. На различных этапах маршрута танкер брали под проводку атомные ледоколы *Таймыр, Россия* и *50 лет Победы*.

Караван встретил крупнобитый лед в Карском море, форсировал перемычку Таймырского ледяного массива, прошел разреженные льды в море Лаптевых и сплоченные льды в Восточно-Сибирском море. Для оценки ледовой обстановкой по трассе следования судов и выбора оптимального пути следования применялись радиолокационные спутниковые снимки (http://www.rian.ru/arctic_news/20100902/271471391.html) .

С оживлением Северного морского пути связаны большие надежды. Это единственный и экономически выгодный путь, ключ к полезным ископаемым Севера, Сибири и Дальнего Востока — одной из основных сырьевых баз планеты будущего. Функционирование Северного морского

etsky Soyuz, *Yamal*, *50 Let Pobedy*]; two icebreakers, the *Taymyr* and the *Vaygach*; a single reactor with a capacity of 40,000 hp; and the atomic lighter-container *Sevmorput*, which has the same reactor power (40,000 hp). Information about the icebreakers can be obtained on the Rosatom Web site (http://rosatom.ru).

In Russian's transport strategy until 2030, development of the Northern Sea Route is associated with the hope that rich, world-class hydrocarbon deposits will be developed in the near future on Arctic sea shelves. Hydrocarbons are already produced in the Pechora Sea, on the Yamal Peninsula, and the Shtokman field in the Barents Sea is currently earmarked for exploitation.

In August 2010, a unique experiment was conducted in which the large-capacity tanker *SCF Baltica* was led along the Northern Sea Route to China. Prior to this experiment, the leading of cargo vessels by icebreaker along the Northern Sea Route was limited to vessels with dead weights of 15,000 to 20,000 tonnes. At the same time, for the first time in the history of Arctic navigation, nuclear icebreakers led a tanker carrying 100,000 tonnes that had a breadth of 44 m. From 14 to 27 August, the tanker *SCF Baltica*, with a cargo of gas condensate, moved from Murmansk to the easternmost point of mainland Russia, Cape Dezhnev, and then proceeded through the Bering Strait into the Pacific Ocean to the port of Ningbo (China).

This trip represented a 45% time savings compared to the classic route through the Suez Canal. At various stages of the route, the tanker was escorted by the nuclear icebreakers *Taymyr*, *Rossia and 50 Let Pobedy*.

As was reported by the Russian information agency RIAN: 'The caravan encountered large pieces of ice in the Kara Sea, forced jams of the Taymyr Ice Massif, and passed sparse ice in the Laptev Sea and compressed ice in the East Siberian Sea. Radar satellite images have been used for assessing the ice conditions along the route and determining the optimal route' (http://www.rian.ru/arctic_news/20100902/271471391.html).

There is great hope regarding the revival of the Northern Sea Route. This is a unique and cost-effective way and is central to accessing minerals in the North, Siberia and the Far East, which are some of the main future raw material bases in the world. The proper functioning of the Northern Sea Route is a

пути для северян — вопрос выживания, а его развитие несет российскому Северу широчайшие возможности для предпринимательства и улучшения в социальной сфере. Кроме того, благодаря глобальному потеплению может стать актуальным установление межконтинентального морского сообщения по Северному Ледовитому океану.

Новые перспективы развития навигации в Арктике озвучены на состоявшемся в Москве 21–23 сентября 2010 года Арктическом форуме. Премьер министр России В.В. Путин отметил, что по прогнозам экспертов уже через 50 лет Арктика может стать одним из основных источников энергоресурсов и ключевым транспортным узлом планеты. Поэтому сегодня базовой задачей для всех арктических государств становится широкое внедрение ресурсосберегающих, «умных», прорывных технологий, способных работать в гармонии с природой. Россия планирует возрождать и наращивать свое научное присутствие в Арктике и предлагает провести Международное полярное десятилетие. Освоение Арктики становится важным элементом государственной политики России.

matter of survival for northerners, but its development could also bring enormous opportunities for entrepreneurship and social improvements to the Russian North. In addition, due to global warming, intercontinental maritime traffic in the Arctic Ocean might start in the future.

New prospects for the development of navigation in the Arctic region were discussed at the Arctic Forum in Moscow on 21–23 September 2010. Russian Prime Minister V.V. Putin noted that, based on experts' forecasts, in 50 years, the Arctic regions will become one of the basic sources of power resources and a key transport hub of our planet. Therefore, currently, the wide introduction of resource-saving, "smart" and advanced technologies that are capable of working in harmony with the environment has become a basic problem for all Arctic states. Russia plans to revive and increase its scientific presence in Arctic regions and has suggested the establishment of "the international polar decade". The development of the Arctic region has become an important policy element of the Russian state.

Рис. 2.3 Атомный ледокол *Россия*. Ледокол типа «*Арктика*», заложен 20 февраля 1981 года на Балтийском заводе им. Серго Орджоникидзе в Ленинграде спущен на воду 2 ноября 1983 года, принят в эксплуатацию 21 декабря 1985 года, является четвертым в мире ледоколом с ядерной энергетической установкой. Фото А.В. Марченко. Печатается с его разрешения

Fig. 2.3 Nuclear icebreaker *Rossiya* (*Russia*). The *Arktika* class of icebreaker, established 20 February 1981 at the Sergo Ordzhonikidze Baltic Shipyard in Leningrad, was launched on 2 November 1983 and commissioned on 21 December 1985. It is the fourth nuclear-powered icebreaker. Photo by A.V. Marchenko, reproduced with permission

Глава 3
Карское море

Chapter 3
The Kara Sea

3

3.1 Географическая характеристика

3.1.1 Границы и батиметрия

Карское море (рис. 3.1) — окраинное море Северного Ледовитого океана, омывающее берега Западной Сибири. Оно расположено между архипелагами Новая Земля и Северная Земля. На западе Карское море соединяется с Баренцевым морем проливами Югорский Шар, Карские Ворота и Маточкин Шар. На востоке проливы Вилькицкого, Шокальского и Красной Армии ведут в море Лаптевых. Контуры моря очерчены сушей и условными линиями. Западная граница моря проходит от мыса Кользат (восточный берег острова Грэм-Белл, Земля Франца-Иосифа) до мыса Желания (остров Северный архипелага Новая Земля), далее по восточным берегам Новой Земли, затем по западной границе пролива Карские Ворота от мыса Кусов Нос (южная оконечность Новой Земли) до мыса Рогатый (остров Вайгач), по восточному берегу острова Вайгач и по западной границе пролива Югорский шар.

На севере граница моря пролегает от мыса Кользат до мыса Арктический на острове Комсомолец (Северная Земля). Восточная граница тянется по западным берегам островов архипелага Северная Земля и восточным границам проливов Красной Армии, Шокальского и Вилькицкого. Берег материка от мыса Белый Нос (Югорский полуостров) до мыса Прончищева (восточный Таймыр) является южной границей моря.

В этих пределах море занимает пространство между параллелями 81°06′ и 66°00′ с.ш. и между

3.1 Geographical Features

3.1.1 Boundaries and Bathymetry

The Kara Sea (Fig. 3.1) is the marginal sea of the Arctic Ocean and touches the shores of western Siberia. It is located between the Novaya Zemlya and Severnaya Zemlya Archipelagos. To the west, the Kara Sea is connected to the Barents Sea by the straits of Yugorsky Shar, Karskie Vorota (Kara Gate) and Matochkin Shar. To the east, the Vilkitsky, Shokalsky and Krasnaya Armiya Straits lead to the Laptev Sea. The contours of the sea are limited by land and by conventional lines. The western boundary runs from Cape Kolzat (the eastern shore of Graham Bell Island in Franz Josef Land) to Cape Zhelaniya (Desire as English translation, on Northern Island of the Novaya Zemlya Archipelago), along the eastern coast of Novaya Zemlya, the western boundary of the Karskie Vorota Strait from Cape Kusov Nos (southern end of Novaya Zemlya) to Cape Rogaty (Vaygach Island), along the eastern shore of Vaygach Island and the western border of the Yugorsky Shar Strait.

In the north, the sea border extends from Cape Kolzat to Cape Arktichesky of Komsomolets Island (Severnaya Zemlya Archipelago). The eastern boundary extends from the western shores of the islands of the Severnaya Zemlya Archipelago to the eastern borders of the Krasnaya Armiya, Shokalsky and Vilkitsky Straits. The mainland shore from Cape Bely Nos (Yugorsky Peninsula) to Cape Pronchishchev (Eastern Taymyr) marks the southern boundary of the sea.

Within these limits, the sea occupies the space between the 81°06′ and 66°00′ N parallels and between

N. Marchenko, *Russian Arctic Seas*,
DOI 10.1007/978-3-642-22125-5_3, © Springer-Verlag Berlin Heidelberg 2012

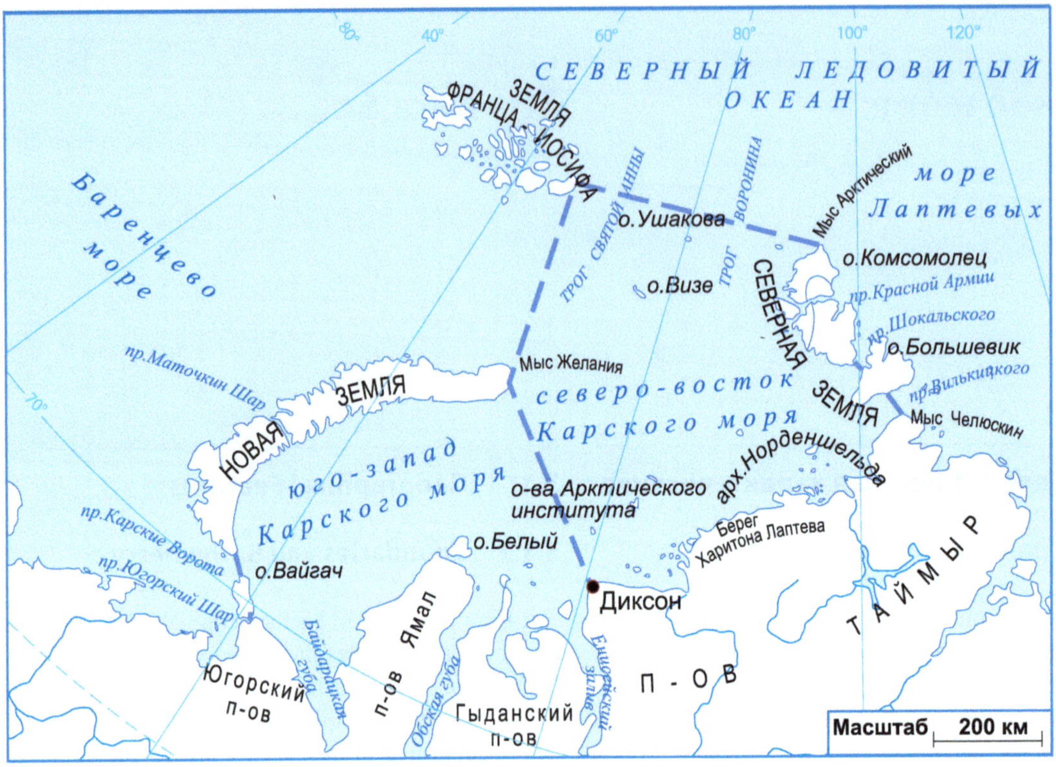

Рис. 3.1 Карское море

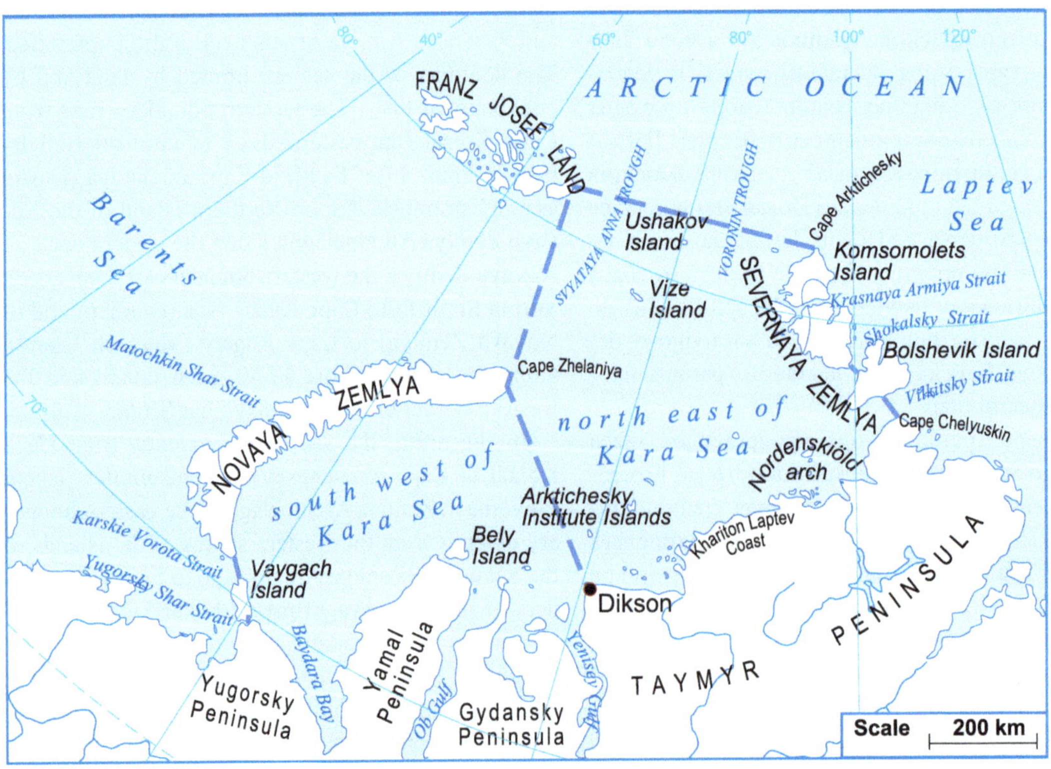

Fig. 3.1 The Kara Sea

меридианами 52°02′ и 104°01′ в.д. Его площадь около 883 000 км², средняя глубина 111 м, максимальная глубина 600 м. Объём вод 112 000 км³. Наибольшая протяжённость моря с юго-запада на северо-восток около 1500 км, ширина (в северной части) до 800 км (Бадюков, 2003).

Береговая линия. Главные заливы и острова. Береговая линия Карского моря сложная (рис. 3.2). Морфологически берега относятся преимущественно к абразионному типу, но встречаются аккумулятивные и ледяные берега. Местами берега обрывистые, каменистые, сложены из коренных пород. Восточные берега Новой Земли обрывисты и холмисты, изрезаны многочисленными фьор-

the 52°02′ and 104°01′E meridians. This area is approximately 883 km², with an average depth of 111 m and a maximum depth of 600 m. The water volume is 112,000 km³. The greatest dimension of the sea, from the southwest to the northeast, is approximately 1,500 km, and the width (across the northern part) is up to 800 km (Badukov 2003).

Coastline: main gulfs and islands. The coastline of the Kara Sea is diverse and tortuous (Fig. 3.2). Morphologically, the coasts are predominantly of the abrasion type, but they also include accumulative and icy shores. The steep banks are rocky and are composed of bedrock. The eastern coasts of Novaya Zemlya are steep and hilly and are deeply indented by numerous fjords. The mainland coast is irregular, while the

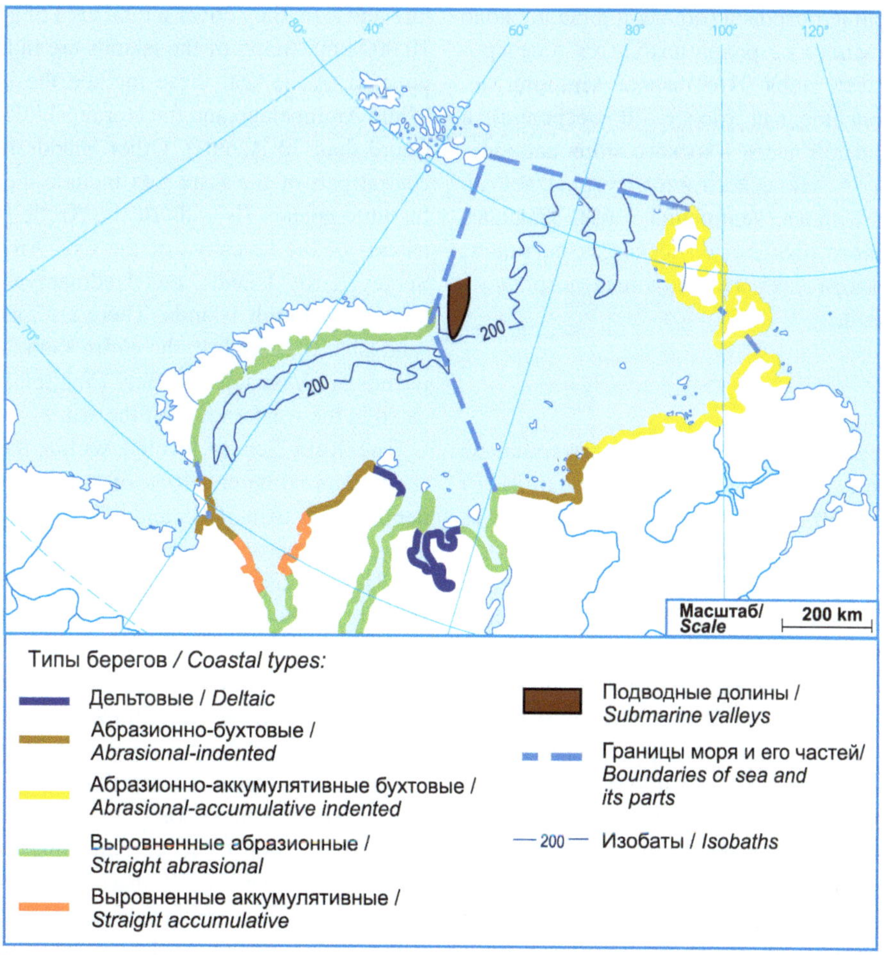

Рис. 3.2 Типы берегов и рельеф дна. Составлено на основе (Добровольский, Залогин, 1982)

Fig. 3.2 Types of coast and bottom relief (adapted from Dobrovolsky and Zalogin 1982)

дами. Западное побережье Северной Земли менее извилисто, преимущественно невысокое. Материковое побережье значительно расчленено. В невысокий, местами пологий берег материка врезаны основные заливы — Енисейский, Пясинский и Таймырский; Байдарацкая и Обская губы. Губы — это далеко вдающиеся в сушу морские заливы или бухты, в которые обычно впадают крупные реки. Длина Обской губы более 800 км при ширине от 30 до 80 км. В восточной части от нее ответвляется Тазовская губа длиной около 330 км и шириной у входа 45 км. Байдарацкая губа существенно шире: ее длина составляет около 180 км при ширине у входа 78 км. Побережье Карского моря покрыто тундровой растительностью и имеет однообразную желтовато-бурую окраску.

В Карском море много разнообразных по строению и величине островов (общая площадь около 10 000 км^2). Много островов находится в северо-восточной части моря. Это шхеры Минина, архипелаг Норденшельда (более 70 островов) и др. В центральной части Карского моря расположены острова Арктического института, Известий ЦИК, Сергея Кирова, Уединения, Визе, Ушакова, Шмидта и много низменных песчаных островов. В западной части находятся крупные острова — Вайгач и Белый.

Карское море расположено в пределах материковой отмели, поэтому около 40 % его площади занимают глубины менее 50 м и лишь 2 % — более 500 м. В мелководной, прилегающей к материку юго-восточной части дно пересекают многочисленные небольшие ложбины, разделенные порогами различной высоты.

В центральных районах дно относительно ровное. Узкая полоса глубин 100–200 м, идущих от прибрежного мелководья к северу, образует Центральную Карскую возвышенность (глубиной менее 50 м), над которой возвышаются острова Визе и Ушакова. Эту возвышенность окаймляют два широких трога, прорезающих дно в меридиональном направлении. К восточному побережью Земли Франца-Иосифа на расстоянии примерно 150 км подходит трог Святой Анны (глубиной до

western coast of Severnaya Zemlya is more regular and mostly consists of lowlands. The main gulfs are embedded in the short and sometimes flat shore. They include the Yenisey, Pyasina and Taymyr Gulfs, as well as Baydara Guba and Ob Guba. (*Guba* in Russian means a gulf or bay that extends far inland, and these gulfs usually contain rivers flowing into them.) Ob Guba (Gulf) is more than 800 km long, and its width ranges from 30 to 80 km. Taz Guba branches toward the east and measures approximately 330 km in length and has a width of 45 km near the entrance. Baydara Guba is significantly wider, with a length of approximately 180 km and a width at its entrance of 78 km. (For simplicity, we will refer to a *guba* as a gulf, e.g. the Ob Gulf.) The coastline of the Kara Sea is covered with tundra vegetation that has a homogeneous yellowish-brown colour.

Many islands in the Kara Sea vary widely in structure and size; they cover a total area of approximately 10,000 km^2. Many of the islands are in the northeastern part of the sea; these include the islands of the Minin Archipelago and the Nordenskiöld Archipelago (more than 70 islands). Other islands located in the central part of the Kara Sea include the Arktichesky Institute islands (Islands of the Arctic Institute), the islands of the Izvestiya of the CIK Archipelago, the Sergey Kirov Islands, and Uedineniya, Vize, Ushakov and Schmidt Islands. There are many low-lying sand islands as well. In the entire Kara Sea, the major islands are Vaygach and Bely (White), which are located in the western part of the sea.

The Kara Sea is located within the continental shelf; approximately 40% of its area extends to a depth of less than 50 m, and only 2% extends beyond 500 m. Numerous small depressions, separated by rapids of various heights, traverse the sea floor in the shallow southeastern part of the sea that is adjacent to the mainland.

The sea bottom is relatively flat in the central part of the sea. A narrow strip, 100 to 200 m deep, extends from the coastal shallow to the north and forms the Central Kara Uplands (less than 50 m deep). Vize and Ushakov Islands rise above this narrow strip. Two broad, deep trenches flank this upland, dividing the sea floor in the meridional direction. One of these trenches, the Svyataya Anna Trough (up to 620 m deep), extends to the east coast of Franz Josef Land for a distance of 150 km. The other, the Voronin

620 м). На таком же расстоянии от острова Пионер (архипелаг Северная Земля) с запада расположен трог Воронина глубиной до 450 м. Наиболее глубоководна западная часть моря, где вдоль острова Вайгач и островов Новая Земля вытянута Новоземельская впадина глубиной более 400 м.

Акватория Карского моря неоднократно подвергалась трансгрессиям и в современном виде сложилась в результате отступления плейстоценового оледенения. Следы оледенения обнаруживаются под тонким слоем осадков. Донные отложения представлены коричневыми, серыми и голубыми илами в трогах и впадинах, песчанистыми илами на подводных возвышенностях и мелководье. На северо-востоке моря встречаются каменистые грунты. На отмелях и вблизи материкового берега преобладает песок.

Trough, which is 450 m deep, is located to the west of Pioneer Island (Severnaya Zemlya Archipelago) and at the same distance as Svyataya Anna Trough from Franz Josef Land. The sea is deepest in its western region, where the Novaya Zemlya Depression, with depths of up to 400 m, stretches along Vaygach Island and the islands of Novaya Zemlya.

The water of the Kara Sea has been undergone transgression and in its present form is the result of the retreat of Pleistocene glaciation. Traces of glaciation can be found under a thin layer of sediment. Bottom sediments consist of brown, grey and blue silt in the trenches and deep depressions, and there are sandy clay sediments in sea mounts and shallow water. In the northeastern regions of the sea, stony soils are common. Sandy sediments dominate in the shallow water and near the mainland shore.

3.1.2 Климат и динамика вод

Поскольку Карское море расположено в высоких широтах Арктики и непосредственно связанно с Северным Ледовитым океаном, оно характеризуется полярным морским климатом. Климат суров: 3–4 месяца в году длится полярная ночь, температура воздуха ниже 0 °С держится на севере моря 9–10 месяцев, на юге 7–8 месяцев. Средняя температура января от −20 до −28 °С (минимальная достигает −46 °С), июля от +6 до −1°С (максимальная до 16 °С). Число дней с морозом в июле от 6 на юге до 20 на севере. Зимой часты штормовые ветры, вьюги и метели, летом — снежные заряды и туманы.

Несколько смягчает климат моря влияние Атлантического океана. Архипелаг Новая Земля служит барьером на пути теплого атлантического воздуха и вод, поэтому климат Карского моря более суров, чем Баренцева. Значительная протяженность Карского моря создает заметные различия климатических показателей в разных его районах во все сезоны года.

В осенне-зимнее время состояние погоды определяется взаимодействием формирующегося Сибирского антициклона, Полярного максимума и ложбины Исландского минимума. В начале

3.1.2 Climate and Dynamics of Water

Because the Kara Sea is directly related to the Arctic Ocean, it is characterised by a polar maritime climate. The climate is severe; the polar night lasts for 3 to 4 months per year, and the air temperature is below 0°C for 9 to 10 months in the northern regions and 7 to 8 months in the southern regions. The average temperature in January is −28 to −20°C, with a minimum temperature of −46°C. In July, the temperature ranges from −1 to +6°C (with a maximum temperature of 16°C). Typically, there are 6 days with frost in July in the southern regions, whereas there are 20 days with frost in the northern regions. Gales, blizzards and snowstorms occur frequently during the winter, and snow squalls and fog are common in the summer.

The influence of the Atlantic Ocean modestly mitigates the climate of the sea. Novaya Zemlya acts as a barrier to the warm Atlantic air and water; therefore, the climate of the Kara Sea is more severe than that of the Barents Sea. The considerable length of the Kara Sea creates noticeable differences in the climate characteristics in its regions throughout the year.

In the autumn and winter seasons, the weather conditions are determined by the interactions between the developing Siberian Anticyclone, the Polar Maximum and the hollows of the Icelandic Low. In the begin-

осени в северной части моря преобладает северный ветер, а в южной части ветры неустойчивы по направлению. Скорость ветра в это время обычно равна 5–7 м/с. Зимой на большей части моря преобладают ветры южных румбов. Лишь на северо-востоке часто наблюдаются ветры с севера. Скорость ветра в среднем равна 7–8 м/с. Нередко ветер достигает штормовой силы. Наибольшее количество штормов приходится на западную часть моря. У берегов Новой Земли нередко образуется местный ураганный ветер — новоземельская бора. Обычно он продолжается несколько часов, но зимой может длиться до 2–3 суток. Ветры южных направлений приносят сильно охлажденный над материком континентальный воздух. Среднемесячная температура воздуха в марте на мысе Челюскина равна −28,6 °C, на мысе Желания −20 °C, а минимальные величины температуры воздуха в море опускаются до –(45–50) °C (Добровольский, Залогин, 1982). В феврале возможен заток с юга относительно теплого морского полярного воздуха, огибающего цепь Новоземельских гор. Эти вторжения и новоземельская бора делают зимнюю погоду в западной части моря неустойчивой, тогда как в его северных и восточных районах стоит относительно устойчивая холодная и ясная погода.

ning of autumn in the northern part of the sea, northerly winds dominate, whereas in the south, wind direction varies. At this time, the normal wind speed is 5 to 7 m/s. In the winter, southerly winds dominate in most regions of the sea; northerly winds prevail only in the northeastern region. During the winter, the wind speed averages 7 to 8 m/s and often reaches gale force. The greatest number of storms occurs in the western part of the sea. The local hurricane, the Novaya Zemlya Bora, often forms along the coasts of the Novaya Zemlya archipelago and usually lasts for several hours or up to 2 to 3 days in the winter. The winds from the south bring a cold continental air that strongly chills the continent. In March, the average temperature is −28.6°C at Cape Chelyuskin and −20°C at Cape Zhelaniya. The minimum sea air temperature can reach −50 to −45°C (Dobrovolsky and Zalogin 1982). In February, an inflow of relatively warm marine polar air from the south sometimes occurs, which envelops the chain of the Novaya Zemlya mountains. These features and the Novaya Zemlya Bora cause unstable winter weather in the western regions of the sea, whereas relatively stable cold and clear weather occurs in its northern and eastern regions.

Сибирский антициклон разрушается летом, в это же время исчезает ложбина низкого давления, и Полярный максимум смещается к северу. Поэтому весной ветры неустойчивые по направлению, и их скорость не превышает 5–6 м/с. Весенний прогрев не приводит к значительным повышениям температуры воздуха. Среднемесячная температура воздуха держится в мае около −7 °C на западе и около −9 °C на востоке моря. А летом над морем формируется местная область повышенного давления, поэтому преобладают ветры северных румбов, направленные на материк со скоростями 4–5 м/с.

In the warm season, the Siberian Maximum collapses, the trough of low pressure disappears, and the Polar Maximum shifts towards the north. Therefore, the directions of spring winds vary, but their speeds do not exceed 5 to 6 m/s. Spring warming does not lead to a significant increase in air temperature. In May, the average temperature is approximately −7°C in the west and approximately −9°C in the eastern regions of the sea. In the summer, a local area of high pressure forms above the sea and leads to the predominance of northerly winds with speeds of 4 to 5 m/s.

В Карском море часты туманы, что существенно затрудняет мореплавание. Зимой туманы образуются над полыньями, летом возникновению туманов способствует сочетание холодного моря с прогретой сушей. Чаще всего туманы случаются летом, причем зона максимальной повторяемости лежит не вблизи берегов, а в окраинной зоне сплоченных льдов. В июле число дней с туманами

The Kara Sea is prone to fog, which considerably complicates navigation. Winter fog forms over open water, whereas in the summer, combinations of cold sea mists and heated land contribute to the emergence of fog. Most fog occurs in the summer. Fog forms most frequently in the marginal zone of close ice rather than near the coast. In July, there can be up to 17 foggy days in southern regions of the sea and up to

может достигать 16–17 на юге и 22–26 на севере моря. Рекордный по устойчивости туман наблюдался на мысе Челюскина в августе 1934 года. Он длился без перерыва шесть суток, а если пренебречь четырьмя кратковременными перерывами, то продолжительность его возрастает до 12 суток — с 7 по 18 августа (Прик, 1948).

Волны и штормы. Частые и сильные ветры приводят к значительному волнению в Карском море. Наибольшее количество штормов приходится на западную часть моря.

Размеры волн зависят от скорости и продолжительности ветра, а также от ледовитости, с которой связана длина разгона. Наиболее сильное волнение наблюдается в малоледовитые годы в конце лета–начале осени. Самую большую повторяемость имеют волны высотой 1,5–2,5 м, реже бывают волны высотой 3 м и более, максимальная высота волны около 8 м. Чаще всего сильное волнение развивается в юго-западной и северо-западной частях моря, обычно свободных ото льдов. Центральные мелководные районы отличаются меньшим развитием волн. Во время штормов образуются короткие и крутые волны. Поскольку на севере море в основном покрыто льдом, большого развития волны здесь не получают (Добровольский, Залогин, 1982).

Течения. Движение поверхностных и глубинных вод создает относительно устойчивую систему течений, связанную с циркуляцией вод Арктического бассейна, водообменом с

26 foggy days in northern regions. The longest-lasting fog on record was observed at Cape Chelyuskin in August 1934; it lasted for 6 consecutive days, and, excluding four short-term interruptions, the duration of the fog extended up to 12 days, from 7 to 18 August (Prik 1948).

Waves and storms. Frequent, strong winds generate considerable waves in the Kara Sea. The largest number of storms occurs in the western regions.

Wave sizes depend on wind speed and duration as well as the amount of ice covering the water. This sea ice determines the length of the fetch; the most intense waves are observed in years with small amounts of sea ice in late summer to early autumn. Waves with mean heights of 1.5 to 2.5 m occur most frequently. The maximum wave height is approximately 8 m, but waves that exceed 3 m rarely occur. The most common severe waves develop in the southwestern and northwestern regions of the sea, which are usually free of ice. The central shallow areas are generally characterised by the development of smaller waves and short and steep waves during storms. In the northern regions of the sea, the waves are reduced by ice (Dobrovolsky and Zalogin 1982).

Currents. The movements of surface and deep water create a relatively stable system of currents that is associated with water circulation in the Arctic Basin, water exchange with adjacent seas, and river runoff.

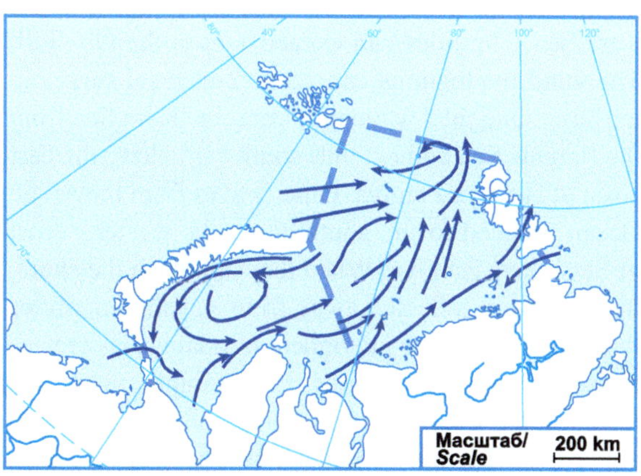

Рис. 3.3 Постоянные течения в поверхностном слое. Составлено на основе (Атлас, 1980)

Fig. 3.3 Permanent surface currents (adapted from Atlas 1980)

соседними морями и речным стоком. Сток не столько возбуждает течения, сколько поддерживает их устойчивость. Течения (рис. 3.3) образуют два медленных круговорота, огибающих против часовой стрелки юго-западную и северо-восточную части моря.

River runoff does not enhance currents but supports their sustainability. Currents (Fig. 3.3) form two slow anticlockwise cycles that envelope the southwestern and northeastern parts of the sea.

В образовании Западного кольца участвуют воды Баренцева моря, поступающие через южные проливы. Они движутся к Ямалу и далее на север вдоль его западного берега, образуя Ямальское течение. У северной оконечности полуострова это течение усиливается Обь-Енисейским, а еще севернее оно дает ответвление к Новой Земле. Здесь этот поток поворачивает на юг и в виде Восточно-Новоземельского течения движется вдоль берегов Новой Земли, к югу от которой круговорот замыкается. При значительном развитии Сибирского максимума круговорот может охватывать всю западную часть моря.

The water from the Barents Sea that enters through the southern straits participates in the formation of the Western Ring. The water moves to the Yamal Peninsula and continues northward along its western coast, forming the Yamal Current. At the northern tip of the peninsula, the current is strengthened by the Ob–Yenisey current, and further north it provides a branch to the Novaya Zemlya. Here this flow turns south and, as the East Novaya Zemlya current moves along the coast of Novaya Zemlya. The cycle closes to the south of the archipelago and may cover the entire western part of the sea with significant development of the Siberian Maximum.

В южных районах моря начинается и Западно-Таймырское течение, воды которого в основном выносятся в пролив Вилькицкого, но некоторая их часть направляется вдоль западного побережья Северной Земли к северу. В центральной части моря прослеживается течение Святой Анны, направленное к северу и уходящие за пределы Карского моря. Кроме этих основных течений существуют и менее отчетливо выраженные потоки, связанные с конфигурацией берегов, расположением островов и т.п. Они локализованы на сравнительно небольших пространствах. Скорости течений в море невелики, но они могут существенно увеличиваться при длительных и сильных ветрах (Добровольский, Залогин, 1982).

The West Taymyr current begins in the southern areas of the sea. Its water is mostly carried to the Vilkitsky Strait and is partly distributed to the north along the western coast of Severnaya Zemlya. There is the Svyataya Anna current in the central part of the sea. It proceeds to the north and exceeds the limits of the Kara Sea. In addition to these major currents, there are less clearly definedflows that are confined to small areas and are associated with the configuration of the coast and the locations of the islands. Flow velocities in the sea are small but can grow substantially with long, strong winds (Dobrovolsky and Zalogin 1982).

Приливы и сгонно-нагонные явления. В Карском море весьма отчетливо выражены полусуточные приливы с амплитудой 0,5–0,8 м, а в Обской губе — свыше 1 м. Сгонно-нагонные колебания уровня в заливах могут достигать 2 м. Одна приливная волна входит из Баренцева моря в Карское и распространяется к югу вдоль восточного побережья Новой Земли. Другая волна из Северного Ледовитого океана идет на юг у западных берегов Северной Земли. При подходе к берегам волны отражаются от них, интерферируют и изменяются по величине. Движение приливной волны создает приливные течения, скорость которых достигает значительных величин.

Tides and wind surges. Semidiurnal tides with amplitudes of 0.5 to 0.8 m are clearly expressed in the Kara Sea. The tides can exceed 1 m in the Ob Gulf. The wind fluctuations can cause 2-m level surges in the bays. One tidal wave may enter the Kara Sea from the Barents Sea and extends southward along the east coast of Novaya Zemlya. Other waves from the Arctic Ocean proceed to the south along the western coast of Severnaya Zemlya. When they approach the shore, the waves are reflected away from it, which modifies their intensities. The movement of tidal waves creates high-velocity tidal currents. For example, near Bely Island in the Karskie Vorota Strait and near the western coast of Taymyr Peninsula, tidal current velocities

Например, у острова Белый, в Карских Воротах и у западного берега полуострова Таймыр она доходит до 150 см/с, что значительно превышает скорости постоянных течений в Карском море (Добровольский, Залогин, 1982).

approach 150 cm/s, which significantly exceeds the rates of permanent currents in the Kara Sea (Dobrovolsky and Zalogin 1982).

3.1.3 Гидрологические особенности

В Карское море впадают две величайшие реки России — Енисей (первое место среди рек России по величине стока — 624 км^3), Обь (первое место по площади бассейна и третье после Енисея и Лены по величине стока — 450 км^3). Сток реки Кара, давшей название морю, существенно меньше. Но в 1736 году недалеко от устья Кары зимовал западный отряд Великой Северной экспедиции, после чего Карское море и получило свое название. Другая крупная река Пясина имеет годовой сток около 80 км^3.

На долю Карского моря приходится в среднем около 55 % (1290 км^3/год) общего стока во все моря сибирской Арктики. 80 % речных вод поступает в море летом. Почти 40 % площади моря находится под влиянием материковых вод, которые существенно влияют на его гидрологические особенности. Приносимое с речным стоком тепло несколько повышает температуру воды на поверхности в приустьевых участках, что способствует взлому припая весной и замедляет льдообразование осенью. Речные воды уменьшают соленость морских вод, механически речной сток воздействует на направления движения морских вод и т.п. (Добровольский, Залогин, 1982).

Температура воды. Температура воды в Карском море низкая, поскольку бóльшую часть года море покрыто льдом и очень слабо прогревается. На поверхности температура понижается с юго-запада на северо-восток. В осенне-зимний сезон поверхность моря интенсивно охлаждается и на открытых пространствах температура воды быстро понижается. Зимой в подледном слое она повсеместно близка к температуре замерзания воды данной солености (от −1,5 до −1,7 °С). В теплое время года энергия солнца расходуется, прежде всего, на таяние льда, и температура воды на поверхности мало отличается от зимней. Лишь

3.1.3 Hydrological Features

Two great Russian rivers flow into the Kara Sea: the Yenisey (the largest river in Russia in terms of annual runoff, 624 km^3) and the Ob (which has the largest basin area and third largest runoff, 450 km^3 per year, after the Yenisey and Lena Rivers). The Kara River, after which the sea was named, is much smaller in all respects. The Kara Sea was named after this river because in 1736 the Western Division of the Great Northern Expedition spent the winter near the Kara River's mouth. Another major river is the Pyasina River, which has an annual runoff of approximately 80 km^3.

The Kara Sea accounts for an average of 55% (1290 km^3/year) of the total runoff of all seas of the Siberian Arctic. A total of 80% of the river water flows into the sea in the summer. Almost 40% of the sea is under the influence of continental water, which significantly affects its hydrological characteristics. The warmth of the river runoff slightly increases the surface water temperature in estuarine areas. This increase promotes ice breaking in the spring and slightly hinders ice formation in autumn. River water reduces the salinity of the seawater, and runoff mechanically affects the direction of the movement of seawater (Dobrovolsky and Zalogin 1982).

Water temperature. The water temperature in the Kara Sea is low because for most of the year, the sea is covered with ice and warms up very little. The surface temperature decreases from the southwest to the northeast. In autumn and winter, the sea surface is intensely cold, and the water temperature rapidly decreases in open spaces. In winter, the temperature of the water immediately under the ice layer is generally close to the freezing temperature (−1.7 to −1.5°C) of water at its given salinity. In the warm season, solar radiation is the primary cause of melting ice, and the water temperature at the surface differs little from that in the winter. However, the temperature may warm up

в южной части моря в июле–августе она может прогреваться до 3–6 °С.

Зимой температура воды одинакова от поверхности до дна. Только в трогах Святой Анны и Воронина, по которым в море проникают глубинные атлантические воды, она повышается до 1,0–1,5 °С в слое 100–200 м. Весной на юге моря прогрев распространяется от поверхности на глубину до 10–15 м, а летом на мелководьях до дна. Среди льдов северной части моря зимнее распределение температуры воды по вертикали сохраняется даже летом. В западных районах сравнительно высокая температура воды наблюдается на глубинах до 60–70 м, после которых она плавно понижается. На востоке моря температура воды от довольно высоких значений (1,7 °С) на поверхности быстро понижается с глубиной и на горизонте 10 м достигает величины −1,2 °С, а у дна −1,5 °С. Осенью температура воды на поверхности ниже, чем в подповерхностных горизонтах (10–15 м), от которых она понижается ко дну. Осеннее выхолаживание быстро уничтожает летний прогрев и выравнивает температуру по всей толще воды, исключая районы распространения глубинных атлантических вод (Добровольский, Залогин, 1982).

to 3 to 6°C in the southern part of the sea in July and August.

In the winter, the water temperature varies from the surface to the bottom of the sea. The temperature rises to +1.0 to 1.5°C in a layer of 100 to 200 m in the Svyataya Anna and Voronin trenches, along which deep Atlantic water penetrates the sea. In the southern regions of the sea in the spring, surface warming extends from the surface to a depth of 10 to 15 m, whereas the warming extends to the bottom in the summer in shallow water. The winter type of water temperature distribution in the vertical direction persists even in the summer in the northern regions of the sea, which has sea ice. Relatively high water temperatures are observed to a depth of 60 to 70 m in the western parts of the sea, and the temperature gradually decreases with depth below this level. In the east, the seawater temperature rapidly decreases with depth from fairly high values (+1.7°C) on the surface to −1.2°C at a depth of 10 m and −1.5°C at the bottom. In autumn, the water temperature at the surface is lower than that in the subsurface layers (10 to 15 m). Deeper than this level, the water temperature decreases with respect to depth. The autumn cooling quickly reverses the summer warming and even cools the temperature throughout the water column, with the exception of areas with deep Atlantic water (Dobrovolsky and Zalogin 1982).

Соленость. Величины и распределение солености в Карском море и существенное ее изменение по сезонам определяются свободным сообщением с океаном, большим материковым стоком, образованием и таянием льда. Соленость поверхностных вод меньше средней солености океана и меняется в пределах от 3–5 ‰ в южной части моря до 33–34 ‰ на севере. Зимой, когда речной сток мал и происходит интенсивное льдообразование, соленость максимальна. Весенний приток речных вод уменьшает поверхностную соленость в прибрежной полосе. В дальнейшем таяние льдов и максимальное распространение речных вод летом опресняют поверхностный слой. Наиболее низкая соленость (3–10 ‰) наблюдается в устьях крупных рек. Центральная и юго-западная часть моря характеризуется соленостью 15–20 ‰. В северных районах соленость поверхностных слоев быстро повышается до 33,8–34,0 ‰. Однако среди плавающих льдов соленость на поверхности на 7–8 ‰ ниже, чем на свободных ото льда участках моря.

Salinity. The value and distribution of the salinity of the Kara Sea and its significant changes throughout the seasons are a result of the free connection to the ocean, a large continental runoff, and the formation and melting of ice. The salinity of the surface water is less than the average ocean salinity, varying from 3 to 5‰ in the southern parts of the sea to 33 to 34‰ in the north. Maximum salinity is observed in the winter when the river flow is low, and there is intense ice formation.

The spring influx of river water reduces the surface salinity in the coastal strip. Further melting of the ice and the maximum expansion of river water in the summer reduces the salinity of the surface layer. The lowest salinity (3 to 10‰) is observed at the mouths of the major rivers. The central and southwestern parts of the sea are characterised by a salinity of 15 to 20‰. In the northern regions, the salinity of the surface layers increases rapidly, to 33.8 to 34.0‰. However, among the floating ice, the salinity at the surface is lower, 7 to 8‰, than in ice-free areas. At midwater

В толще воды соленость увеличивается от поверхности ко дну.

Зимой на большей части моря соленость относительно равномерно повышается от 30 ‰ на поверхности почти до 35 ‰ у дна. Вблизи устьев рек переход от менее соленых поверхностных вод к подстилающим их соленым водам выражен более резко. Весной распределение солености по вертикали подобно зимнему. Лишь у берегов усилившийся приток материковых вод опресняет самый поверхностный слой моря, а с глубиной соленость резким скачком повышается до глубины 5–7 м. Ниже она постепенно увеличивается вплоть до самого дна. Летом соленость резко повышается от низких значений (10–15 ‰) на поверхности до 29–30 ‰ на глубине 10–15 м и далее плавно увеличивается до 34 ‰ у дна (Добровольский, Залогин, 1982).

Во время штормов верхний пятиметровый слой воды перемешивается, и в нем устанавливается однородная, но несколько более высокая, чем до перемешивания, соленость. Непосредственно под перемешанным слоем величина ее сразу резко возрастает, ниже она плавно повышается с глубиной. В западную часть моря поступают сравнительно однородные и соленые воды из Баренцева моря, поэтому здесь соленость немного выше, и ее увеличение с глубиной происходит менее резким скачком, чем на востоке моря. Осенью речной сток снижается и начинается образование льда. Поэтому соленость на поверхности повышается, и ее изменение по вертикали становится более равномерным.

Распределение плотности воды зависит в основном от солености, определенное значение имеет также температура. Вóды южной и восточной частей Карского моря имеют меньшую плотность по сравнению с вóдами северных и западных районов. Осенью и зимой они более плотные, чем весной и летом, причем с глубиной плотность увеличивается. Осенью, зимой и в начале весны для всего моря характерно плавное и сравнительно небольшое повышение плотности от поверхности ко дну. Летом во время максимального притока и распространения речных вод в море, а также таяния льдов, плотность верхнего слоя (5–10 м) понижена. Увеличение плотности по глубине происходит очень резким скачком, и толща воды как бы разделяется на два слоя. Это наибо-

depths, the salinity increases from the surface towards the bottom.

In the winter, it increases relatively evenly, from 30‰ at the surface to almost 35‰ at the bottom for most of the sea. Close to the river mouths, the transition from the lower salinity of the surface water to the higher salinity of deeper water is more pronounced. In the spring, the distribution of salinity in the water column is similar to that in the winter. Just off the coast of a large inflow of continental water, there will be desalination of the most superficial layer of the sea; the salinity will abruptly increase down to a depth of 5 to 7 m, followed by a gradual increase between this level and the bottom. In the summer, the salinity increases abruptly, from low values at the surface (10 to 15‰) to 29 to 30‰ at a depth of 10 to 15 m, followed by a gradual increase. At the bottom, salinity may reach 34‰ (Dobrovolsky and Zalogin 1982).

During storms, the top layer of the water (to a depth of 5 m) is mixed, and uniform salinity is observed. Directly below the mixed layer, the salinity increases sharply and is followed by a smooth increase beyond this depth. In the western part of the sea, relatively homogeneous and salty water is provided by the Barents Sea; therefore, the salinity is slightly higher and increases as abruptly as in the eastern parts of the sea. In autumn, river runoff decreases, and sea ice begins to form. Consequently, the salinity at the surface increases, and its changes in the vertical direction become more uniform.

The distribution of the salinity and temperature in the sea determines the distribution of water density values; however, salinity is more influential. In this regard, the water in the southern and eastern parts of the Kara Sea has a lower density than the water in the northern and western parts. In the autumn and winter, the water is denser than in the spring and summer (particularly in the summer). In addition, density increases with depth. The smooth and relatively small increase in density from the surface to the bottom is characteristic of autumn, winter and early spring throughout the sea. The density of the upper layer (5 to 10 m) decreases in the summer due to the maximum influx of river water into the sea and melting ice. Therefore, there is a very abrupt increase in density with depth, with the water column essentially being

лее ярко выражено на юге и востоке моря в зоне распространения речных вод и менее выражено на севере, где понижение плотности поверхностных вод связано с опреснением при таянии льдов. В западной части вóды Баренцева моря выравнивают распределение плотности по вертикали (Добровольский, Залогин, 1982).

Конвекция. Разделение водной толщи на два слоя в восточной части моря обеспечивает здесь большую устойчивость слоев. Сравнительная однородность вод в западной и северной частях моря определяет их неустойчивое состояние. Ветровое перемешивание вод происходит на открытых пространствах, особенно интенсивно осенью во время частых и сильных штормовых ветров. В центральном и западном районах перемешивание проникает до горизонтов 10–15 м. На Обь-Енисейском мелководье глубина его распространения не превышает 5–7 м, что связано с резким расслоением вод по плотности.

У западных берегов Северной Земли, где наблюдаются довольно слабая стратификация вод, быстрое выхолаживание и интенсивное льдообразование, осенне-зимняя конвекция проникает до 50–75 м (Добровольский, Залогин, 1982).

Гидрологическая структура. Подавляющую часть пространства моря занимают поверхностные арктические воды. Они формируются в результате перемешивания вод, поступающих из других бассейнов, их трансформации в море, а также за счет материкового стока. Толщина слоя арктических вод определяется рельефом дна. На больших (200 м и более) глубинах они проникают до горизонтов 150–200 м, а в мелководных районах эти воды распространяются от поверхности до дна. Арктические воды характеризуются близкой к точке замерзания температурой и несколько пониженной соленостью (29,0–33,5 ‰). В глубоких частях моря поверхностные арктические воды разделены на три слоя. Верхний слой (0–50 м) имеет однородную температуру и соленость, что объясняется активным перемешиванием вод. Его подстилает слой (от 50 м до 100 м) с такой же низкой температурой и резко возрастающей (до 34,0 ‰ и более) соленостью. Глубже лежит слой, переходный к глубинным атлантическим водам.

В теплые сезоны около устьев рек в результате перемешивания речных вод с арктическими фор-

divided into two layers. This phenomenon is most clearly expressed in the southern and eastern regions of the sea, in the zone of river water. The difference is less significant in the north, where the decrease in the surface water density is only due to the melting ice. In the western part of the sea, the distribution of density in the vertical direction is equalised by water influx from the Barents Sea.

Convection. The separation of the water column into two layers in the eastern part of the sea results in greater stability of the water layers in these regions. The comparatively greater uniformity of the water in the western and northern parts of the sea determines their unstable condition. Wind mixing of water occurs in the open spaces and is particularly intense in autumn during frequent, strong gales. In the central and western parts of the sea, the mixing extends to a depth of 10 to 15 m. In the Ob–Yenisey shallow, the depth of mixing does not exceed 5 to 7 m, which is associated with the sharp stratification of water density at this depth.

Near the western shores of Severnaya Zemlya where there is relatively weak stratification of the water, rapid cooling and intense ice formation, the autumn–winter convection penetrates to depths of 50 to 75 m (Dobrovolsky and Zalogin 1982).

Hydrological structure. The bulk of the sea space is occupied by Arctic surface water. It consists of the mixing of water from other basins and continental runoff, which is transported to the sea. The thickness of Arctic water is determined by the bottom topography. In regions with depths of 200 m or greater, Arctic water can extend to a depth of 150 to 200 m. In shallow regions, Arctic water can account for the entire column, from the surface to the bottom. Arctic water is characterised by temperatures close to freezing and low salinity (29.0 to 33.5‰). In the deeper parts of the sea, Arctic water is divided into three layers. The upper layer (0 to 50 m) has a uniform temperature and salinity because of the active mixing of water. Below that layer (from 50 to 100 m) is a layer with the same low temperature but sharply increasing (up to 34.0‰ or more) salinity. The layer of transition to the deep Atlantic water lies deeper than 100 m.

A peculiar type of water with a relatively high temperature, low salinity and low density forms near the

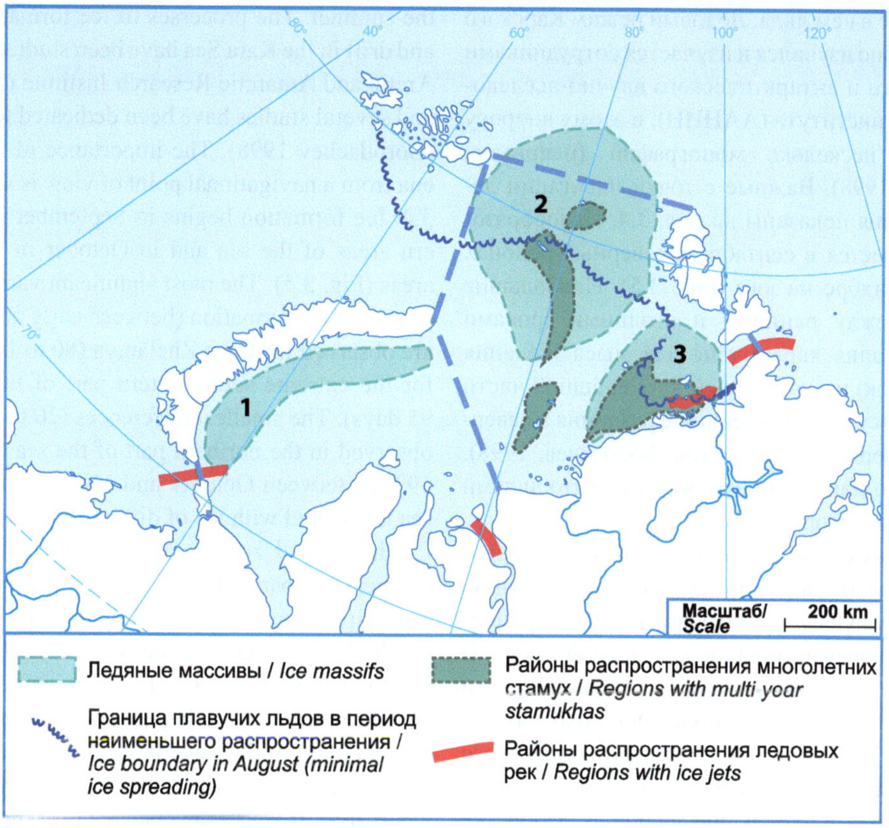

Рис. 3.4 Морские льды. Ледяные массивы: 1 – Новоземельский, 2 – Северный Карский, 3 – Североземельский. Составлено на основе (БСЭ,1969–1978; ЕСИМО; Горбунов и др., 2007)

Fig. 3.4 Sea ice. Ice massifs: 1 – Novaya Zemlya, 2 – Northern Kara, 3 – Severnaya Zemlya (adapted from USSR Academy of Sciences 1969–1978; USIMO 2011; Gorbunov et al. 2007)

мируется своеобразная вода с повышенной температурой, низкой соленостью и малой плотностью. Она растекается по поверхности более плотных арктических вод, на границе с которыми (горизонты 5–7 м) создаются большие градиенты солености и плотности. Опресненные поверхностные воды иногда распространяются на значительные расстояния от мест формирования. Под поверхностной арктической водой в трогах Святой Анны и Воронина находятся относительно теплые (0–1 °C) соленые (около 35,0 ‰) атлантические воды (Добровольский, Залогин, 1982).

mouths of the rivers in the warm seasons. It results from the mixing of river water and Arctic water. This water spreads over the surface of the dense Arctic water. Therefore, large gradients of salinity and density are formed on their boundary (depth of 5 to 7 m). Lower salinity surface water is sometimes distributed over large distances, away from where it is formed. The relatively warm (0 to 1°C), salty (approximately 35.0‰) Atlantic water is located under the Arctic surface water in the trough of Svyataya Anna and Voronin troughs (Dobrovolsky and Zalogin 1982).

3.1.4 Морские льды

Суровый климат обусловливает полное замерзание моря в осенне-зимнее время и постоянное су-

3.1.4 Sea Ice

The severe climate causes complete freezing of the sea in autumn to winter, and the ice remains during

существование в нем льда. Ледовый режим Карского моря подробно изучался и изучается сотрудниками Арктического и антарктического научно-исследовательского института (ААНИИ), и этому вопросу посвящено несколько монографий (например, Бородачев, 1998). Важные с точки навигации ледовые явления показаны на рис. 3.4. Льдообразование начинается в сентябре в северных районах моря и в октябре на юге (рис. 3.5). Наибольшие различия между ранними и поздними сроками ледообразования характерны для мыса Желания (80–125 суток) и для крайней юго-западной части моря (70–95 суток), наименьшие различия в северной части моря — 20–30 суток (Бородачев, 1998). С октября по май почти все море покрыто льдами разного вида и возраста.

Прибрежную зону занимает припай. В северо-восточной части моря он образует непрерывную полосу, тянущуюся от острова Белый к архипелагу Норденшельда и оттуда к Северной Земле. В летнее время эта полоса припая взламывается и распадается на отдельные поля. Они сохраняются длительное время в виде Северо-Земельского ледяного массива. В юго-западной части моря припай занимает небольшие площади. Мористее припая находится район заприпайных полыней с чистой водой или молодыми льдами. В юго-западной части моря располагаются Амдерминская и Ямальская полыньи, а на юге центральной части моря — Обь-Енисейская. В открытых районах моря распространены дрейфующие льды, среди которых преобладают однолетние льды местного происхождения. Их максимальная толщина (в мае) составляет 1,5–2,0 м. В море преобладает выносной дрейф, в процессе которого льды выносятся на север. На юго-западе располагается Ново-Земельский ледяной массив, который в течение лета растаивает на месте. В северных районах лед сохраняется постоянно. Сюда спускаются отроги океанических ледяных массивов. Распределение льдов в весенне-летнее время зависит от преобладания ветров и соответствующих течений (Добровольский, Залогин, 1982).

За 54-летний период наблюдений с 1940 по 1993 год ледяной покров в юго-западной части моря сохранялся до начала ледообразования только 7 раз (в 1946, 1949, 1958, 1969, 1974, 1978, 1979 годах) (Бородачев, 1998). То есть 13 % от общего коли-

the summer. The processes of ice formation, melting and drift in the Kara Sea have been studied in detail by Arctic and Antarctic Research Institute (AARI) staff, and several studies have been dedicated to the subject (Borodachev 1998). The importance of ice phenomena from a navigational point of view is shown in Fig. 3.4. Ice formation begins in September in the northern areas of the sea and in October in the southern areas (Fig. 3.5). The most significant variations in the timing of ice formation (between early and late dates) are observed for Cape Zhelaniya (80 to 125 days) and for the extreme southwestern part of the sea (70 to 95 days). The smallest differences (20 to 30 days) are observed in the northern part of the sea (Borodachev 1998). Between October and May, almost the entire sea is covered with ice of different types and ages.

The coastal zone is occupied by fast ice. In the northeastern parts of the sea, fast ice forms a continuous strip that extends from Bely Island to the Nordenskiöld Archipelago and the Severnaya Zemlya. During the summer, this band of fast ice breaks up and separates into fields. They persist for a long period of time in parts of the Severnaya Zemlya Ice Massif. In the southwestern part of the sea, fast ice occupies a small area. Towards the open areas of the sea, there is a region of flaw polynyas with open water or young ice. The Amderma and Yamal Polynyas are located in the southwestern part of the sea, and the Ob–Yenisey Polynya is located in the south-central part of the sea. Drifting ice is observed in the open sea areas. The first-year ice that originates locally comprises the bulk of the drifting ice. The maximum thickness (in May) is 1.5 to 2.0 m. The main direction of the ice drift is towards the north, which transports ice from the Kara Sea to the Arctic Basin. The Novaya Zemlya Ice Massif is located in the southwest. It is stationary and melts during the summer. The sea ice remains constant in the northern region, and here the spurs of the ocean ice massifs descend. The distribution of ice in the spring and summer depends on the dominance of winds and currents (Dobrovolsky and Zalogin 1982).

Over the 54-year period from 1940 to 1993, there were seven instances when the ice cover persisted until the beginning of the period of ice formation in autumn of the following year in the southwestern part of the sea (1946, 1949, 1958, 1969, 1974, 1978, and 1979)

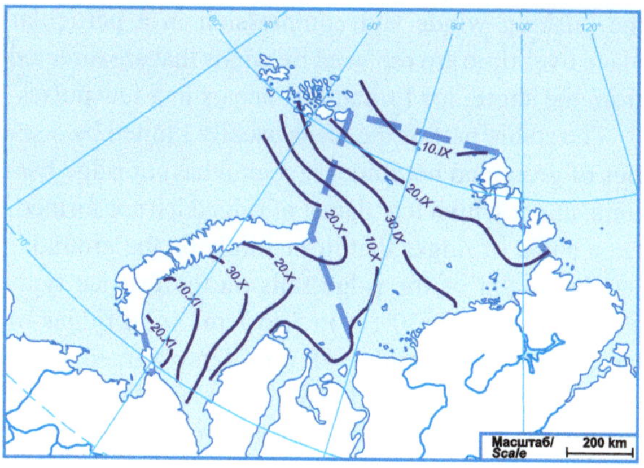

Рис. 3.5 Изохроны сроков устойчивого льдообразования. Составлено на основе (Бородачев, 1998)

Fig. 3.5 Isochrones of the dates of constant ice formation (adapted from Borodachev 1998)

чества лет были экстремально тяжелыми для навигации.

(Borodachev 1998). It accounts for 13% of the total number of years in the period of study. These years were characterised by extremely difficult navigation.

Максимальная площадь сплошных (10 баллов) льдов наблюдается в декабре–январе. Уже в феврале скорость сокращения площади сплошных льдов достигает 4000 км^2/сутки, а в марте она увеличивается до 6,700 км^2/сутки. В марте ледяной покров Карского моря подвергается усиленному дроблению, что приводит к появлению открытой воды среди льдов (Бородачев, 1998).

The maximum area of continuous ice (10/10) is observed in December and January. In February, the rate of reduction of solid ice cover is up to 4000 km^2/day, and in March it increases to 6700 km^2/day. In March, the Kara Sea ice sheet is exposed to intense fragmentation, which leads to the appearance of open water among the ice (Borodachev 1998).

Обычно очищение моря начинается с таяния льдов в реках Енисей и Обь. Отсюда «волна» таяния подходит к Енисейскому заливу и Обской губе к концу мая–началу июня. Уже в третьей декаде июня в районах к северу от Енисейского залива и Обской губы образуются небольшие участки чистой воды. В первой декаде июля их площадь увеличивается, и одновременно с этим появляется чистая вода вдоль западного побережья полуострова Ямал. При этом взлом припая и языки вытаивания в Енисейском заливе и Обской губе подходят с двух сторон.

Usually, sea clearing begins from the melting of ice in the Yenisey and Ob Rivers. A ‘wave of clearing’ extends from there to the Yenisey and Ob Gulfs at the end of May to early June. Small patches of open water form in the last third of June in waters to the north of the Yenisey and Ob Gulfs and increases in the first part of July; at this time, open water appears along the western coast of the Yamal Peninsula. In addition, the breaking of fast ice and melting tongues arrive at the Yenisey Gulf and the Ob Gulf from two sides.

Особенно интересно льдообразование в южной части Карского моря, где проходят основные морские трассы. В открытых частях моря становление припая происходит путем смерзания льдин разного возраста, формы и толщины, прижатых к берегу северными ветрами. Поскольку нажимные

The process of ice formation is particularly interesting in the southern part of the Kara Sea, where the major navigation sea routes are located. In the open parts of the sea, ice formation starts with the freezing of ice floes of different ages, shapes and thicknesses, which are pushed to the banks by northerly winds. As

ветры и сжатия в конкретном месте через некоторое время сменяются на отжимные, то становление припая идет в несколько импульсов.

Устойчивая часть припая, как правило, ограничивается серией стамух или барьеров торосов, причем гряда торосов часто полностью лежит на грунте.

Высота торосов на припайных льдах обычно варьирует от 30 см до 5–7 м. На некоторых участках вдоль внешней границы припая образуются мощные гряды торосов высотой до 7–8 м, а в наиболее динамичных районах высота может достигать 10–15 м.

В феврале характерной особенностью Карского моря является наличие зоны повышенной торосистости (до 2–3 баллов), которая простирается от архипелага Северная Земля на запад и захватывает северную половину пролива Вилькицкого и 60-мильную полосу ледяного покрова от островов Арктического института к Архипелагам Кирова и Седова. Торосистость в этот период увеличивается с юго-запада на северо-восток (Бородачев, 1998).

Зона повышенной торосистости связана с взаимодействием льдов Карского моря со старыми льдами Арктического бассейна. В.Ю. Визе (Визе, 1948) считал, что скорость дрейфа в Карском море зимой выше, чем скорость западного дрейфа в прилегающем к морю районе Арктического бассейна, поэтому западный поток не в состоянии «принять» весь поступающий из Карского моря лед. В результате в Северной части моря создается «ледяная пробка» тем более мощная, чем интенсивнее южные ветры над морем. Именно здесь создаются напряженное состояние ледяного покрова под действием сжатий и повышенная торосистость льдов. Торосистость припая увеличивается до 3 баллов от берегов к мористой границе припая при средней торосистости 1–2 балла. На границе формируются небольшие по протяженности, но мощные гряды торосов и цепочки стамух.

В своей монографии В.Е. Бородачев (Бородачев, 1998) приводит выдержку из радиотелеграммы капитана атомного ледокола *Арктика* Ю.С. Кучиева. Эта радиотелеграмма была послана во время автономного похода *Арктики* с ледоколом *Мурманск* 19–20 марта 1977 года и характеризует Новоземельский ледяной массив с точки зрения возможности навигации. Ю.С. Кучиев пишет, что на всем переходе ... массив находился в

the pushing winds and compression in a particular place over time are replaced by winds that are directed from the shore, ice formation appears in a few pulses.

The stable part of the ice is usually limited by a series of grounded hummocks (stamukhas) or ridge barriers, under which ice 'dams' of ridged ice are formed, i.e. a chain of ridges that lies entirely on the ground.

The height of the ridge sails on the fast ice typically ranges from 30 cm to 5 to 7 m. Solid ridges of hummocks with heights of 7 to 8 m form in some places along the outer edge of the ice, and their height can approach 10 to 15 m in the most dynamic areas.

A characteristic feature of the Kara Sea in February is the presence of zones of increased hummocking to 2 to 3 units, which stretch from the Severnaya Zemlya Archipelago to the west and include the northern half of the Vilkitsky Strait and the 60-mile strip of ice of the Arktichesky Institute Islands, including the Kirov and Sedov Archipelagos. In February, hummocking increases from the southwest to the northeast (Borodachev 1998).

Zones of high hummocking connect with the interaction between the Kara Sea ice and the old ice of the Arctic Basin. Vladimir Vize (1948) believed that the speed of the drift in the Kara Sea in the winter was higher than the speed of the western drift in the Arctic Basin adjacent to the sea, so the western flow cannot 'accept' drifting from the Kara Sea ice. As a result, an 'ice plug' is created in the northern part of the sea. The more intense the southerly winds over the sea, the more powerful the plug. The stress state of the ice cover under the influence of contractions and increased hummocking of ice is created here. Hummocking of fast ice increases from the coast to the seaward ice boundary up to 3 units, with an average hummocking of 1 to 2 units. The ridges and chains of stamukhas form at the boundary. They are small in length but are powerful.

There is an excerpt from the wireless message by Captain Y.S. Kuchiev in the monograph of Borodachev. Kuchiev was the captain of the nuclear icebreaker *Arktika*, which was part of an autonomous passage together with the icebreaker *Murmansk* on 19 to 20 March 1977. He wrote that for the entire trip the Novaya Zemlya Ice Massif was in an intense contraction state and that extended areas of powerful snow ice aggregations and ridges, especially on the approach

состоянии интенсивного сжатия и что протяженные участки мощных заснеженных сморозей, гряд торосов особенно на подходе к проливу (Карские ворота) приходилось форсировать в течение нескольких часов, работая ударами, часто судно заклинивало между льдами. В заключении капитан делает вывод, что при подобном состоянии массива проводка судов в этом районе исключается.

В Карском море отмечено небольшое количество многолетних стамух — 14 % от общего числа во всей Российской Арктике. Это существенно меньше, чем в Восточно-Сибирском море, где зафиксирован 71 % стамух, но больше, чем в море Лаптевых (11 %) и Чукотском (4 %) (Горбунов и др., 2007). Однако именно в Карском море наблюдаются самые крупные стамухи. Это показал анализ материалов ледовой разведки и космических снимков ИСЗ «Метеор» и NOAA за 1987–2003 годы, проведенный Ю.А. Горбуновым с соавторами. Стамухи формируются на банках Центральной Карской возвышенности с минимальными глубинами 14,4 м (79°13′ с.ш., 79°36′ в.д.); 5,5 м (78°47′ с.ш., 82°12′ в.д.); 11,2 м (78°26′ с.ш. 82°04′ в.д.) и 10,2 м (78°22′ с.ш. 83°06′ в.д.). По данным обследования 1983 года центральная часть двух северных стамух представляла собой многолетний лед. Южная стамуха в виде огромного ледяного поля 16×30 км имела два ядра, расположенных на банках с минимальными глубинами 11,2 и 10,2 м (Горбунов и др., 2007).

Другой опасной для мореплавания особенностью льдов Карского моря являются «ледовые реки», т.е. дрейф льда со значительной скоростью, против которого бывают бессильны даже мощные ледоколы. Этот феномен был описан В.Н. Купецким (Купецкий, 1983), а затем смоделирован и математически представлен В.Ю. Бенземаном (Бенземан, 1989, 2004). На основе выдвинутых физических гипотез В.Ю. Бенземан в терминах динамики моря определяет ледовую реку как экстремальный дрейф льда в пограничных струйных течениях в сильно переслоенном море, создающем эффект «чистого скольжения» в слое скачка плотности и нагонного эффекта у границы сплоченного льда или припая в открытых частях замерзающих морей, заливах и проливах (Бенземан, 1989).

Известно достаточно много достоверных случаев «ледовой реки» в арктических морях. Часть из них представлена на рис. 3.8 и в таблице 3.1.

to the strait (Karskie Vorota Strait), forced them to work for hours with hammer blows, with the vessel frequently becoming wedged between ice floes. In the end Captain Kuchiev came to the conclusion that navigation and the leading of ships in the area was impossible given the current state of the massif (Borodachev 1998). This message characterises the Novaya Zemlya Ice Massif from a navigational point of view.

A small number of multi-year stamukhas are observed in the Kara Sea and represent 14% of the total number across the Russian Arctic. This number is substantially less than in the East Siberian Sea, which accounts for 71% of the registered stamukhas, but more than in the Laptev (11%) and Chukchi (4%) Seas (Gorbunov et al. 2007). However, the largest stamukhas are observed only in the Kara Sea, as shown by material analysis from ice reconnaissance and satellite images [the satellite Meteor and NOAA for 1987–2003, analysis performed by Gorbunov et al. (2007)]. Stamukhas form on the banks of the Central Kara Upland with the following minimum depths: 14.4 m (79°13′N, 79°36′E), 5.5 m (78°47′N, 82°12′E), 11.2 m (78°26′N, 82°04′E), and 10.2 m (78°22′N, 83°06′E). According to a survey from 1983, the central part of the two northern stamukhas consisted of multi-year ice. The southern stamukha was a huge ice field which measured 16 × 30 km and had two centres situated on the banks with minimum depths of 11.2 and 10.2 m (Gorbunov et al. 2007).

Another navigational hazard of the Kara Sea ice is the ‘ice jet’, i.e. high-speed drifting of ice. Even powerful icebreakers can be powerless against such drifts. This phenomenon has been described by Kupetsky (Kupetsky 1983) and mathematically modelled by Benzeman (1989, 2004). Based on physical hypotheses in terms of sea dynamics, Benzeman defined an ice jet as an extreme ice drift in a boundary stream flow in a strongly layered sea, creating the effect of ‘pure slide’ in a layer of abruptly changing density and a storm surge effect near the boundary of compact pack ice and fast ice in the open parts of frozen seas, gulfs and straits (Benzeman 1989).

There have been many confirmed cases of ice jets in the Arctic. Some cases are presented in Fig. 3.8 and Table 3.1. This stream of close-knit ice often drifts

Подобный поток дрейфующего с большой скоростью сплоченного, иногда со сжатием, мелкобитого и тертого льда в проливах, заливах или в открытых районах морей у границы припая или малоподвижного ледяного массива нередко становился причиной серьезных аварий и кораблекрушений. Беспомощность судов ледового класса и даже ледоколов в условиях экстремального дрейфа льда со сжатием показала, что в настоящее время нет эффективных способов борьбы с этим малоизученным явлением. Степень опасности явления зависит не столько от скорости течения в потоке, сколько от степени сплоченности и сжатия льдов. Поток воды с разреженным льдом может преодолеть практически любое судно. Однако относительно слабый по скорости поток с мелкобитым и тертым льдом сплоченностью 9/10–10/10 иногда не могут преодолеть даже атомоходы. В качестве примеров в книге «Арктическая транспортная система» (Бенземан и др., 2004) приводится дрейф атомоходов *Сибирь*, *Арктика* и ледокола *Киев* в районе пролива Югорский шар в марте–апреле 1980 года и ледокола *Капитан Сорокин* в Енисейском заливе в ноябре 1977 года. Достаточно часто наблюдалась «ледовая река» к северу от острова Диксон у кромки припая, а также к западу от острова Диксон на выходе из Енисейского залива, в проливе Карские ворота, в узких проливах, таких как Югорский шар, около Крестовских островов в Енисейском заливе (Бенземан, 1989).

at high speeds, causing serious accidents and shipwrecks. The ice in ice jets is brash ice that is crushed and sometimes compressed. Ice jets occur in straits, bays or open sea areas near the border of fast ice or sedentary pack ice. The helplessness of ice class ships and even icebreakers under these conditions of extreme ice drift with compression shows that there is currently no effective way of overcoming this little-known phenomenon. The severity of the phenomenon depends little on the flow velocity of the stream but rather on the degree of cohesion and compaction of the ice. The flow of water and thin ice is not difficult for almost any ship. However, even nuclear-powered ships cannot overcome relatively slow streams containing brash ice with concentrations of 9/10 to 10/10. For example, in the book *Arctic Transportation System* (2004), Benzeman describes the drift faced by the nuclear-powered ships *Sibir* and *Arktika* and the icebreaker *Kiev* in the Yugorsky Shar Strait in March to April 1980. Another example is the drift faced by the icebreaker *Kapitan Sorokin* in the Yenisey Gulf in November 1977. Quite often, ice jets were encountered in the following areas: north of Dikson Island at the edge of the ice, to the west of Dikson Island, at the outlet of the Yenisey Gulf, in the Karskie Vorota Strait, in the narrow straits, such as Yugorsky Shar Strait, and around Krestovsky Islands in the Yenisey Gulf (Benzeman 1989).

3.2 Условия навигации

В Карском море в отличие от других Российских арктических морей навигация весьма интенсивна и почти круглогодична. Главное направление хозяйственной деятельности в Карском море — морские транспортные перевозки. Это транзит грузов по Северному морскому пути и грузообмен в пределах моря. На регулярной основе почти круглогодично (с перерывом на время ледохода по Енисею в мае–июне) идет навигация, обеспечивающая деятельность Норильского горно-металлургического комбината. Этот комбинат производит бóльшую часть российского никеля и меди, поэтому функционирование линии Дудинка–Мурманск явля-

3.2 Navigational Conditions

In contrast to other Russian Arctic seas, the Kara Sea presents very challenging navigational conditions almost year-round.

The major business activity in the Kara Sea is sea transportation, which includes the transit of goods along the Northern Sea Route and the exchange of goods at sea. The transportation activities continue on a regular basis almost year-round (with a break for the ice stream on the Yenisey River in May to June) on the Dudinka–Murmansk route. The route allows for the activities of the Norilsk Mining and Metallurgical Plant. This plant produces most of Russia's nickel and copper; therefore, the optimal functioning of the

Рис. 3.6 Ледовые условия во время навигации. Космический снимок из архива NASA, сделанный 10 июня 2001 года

Fig. 3.6 Ice conditions during navigation. Satellite image 10 June 2001. Courtesy Jeffrey Schmaltz and Jacques Descloitres, NASA MODIS Rapid Response: http://visibleearth.nasa.gov. Last accessed 24 August 2011

ется жизненно важным для всей Российской экономики. Ежегодно перевозится около 1 млн. тонн грузов в Мурманск, Архангельск и на экспорт.

Важным направлением грузоперевозок является обслуживание нефтегазовых месторождений Ямала, вывоз леса и лесных грузов, которые доставляются по Енисею, а также поставка промышленных товаров и продовольствие жителям Севера, так называемый Северный завоз. Добыча рыбы и морского зверя (нерпа, белуха) в прибрежных водах моря, заливах и губах имеет небольшой объем и только местное значение.

Двум основным особенностям навигации Карского моря, которые отличают его от других морей Северного морского пути — разгрузке на припай и зимней эксплуатации, посвящен специальный параграф 3.2.3.

Dudinka–Murmansk route is of vital importance to the Russian economy. Each year, approximately 1 million tonnes of cargo are transported to Murmansk and Arkhangelsk and for export abroad.

Transportation activities are important for the maintenance of oil and gas fields in Yamal, the export of timber and timber cargo delivered down the Yenisey River, and the delivery of industrial goods and food to the inhabitants of the northern regions (northern shipment). Fishing and sealing of marine mammals (beluga and seal) in the coastal areas of the sea, bays and lips are only locally significant.

Section 3.2.3 is devoted to two particular features of navigation in the Kara Sea. These features, which differentiate the Kara Sea from the other seas of the Northern Sea Route, include unloading on fast ice and winter operations.

3.2.1 Особенности навигации

Условия для плавания судов в Карском море сложные. Особенно затрудняют плавание подводные опасности и частые туманы, почти постоянное наличие льда (рис. 3.6) и раннее замерзание устьев рек. Кроме того, необходимо учитывать возможность ненадежной работы гироскопических и магнитных компасов; а также слабую изученность течений.

Выбор пути в прибрежной зоне определяется наличием льда и опасных для плавания глубин. Наиболее опасной для плавания зоной Карского моря (из-за неровностей дна) является прибрежная часть между Пясинским и Таймырским заливами, ограниченная изобатой 50 м. В районах открытого моря выбор пути зависит от сплоченности льда. Передвижение судов строго контролируется Штабом морских арктических операций западного района Арктики (Штаб Запада), где собираются полные сведения о характере, количестве и расположении льда. Штаб Запада осуществляет проводку судов, и его указания являются обязательными при плавании в Карском море. Путь, которым будет следовать судно, выбирается в зависимости от состояния льда, ледового и синоптического прогноза, а также от его ледового класса, осадки и мореходности.

Вид берегов Карского моря значительно изменяется в течение года, и определять место судна следует по космической навигационной системе. Если видимость хорошая, то на побережье достаточно ориентиров для определения места. При ухудшении видимости даже при плавании в удалении от берегов необходимо периодически включать радиолокатор, чтобы своевременно обнаружить лед. Особую осторожность необходимо соблюдать около берегов. Здесь рекомендуется обязательно включать эхолот, особенно в местах, где на картах глубины показаны редко. Причиной многих тяжелых аварий, произошедших с судами в Карском море, было то, что мореплаватели часто пренебрегали измерением глубин эхолотом и поэтому слишком поздно замечали опасность (Руководство, 1995).

Средства навигации. Средства навигации распределены в Карского море неравномерно. Достаточно хорошо оборудована основная трасса

3.2.1 Navigational Features

Difficult navigation conditions exist in the Kara Sea. The main factors that make navigation difficult and prevent sailing include the large number of underwater hazards and frequent fogs, the almost constant presence of ice (Fig. 3.6) and early freezing of river estuaries, the unreliable functioning of gyro and magnetic compasses, and insufficient knowledge about sea currents.

The choice of sailing path in the coastal zone is defined by the presence of ice and whether particular depths are dangerous for sailing. The most dangerous area for navigation in the Kara Sea is the coastal section between Pyasina Gulf and Taymyr Gulf that is bounded by 50-m isobaths; the increased danger is due to irregularities in the bottom topography. In open sea, the choice of route depends on the compactness of the ice. The constant presence of ice in the sea determines the need for strict navigational control by the Headquarters of Arctic Sea Operations of the Western Arctic (HQ of the West), which collects complete information on the nature, amount and location of the ice. The HQ of the West manages shipping, and it is necessary to follow HQ when navigating in the Kara Sea. The optimal path is chosen depending on ice conditions, ice and synoptic forecasts, and the ice class, draught, and sea capability of the ship.

The visibility of the seacoast is highly variable throughout the year, so one should determine the ship's location using space navigation systems. When there is good visibility of the coast, there are sufficient landmarks to determine one's location. In poor visibility, radar should be used to efficiently detect ice, even when navigating away from the coast. When approaching the coast, navigation should be carefully conducted and should include sonar, especially in places where the depth is seldom shown on a map. Failure to use echo sounding, which causes delays in recognising danger, is the major cause of many serious accidents involving vessels in the Kara Sea (Guide 1995).

Navigational tools. Navigational tools are unevenly distributed in the Kara Sea. The main route from the Yugrorsky Shar Strait and Karskie Vorota Strait

от проливов Югорский Шар и Карские Ворота до порта Диксон и прибрежный путь, ведущий в пролив Вилькицкого. Наименее обеспечены берега островов архипелага Северная Земля. В Карском море имеется несколько маяков с дальностью видимости до 16 миль и большое число светящих знаков с дальностью видимости 8–15 миль. Маяки и светящиеся знаки разнообразны по внешнему виду. Они хорошо заметны днем и в основном оборудованы радиолокационными отражателями. Радиотехнические средства навигационного оборудования в Карском море представлены радиомаяками.

Порты. На побережье Карского моря находятся поселки городского типа Диксон и Амдерма. Численность населения в Диксоне составляет 590 жителей. Здесь и далее, если не оговорено специально, численность населения приводится на 1 января 2010 года по данным Федеральной службы государственной статистики России. Официальный сайт http://www.gks.ru. Таблицы по численности населения представлены на странице сайта http://www.gks.ru/bgd/regl/b10_109/Main.htm).

Численность населения поселка Амдерма в 2009 году составляла 572 жителей, данные за 2010 год отсутствуют. В Диксоне и Амдерме имеются аэропорты и морские порты. Максимальное число жителей достигало в 80-е годы 10 тысяч человек в Амдерме и 5 тысяч человек в Диксоне, однако во время перестройки люди стали массово покидать эти поселки. В перспективе Амдерма может рассматриваться как база для освоения нефтегазоносных месторождений северной части Тимано-Печорской нефтегазоносной провинции.

Гораздо большее значение имеют расположенные в Енисейском заливе и доступные для морских судов порты в городах Дудинка (население около 26 тысяч человек) и Игарка (около 6,5 тысяч человек). Порт Игарка ориентирован на вывоз лесоматериалов, а порт Дудинка обслуживает Норильский горно-металлургический комбинат, специализирующийся на переработке никеля, меди и палладия). Дудинский морской порт — единственный в мире порт, ежегодно затапливаемый в период весеннего ледохода. На период ледохода навигация останавливается. В море не так много укрытых якорных мест и стоянок, многих районах они совсем отсутствуют.

to Port Dikson and the coastal path that leads to the Vilkitsky Strait are fairly well equipped. However, the shores of the islands of the Severnaya Zemlya Archipelago are poorly equipped. There are several lighthouses with visibility ranges of up to 16 nautical miles and a large number of light signals with visibility ranges of 8 to 15 nautical miles in the Kara Sea. Lighthouses and light beacons are diverse in appearance, clearly visible during the day and equipped with radar reflectors. Radio navigational tools include radio beacons that provide a ship's position when the shore is not visible.

Ports. On the coast of the Kara Sea, there are urban-type settlements, such as Dikson and Amderma. There are 590 inhabitants in Dikson. Unless otherwise noted, this is as of 1 January 2010, according to the Russian Federal Statistical Service. The official site is www.gks.ru. The tables for population statistics are located at www.gks.ru/bgd/regl/b10_109/Main.htm.

The population of the Amderma settlement was 572 inhabbitans in 2009. There are no data for 2010. There are airports and seaports in these settlements. The population peaked in the 1980s: 10,000 people in Amderma and 5,000 in Dikson; however, in the 1990s people began to leave there. In the future, Amderma is expected to become a base for the exploration of oil and gas deposits in the northern Timan–Pechora Province.

The most important ports are those in the cities of Dudinka (population: 26,000) and Igarka (population: 6,500). They are located in the Yenisey Gulf and are available for marine ships. The Igarka port focuses on timber exports, and the Dudinka port serves Norilsk Nickel (a mining and smelting company that produces nickel, copper and palladium). The Dudinka seaport is the only seaport in the world that is annually flooded during the break-up of river ice in the spring. Navigation is halted during this time. There are no harbourage or places to anchor available in many areas of the sea.

Рис. 3.7 Основные пути, рекомендованные для плавания в Карском море: *a* – Прибрежный, b – Мористый, c – Северный; и ключевые пункты: 1 – Карские Ворота, 2 – бухта Лямчина, 3 – мыс Харасавей, 4 – Диксон (остров, поселок), 5 – шхеры Минина, 6 – пролив Вилькицкого, 7 – мыс Челюскин, 8 – мыс Желания. Составлено на основе (ЕСИМО, http://www.aari.nw.ru)

Fig. 3.7 The main recommended routes for navigation in the Kara Sea: a – Coastal, b – Seaward, c – Northern; and key points: 1 – Karskie Vorota Strait, 2 – Lyamchin Bay, 3 –Cape Kharasavey, 4 – Dikson (Island, settlement), 5 – Minin Archipelago, 6 – Vilkisky Strait, 7 – Cape Chelyuskin, 8 – Cape Zhelaniya (adapted from USIMO 2011: http://www.aari.nw.ru)

3.2.2 Плавание по основным рекомендованным путям

На рис. 3.7 показаны пути, рекомендованные для плавания по Карскому морю. Основные рекомендации для плавания по ним содержатся в Руководстве для сквозного плавания судов по Северному морскому пути (Руководство, 1995) и сводятся к следующему.

Ледовые условия в юго-западной части Карского моря определяют выбор пролива для входа в Карское море и дальнейший путь к острову Диксон. Обычно лед затрудняет подход к проливам Карские Ворота и Югорский Шар только до начала июля. Если выносимый из Карского моря лед блокирует подход к проливу Карские Ворота с запада, то более удобен пролив Югорский Шар,

3.2.2 Navigation via the Main Recommended Routes

The main routes recommended for navigation in the Kara Sea are shown in Fig. 3.7. The key instructions for navigation along them are contained in the *Guide for the navigation of vessels on the Northern Sea Route* (Guide 1995). They are as follows.

The choice of the strait to enter the Kara Sea and travel further to Dikson Island depends on ice conditions in the southwestern part of the Kara Sea. Usually, the ice makes it difficult to approach the Karskie Vorota Strait and the Yugorsky Shar Strait until the first part of July. If the ice that is transported from the Kara Sea blocks the approach to the Karskie Vorota Strait from the west, then the Yugorsky Shar Strait will have

где лед слабее. Если же неблагоприятные ледовые условия наблюдаются как на подходах к проливам, так и в юго-западной части Карского моря, то рекомендуется обходить острова архипелага Новая Земля с севера, огибая мыс Желания. Безледокольное плавание к мысу Желания обычно бывает возможным уже с конца июня–начала июля. Дальнейшее плавание от мыса Желания к острову Диксон определяется взаиморасположением Новоземельского и Северного Карского ледяных массивов.

milder conditions for sailing. The ice is weaker there. If unfavourable ice conditions on the approaches to the straits combine with difficult ice conditions in the southwestern part of the Kara Sea, bypassing the island of Novaya Zemlya from the north and rounding Cape Zhelaniya is recommended.

Voyages to Cape Zhelaniya without icebreaker support are usually possible from late June and early July. The choice of route in the Kara Sea from Cape Zhelaniya to Dikson Island is determined by overall conditions of the Novaya Zemlya Ice Massif and the Northern Kara Ice Massif.

Формирование караванов для ледокольной проводки через Карское море производится у кромки льда в юго-восточной части Баренцева моря либо в бухте Лямчина (69°47′ с.ш., 59°33′ в.д.) у юго-западного берега острова Вайгач.

Выбор курса к острову Белый определяется положением Новоземельского ледяного массива, которое зависит в свою очередь от направления ветра, наличия старого льда в массиве и суровости прошедшей зимы. В начале навигации южный отрог Новоземельского массива чаще обходят с востока и реже с запада (вариант *а* на рис. 3.7). Если же массив прижат восточными ветрами к островам архипелага Новая Земля, ледоколы прокладывают канал через южную часть массива к Ямальской полынье, а затем через припай на подходах к острову Диксон. При северо-западных ветрах приходится порой углубляться в массив (вариант *в*). Если южная часть массива сдвигается к востоку, суда идут вдоль восточного берега островов Новая Земля до пролива Маточкин Шар, поворачивают на восток и пересекают массив в наиболее доступном месте (вариант *с*). Очень полезными в поиске такого места могут быть данные авиаразведки.

The formation of convoys for icebreaker support through the Kara Sea is carried out either at the ice edge in the southeastern part of the Barents Sea or in Lyamchin Bay (69°47′N, 59°33′E) near the southwestern coast of Vaygach Island.

The choice of route to Bely Island is defined by the location of the Novaya Zemlya Ice Massif, which depends on the prevailing direction of the winds, the presence of old ice in the massif and the severity of the previous winter. At the beginning of the navigation period, ships often bypass the southern spur of the massif to the east and seldom to the west ('a' on the map in Fig. 3.7). If the Novaya Zemlya Ice Massif is pushed by easterly winds to the Novaya Zemlya islands, icebreakers must only cross the southern part of the massif to arrive at the Yamal Polynya, and then they need to cross fast ice when approaching Dikson Island. When facing northwesterly winds, ships must pass through thin ice on the edge of the Novaya Zemlya Massif, and if the ice continues to move east, ships are required to go even deeper into the massif ('b' on the map in Fig. 3.7). If the southern part of the massif is shifted to the east, ships go first to the north along the eastern coast of the islands of Novaya Zemlya to Matochkin Shar Strait and then turn east to cross the massif in the most accessible place ('c' on the map). Reconnaissance can be very useful here.

Безледокольное плавание к острову Диксон судов класса УЛ (улучшенного ледового класса) становится возможным обычно 25–30 июля, а в наиболее благоприятные годы — с середины июня. Однако одиночные льдины могут быть встречены в любое время навигации. Поэтому всегда необходимы осторожность и постоянное наблюдение за морем визуально и с помощью радиолокатора. Не рекомендуется заходить на глубины менее 15 м у низкого малоприметного берега полуострова

Sailing to Dikson Island without icebreaker support for ice-class vessels becomes possible around 25–30 July on average and even in mid-June in the most favourable years. However, single ice floes can be encountered at any time during navigation. Therefore, when following this path, care and constant visual and radar monitoring of the sea should be exercised. Following along the low, unnoticeable coast of the Yamal Peninsula, water with depths of less than 15 m should be avoided. In late autumn, in most cases, there is a

Ямал. Поздней осенью там часто наблюдается снос к северу и северо-востоку. Недоучет этого дрейфа уже не раз приводил к тяжелым авариям.

Северную оконечность островов Новая Земля — мыс Желания — рекомендуется обходить на расстоянии 10 миль. Обогнув мыс Желания и в точке 76°50′ с.ш. и 70°00′ в.д., надо взять курс 142°, ведущий к острову Диксон. На пути к острову весьма вероятен снос к северу, который может быть значительным осенью. И только при сильных и устойчивых северных ветрах возможен снос к югу. При наличии льда выбор курса определяется положением Северного Карского и Новоземельского ледяных массивов. Участок от острова Диксон до входа в пролив Вилькицкого протяженностью около 500 миль считается одним из труднейших по ледовым и навигационным условиям на всем Северном морском пути. Здесь также могут быть рекомендованы три основных варианта пути: Прибрежный, Мористый и Северный. При изменении ледовых и иных условий практически в любом месте можно изменить вариант пути.

Прибрежный путь довольно сложен в навигационном отношении из-за многочисленных навигационных опасностей, неравномерных глубин и каменистого грунта. Он чаще используется после вскрытия припая и отгона льда ветрами от берега и проходит вдоль шхер Минина, через архипелаг Норденшельда (чаще по проливу Матисена, реже по проливу Ленина).

Мористый путь проходит вне прибрежных навигационных опасностей, но в пределах уверенного ориентирования по радиомаякам средней дальности действия. Северный путь ведет с восточной или западной стороны островов Арктического Института и Известий ЦИК, далее севернее островов Сергея Кирова до поворота у острова Воронина в пролив Вилькицкого.

Плавание в проливе Вилькицкого затруднено не только из-за почти постоянно находящегося здесь сплоченного дрейфующего льда, но и из-за сильного течения и неблагоприятных условий видимости. Выбор курсов для прохода пролива зависит от ледовых условий. Чаще всего суда следуют на восток, придерживаясь южного берега пролива и используя преобладающее направление дрейфа льда с попутным течением, направленным на восток. Этот путь достаточно оборудован для плавания при любых погодных условиях. При плава-

drift to the north and northeast. Severe accidents have sometimes occurred due to neglect of the drift.

It is recommended that the northern tip of Novaya Zemlya, Cape Zhelaniya, should be avoided by a distance of 10 nautical miles, and coming to a starting point 76°50′N and 70°00′E, a course of 142° should be set, which leads to Dikson Island. A drift to the north will very likely occur on this route. It is rather significant in autumn. A drift to the south is only possible when strong and persistent northerly winds prevail. In the presence of ice, the choice of route is determined by the positions of the Northern Kara and Novaya Zemlya Ice Massifs. The segment from Dikson Island to Vilkitsky Strait, with a length of approximately 500 nautical miles, is considered one of the most difficult of the Northern Sea Route due to ice and navigational conditions. Three main options for the path may be recommended within this strip. They are conventionally referred to as the Coastal, Seaward and Northern routes. It is possible to change the route almost anywhere depending on ice and other conditions.

The Coastal path is more often used after the ice opens and when winds drive the ice away from the coast. It runs along the Minin Archipelago through the Nordenskiöld Archipelago (often via the Mathisen Strait but rarely via the Lenin Strait). This path is difficult to navigate because of the numerous navigational hazards, uneven depths and rocky soil.

The Seaward path runs outside coastal navigational hazards but within an area where one can confidently find a ship's location with the help of a mid-range radio beacon. The Northern path extends along on the east or west sides of the islands of the Arktichesky Institute and Izvestia CIK and then further north of the Sergey Kirov Islands before turning off near Voronin Island in the Vilkitsky Strait.

Sailing in the Vilkitsky Strait is difficult, due not only to the almost constant compact drift ice but also to the strong currents and frequently poor visibility. The choice of route for passage through the strait depends on ice conditions. More often, ships proceed eastward, following the southern coast of the strait and using the dominant direction of the ice drift, with a favourable trend towards the east. This path is sufficiently equipped for sailing in all weather conditions.

When navigating from the Laptev Sea to the Kara Sea (westwards), vessels can follow not only the

нии из моря Лаптевых в Карское море суда могут идти не только южным прибрежным путем, но и серединой пролива или по северной его стороне с попутным течением, направленным на запад. В отдельные годы ледовые условия более благоприятны в северной части пролива. В средней и северной части пролива даже при хорошей видимости рекомендуется определять местоположение судна радиолокатором, а глубины — эхолотом (Руководство, 1995).

southern coastal path but also the middle of the strait or its northern side with a favourable current. In some years, ice conditions are more favourable in the northern part of the strait.

In the middle and northern parts of the strait, even under good visibility conditions radar should be used for orientation, and echo sounders should also be used to control the vessel location and depth (Guide 1995).

3.2.3 Разгрузка на припай и зимняя навигация в Карском море

Карское море — пока единственное море Северного Ледовитого океана, где с конца 70-х годов в широких масштабах осуществляется зимняя навигация и разгрузка на припай. Остановимся поэтому на опыте проведения этих операций более подробно.

Как известно, моря Северного Ледовитого океана мелководны в прибрежной части. Глубины не позволяют судам с осадкой свыше 7–8 м подойти к земле ближе, чем на 2–5 км. Максимально приблизившись к берегу, суда становятся на якорь, и начинается долгая рейдовая разгрузка, часто осложняющаяся штормами.

Впервые в апреле 1976 года атомный ледокол *Ленин*, выйдя из Мурманска, провел сквозь льды Баренцева и Карского морей дизель-электрическое судно усиленного ледового класса *Павел Пономарев* с четырьмя тысячами тонн грузов на борту. В районе мыса Харасавэй (рис. 3.7) грузы были сняты на припайный лед, а потом доставлены на берег, после чего оба судна благополучно возвратились в незамерзающий порт Мурманск. Эксперимент повторили в 1977 году в гораздо бóльших масштабах — было совершено несколько рейсов из Мурманска на Ямал. В работах участвовали атомный ледокол *Арктика*, ледокол *Мурманск* и три грузовых судна — *Гижига, Наварин* и *Павел Пономарев*.

28 февраля 1977 года караван, состоящий из двух ледоколов и транспортного дизель-электрохода *Гижига*, вышел из Мурманска и через четверо суток подошел к Харасавэю. Еще через неделю он двинулся на запад, в обратный путь. В Баренцевом море, на чистой воде ледоколы отпустили разгру-

3.2.3 Unloading on Fast Ice and Winter Navigation in the Kara Sea

The Kara Sea is the only sea in the Arctic Ocean where, since the late 1970s, large-scale winter navigation and unloading on fast ice have been conducted. The experience of these operations will now be covered in greater detail.

The Arctic Ocean is shallow in the coastal areas. The depth does not allow vessels with a draft of more than 7 to 8 m to approach closer than 2 to 5 km from the land. When close to the shore, ships anchor and begin a long unloading process that is often complicated by storms.

In April 1976, for the first time, the nuclear icebreaker *Lenin* departed from Murmansk and proceeded through the ice of the Barents and Kara Seas; the diesel-electric vessel reinforced ice-class *Pavel Ponomarev* contained 4000 tonnes of cargo. In the vicinity of Cape Kharasavey (Fig. 3.7), goods were loaded on fast ice and then transported to shore; afterward, both vessels returned safely to the ice-free port of Murmansk. The experiment was repeated in 1977 on a much larger scale. Several voyages from Murmansk to the Yamal Peninsula were performed. The nuclear icebreaker *Arktika*, the icebreaker *Murmansk* and three cargo ships – the *Gizhiga*, *Navarin* and *Pavel Ponomarev* – were involved in the voyages.

On 28 February 1977, a caravan consisting of two icebreakers and the transport diesel-electric *Gizhiga* left Murmansk and proceeded to Kharasavey for 4 days. A week later, the caravan moved to the west for the return journey. In the Barents Sea, in ice-free water, icebreakers released *Gizhiga*, which was unloaded

зившуюся на Ямале *Гижигу,* и она своим ходом отправилась в Мурманск, где тут же вновь встала под погрузку. А ледоколы тем временем приняли следующее судно, *Наварин,* и повели его сквозь льды. Спустя двое суток все три судна были уже у Харасавэя. *Наварин* начал разгружаться, ледоколы отправились за очередным ведомым, *Павлом Пономаревым.*

О постановке судна и самой выгрузке на припай в 1977 году рассказал замечательный российский полярник и писатель Зиновий Михайлович Каневский в своей книге «Льды и судьбы» в главе «Разбуженная Арктика» (Каневский, 1980).

З.М. Каневский писал, что атомоходу *Арктика* грузовым судном на «усах» было непросто преодолеть отроги Новоземельского ледяного массива. Он заклинивал, отступал, двигался зигзагами и, в конце концов, по едва заметной трещине в сплошных торосистых льдах, обнаруженной с борта вертолета, подошел к западному берегу полуострова Ямал, к мысу Харасавэй. После этого началась завершающая, многоступенчатая и самая сложная фаза эксперимента. Атомоход *Арктика* не мог подойти вплотную к припаю у Харасавэя. Этот район известен своим мелководьем, и суда с глубокой осадкой его избегают. Поэтому здесь *Арктику* сменил ледокол *Мурманск,* не такой мощный, но достаточно сильный и маневренный, чтобы задвинуть грузовое судно подальше в припай.

Ледокол и транспортное судно встали корма к корме, жестко соединились тросами, и ледокол начинал во всю мощность работать задним ходом, проталкивая транспортное судно носом в припайный лед (рис. 3.8). Его необходимо было задвинуть в припай ровно настолько, чтобы к его бортам могли подходить машины и тракторы, на которые судовыми лебедками будут подавать грузы из трюмов (рис. 3.10). Для этого требовалась ювелирная точность и несколько часов слаженной работы экипажей *Мурманска* (капитан В.С. Смолягин) и грузового судна. После постановки грузового судна (будь то *Гижига, Наварин* или *Павел Пономарев)* его команда трудилась на разгрузке вместе с бригадами «Комигазпрома», сформированными на ямальском берегу. *Арктика* в это время стояла на рейде, *Мурманск* — в при-

on the Yamal and returned to Murmansk by its own power, where loading took place again. In the meantime, icebreakers escorted the next ship, the *Navarin,* and led it through the ice. Two days later, all three ships were at Kharasavey. The *Navarin* was unloaded, and the icebreakers departed for another ship, the *Pavel Ponomarev.*

Zinovy M. Kanevsky (1980) commented on the mooring of the ship and its unloading on fast ice in 1977 in the chapter ‘Awakened Arctic’ in his book *Ice and People*:

Kanevsky wrote, that the *Arktika* struggled in the spur of the Novaya Zemlya Ice Massif, wedged, retreated, moved in zigzags, but in the end, the ship went to the western shore of the Yamal Peninsula to Cape Kharasavey via a barely visible crack in the unbroken hummocky ice that had been spotted by a helicopter. A nuclear icebreaker with a cargo ship on ‘whiskers’, accompanied by the *Murmansk*, arrived at the destinatio.

Then the experiment entered its final phase. This was probably the most complex and multifaceted phase. The *Arktika* could not come right up to the fast ice at Kharasavey. This region is known for its shallows, and ships with large drafts avoid it. Therefore, the *Arktika* was followed by the icebreaker *Murmansk*, not a very powerful ship, but powerful enough and easy to manouevre in order to move a freighter a little further into the fast ice.

The scene was as follows: an icebreaker and a ship stood sternward, tightly connected by cables; the icebreaker started; all of the power was used to back up and pushed the ‘truck’ stem first into the fast ice (Fig. 3.8). Captain V.S. Smolyagin, the navigators and steerers of the *Murmansk*, and the crew of a cargo ship operated in these hours with exquisite accuracy. Finally, the transport vessel was pushed into the fast ice just enough for cars and tractors to approach the board. The ship’s cranes unloaded a variety of goods from the holds and decks to these cars (Fig. 3.10). The *Arktika* was on the road, and the *Murmansk* was in fast ice. The icebreakers rested, and divers conducted a preliminary inspection of the underwater parts and propeller blades (Fig. 3.9). The team of the diesel-electric (the *Gizhiga*, the *Navarin* or the *Pavel Ponomarev*) discharged a vessel with the teams of the

Рис. 3.8 Установка судна в припай. Ледокол *Мурманск* корма в корме «впечатывает» в лед грузовое судно *Павел Пономарев*. Фото Г.Д. Буркова из личного архива печатается с его разрешения

Fig. 3.8 Installation of vessel in fast ice. Icebreaker *Murmansk* stern on stern embeds cargo ship *Pavel Ponomarev* into ice. Photo by G.D. Burkov from private archive reproduced with permission from author

Рис. 3.9 *Павел Пономарев* поставлен под разгрузку в припай, ледокол отошел в сторону. Фото с самолета Г.Д. Буркова из личного архива печатается с его разрешения

Fig. 3.9 The *Pavel Ponomarev* put for unloading into fast ice; icebreaker stands near by (photo from a plane by G.D. Burkov from private archive, reproduced with permission from author)

пае (рис. 3.9). В это время водолазы проводили профилактический осмотр подводной части корпуса, лопастей и винтов.

Перед началом разгрузки необходимо было оценить, выдержит ли нагрузку припайный лед, не продавят ли лед тяжело груженые автомашины, бульдозеры, тракторы, вездеходы. Это был очень важный вопрос, поскольку, если по каким-то причинам выгрузка у берегов Ямала не состоится, завершится неудачей вся уникальная операция, сколь блестяще ни была бы проведена ее морская, ледовая стадия.

Komigazprom (Russian Gas Production Enterprise in Komi Republic – N.M.) that were formed on the Yamal coast.

The ultimate question remained: Could the fast ice bear the load? This was the most important question because if for some reason unloading on the coast of Yamal was not possible, then the whole operation would fail, but even the sea and the ice stages were unique and were handled skilfully.

Ответить на него могли только сотрудники Амдерминской гидрометеослужбы и ленинградского Гидрографического предприятия Министерства морского флота. Еще до начала зимней навигации гидрографы сделали промеры глубин на подходах к побережью, чтобы обеспечить максимальную безопасность для судов, и под руководством начальника ледово-гидрологического отдела Амдерминской научно-исследовательской обсерватории В.М. Климовича подготовили радиомаяки и береговые створные знаки.

Only the staff members from the hydrometeorological survey in Amderma and Leningrad Hydrographic Enterprise of the Ministry of the Navy were able to answer this question. Hydrographs had accomplished many depth soundings in the approaches to the coast to ensure maximum safety for the vessels before the start of winter navigation. Again and again, the materials of the previous observations were studied, and the beacons and shore leading marks were optimised. The chief of the Ice-Hydrological Department at the Amderma research observatory, V.M. Klimovich, led a small group of fast-ice researchers.

Во время первой выгрузки на ямальский припай в 1976 году выяснилось, что лед держит неплохо. Машины и тракторы ходят по дороге, проложен-

During the first landing on the Yamal fast ice in 1976, it became clear that the ice allowed cars and tractors to run regularly on roads built on a solid bank,

ной к твердому берегу, регулярно, и колея остается в хорошем состоянии. Гидрологи предположили, что можно будет грузовые суда ставить одно за другим примерно в то же самое место и длительное время использовать дороги, проложенные на льду. Нужно только аккуратно ставить суда в припай, не нарушая его целостности. Однако размах работ, предстоящих в 1977 году, был существенно больше, поэтому требовались тщательные исследования на припае.

Первая группа сотрудников Амдерминской обсерватории прилетела на Харасавей еще в декабре 1976 года, а в феврале 1977 года прибыли остальные. Шло ежедневное изучение нарастающего припая и регулярный промер глубин под ним. По всей пяти–шестикилометровой ширине припая были проложены поперечные профили, через каждые 50 м вручную бурился лед, измерялась его толщина и глубина моря в данной точке. Для изучения величины сопротивления льда изгибу на специальном прессе было пробурено более 500 скважин во льду, сделаны тысячи разных измерений, выпилены столбы льда диаметром 22 см. В программу наблюдения входили также полеты над припаем самолетов с аппаратурой «Торос» и «Лед» на борту, пеший обход и осмотр припая гидрологами. Только после тщательного обследования было дано разрешение на прокладывание основных и запасных дорог от места разгрузки до берега. Дороги уплотняли тяжелым металлическим треугольниками, расчищали бульдозерами. И вскоре по трассе смогли проехать пятитонные «Уралы» и десятитонные КрАЗы. Они преодолевали расстояние от судна до места разгрузки на берегу всего за 20–25 мин.

Разгрузка шла круглые сутки, при свете полярного дня и в лучах сильных судовых прожекторов и автомобильных фар. Цифры говорят сами за себя. На припайном льду Харасавея в марте–апреле 1977 года в сутки выгружалось с судна и вывозилось на берег по 1000–1500 тонн груза. В один из самых удачных дней с дизель-электрохода *Наварин* было выгружено более 2000 тонн! В то время обычная норма выгрузки на арктическом рейде летом составляла 200–300 тонн в сутки, а в современном, хорошо оборудованном порту — 600–800 тонн в сутки. При этом практически не было потерь груза. Секрет большой производительности зимних ра-

and the track remained in good condition. Hydrologists working on fast ice have assumed that cargo ships can be moored one after another in approximately the same place, and the roads on the ice will last for a long time. Vessels should be carefully and skilfully 'pegged' into fast ice without violating its integrity. However, the magnitude of the work in 1977 was significantly larger than the operations of the previous year; therefore, very careful investigations of fast ice were required.

The first team from the Amderma observatory flew to Kharasavey from Amderma in December 1976. The other teams arrived in February 1977, and the daily study of the growing ice and regular depth soundings beneath the ice were initiated. The ice thickness and sea depth were measured every 50 m by hand drills. Cross-sections of the entire 5 to 6 km of road were obtained. The teams drilled more than 500 holes into the ice, and thousands of studies and measurements were conducted; these included measurements of the dimensions of the hummocks and cutting of the ice 'hogs', i.e. columns of ice with diametres of 22 cm to study the resistance of ice to bending using a special press. In addition, repeated flights over a strip of fast ice with the *Toros* and *Led* (Ice) equipment on board, walking around, evaluation of fast ice samples, and meticulous examination of every suspicious crack was conducted. Only then they did grant permission to build the main and utility roads from the point of discharge to the coast. The roads were compressed by heavy metal triangles and cleared by bulldozers, and eventually the track was very good. Five-tonne Urals and 10-tonne KrAZes (brands of Russian lorries – N.M.) quickly covered the distance from the vessel to the place of unloading on the coast, which took just 20 to 25 min.

Unloading continued around the clock, using the light of the nascent polar day and in the glow of strong ship spotlights and car headlights. The usual rate of discharge of cargo in the Arctic during summer is 200 to 300 tonnes per day but 600 to 800 tonnes per day in a modern, well-equipped port. In March and April 1977, crews unloaded at the Yamal fast ice from a vessel and brought 1000 to 1500 tonnes each day to shore. In addition, on one of the most productive days, more than 2000 tonnes were unloaded from the diesel-electric *Navarin*. There was virtually no loss of cargo.

The secret to success and the benefit of winter work is that bad weather (waves and fog) had less of

Рис. 3.10 Разгрузка на припай с борта судна *Павел Пономарев,* март 1976. Печатается с разрешение музея «Московский дом фотографии»

Fig. 3.10 Unloading to the fast ice from onboard the cargo ship *Pavel Ponomarev*, March 1976 (photo, author unknown, reproduced with permission of Moscow House of Photography)

бот в том, что зимой непогода (волны и туман) мешает меньше, чем летом, и разгрузка может производиться одновременно с обоих бортов судна.

Полярный эксперимент начался 28 февраля, а 17 апреля ледоколы уже провели к чистой воде последнее разгруженное транспортное судно. В общей сложности было совершено пять рейсов по трассе Мурманск–Ямал и перевезено 36 000 тонн различных грузов, то есть в девять раз больше, чем в предыдущем 1976 году. Большое значение имело и то, что грузы, доставленные на Ямал зимой, уже ближайшим же летом использовались на строительстве дорог, домов, монтаже новых буровых. При доставке в обычное время, в июле–августе, грузы остались бы лежать до будущего летнего сезона.

an effect than in the summer, and unloading continued simultaneously from both sides of the vessel.

On 28 February the polar experiment began, and on 17 April icebreakers led the last recently unloaded transport ship to ice-free water. There were a total of five voyages on the route from Murmansk to Yamal, and 36,000 tonnes of various cargo were transported, which was exactly nine times more than in the previous year. Great importance was attached to the fact that goods delivered to Yamal in winter could be used that summer to build roads and houses and install new drilling equipment. If the goods weren't delivered until the normal July–August period, they would lie idle until the following summer season.

Третья ямальская зимняя экспедиция 1978 года уже не называлась экспериментальной. Было доставлено 70 000 тонн грузов, почти вдвое больше, чем в 1977 году. Это была обыкновенная февральско–апрельская навигация к Ямалу. Около 600 миль пути, из которых больше половины в тяжелых торосистых льдах, разгрузка на припай, нелегкий обратный путь — все это казалось уже будничным и обычным (Каневский, 1980).

Сейчас транспортное обслуживание месторождений Ямала осуществляет ОАО «Мурманское морское пароходство», дизельное топливо доставляют танкеры *Индига* или *Варзуга.* Район мыса Харасавэй служит основным местом доставки и массовой выгрузки грузов в зимне-весенний период, потому что здесь можно отыскать ровную площадку для многократного использования. Выгрузка производится на устойчивый припай толщиной не менее 70 см, что позволяет использовать транспорт с грузом общим весом до 22 тонн. Топливо подается по шланголинии длиной до 6 км с диаметром шланга 150 мм с производительностью 50–60 м^3/час. Для полной сдачи груза требуется 10 суток непрерывной работы судового грузового насоса и напряженной работы всего экипажа, ответственного за безопасную перегрузку. После окончания выгрузки производится продувка всей шланголинии воздухом высокого давления для осушения шлангов от дизтоплива, уборка шлангов и насосной станции на берег. Шланги грузятся на борт судна и везут на Большую землю для проверки и сертификации (http://www.b-port.com/info/smi/arkzv/?issue=4333&article=80417).

Особенно сложные погодные условия сложились весной 2009 года. Часть припая, на который планировалась выгрузка, оторвало ветрами и унесло в сторону Новой Земли. Транспортные суда могли двигаться только с помощью атомных ледоколов *Таймыр* и *Ямал*, объединивших свои усилия. Для выгрузки оставался только лишь маленький «пятачок» припая, что требовало высокой концентрации внимания и четкого взаимодействия всех участников проекта. Суда Северного морского пароходства *Иоганн Махмасталь* и *Иван Рябов* совершили два рейса на Ямал, завезли более 10 000 тонн грузов (железобетонные плиты для аэропорта и поселка газовиков Харасавэй и другие различные генеральные грузы) (http://morprom.ru/news/12859/).

The third Yamal winter expedition in 1978 was no longer considered experimental. It was an ordinary February–April navigation to Yamal of approximately 600 nautical miles, 400 of which occurred in heavy, hummocky ice. This trip was followed by unloading on fast ice and a difficult journey back. The result was that 70,000 tonnes of cargo were delivered to Kharasavey, almost twice as much as in 1977 (Kanevsky 1980).

Currently, the transport service of the Yamal fields is provided by Murmansk Shipping Company. The tankers *Indiga* and *Varzuga* deliver diesel fuel. The area of Cape Kharasavey serves as the main point of delivery and mass unloading of goods in the winter-spring period because it is a level, reusable spot. Unloading occurs on steady fast ice with a thickness of no less than 70 cm, which allows the use of vehicles with cargo that weighs up to 22 tonnes. Fuel is supplied by a hosepipe line that measures up to 6 km in length and 150 mm in diameter and has a capacity of 50 to 60 m^3 per hour. It takes 10 days of continuous operation of the ship cargo pump and the hard work of the crew to accomplish safe unloading of the tanker. High-pressure air is blown through the hosepipe line to dry out any diesel fuel in the hose, and the hoses and pumping station on the shore are cleaned after unloading. Hoses are loaded onboard the vessel for delivery to the mainland for verification and certification (www.b-port.com/info/smi/arkzv/?issue=4333&article=80417).

Particularly difficult weather conditions occurred in the spring of 2009. Some of the fast ice, which was used for unloading, was blown away by winds and carried away to the Novaya Zemlya side. Transport vessels had to travel along the Northern Sea Route under the joint support of the nuclear icebreakers *Taymyr* and *Yamal*. There was only a small 'snout' available for uploading. This project required a high level of concentration and clear communication among the participants. The vessels of the Northern Shipping Company, the *Johann Mahmastal* and *Ivan Ryabov*, completed two trips to Yamal and delivered more than 10,000 tonnes of goods (reinforced concrete slabs for the airport and infrastructure of Kharasavey: the establishment of gas companies and various other general cargo) (http://morprom.ru/news/12859).

3.3 Происшествия

В этом разделе в хронологическом порядке описываются происшествия, вызванные тяжелыми ледовыми условиями и случившиеся в Карском море, начиная с 1900 года. Предваряет рассказ о событиях карта (рис. 3.11), на которой условными знаками показаны места вынужденных зимовок, кораблекрушений и повреждений судов, а также линии вынужденных дрейфов. Номер на карте соответствует номеру в таблице 3.1, которая является также своеобразной легендой к карте. В таблице, для каждого события приведены дата происшествия с точностью до года, название вовлеченного судна и тип происшествия. По номеру легко найти подробное описание происшествия (если таковое имеется) в тексте, который следует за таблицей. Этот номер выделен жирным шрифтом и предваряет сведения, приводимые о происшествии.

1. Перечень происшествий, вызванных тяжелыми ледовыми условиями, в Карском море начинается дрейфом яхты *Мечта* с экспедицией художника Александра Алексеевича Борисова. В 1900 году яхта попала в ледяной плен, была вовлечена в дрейф и покинута экипажем. Одномачтовая деревянная яхта *Мечта* (40 тонн) использовалась для исследования островов архипелага Новая Земля. 12 сентября 1900 года яхта вышла из Поморской губы и проследовала проливом Маточкин Шар на восток. Сразу после выхода в Карское море было встречено много льда, позволившего экспедиции дойти только до залива Чекина. Вскоре *Мечта* была затерта льдами и вместе с ними стала дрейфовать в южном направлении. 10 октября участники экспедиции и команда покинули судно и после двухнедельного нелегкого перехода по плавучим льдам вышли на восточный берег южного острова Новой Земли, недалеко от устья реки Савиной. Путники питались мясом тюленей, которых добывал ненец Устин. В районе реки Савиной А. Борисов и его команда пересекли Новую Землю и 12 ноября вернулись в Поморскую губу. Здесь они зазимовали. О судьбе самóй яхты *Мечта,* после того как она была покинута экипажем, ничего не известно. Скорее всего, она была раздавлена льдами и затонула (Визе, 1948).

3.3 Accidents

Accidents caused by heavy ice conditions in the Kara Sea since 1900 are described in chronological order in this section. The pre-echo aspect of the section is the map shown in Fig. 3.11. On this map, the locations of forced overwinterings, shipwrecks and vessel damage, as well as the lines of forced drifts, are denoted by symbols. The numbers on the map correspond to the numbers in Table 3.1, which is also an original map legend. The table shows the dates of accidents on a yearly basis, the names of the vessels involved and the accident types following these numbers. Detailed descriptions of the accidents (if available) can be found easily using the same number in the text following the table. This number is denoted by bold letters and precedes the description of the event.

1. 1900, *Mechta*, drift, shipwreck. The list of accidents caused by heavy ice conditions in the Kara Sea begins with the drift of the yacht *Mechta* (Dream) with an expedition organised by the artist Aleksander A. Borisov. In 1900, the yacht was captured by ice and abandoned by the crew. The single-mast wooden yacht *Mechta* (40 tonnes) was used to investigate the eastern shore of the northern island of Novaya Zemlya and was caught in ice drift. The following description is from Vize (1948). On 12 September, Borisov left the Pomor Bay on board the *Mechta* and continued along the Matochkin Shar Strait to the east. A great deal of ice was encountered immediately after entering the Kara Sea. The ice conditions allowed the expedition to reach only as far as the Chekin Gulf. Soon, the *Mechta* was nipped and began to drift with the ice to the south. On 10 October, the members of the expedition and the crew abandoned the ship. They arrived at the eastern shore of the southern island of Novaya Zemlya, near the mouth of the Savina River after two weeks of difficult hiking through the pack ice and eating seal meat, which was provided by Nenets Ustin. Then Borisov crossed the Novaya Zemlya and arrived at Pomor Bay on 12 November. He overwintered there. Nothing is known about the fate of the *Mechta* after the crew left. Most likely, the ship was crushed by ice and sank.

2. В этом же году в ледяной плен в бухте Колина Арчера острова Нансена 76°08′ с.ш. 95°04′ в.д. попала яхта *Заря* с экспедицией Эдуарда Толля (Визе, 1948). Экспедиция направлялась в море Лаптевых на поиски Земли Санникова, но уже 23 августа тяжелое состояние льдов надолго задержало судно в районе залива Миддендорфа. Только 16 сентября *Заре* удалось выбраться из «мышеловки», как Э. Толль прозвал этот залив. Однако продвинуться дальше на восток не удалось. *Заря* прошла через пролив между островом Нансена и материком, названным Э. Толлем проливом Фрама. Дальше, в Таймырском проливе, лед оказался еще невзломанным, и 26 сентября *Заря* вынуждена была встать на зимовку.

Зимовка прошла спокойно, без ледовых сжатий. Команда и члены экспедиции выполняли научные исследования, совершали санные поездки. Случались только отдельные случаи заболевания цингой,

2. 1900–1901, *Zarya*, overwintering. In the same year, the yacht *Zarya*, with an Edward Toll expedition, was captured by ice in the Colin Archer Bay of the Nansen Islands 76°08′N 95°04′E (Vize 1948). The expedition had planned to enter the Laptev Sea to search the Sannikov Land; however, on 23 August, heavy ice conditions delayed the ship for a long period of time in the Middendorf Gulf. Finally, on 16 September, the *Zarya* managed to escape the ‘Mouse Trap’, as E. Toll nicknamed this gulf. However, they failed to move further east, and the *Zarya* passed through the strait between Nansen Island and the mainland, which was named the Fram Strait by Toll. Then in the Taymyr Strait, the ice was not hacked. On 26 September, the *Zarya* was forced to stay for the winter.

The winter passed quietly without compression. There were sporadic cases of non-severe forms of scurvy. The team and members of the expedition conducted scientific research and took trips by sled.

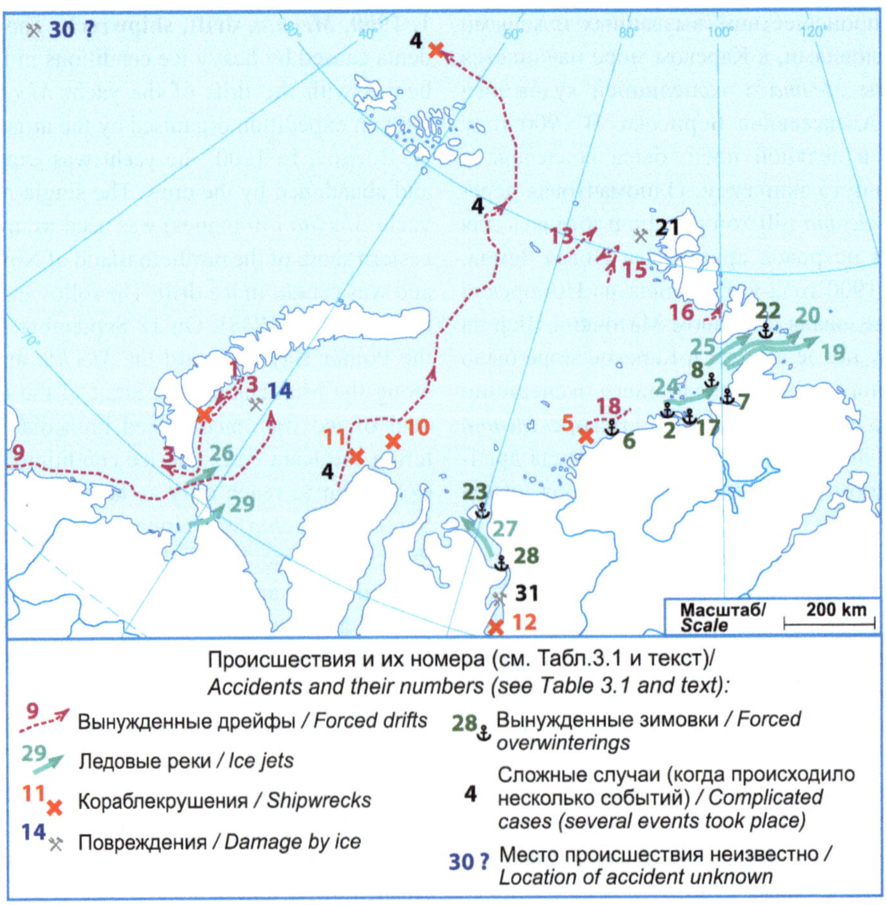

Рис. 3.11 Происшествия в Карском море

Fig. 3.11 Accidents in the Kara Sea

да и то не в тяжелой форме. Только 25 августа 1901 года льды около *Зари* пришли в движение. Немедленно был запущены машины и сделаны все приготовления к плаванию, но до 30 августа лед не позволил судну отойти от острова Нансена.

Finally, on 25 August 1901, the ice near the *Zarya* began to move. Immediately, the steam was increased, but the ice kept the ship near Nansen Island until 30 August.

Таблица. 3.1 Происшествия в Карском море. Список и легенда к карте (рис. 3.11)

1	1900. *Мечта.* Дрейф, кораблекрушение
2	1900–1901. *Заря.* Зимовка
3	1907. *Белджика.* Дрейф
4	1912–1914. *Святая Анна.* Дрейф, кораблекрушение
5	1913 ? *Геркулес.* Кораблекрушение
6	1914–1915. *Эклипс.* Зимовка
7	1914–1915. *Таймыр.* Зимовка
8	1914–1915. *Вайгач.* Зимовка
9	1920. *Соловей Будимирович.* Дрейф
10	1921. *Енисей.* Кораблекрушение
11	1921. *Обь.* Кораблекрушение
12	1924. *Агнесса.* Кораблекрушение
13	1930. *Седов.* Дрейф
14	1933. *Челюскин.* Повреждения
15	1934. *Садко.* Дрейф
16	1936. *Сибиряков.* Дрейф
17	1936–1937. *Торос.* Зимовка
18	1937. *Профессор Визе.* Дрейф
19	1937. Караван во главе с ледоколом *Ленин.* Дрейф
20	1937. *Садко.* Дрейф
21	1937. *Седов.* Повреждения
22	1937–1938. *Литке, Моссовет, Урицкий, Правда, Крестьянин* и *Молотов.* Зимовка
23	1937–1938. 6 грузовых пароходов. Зимовка
24	1963. *Нововоронеж.* Дрейф
25	1963. Караван судов, ведомый атомоходом *Ленин.* Дрейф
26	1976. *Ленин.* Дрейф
27	1977. *Капитан Сорокин.* Дрейф
28	1979–1980. Группа транспортных судов. Зимовка
29	1980. *Сибирь, Арктика, Киев.* Дрейф.
30	1985. *Тим Бак.* Повреждения
31	1986. *Архангельск.* Повреждения

Table 3.1 Accidents in the Kara Sea. List and legend for map (Fig. 3.11)

1	1900. *Mechta.* Drift, Shipwreck
2	1900–1901. *Zarya.* Overwintering
3	1907. *Belgica.* Drift
4	1912–1914. *Svyataya Anna.* Drift, Shipwreck
5	1913 ?. *Gerkules.* Shipwreck
6	1914–1915. *Eklips.* Overwintering
7	1914–1915. *Taymyr.* Overwintering
8	1914–1915. *Vaygach.* Overwintering
9	1920. *Solovey Budimirovich.* Drift
10	1921. *Yenisey.* Shipwreck
11	1921. *Ob.* Shipwreck
12	1924. *Agnessa.* Shipwreck
13	1930. *Sedov.* Drift
14	1933. *Chelyuskin.* Damage
15	1934. *Sadko.* Drift
16	1936. *Sibiryakov.* Drift
17	1936-1937. *Toros.* Overwintering
18	1937. *Professor Vize.* Drift
19	1937. Caravan with the icebreaker *Lenin.* Drift
20	1937. *Sadko.* Drift
21	1937. *Sedov.* Damage
22	1937-1938. *Litke, Mossovet, Uritsky, Pravda, Krestyanin, Molotov.* Overwintering
23	1937–1938. Six cargo ships. Overwintering
24	1963. *Novovoronezh.* Drift
25	1963. Caravan of vessels with the nuclear icebreaker *Lenin.* Drift
26	1976. *Lenin.* Drift
27	1977. *Captain Sorokin.* Drift
28	1979–1980. Group of cargo vessels. Overwintering
29	1980. *Sibir, Arktika, Kiev.* Drift
30	1985. *Tim Bak.* Damage
31	1986. Arkhangelsk. Damage

Рис. 3.12 Георгий Седов (1877–1914). Фотография неизвестного автора, сделанная до 1917 года, находится в общественном достоянии

Fig. 3.12 Georgy Sedov (1877–1914) (pre-1917 photo, public domain)

Рис. 3.13 Судно экспедиции Г. Седова *Святой Фока (Святой великомученик Фока)*. Фотография неизвестного автора, сделанная до 1917 года, находится в общественном достоянии

Fig. 3.13 The ship of Sedov's expedition, the *Svyatoy Foka* (*Svyatoy velikomuchenik Foka*) (pre-1917 photo, public domain)

3. В 1907 году исследовательское судно *Белджика* с экспедицией герцога Орлеанского фактически повторило дрейф судна *Мечта* (см. эпизод № 1). В конце июля *Белджика* прошла через Маточкин шар в Карское море. Льды скоро пленили судно и стали увлекать его к югу. 16 августа судно вынесло через Карские Ворота в Баренцево море (Визе, 1948).

В 1912 году три русские экспедиций направились в Арктику. Старший лейтенант Георгий Яковлевич Седов (рис. 3.12), опытный моряк, возглавил созданную на народные деньги первую русскую экспедицию к Северному полюсу. Экспедиция отплыла из Архангельска на судне *Святой Фока* (рис. 3.13) к Земле Франца-Иосифа. Отсюда Седов предполагал на нартах добираться до полюса. Лейтенант Георгий Львович Брусилов (рис. 3.15), снарядивший экспедицию в основном на средства родственников, намеревался пройти на шхуне *Святая Анна* (рис. 3.16) Северным морским путем до Берингова пролива, занимаясь промыслом морских млекопитающих и решая по ходу движения научные задачи. Руководитель третьей экспедиции — геолог Владимир Александрович Русанов — исследовал угольные залежи на острове Шпиц-

3. 1907, *Belgica*, drift. In 1907, the research vessel *Belgica*, with an expedition led by the Duke of Orléans, accidentally repeated the drift of the *Mechta* (episode 1). In late July, the *Belgica* passed through the Matochkin Shar Strait in the Kara Sea. The ice quickly captured the ship and headed south (Vize 1948). On 16 August, the *Belgica* was carried through the Karskie Vorota Strait to the Barents Sea.

In 1912, three Russian expeditions left for the Arctic. Lieutenant Georgy Sedov (Fig. 3.12), an experienced sailor, led the first Russian expedition to the North Pole. The expedition had been organised with funds donated by the Russian people. They sailed from Archangelsk on the ship *Svyatoy Foka* (Saint Foca) (Fig. 3.13) to Franz Josef Land. Further, G. Sedov proposed the use of sleds to reach the North Pole.

Lieutenant Georgii L. Brusilov (Fig. 3.15) supplied an expedition financed mainly by relatives and had intended to take the schooner *Svyataya Anna* (Saint Anna) (Fig. 3.16) on the Northern Sea Route to the Bering Strait while fishing and hunting marine mammals and completing scientific projects over the course of the trip. The head of the third expedition, geologist Vladimir A. Rusanov, explored coal deposits on Spitsbergen Island and then proceeded east on

Рис. 3.14 Судно экспедиции В. Русанова *Геркулес*. Фотография неизвестного автора, сделанная до 1917 года, находится в общественном достоянии

Fig. 3.14 Ship of Rusanov's expedition *Gerkules* (pre-1917 photo, public domain)

берген, а затем на небольшой моторной шхуне *Геркулес* (рис. 3.14) вышел на восток, также намереваясь достичь Берингова пролива.

Все три экспедиции закончились печально. Ледовая обстановка в тот год в Арктике была очень тяжелой. Многим судам за все лето так и не удалось пробиться в Карское море.

4. Шхуна *Святая Анна* с экспедицией Г.Л. Брусилова вошла в Карское море 16 октября 1912 года, но вскоре оказалась зажатой льдами у западного побережья полуострова Ямал на широте 71°45'. 28 октября при сильным южном ветре начался дрейф ледового поля с вмерзшим судном, и вместо намеченного пути на восток судно стало двигаться на север.

Шхуна дрейфовала вместе со льдом не менее полутора лет и исчезла в высоких широтах. Очевидно, судно и команда погибли за исключением двух человек, которым удалось достигнуть Земли Франца-Иосифа. Благодаря одному из них, штурману Валериану Ивановичу Альбанову, подробности дрейфа стали известны научной общественности. Этой экспедиции посвящено несколько книг. Капитан Г. Брусилов и штурман В. Альбанов стали прототипами героев романа Вениамина Александровича Каверина «Два капитана» и поставленных по мотивам романа художественного фильма и мюзикла.

Первые заметки Валериана Альбанова были опубликованы в газете *Архангельск* в 1914 году, а в 1917 была издана книга воспоминаний «На юг, к

the small motor schooner *Gerkules* (Fig. 3.14). He also intended to reach the Bering Strait.

All three expeditions ended sadly. The ice conditions were very heavy that year in the Arctic. Many vessels never managed to enter the Kara Sea all summer.

4. 1912–1914, *Svyataya Anna*, drift, shipwreck. The schooner *Svyataya Anna*, transporting an expedition by G. Brusilov, entered the Kara Sea on 16 October 1912. However, soon after, the ship was nipped near the western coast of the Yamal Peninsula at a latitude of 71°45′. On 28 October 1912, the ice field (with the vessel locked inside) began to drift under strong southerly winds. The ship was moving north instead of on its planned journey east.

The schooner was trapped in drifting ice fields for at least one and a half years and disappeared at high latitudes. The entire ship's crew died except for two crew members who managed to reach Franz Josef Land. Thanks to one of them, the navigator Valerian I. Albanov, the details of the drift became known to the scientific community. Several books were devoted to this expedition. Captain G. Brusilov and the navigator V. Albanov became the prototypes for the protagonists of the novel *Two Captains* by Veniamin A. Kaverin, which was followed by a movie and musical.

The first of Albanov's journals was published in the newspaper *Arkhangelsk* in 1914, and in 1917 a book of memoirs, *To the South, to Franz Josef Land*, was

Рис. 3.15 Георгий Брусилов (1884–1914). Фотография неизвестного автора, сделанная до 1917 года, находится в общественном достоянии

Fig. 3.15 Georgy Brusilov (1884–1914?) (pre-1917 photo, public domain)

Рис. 3.16 Судно экспедиции Г. Брусилова *Святая Анна*. Фотография неизвестного автора, сделанная до 1917 года, находится в общественном достоянии

Fig. 3.16 Ship of Brusilov's expedition, the *Svyataya Anna* (pre-1917 photo, public domain)

Земле Франца-Иосифа!» (Альбанов, 1917), переведенная на немецкий, французский (1925) и английский (2000) языки и неоднократно переиздававшаяся. Дневник матроса Конрада был издан после его смерти (в 1940 году) как приложение к книге Альбанова. На рубеже веков интерес к экспедиции оживился, и были переизданы дневники Альбанова (2007) и опубликованы результаты новых исследований (Троицкий, 1989; Чванов, 2009).

Святая Анна была спущена на воду в 1867 году как четырёхпушечный военный корабль, затем переоборудована в исследовательское судно, плавала на Енисей, несколько раз переименовалось. Это судно было куплено в 1912 году специально для экспедиции Г. Брусилова, которая должна была пройти Северным морским путем из Атлантического океана в Тихий, попутно занимаясь зверобойным промыслом. Оно было переименовано

released. It was translated into German and French in 1925 and into English in 2000 (Albanov 2000) and has been reprinted several times. The sailor Aleksander Konrad's personal diary was published after his death (in 1940) as an appendix to Albanov's book. In the late twentieth century, interest in this event revived and new books appeared (Troitsky 1989; Chvanov 2009) and Albanov's diary was reprinted again in 2007. There are also journal articles by William Barr (1975, 1978a–c).

The *Svyataya Anna* was launched in 1867 as a four-cannon warship and was converted into a research vessel. It sailed on the Yenisey River and was renamed several times. In 1912, the ship was bought specifically for an expedition and renamed in honor of the main investor of the expedition, Anna N. Brusilova (the wife of G. Brusilov's uncle), who had allocated 90,000 rubles to it. The ship was approximately 44 m long and 7.5 m wide and had a displacement of

в честь основного инвестора экспедиции, Анны Николаевны Брусиловой (жены дяди Георгия Брусилова), выделившей 90 000 рублей. Его длина составляла около 44 м, ширина 7,5 м, водоизмещение 231 тонна. Экипаж шхуны состоял из 24 человек. Экспедицией командовал опытный моряк лейтенант Георгий Львович Брусилов. В 1910–1911 годах он плавал в Чукотском и Восточно-Сибирском морях с гидрографической экспедицией на ледокольном судне *Вайгач*. Тогда у него и зародилась мысль о самостоятельной полярной экспедиции, которая состоялась в 1912 году.

10 августа 1912 экспедиция покинула Петербург и 16 октября вошла в Карское море. Активное плавание в Карском море продолжалось недолго. В начале октября у западного берега полуострова Ямал шхуна остановилась, окруженная ледовыми полями. Полуостров был близко, и моряки ходили на берег и запасались плавником для будущей зимовки. Г. Брусилов рассчитывал спокойно здесь перезимовать, а затем продолжить плавание на восток, как только позволит ледовая обстановка. Однако вскоре, измеряя глубину, моряки заметили, что ледовое поле вместе с судном несет на север. Начался ледовый дрейф (рис. 3.17). Шхуну все дальше и дальше уносило в высокие широты. Первое время на судне царило хорошее настроение. *Святая Анна* казалась надежной, голод был не страшен, поскольку продовольствия взяли на полтора года. Но со временем положение осложнялось. Судно по-прежнему несло на север, наступила полярная ночь с морозами и метелями, шквалистым ветром и треском льда при торошении. Моряки начали болеть цингой. Тяжело заболел и сам Брусилов. За больными самоотверженно ухаживала единственная женщина в экспедиции, сестра милосердия Ереминия Жданко (Ерминия Жданко отправилась в экспедицию вместо отказавшегося ехать лекаря). Во многом благодаря ей удалось продержаться до весны, когда появилась возможность охотиться на белых медведей, и, питаясь свежим мясом, больные начали поправляться. Но судно все несло на север, и летом 1913 года *Святая Анна* находилась уже севернее Новой Земли. Чтобы освободить судно изо льда, пробовали вырубить канал, взрывали лед, но эти попытки ни к чему не привели. Брусилов сознавал тщетность усилий, но ничему не препятствовал, чтобы моряки не унывали.

231 tonnes. The crew consisted of 24 people. The expedition was led by an experienced sailor, Lieutenant G. Brusilov. Between 1910 and 1911, he sailed in the Chukchi and East Siberian Seas with a hydrographic expedition on the icebreaker *Vaygach*. Then he conceived the idea of organising a polar expedition by himself. It was organised in 1912.

On 10 August 1912 the expedition left St Petersburg and on 16 October entered the Kara Sea. Active sailing in the Kara Sea did not last long. In early October, at the western coast of the Yamal Peninsula, the schooner was captured by ice fields. The peninsula was so close that the sailors went ashore and stocked up on driftwood for the upcoming winter. Brusilov planned for a quiet overwinter there; as soon as the ice was released, the crew continued its voyage to the east. However, after measuring the depth of the water, the sailors soon noticed that the ice field and the vessel were being carried to the north, and the ice drift began (Fig. 3.17). The schooner was carried further and further to higher latitudes. At first, a good mood reigned on the ship. The *Svyataya Anna* seemed to be reliable, and there was no threat of hunger because they brought a one-and-a-half-year supply of food. However, as time passed, the situation became more complicated for the prisoners of the Arctic. They experienced polar night with frosts, blizzards, howling wind and the crackle of ice during hummocking. Scurvy attacked the sailors, and Brusilov became seriously ill. The only woman on the expedition, the self-sacrificing Sister of Mercy Hermine Zhdanko, took care of the sick. Hermine Zhdanko went on an expedition when she replaced a doctor who refused to sail. Mainly thanks to her, the sailors began to recover and made it through to the spring.

In the spring, the sailors began to hunt polar bears. The sick crew members began to recuperate thanks to the fresh meat. Meanwhile, the ship was to the north of Novaya Zemlya in summer 1913. The crew reduce the size of the canal and blow up the ice, but all attempts to free the vessel were in vain. Brusilov realised the futility of the effort, but did not advise his crew to stop trying because he did not want to discourage them.

Приближалась вторая зимовка, и на многих членов экипажа это действовало удручающе. Отношения между капитаном Георгием Брусиловым и старшим штурманом Валерианом Альбановым резко ухудшились. Они перестали понимать друг друга и часто ссорились даже по пустякам. В конце концов, Брусилов освободил Альбанова от обязанностей штурмана по его просьбе, и тот решил покинуть судно. С согласия начальника экспедиции Брусилова вместе с ним отправились еще 10 матросов. В это время Святая Анна находилась в точке 83°17′ с.ш. и 60°00′в.д. Оставаться на судне всем уже не было смысла. Запасы продовольствия подходили к концу, и следующая зимовка грозила неминуемым голодом.

В апреле 1914 года группа во главе с В. Альбановым двинулась по дрейфующим льдам на юг, к ближайшей суше — Земле Франца-Иосифа. Когда путники достигли острова Земля Александры, силы у них были уже на исходе, продовольствие кончалось, один за другим они умирали. Лишь Валериану Альбанову и мартосу Конраду (рис. 3.18) удалось добраться на каяке до мыса Флора на острове Нортбрук (рис. 3.17), где они нашли дом и провиант английской полярной экспедции Фредерика Джексона, состоявшейся в 1894– 1897 годах. Они уже было собрались здесь зимовать, но случайно встретили моряков с судна *Святой Фока* экспедиции Г.Я. Седова. Любопытно, что в июне 1896 года Джексон также случайно обнаружил на мысе Флора Ф. Нансена и Я. Йохансена, добравшихся сюда после неудачной попытки достичь Северный полюс. Джексон отправил их на родину на судне *Виндворд* (*Windward)*. Альбанов и Конрад на *Святом Фоке* добрались до России, а судьба *Святой Анны* и ее экипажа навсегда осталась тайной Арктики.

Хотя экспедиция Г.Брусилова не ставила перед собой научных целей, однако спасенные В. Альбановым судовой журнал и записи метеорологических наблюдений представили большую ценность для науки, поскольку дрейф шхуны *Святая Анна* проходил в той части Карского моря, где не бывало еще ни одно судно. Изучая материалы экспедиции, советский ученый Владимир Юльевич Визе предположил существование острова в северной части Карского моря и рассчитал его возможные координаты. В 1930 году остров был действительно найден и назван его именем (на рис. 3.17 остров Визе подчеркнут).

The second overwintering approached, which negatively affected many crew members. The worst part of the expedition at this point was that the relationship between Brusilov and the senior navigator, Albanov, had sharply deteriorated. They no longer understood each other, and quarrels often flared up over minor issues.

In the end, Brusilov released Albanov from the duties of mate at his request. Then Albanov decided to leave the ship with another 10 sailors with Brusilov's approval. At that time, *Svyataya Anna* was at 83°17′N and 60°00′E. It did not make sense to stay on board because food was in short supply and famine would have been inevitable after another overwintering.

In April 1914, the group led by Albanov proceeded southward along the pack ice to the nearest land, Franz Josef Land. When they reached the western coast of Alexandra Land, the crew was completely exhausted, and food was running out. One by one, the sailors died. Only Valerian Albanov and one sailor, Aleksander Konrad (Fig. 3.18), managed to survive the kayak trip to Cape Flora on Northbrook Island (Fig. 3.17). On the cape they found a house and provisions belonging to the English polar expeditions of Frederic Jackson (1894–1897). They were prepared to spend the winter there, but the ship from the Sedov's polar expedition, *Svyatoy Foka*, soon arrived. Interestingly, in June 1896, by chance Jackson found Nansen and Johansen on Cape Flora. Jackson sent them to the motherland on board the *Windward.* The ship *Svyatoy Foka* took Albanov and Konrad back to the mainland. The fate of the *Svyataya Anna* and the crew will forever remain a mystery of the Arctic.

Although the expedition by Brusilov had no scientific purpose, the logbook and records of meteorological observations, preserved by Albanov, had considerable scientific value. The drift of the *Svyataya Anna* went to a region of the Kara Sea where no vessel had sailed before. In studying the schooner's drift, the Soviet scholar Vladimir Vize identified a new island in the northern part of the Kara Sea that was actually discovered and named after him in 1930 (Fig. 3.17 – Vize Island underlined).

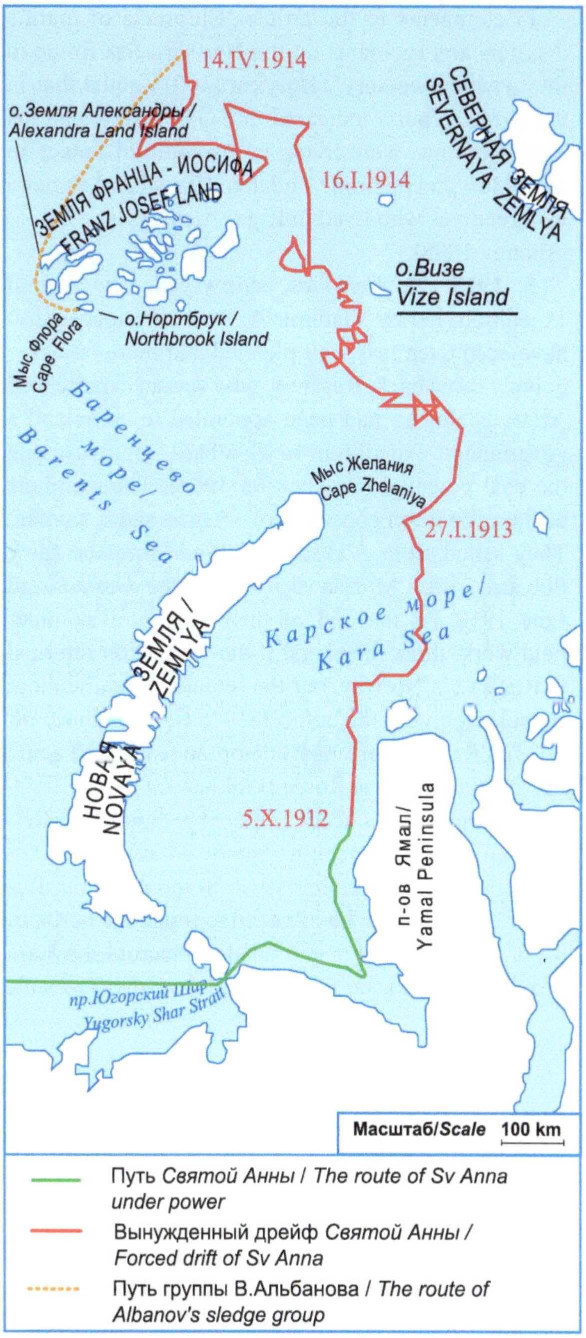

Рис. 3.17 Дрейф шхуны *Святой Анны* и путь группы В. Альбанова. Цифрами показаны даты прохождения соответсвующих точек, римские цифры — месяцы года. Составлено на основе (Визе, 1948)

Fig. 3.17 The lines of the *Svyataya Anna's* movement and the voyage of Valerian Albanov's crew. The numbers are the dates certain locations were passed; Roman numerals indicate the months (adapted from Vize 1948)

Рис. 3.18 Александр Конрад (1890–1940). Фотография неизвестного автора, сделанная до 1917 года, находится в общественном достоянии

Fig. 3.18 Alexander Konrad (1890–1940) (pre-1917 photo, public domain)

В комментариях к своей статье «Хроника морских катастроф и аварий на Северном морском пути в XX веке» А.А. Бурыкин (Бурыкин, 2001) отмечает, что в 1980-е годы появились сведения о том, что Г.Л. Брусилов со своей женой Ерминией в 30-е годы проживали на юге Франции, и Ерминия приезжала в гости к родственникам, жившим в Риге (Алексеев, Новокшонов, 1988).

5. Вторая из трех вышеупомянутых экспедиций — предпринятая В.А. Русановым попытка пройти Северным морским путем — оказалась еще хуже спланированной и более неудачной: из плавания никто не вернулся. Начиналась она на Шпицбергене, где опытный арктический геолог В. Русанов руководил исследованием потенциальных запасов угля (Пинхенсон, 1962). Команда, состоящая из 13 мужчин и одной женщины (невесты Русанова Жульеты Жанн), прибыла сюда из Александрова-на-Мурмане (сейчас город Полярный, около Мурманска) на судне *Геркулес* в июне 1912 года. После успешных полевых работ три члена экспедиции вернулись с результатами исследований в Россию через Норвегию. 10 других членов экспедиции без консультации с руководством в Петербурге, в большой спешке отправились на восток, чтобы достигнуть Берингова пролива и выйти в Тихий океан (Пинхенсон, 1962). Последним, полученным от них известием была телеграмма, отправленная из района пролива Маточкин Шар. Телеграмма достигла Петербург 27 сентября 1912 года. В ней В. Русанов объявлял, что он намеревается обогнуть северную оконечность Новой Земли. Дальнейшая судьба судна и команды не известна.

Следы экспедиции были найдены гидрографическими экспедициями 1934–1936 годов в нескольких местах на островах Попова-Чукчина, Приметный и Геркулес, в районе шхер Минина вблизи берега Харитона Лаптева. На острове Вейзель у западного побережья Таймыра в 1934 году был обнаружен столб с надписью «Геркулес 1913» и остатки нарт. Позднее этот остров был переименован в остров Геркулес. На островах в шхерах Минина была найдены личные вещи (часы, фотоаппарат и др.) участников экспедиции. Эти находки показывают, что, несмотря на тяжелое состояние льдов в Карском море в 1912 году, *Геркулесу* все же удалось проникнуть далеко на северо-восток этого моря. Около берега Харитона Лаптева судно, по-видимому, вынуждено было

In comments to the article 'Chronicle of marine disasters and accidents on the Northern Sea Route in the twentieth century', Burykin (2001) noted that in the 1980s, reports indicated that G. Brusilov and his wife, Hermine, were living in the south of France in the 1930s, and Hermine Zhdanko (Brusilova) came to visit relatives who lived in Riga (Alekseev and Novokshonov 1988).

5. 1913 (?), *Gerkules*, shipwreck. The second expedition, led by Vladimir A. Rusanov, appeared to have been even less well planned and more unlucky; nobody came back. Rusanov, who was an experienced Arctic geologist, had been appointed to command a government expedition to Svalbard to investigate the coal potential (Pinkhenson 1962). The members of the expedition consisted of 13 men and 1 woman. They sailed from Aleksandrovsk-na-Murmane (now Polyarny, near Murmansk) aboard the *Gerkules* in June 1912. At the end of their successful summer field work, three members of the expedition returned to Russia via Norway, but the remaining ten, without consultation with the authorities in St Petersburg, set off with Rusanov in a rash attempt to reach the Pacific via the Northern Sea Route (Pinkhenson 1962).

The last that was heard of that expedition was a telegram from the Matochkin Shar area. It reached St Petersburg on 27 September 1912. In the telegram, Rusanov indicated that he intended to round the northern tip of Novaya Zemlya and head east across the Kara Sea, but there was no further word from the *Gerkules*.

Traces of the *Gerkules* crew were found by a hydrographic expedition in 1934–1936 over several locations on the islands of Popov–Chukchin, Primetny and Gerkules, located in the Minin Archipelago near the coast of Khariton Laptev. In 1934, a post with the inscription 'Gerkules 1913' and the remains of sleds were found on Veyzel Island near the west coast of Taymyr. Later, the island was renamed *Gerkules*. The personal belongings (watches, cameras, etc.) of members of the expedition were found on islands in the Minin Archipelago. These findings showed that despite the heavy ice conditions in the Kara Sea in 1912, the *Gerkules* managed to penetrate far into the northeastern region of the sea. Near the Khariton Laptev Shore, the vessel had apparently wintered and perhaps had been crushed by ice. Rusanov and his compan-

зазимовать, а может быть, его раздавили льды. Дождавшись окончания полярной ночи, Русанов и его спутники могли направиться пешком на Енисей, причем весьма вероятно, что двигались они отдельными группами. Обнаруженный на острове Попова-Чукчина лагерь был, по-видимому, одной из последних стоянок уже сильно ослабевших путников (Пинхенсон,1962).

ions waited until the end of the polar night and went by foot to the Yenisey River. Very likely, they moved in separate groups. The camp discovered on Popov-Chukchin Island was apparently one of the last stops made by the already severely weakened travelers (Pinkhenson 1962). For more details in English see Barr (1974a, 1984).

А.А. Бурыкин (Бурыкин, 2001) писал, что в конце 80-х годов экспедиция газеты «Комсомольская правда» обнаружила вблизи берега одного из островов Карского моря остатки судна, похожего на *Геркулес*. В середине 90-х в одном из научно-популярных журналов было опубликовано, что в 1913–1914 годах ненцы-оленеводы встретили в тундре двух европейцев — мужчину и беременную женщину: они оба умерли от истощения вскоре после встречи с оленеводами. Из содержания статьи становится понятным, что это могли быть сам В.А. Русанов и Жюльетта Жан.

In the comments to the article 'Chronicle of marine disasters and accidents on the Northern Sea Route in the twentieth century', Burykin (2001) stated that in the late 1980s, an expedition commissioned by the newspaper *Komsomolskaya Pravda* found the remains of a ship similar to the *Gerkules* on the near side of an island in the Kara Sea. In the mid-1990s, a popular science magazine published an article that stated that in 1913–1914, Nenets reindeer herders in the tundra met two Europeans, a man and a pregnant woman. The man and woman died of exhaustion within a few days after meeting the herders. It became clear from the article that these people could have been Vladimir Rusanov and Juliette Jean.

Весь 1913 год от трех ушедших в Арктику экспедициях (Седова, Русанова и Брусилова) не поступало никаких известий. Общественное мнение России было встревожено. В газеты и официальные учреждения шли письма и запросы. Люди были серьезно обеспокоены судьбой отважных мореплавателей. Уступая требованиям общественности, русское правительство в январе 1914 года решило направить на поиски две хорошо снаряженные спасательные экспедиции. Выполнение этой задачи было поручено Главному гидрографическому управлению морского министерства России.

There was no further news from these three expeditions (Sedov, Rusanov, and Brusilov) throughout 1913. Public opinion in Russia was unsettled. Letters and requests came to newspapers and official institutions. People were seriously concerned about the fates of the brave explorers. Yielding to the demands of the worried public, in 1914, the Russian government decided to send two well-equipped rescue expeditions on a search. The task was entrusted to the chief of the Ministry of the Navy of Russia.

В Норвегии были закуплены два зверобойных судна *Герта* и *Эклипс*, хорошо приспособленные для плаваний в северных широтах. Их оснастили и оборудовали всем необходимым, в том числе радиостанциями мощностью 4 кВт.

Two sealers (*Gerta* and *Eklips*) were purchased in Norway and adapted for navigation in northern latitudes. They were equipped with all of the necessary equipment, including 4-kW spark radios.

Экспедицию на шхуне *Герта* и небольшом русском судне *Андромеда*, которой предстояло идти на поиски Седова, возглавил офицер Главного гидрографического управления Исхак Ислямов. Для поисков Брусилова и Русанова использовали более крупное промысловое судно барк *Эклипс*. Эту экспедицию возглавил известный полярный исследователь, норвежский капитан Отто Свердруп.

The expedition aboard the *Gerta* and the small Russian vessel *Andromeda* that went in search of Sedov was headed by an officer of the Chief Hydrographic Department, Ishaq Islyamov. A larger fishing vessel, a barque called the *Eklips*, was used to search for Brusilov and Rusanov. This expedition was headed by the famous Norwegian polar explorer Captain Otto Sverdrup.

Герта разминулась в Баренцевом море со *Святым Фокой*, возвращавшимся встречным курсом с мыса Флора в Архангельск. На борту *Святого Фоки* не было руководителя экспедиции: Георгий Седов умер во время санного похода к Северному полюсу. Корабли разошлись в океане, не заметив друг друга. Радиостанции на Святом Фоке не было, и связь между судами не могла быть установлена. В избушке на мысе Флора И. Ислямов нашел две записки. В одной, оставленной экипажем *Святого Фоки*, говорилось о судьбе Седова. Другая записка, оставленная штурманом *Святой Анны* В. Альбановым, рассказывала об экспедиции Г. Брусилова.

6, 7, 8. В середине августа 1914 года барк *Эклипс* (рис. 3.19) под командованием Отто Свердрупа (рис. 3.20) вышел в Карское море. Здесь в это время сложилась тяжелая ледовая обстановка, и вскоре *Эклипс* был затерт льдом и дрейфовал вдоль побережья у западной части полуострова Таймыр, пытаясь противостоять льдам. Этот дрейф, чередующийся порой с самостоятельным продвижением под парусами или с использованием двигателя, продолжался до 20 августа, когда *Эклипс* столкнулся с невзломанным льдом, и на несколько недель всякое продвижение было останов-

The *Gerta* did not encounter the *Svyatoy Foka* in the Barents Sea and returned on the converse course from Cape Flora to Arkhangelsk. There was no expedition leader on board; Sedov had died while sledding to the North Pole. The ships crossed paths without seeing each other. There was no radio station on *Svyatoy Foka*, so no connection could be established between the two ships. At Cape Flora, I. Islyamov found two notes in a small hut. In one, left by the crew of the *Svyatoy Foka*, Sedov's fate was described. The other note, left by the navigator of the *Svyataya Anna*, Albanov, shed light on the events of the expedition of Brusilov.

6, 7, 8. 1914–1915, *Eklips*, overwintering; 1914–1915, *Taymyr*, overwintering; 1914–1915, *Vaygach*, overwintering. The *Eklips* (Fig. 3.19), led by Otto Sverdrup (Fig. 3.20), was bound for the Kara Sea in the middle of August in 1914. The ice conditions were harsh. Soon the ship was beset and drifting with the ice along the coast of the western part of Taymyr Peninsula; it was trying to resist the ice. This drift, which alternated with occasional spells of progress under either sail or steam, continued until 20 August, when the *Eklips* encountered unbroken ice, and further progress was blocked for several weeks. It was here, between

Рис. 3.19 Отто Свердруп (1854–1930). Фотография неизвестного автора, сделанная до 1917 года, находится в общественном достоянии

Fig. 3.19 Otto Sverdrup (1854–1930) (public domain)

Рис. 3.20 Барк *Эклипс*. Фотография неизвестного автора, сделанная до 1917 года, находится в общественном достоянии

Fig. 3.20 The *Eklips* (public domain)

лено. Между островами Тилло и Маркгама около полудня 9 сентября на одну из радиограмм был получен совершенно неожиданный ответ: «*Таймыр* и *Вайгач* находятся у островов Фирнлея. Скажите, кто вы и где вы?». Вскоре Свердруп ответил: «*Эклипс*, экспедиция для поисков русилова и Русанова, находимся между островами Тилло и Маркгама. Свердруп» (Старокадомский, 1916, с. 30).

Таким образом, почти встретились три судна. Восточнее острова Диксон льды остановили *Эклипс*. В это же время с востока в Карском море продвигались судна *Таймыр* и *Вайгач* Гидрографической экспедиции Северного Ледовитого океана под руководством капитана 2-го ранга Бориса Андреевича Вилькицкого (рис. 3.22). Главной целью экспедиции был первый в истории проход Северного морского пути с востока на запад. Гидрографические работы должны были осуществляться только попутно.

Вайгач и *Таймыр* уже не раз испытали сильные сжатия и получили повреждения к моменту установления связи с *Эклипсом*. 26 августа 1914 года *Таймыр* оказался между двумя сдвигающимися полями льда, которые сдавливали его с обеих сторон. Позади судна и перед ним образовалась гряда торосов. При сильном сжатии лопнул штуртрос, вдавило левый борт, образовались трещины в бортовой обшивке, сдвинулась переборка между двумя каютами, и в эти каюты проникла вода. В подводной части повреждения были гораздо более серьезными. Передняя половина левого борта была сильно помята, было погнуто около 70 шпангоутов, 20 шпангоутов лопнули, в 6 местах образовались щели, срезало много заклепок (Старокадомский, 1916). Через час сжатие, к счастью, прекратилось. Течь удалось устранить, но *Таймыр* вряд ли бы мог противостоять следующему сжатию. С помощью ледяных якорей удалось выбраться в небольшую полынью. Сразу начались приготовления на случай аварийной эвакуации с судна. Поскольку сжатия могли повториться в любую минуту, команда *Таймыра* провела целую ночь, передвигая запасы продовольствия, теплой одежды и керосина из трюмов на верхнюю палубу

5 сентября сильное сжатие испытал *Вайгач*; по счастью, повреждения были не столь существенными. Когда зимовка стала неизбежна, экипажи *Таймыра* и *Вайгача* (рис. 3.21) по совету Свердрупа попытались поставить суда ближе к берегу.

Tillo and Markgama Islands, that at approximately noon on 9 September, one of the ship's radio transmissions was answered by a completely unexpected call: '*Taymyr* and *Vaygach* located at the Firnleya islands. Tell us who and where you are.' Soon, Sverdrup replied: '*Eklips* expedition searching for Brusilov and Rusanov; located between Tillo and Markgama islands. Sverdrup' (Starokadomsky 1916, p. 30).

That's how three vessels met. The ice stopped the *Eklips* to the east of Dikson Island. At the same time, the vessels *Taymyr* and *Vaygach*, belonging to the Hydrographycal Expedition of the Arctic Ocean, led by Captain Boris A. Vilkitsky (Fig. 3.22), entered the Kara Sea from the east. The main task of the expedition was passage to the Barents Sea from Vladivostok along the Northern Sea Route, initially from east to west. Hydrographic studies would be undertaken only under conditions that would not hinder the main goal of the expedition.

Up until the moment of radio connection with the *Eklips*, the *Taymyr* and the *Vaygach* had suffered strong compression and sustained damage. On 26 August, the *Taymyr* was caught between two large ice fields that were pivoting around each other and was severely nipped. Ridges of hummocks formed in front and behind the ship. The strong nipping severed the steering rope. The port side was bent, cracks appeared in the side planking, and the bulkhead between two cabins had been moved, allowing water to pour into these compartments. The damage beneath the water line was much more serious. The forepart of the port side was smashed, 70 frames were bent, and 20 frames were broken. There were six gaps, and many rivets in the ship's plates were sprung (Starokadomsky 1916). Fortunately, the compression ceased within an hour. The leaks were stopped, and the water was pumped out; however, the ship had been seriously damaged, and another similar nip might have been fatal. The crew managed to reach a small polynya using ice anchors and began preparations for abandoning the ship. With the chance that pressure could be renewed at any minute, the *Taymyr*'s crew spent the night moving reserves of food, warm clothing and kerosene from the hold to the upper deck.

On 5 September, strong compression tested the icebreaker *Vaygach*. Fortunately, the damage to the ship was not as significant this time. When overwintering became inevitable, the crews of the *Taymyr* and *Vaygach* (Fig. 3.21), following the advice of Sverdrup,

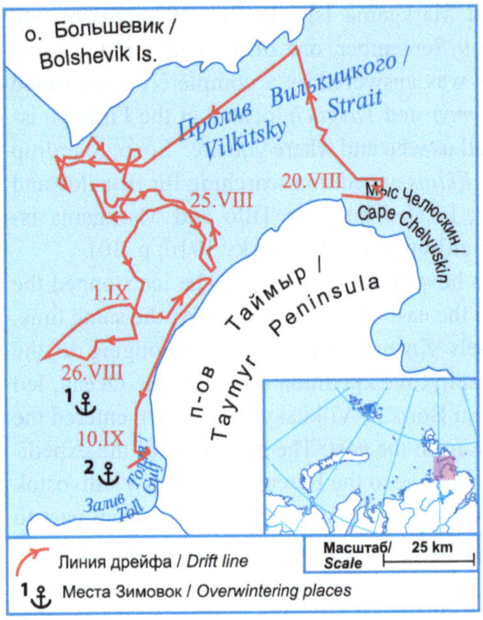

Рис. 3.21 Линии дрейфа и места зимовок: 1 – *Вайгача* и 2 – *Таймыра*. Цифрами показаны даты прохождения соответсвующих точек, римские цифры — месяцы года. Составлено на основе (Старокадомский, 1916)

Fig. 3.21 Drift lines and overwintering: 1 – *Vaygach*, 2 – *Taymyr*. The numbers are the dates certain locations were passed; Roman numerals indicate the months (adapted from Starokadomsky 1916)

Рис. 3.22 Борис Вилькицкий (1885–1961), начальник гидрографической экспедиции Северного Ледовитого океана, командир ледокольного парохода *Таймыр*. Фотография неизвестного автора, сделанная до 1917 года, находится в общественном достоянии

Fig. 3.22 Boris Vilkitsky (1865–1961), leader of the Hydrographic Expedition for the Polar Ocean, captain on the icebreaker *Taymyr* (pre-1917, public domain)

Но этому препятствовал быстро образующийся припай и дрейф в противоположном направлении.

«Днем окончательной постановки на зимовку для *Таймыра* должно считать 11 сентября; *Вайгач* не передвигался самостоятельно с 8-го сентября (рис. 3.23); *Эклипс*, подошедший к мысу Штеллинга 30-го августа и не имевший возможности пройти дальше, 13-го сентября переменил место и, пользуясь временным сдвигом льда, отошел к ближайшему более западному мысу Вильда, подле которого и простоял до лета» (Старокадомский, 1916, с. 40).

Зимовка всех трех судов подробно описана в книгах врача Гидрографической экспедиции Леонида Михайловича Старокадомского «Через Ледовитый океан из Владивостока в Архангельск»

tried to move the vessels closer to the shore. However, rapidly formed fast ice and drift in the opposite direction hampered this task.

The day the decision was made to stay for the winter is taken to be 11 September for the *Taymyr*; the *Vaygach* did not move independently beginning 8 September (Fig. 3.23). The *Eklips* approached Cape Shtelling on 30 August and could not proceed any further. On 13 September, the ship changed locations and, using a temporary shift of the ice, moved over to the nearest western Cape Vilda; it stayed beside this cape until summer (Starokadomsky 1916, p. 40).

The overwintering of all three vessels is described in detail in books by Dr. Leonid M. Starokadomsky of the Hydrographic Expedition (1916, 1959). The description of the expedition from 1914–1915, accord-

(Старокадомский, 1916) и «Экспедиция Северного Ледовитого океана, 1910–1915», а также «Пять плаваний в Северном Ледовитом океане» (Старокадомский, 1959). Описание экспедиции 1914–1915 года, изложенное в последней книге, стало основой статьи В. Барра (Barr, 1974b), по которой с событиями могут познакомиться подробно англоязычные читатели.

Л.М. Старокадомский приводит следующие координаты зимовок: *Эклипс* — 75°40′ с.ш. 91°26′ в.д., *Таймыр* — 76°41′ с.ш. 100°50′ в.д., *Вайгач* — 76°54′ с.ш. 100°13′ в.д. (см. рис. 3.21 и 3.24).

На всех трех суднах были сделаны необходимые приготовления к зимовке: демонтированы главные двигатели, верхняя палуба была покрыта брезентом, для повышенной изоляции бортов они были завалены с боков снегом. Хотя зимовка и считалась весьма вероятной, русские судна были к ней весьма плохо приспособлены. Прежде всего, они были чрезвычайно перенаселены. Это не так сильно ощущалось, пока судна были в море и одна треть экипажа постоянно была на вахте. Но когда вахты были сокращены до одного человека на палубе, теснота стала почти невыносимой.

Хотя пищи было достаточно, меню было очень однообразным. Только офицеры могли его слегка

ing to the 1959 book, was the basis for an article by Barr (1974b), in which the events were recounted in detail for English-speaking readers.

L. Starokadomsky provided the following coordinates of the overwinterings: *Eklips* – 75°40′N, 91°26′E, *Taymyr* – 76°41′N, 100°50′E, and *Vaygach* – 76°54′N, 100°13′E (Figs. 3.19 and 3.22).

All three vessels made normal preparations for overwintering: dismantling the main engines, roofing-over the upper deck with canvas, and banking the ships' sides with snow for added insulation. Although the Russian authorities had anticipated that overwintering might be inevitable, it almost seems as if they had hoped it would not happen, and the icebreakers were ill prepared in some respects. First, the ships' quarters were unbearably cramped. The congestion was not noticed while the ships were at sea because approximately one third of the crew was always on watch; however, when the duty watch was reduced to one man on deck, the congestion in the crew's quarters became apparent.

The diet, though adequate, was extremely monotonous. The officers' menu was varied somewhat by

Рис. 3.23 *Таймыр* и *Вайгач* во льдах. Фотография неизвестного автора, сделанная до 1917 года, находится в общественном достоянии

Fig. 3.23 The *Taymyr* and the *Vaygach* in the ice (pre-1917, public domain)

разнообразить, покупая дополнительные продукты. Чтобы добыть свежее мясо, пытались охотиться, но охота была малоуспешной. В течение всего рейса команде *Таймыра* удалось убить только четырех медведей, а команде *Вайгача* — восемь.

Благодаря усилиям врачей экспедиции Э.Г. Арнгольда и Л.М. Старокадомского, тяжелых форм цинги удалось избежать. Однако однообразие питания внесло свой вклад в смерть лейтенанта Алексея Николаевича Жохова на борту *Вайгача.* Он находил консервированную пищу абсолютно непереносимой и фактически уже с начала января перестал есть. К середине февраля он уже не мог подняться с постели. Доктор Арнгольд обследовал его и нашел, что почки сильно поражены. 1 марта 1915 года лейтенант Жохов умер от уремии.

Во время зимовки ледоколы и *Эклипс* не раз подвергались сжатию и были на грани гибели. 21 июля лед вокруг всех трех судов впервые пришел в движение, образуя трещины и разводья. Все три экипажа снова собрали двигатели, подняли пары и проверили оборудование. Прежде чем вырваться изо льда, *Таймыр* столкнулся с еще одной опасностью — быть выброшенным на берег движущимся льдом. Судно медленно дрейфовало к берегу в течение нескольких дней, пока под килем не осталось меньше чем полметра воды. Нагромождения льда и торосы на отмели спасли *Таймыр* от посадки на мель.

Эклипс освободился ото льда первым и отправился в Диксон. Затем команда *Эклипса* сделала еще одну попытку найти экспедицию Русанова, но без успеха. 8 августа восток-юго-восточный ветер разогнал льды вокруг *Таймыра* и *Вайгача*, и оба ледокола двинулись в путь. Однако их проблемы еще не кончились: рано утром 11 августа *Таймыр* налетел на риф в архипелаге Норденшельда. Прошло 24 часа, прежде чем судно во время прилива смогло освободиться с помощью команды *Вайгача.* Затем льды и туманы продержали ледоколы в архипелаге Норденшельда до 20 августа.

В начале сентября все корабли пришли в Диксон. После короткого отдыха ледоколы покинули Диксон, чтобы завершить свою миссию по сквозному проходу по Северному морскому пути. 16 сентября 1915 года *Эклипс* пришел в Архангельск. Сразу же за ним в порт вошли *Таймыр* и *Вайгач.*

the addition of extra items purchased by the officers out of their own pockets. The crew had little success at hunting: the *Taymyr* captured only four bears during the voyage, and the *Vaygach* successfully hunted eight.

Owing largely to the efforts of Dr. E. Arngold and Dr. L. Starokadomsky, there was no severe scurvy. However, diet certainly contributed to the death of Lieutenant Aleksey N. Zhokhov, who was aboard the *Vaygach.* He found the preserved food to be wholly inedible, and from early January, he effectively stopped eating. By the middle of February, he was unable to get out of bed. Dr. Arngold carried out a physical examination and found that the sick man's kidneys were seriously affected; on 1 March 1915, A. Zhohov died of uraemia.

During the overwintering, the icebreakers and the *Eklips* sometimes faced break-up problems due to ice compression. Around all three ships, ice movement first began on 21 July, with cracks opening and leads widening. All three crews reassembled the engines, raised steam and tested everything. Before it could break loose, the *Taymyr* came dangerously close to being driven ashore by the moving ice. The ship slowly drifted shorewards over a period of several days until there was less than half a metre of water beneath the keel. The piling up of ice in large pressure ridges on the shoals saved the ship from being thrust aground.

The *Eklips* managed to get under way first and sailed for Dikson Island. The ship made one more attempt to find Rusanov's expedition but was unsuccessful. On 8 August, an east-southeast wind dispersed the ice around the *Taymyr* and *Vaygach*, and both icebreakers got under way. Their problems were not yet over, however: early on the morning of 11 August, the *Taymyr* ran aground on a reef in the Nordenskiöld Archipelago. It took 24 h to get the ship off at high tide with the *Vaygach's* assistance. The icebreakers were delayed in the Nordenskiöld Archipelago by ice and fog until 20 August.

In early September, all ships came to Dikson Island, and after a short rest, the icebreakers left Dikson on the last leg of their journey across the Northern Sea Route. On 16 September 1915, the *Eklips* arrived at Arkhangelsk, with the *Vaygach* and the *Taymyr* right behind it. The city gave both Russian crews and Sver-

Город встретил моряков как героев. Таким образом, операция завершилась не только успешным сквозным прохождением Северного морского пути *Таймыром* и *Вайгачом,* но и проведением хорошо скоординированных предупредительных спасательных операций.

Надо отметить, что Отто Свердруп вскоре снова пришел на помощь русским морякам и возглавил еще одну спасательную экспедицию. В 1920 году он командовал ледоколом *Святогор* (*Красин*) при спасении пассажирского парохода *Соловей Будимирович*, вовлеченного в дрейф в Карском море (см. следующий эпизод).

9. В начале 1920 года в разгар гражданской войны ледокольный пароход *Соловей Будимирович* был отправлен с военными грузами и пассажирами из Архангельска в Мурманск. Капитану парохода И.Э. Рекстину было поручено зайти по пути в Чешскую губу за оленьим мясом. В Чешской губе пароход затерло льдами и вместе с ними первоначально вынесло в район Карских Ворот, а затем в Карское море (рис. 3.25). На борту *Соловья Будимировича* находилось 85 человек, в том числе женщины и дети. В первые дни вынужденного дрейфа контролировавшее Архангельск правительство Белой

drup's crew a hero's welcome. Thus ended not only the through passage of the Northern Sea Route by the *Taymyr* and the *Vaygach* but also a complicated and well-executed precautionary rescue operation.

Finally, it should be mentioned that Sverdrup went on to help other Russian expeditions and was again involved in the rescue of Russian sailors. In 1920, he commanded the icebreaker *Svyatogor* (*Krasin*) when it rescued the passenger steamer *Solovey Budimirovich*, which was caught in the ice in the Kara Sea (see next episode).

9. 1920, *Solovey Budimirovich*, drift. In early 1920, in the midst of a civil war, the icebreaker *Solovey Budimirovich* was sent with military cargo and passengers from Archangelsk to Murmansk. Captain I.E. Rekstin was instructed to go to Cheshkaya Bay and take a large amount of reindeer meat on board. In Cheshkaya Bay, the ship was battered by ice and, along with the ice, was carried to the Karskie Vorota Strait and then to the Kara Sea (Fig. 3.25). There were 85 people on board, including women and children. In the early days of the forced drift, the anti-communist White Army government led by General Evgeny

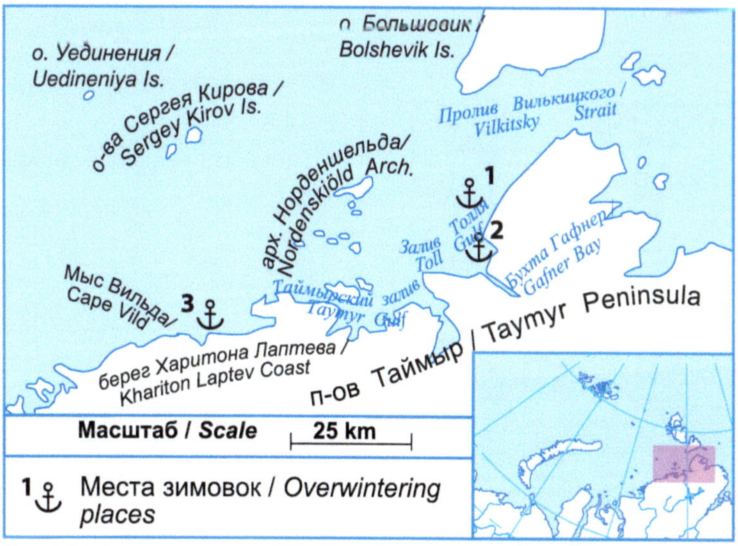

Рис. 3.24 Расположение судов во время зимовки: 1 – *Вайгач,* 2 – *Таймыр,* 3 – *Эклипс.* Составлено на основе (Старокадомский, 1916)

Fig. 3.24 Location of the vessels during overwintering: 1 – *Vaygach*, 2 – *Taymyr*, 3 – *Eklips* (adapted from Starokadomsky 1916)

армии под руководством генерала Евгения Миллера не оказало пароходу никакой помощи, и время для быстрого вывода судна изо льда было упущено.

По ряду причин правительство большевиков, сменившее вскоре правительство Миллера в Архангельске, вопрос о спасение судна *Соловей Будимирович* считало делом первоочередной важности. Не известно, какой фактор был при этом решающим: желание при помощи этого гуманного шага предстать в глазах мировой общественности в выгодном свете или боязнь потерять это наиболее мощное и приспособленное к ледовому плаванию судно. Главное, что после вступления войск Красной Армии в Архангельск Советское правительство приняло срочные меры для спасения ледокольного парохода.

Операция по спасению парохода *Соловей Будимирович* в июне 1920 года описана М.И. Беловым в третьем томе монографии «Истории открытия и освоения Северного Морского пути» (Белов, 1959) на основе следующих документов: статьи капитана И.Э. Рекстина «1000-мильный дрейф во льдах Баренцева и Карского моря с 25 января по 25 июня 1920 г.», опубликованной в «Морском сборнике», 1921 № 3-6; донесений Л. Брейтфуса, советского представителя в норвежском городе

Miller gave the boat no assistance. Thus, precious time had been lost for the rapid extrication of the vessel from the ice.

For a variety of reasons, the new Bolshevik regime in Arkhangelsk made the rescue of the *Solovey Budimirovich* a high priority. One can only surmise the factors that influenced the decision. On the one hand, it would appear to have been dictated in part by the desire to foster good international relations as a 'humanitarian' act; on the other hand, the prospect of losing one of the few operational icebreakers in the North probably provided an even greater stimulus to the efforts of the authorities involved. After the Red Army entered Arkhangelsk, the Soviet Government took immediate measures to rescue the icebreaking steamer.

The rescue operation of the *Solovey Budimirovich* in June 1920 was described by Mikhail I. Belov in volume 3 of *The History of the Discovery and Mastery of the Northern Sea Route* (Belov 1959) based on the following documents: article by Captain I. E. Rekstin, '1000-mile drift in the ice of the Barents and Kara Seas from 25 January to 25 June 1920', published in the *Sea Collection*; 1921 report nos. 3–6 by Leonid L. Breytfus, the Soviet representative in Vardo, published in *Memoirs on Hydrography* in 1921, vol. 3

Рис. 3.25 Дрейф судна *Соловей Будимирович* в январе–июне 1920 года. Цифрами показаны даты прохождения соответсвующих точек, римские цифры — месяцы года. Составлено на основе (Белов, 1959)

Fig. 3.25 The drift of the *Solovey Budimirovich*, January–June 1920. The numbers are the dates on which certain locations were passed; Roman numerals indicate the months (adapted from Belov 1959)

Вардё, опубликованных в «Записках по гидрографии», 1921, т. III (XLIV) и статьи Н. Болотникова «Дрейф и освобождение ледокольного парохода «Соловей Будимирович»» (1941). Англоязычные читатели могут узнать подробности дрейфа в статье В. Барра (Barr, 1978c).

К 27 января 1921 года пароход был прочно захвачен тяжелыми льдами в Чешской губе в 24 километрах от Индиги. 13 февраля он был в 50 км от Карских Ворот. Попав в сильный северо-восточный дрейф на входе в пролив, пароход подвергся суровому сжатию. Лед громоздился со всех сторон в виде торосов на уровне палубы. Через два дня постоянного дрейфа судно миновало северо-западное побережье острова Вайгач. На рассвете следующего утра оно было уже в Карском море. При появлении небольших разводий капитан Рекстин приказал снова поднять пар и попытался пробиться к острову Вайгач. Здесь можно было поставить судно на зимовку у кромки припая в относительно спокойном месте. Однако, после того как *Соловей Будимирович* с огромным трудом прошел 20 км, он вновь был скован льдом и начал неумолимо дрейфовать в северо-восточном направлении, все дальше и дальше уходя в Карское море. К этому времени на судне оставалось только 50 тонн угля, и стало очевидно, что судно не сможет выйти изо льдов самостоятельно. Огонь в топках был потушен, и капитан Рекстин сделал ревизию продовольствия. По его подсчетам при крайней экономии запасов должно было хватит до июля. К счастью, груз включал в себя 20000 банок молока, 7200 фунтов английского сыра, некоторое количество муки, сухарей и сахара.

После прохождения пролива Карские Ворота судно постоянно несло в северо-восточном направлении до 22 февраля, и к этой дате оно достигло 70°53′ с.ш., 61°30′ в.д. Далее северное направление дрейфа сохранялось, но в зависимости от капризов ветра и течения *Соловей Будимирович* описывал замысловатые петли и зигзаги.

После того как пар в котлах был спущен, радиосвязь со станцией Югорский Шар, а оттуда с Архангельском сохранялась с помощью аккумуляторного передатчика и поэтому стала нерегулярной. Радиограммы с судна отражали состояние отчаяния. В телеграмме от 9 марта капитаны Рек-

(44); and an article by N. Bolotnikov, 'Drift and the release of the icebreaking ship *Solovey Budimirovich*' (1941). The interested English-speaking reader is referred to Barr (1978c) for a detailed description.

By 27 January, the steamer was firmly jammed in heavy ice only 24 km from Indiga in Cheshskaya Bay. By 13 February, the ship was 50 km from the Karskie Vorota Strait. Caught in a strong northeasterly drift setting into the strait, the steamer was squeezed severely. The ice piled up as ridges on the same level as the deck on either side. After 2 days of inexorable drift, the ship passed the northwest coast of Vaygach Island. By dawn the next morning, it was in the Kara Sea. The appearance of some small leads encouraged Captain Rekstin to raise steam once again and attempt to force his way toward Vaygach Island, with a plan to place his ship (somewhat belatedly) in the relative security of the edge of the fast ice. After 20 km of labourious progress, however, the *Solovey Budimirovich* became solidly jammed once again and began drifting northeastwards into the Kara Sea again. At this point, coal reserves had been reduced to 50 tonnes, and it was obvious that the ship was unable to extricate itself by its own efforts. Boiler fires were drawn, and the ship was forced to overwinter. Captain Rekstin had already taken stock of the food situation; with extreme rationing, it was estimated that the available provisions could be made to last until July. Fortunately, the *Solovey*'s cargo included 20,000 cans of milk, 7,200 pounds of English cheese, and some quantities of flour, rusks and sugar.

After passing through the Karskie Vorota, the drift carried the ship steadily northeastwards until 22 February, at which time it reached 70°53′N, 61°30′E. Thereafter, the drift assumed a more northerly trend, although the ship described an intricate pattern of loops and zigzags depending on the vagaries of the wind and current.

After boiler fires were drawn, radio contact with the Yugorsky Shar Radio Station, and hence with Arkhangelsk, was maintained on an irregular basis by means of a battery-powered transmitter. Typical transmissions from the ship reflected a note of increasing desperation. Thus in a message from 9 March, Cap-

стин и Ануфриев сообщали координаты (71°45′ с.ш., 62°2′ в.д.) и писали, что с большим трудом смогли бы растянуть запасы продовольствия до июля, а топлива до июня. Они боялись повторения дрейфа шхуны *Святая Анна* под командованием Брусилова и умоляли просить правительства Англии и Норвегии о снаряжении независимых спасательных экспедиций.

Действительно, риск повторения дрейфа шхуны *Святая Анна* капитана Брусилова в 1912–1914 годах (см. эпизод № 4) был велик и выраженные опасения очень понятны. Когда во время сильного шторма, начавшегося 18 марта, *Соловей* пронесло на 100 км к северу всего за три дня, начало казаться, что опасения Рекстина подтвердились. Однако вскоре северный дрейф прекратился.

В начале мая капитан Ануфриев, помощник капитана Корнец и генерал Звягинцев, вдохновленные примером штурмана Альбанова, который шесть лет назад по льду пришел на Землю Франца-Иосифа (см. эпизод № 4), попытались достичь земли. Вероятно, на это путешествие их подтолкнули напряженные отношения между Ануфриевым и Рекстиным, которые были более или менее похожи на отношения между Альбановым и Брусиловым. Как и Альбанов, Ануфриев планировал использовать каяк, закрепленный на полозьях. После трех недель напряженной работы группа Ануфриева изготовила лодку из холста с деревянным каркасом. С материалами и оборудованием все снаряжение весило 350 кг. Участники покинули судно 10 мая, когда *Соловей Будимирович* был в точке 72°18′ с.ш., 62°09′ в.д., и направились к Югорскому Шару, который находился примерно в 300 км к юго-юго-западу. Условия оказались хуже, чем ожидалось, путники продвигались очень медленно и вскоре вынуждены были вернуться назад. 13 мая другая группа двинулась в путь. Когда она были всего лишь в 8 км от судна, пришло сообщение о том, что *Святогор* уже движется на помощь, и группа вернулась.

Совет Народных Комиссаров отдал распоряжение о подготовке в Архангельске спасательной экспедиции силами Северного флота, и в короткий срок был отремонтирован ледорез *Канада* (позднее переименованный в ледорез *Литке*). Наряду с этим, советское правительство обратилось к норвежскому правительству с просьбой снарядить за счет Советской республики другую спасательную экспедицию. Норвегия немедленно дала согласие

tain Rekstin and Captain Anufriev stated their position (71°45′N, 62°12′E) and wrote that with great effort, they could have food stocks until July and fuel until June. They were afraid of a repeat of the drift of the schooner *Svyataya Anna* led by Brusilov. They urgently requested that Britain and Norway be asked, for humanitarian reasons, to equip independent expeditions.

The allusion to Brusilov was to the drift of the schooner *Svyataya Anna*, in 1912 to 1914 (see accident no. 4), and the apprehensions expressed were understandable. When, during a severe storm that began on 18 March, the *Solovey Budimirovich* was carried 100 km north in only 3 days, it appeared that Rekstin's fears would materialise. However, this northerly trend was soon reversed.

Early in May, Captain Anufriev, the mate Kornets and General Zvyagnintsev launched an attempt to reach land, which was probably inspired by Albanov's journey 6 years earlier. One may assume that the relationship between Anufriev and Rekstin were more or less on par with that between Albanov and Brusilov, i.e. barely short of open violence. Similar to Albanov's journey, Anufriev's plan relied on using a kayak mounted on runners. After 3 weeks of hard work, Anufriev's group produced a canvas boat with a wooden frame. With supplies and equipment, the entire outfit weighed 350 kg. The party left the ship on 10 May, aiming for Yugorsky Shar, some 300 km to the south-southwest, when the *Solovey Budimirovich* was located at 72°I8′N, 62°09′E. The conditions turned out to be worse than expected, and progress was extremely slow. Very quickly, the runners returned to the ship for replacements. On 13 May, another group started, but they made it only 8 km from the ship when reports of the *Svyatogor*'s departure on a rescue mission surfaced, so they returned to the ship.

The Council of People's Commissars ordered the preparation of rescue mission in Arkhangelsk by the Northern Fleet. The ice-cutter *Canada* (later renamed *Litke*) was repaired rapidly. At the same time, the Soviet government appealed to the Norwegian government to equip another rescue mission on behalf of the Soviet Republic. Norway immediately agreed to participate with its own vessels and people to rescue the *Solovey Budimirovich*. The Soviet representa-

на участие своих судов и людей в спасении *Соловья Будимировича*. Для координации действий в Варде выехал советский представитель. В организации этой экспедиции принял участие Фритьоф Нансен, который обратился к правительствам западноевропейских стран с призывом помочь в спасении русского судна. Возглавил спасательную экспедицию Отто Свердруп.

Советское правительство обратилось за помощью и к правительству Англии, которое согласилось предоставить Норвегии во временное пользование ледокол *Святогор*, но под различными предлогами задерживало его отход. Ледокол *Святогор* был построен в 1916 году в Ньюкасле (Англия) для русского флота по усовершенствованному проекту ледокола *Ермак* и в течение нескольких десятилетий был самым мощным арктическим ле-

tive drove to Vardø to coordinate the rescue efforts. Fridtjof Nansen participated in the organisation of the expedition. He appealed to the governments of Western countries to assist in the rescue of the crew of a Russian ship. The rescue mission was headed by Otto Sverdrup.

The Soviet government also turned to England for help. It agreed to give Norway temporary use of the Russian icebreaker *Svyatogor*, which had been taken by anti-communists. But the departure of the *Svyatogor* was delayed under various pretexts. The *Svyatogor* was built in 1916 in Newcastle (England) for the Russian fleet in the improved design of the icebreaker *Ermak* and for decades was the most powerful Arctic icebreaker in the world. In early 1920, during the First

Рис. 3.26 Ледокол *Красин* (до 1927 Святогор) в Санкт-Петербурге. Построен в 1916 году в Англии. В 1992 году стал музеем. Фото автора

Fig. 3.26 Icebreaker *Krasin* (prior to 1927 called the *Svyatogor)* in St Petersburg, built in England in 1916. In 1992 it was turned into a museum (photo by author)

доколом в мире. В начале 1920 года в ходе первой мировой и гражданской войны ледокол был уведен в Англию, затем выкуплен Россией в 1922 году и в 1927 переименован в *Красин* (рис. 3.26).

Только 7 июня 1920 года ледокол *Святогор* вышел из Варде и через пять дней достиг Новой Земли. 15 июня через пролив Карские Ворота он вошел в Карское море. Через радиостанцию Югорский Шар *Святогору* удалось установить радиосвязь с *Соловьем Будимировичем*, который продолжал дрейфовать в северо-восточном направлении, хотя там давно закончился уголь, и топки котлов погасли. Заканчивалось продовольствие, экипаж и пассажиры начинали голодать.

Однако 15 июня, следуя к северо-востоку от Карских Ворот на 71°с.ш., 60°21′ в.д., *Святогор* вступил в полосу густого льда и к ночи остановился перед торосистыми полями. Толщина льда в торосах достигала 6 м. 16 июня, лавируя среди льдин, со Святогора с удивлением разглядели судно, над которым развевался красный флаг. Это был ледорез *Канада*, о выходе которого из Архангельска командование *Святогора* не знало. 18 июня *Святогор* и *Канада* встретились и после небольшого совещания начали вместе продвигаться в направлении дрейфующего *Соловья Будимировича.* Вскоре они увидели на горизонте мачты и трубу *Соловья,* одиноко стоящего среди ледяной пустыни. 19 июня *Святогор* и *Канада* подошли к борту дрейфующего ледокольного парохода, на котором их встретили радостными криками «Ура!». Хотя на *Соловье Будимировиче* и оставались еще некоторые запасы продовольствия, которых могло хватить до 15 августа, значительная часть пассажиров уже болела цингой, поэтому помощь пришла вовремя.

В обратный путь *Соловей Будимирович* пошел своим ходом. 21 июня, проходя проливом Карские Ворота, ледокол *Святогор* наскочил на банку. *Соловей Будимирович* и *Канада* помогли ему сняться с банки и проследовали в Архангельск. Святогор же пошел в Англию.

Тысячемильный дрейф *Соловья Будимировича* и походы спасательных судов сыграли определенную роль в исследовании Карского моря. Они помогли выявить основные направления течений в юго-западной части Карского моря. Во время

World War and the Russian civil war, the icebreaker was withdrawn to England, then bought by Russia in 1922 and in 1927 renamed the *Krasin* (Fig. 3.26).

On 7 June, the icebreaker *Svyatogor* left Vardø. Five days later, on 12 June, the ship reached Novaya Zemlya, and on 15 June, it passed through the Karskie Vorota Strait into the Kara Sea. It managed to enter into direct radio contact with *Solovey Budimirovich* via a radio station in the Yugorsky Shar Strait. The *Solovey Budimirovich* continued to drift in a north-easterly direction. The coal reserves had long been exhausted and the boiler furnaces extinguished. The food supply was completely depleted, and the crew faced the grim prospect of starvation.

On 15 June, the *Svyatogor*, following the north-east direction of the Karskie Vorota Strait up to 71°N and 60°21′E, entered a strip of thick ice and stopped in front of hummocky fields at night. The ice was as thick as 6 m. On 16 June, manoeuvering among the ice floes, a ship with a flying red flag was observed. It was the ice-cutter *Canada*. The *Svyatogor*'s captain did not know about the *Canada*'s mission. On 18 June, the *Svyatogor* and the *Canada* came together and, after a brief meeting, moved in the direction of the drifting *Solovey Budimirovich*. Soon thereafter they saw the mast and pipe of the *Solovey Budimirovich* on the horizon, standing alone among the dead, icy desert. On 19 June, the crews of the *Svyatogor* and the *Canada* boarded the drifting icebreaker with joyful cries of 'Hurrah'. The drifting vessel still had stocks of food that could have lasted until 15 August. However, many of the passengers were suffering from scurvy, and help arrived on time.

The *Solovey Budimirovich* made the return journey on its own. On 21 June, passing through the Karskie Vorota Strait, the icebreaker *Svyatogor* ran into an embankment. With the help of Soviet ships, it was able to extricate itself from the embankment and proceed to England. The *Solovey Budimirovich* and the *Canada* arrived in Arkhangelsk.

The 1000-nautical-mile drift of the *Solovey Budimirovich* and the voyages of the rescue vessels played a role in the study of the Kara Sea. They helped to identify the main directions of the currents in the southwestern part of the Kara Sea. During the

дрейфа и продвижения ледокольных судов находившиеся на их борту ученые собрали интересные материалы по метеорологии, распределению температур на поверхности открытого моря и на глубине.

10. В 1921 году была проведена первая советская Карская товарообменная экспедиция, доставившая промышленные товары из Европы в устье Енисея. В обратный путь суда двинулись, нагруженные мукой и зерном, привезенными на речных судах по Енисею. При завершении операции на пути из устья Енисея в Архангельск погибли пароходы *Енисей* и *Обь*.

14 сентября около 10 часов вечера экспедицию постигла совершенно неожиданная катастрофа. На широте 73°35′ и долготе 70°42′ на глубине 7 саженъ и 2 фута затонул пароход *Енисей*. М.И. Белов приводит в своей монографии выдержку из дневника участника экспедиции капитана А.П. Саляева о том, что гибель *Енисея* произошла на глазах у всех там, где меньше всего это можно было ожидать. Пароход *Енисей* получил пробоину, ударившись о небольшую льдину, и затонул в течение 17 мин. Часть экипажа спаслась на шлюпке, а другая часть вместе с капитаном была снята ледоколом *Седов*. На пароходе погибло 120 тыс. пудов зерна и муки (Белов, 1959).

11. Несчастья на этом не кончились. 17 сентября 1921 года в 7 часов вечера пароход *Обь* поднял сигнал: «Терплю бедствие, требую немедленной помощи» и тревожными гудками позвал находившиеся поблизости ледокольные пароходы *Руслан* и *Малыгин*. Оказалось, что и *Обь* получила пробоину от очень сильного удара об лед левой скулой. Даже после перегрузки хлеба на борт *Малыгина* положение судна не улучшилось, оно стало медленно тонуть. В своей телеграмме начальник Архангельского отряда судов Д.Т. Чертков сообщил, что пароход *Обь* терпит бедствие — он еще держится на воде, но имеет сильный крен на правый борт и несется крепким ветром на северо-восток. Все суда экспедиции из-за пурги и шторма дрейфовали поблизости, наблюдая за *Обью*. Весь экипаж *Оби* был спасен ледокольным пароходом *Малыгин* (Белов, 1959).

В телеграмме, прибывшей в Архангельск на следующий день, говорилось, что вследствие уси-

drift and the movements of the icebreaking ships, scientists stationed on board collected interesting material on meteorology, temperature distributions on the ice-free sea surface, and changes in the temperature of the water column.

10. 1921, *Yenisey*, shipwreck. In 1921, the first Soviet Kara Barter Expedition was organised. The expedition brought manufactured goods from Europe to the mouth of the Yenisey River. On the way back, the vessel travelled laden with flour and grain, which was transported by river ships down the Yenisey River. Upon completion of operations on the route from the mouth of the Yenisey River to Arkhangelsk, two steamers, *Yenisey* and *Ob*, crashed due to ice and sank.

On 14 September, at approximately 10 p.m. the expedition suffered a totally unexpected catastrophe. At latitude 73°35′N and longitude 70°42′E and at a depth of approximately 7 m, the *Yenisey* sank. Belov cited in his book the diary of captain A.P. Salyaev, writing that the wreck of the *Yenisey* occurred, in front of everyone, where it was least expected. The *Yenisey* sank because it was breached after being hit by a small ice floe. The ship sank within 17 min. Part of the crew escaped by boat, and the other part, together with the captain, was rescued by the icebreaker *Sedov*. A total of 120,000 tonnes of grain and flour were lost (Belov 1959).

11. 1921, *Ob*, shipwreck. The misfortune did not end there. On 17 September, at 7 p.m., the steamer *Ob* raised the signal 'distress, immediate assistance required' and whistled to the nearby icebreaker *Ruslan*. It turned out that the *Ob* had been breached by a very strong ice impact by the left luff. Even after overloading bread onboard the *Malygin*, the situation did not improve. The *Ob* was slowly sinking. In his telegram, the chief of Arkhangelsk vessel detachment, D.T. Chertkov, wrote that the *Ob*, distressed, kept on the water, healing to starboard. Strong winds carried the *Ob* to the northeast. All vessels were in a drift, watching the *Ob* due to a blizzard and storm. The crew was rescued by the *Malygin* (Belov 1959).

In the telegram, which arrived in Arkhangelsk the next day, it was recorded that, due to the intensified

лившегося шторма и плохой видимости всем судам экспедиции пришлось укрыться за льдинами, и они потеряли *Обь* из виду. 20 сентября с подошедшего к месту *Малыгина* видели, как *Обь* погружается в воду, находясь на 72°38′ с.ш., 66°00′ в.д. 21 сентября к месту гибели *Оби* подошли другие пароходы. Они обнаружили здесь шлюпку, бочки и другие предметы, всплывшие с палубы судна. Так погибло второе судно Карской экспедиции.

22 сентября наступила относительно спокойная погода, и остальные суда благополучно достигли пролива Югорский шар (Белов, 1959).

12. Во время весеннего ледохода 1924 года в низовьях Енисея была раздавлена льдом шхуна *Агнесса (*Попов, 1990).

13. В августе 1930 года ледокольный пароход *Седов* на пути к Северной Земле беспомощно дрейфовал в течение 7 дней к востоку от острова Визе, ожесточенно борясь с ледяной стихией (Визе, 1948).

14. На следующий год после успешного прохода парохода *Сибиряков* по трассе Северного морского пути за одну навигацию в 1932 году его достижение должен был повторить пароход *Челюскин*. Как известно, это попытка 13 февраля 1934 года закончилась кораблекрушением в Чукотском море. Но уже в начале пути в Карском море *Челюскин* получил серьезные повреждения. Пройдя Маточкин Шар, *Челюскин* встретился со льдами. Это были изъеденные льды небольшой сплоченности (4–6 баллов), но, несмотря на это, уже 15 августа были обнаружены существенные неполадки: началась течь в носовой части корпуса, в форпике и носовом трюме, были повреждены двенадцать шпангоутов и срезаны 33 заклепки, в четырех местах оказались вмятины. При плавании во льдах оказалось, что *Челюскин* плохо слушается руля, а это для ледового судна было большим недостатком.

Чтобы поднять поврежденные места корпуса, надо было частично разгрузить судно. С этой целью был вызван *Красин*, обслуживающий суда Ленской экспедиции. После перегрузки угля *Красин* стал выводить *Челюскина* на чистую воду. Однако из-за большой ширины *Челюскин* с трудом мог следовать в канале за ледоколом, скуловые части постоянно упирались в лед и была получена новая вмятина (Визе, 1948).

storms and poor visibility of the horizon, the whole detachment hid behind blocks of ice, losing sight of the *Ob*. On 20 September they watched the vessel sink at 72°38′N, 66°00′E from onboard the approaching *Malygin*. On 21 September, the other ships approached the site where the *Ob* sank. They found a boat, barrels and other items which came to the surface from the deck of the ship. Thus, the second vessel of the Kara Expedition perished.

On 22 September, the weather was relatively calm, and the other vessels safely reached the Yugorsky Shar Strait (Belov 1959).

12. 1924, *Agnessa*, shipwreck. During the ice break-up in spring 1924, the schooner *Agnessa* was crushed by ice in the lower reaches of the Yenisey River (Popov 1990).

13. 1930, *Sedov*, drift. In August 1930, the icebreaker *Sedov*, on the way to Severnaya Zemlya, helplessly drifted for 7 days to the east of Vize Island, fiercely struggling with the ice (Vize 1948).

14. 1933, *Chelyuskin*, damage. The following year, after successful passage of the Northern Sea Route by the steamer *Sibiryakov* during one voyage in 1932, the achievement should have been repeated by the steamship *Chelyuskin*. That attempt resulted in a shipwreck in the Chukchi Sea on 13 February 1934. However, at the beginning of the journey in the Kara Sea, the *Chelyuskin* sustained substantial damage and encountered ice after passing the Matochkin Shar Strait. The ship went through rotten ice (rotten ice is ice that is old and breaking up – N.M.) with small concentrations (4/10 to 6/10), but significant damage was already found on 15 August, including leakage in the fore part of the hull, in the forepeak and bow hold, and 12 ribs were damaged and 33 rivets cut, and there were dents in four places. The *Chelyuskin* was found to be unhandy (unwieldy) for navigating in ice, which is a significant disadvantage for sailing in ice.

To raise the damaged parts of the hull, it was necessary to partially unload the ship. To this end, the icebreaker *Krasin*, which was serving the Lena Expedition, was summoned. After reloading its coal, the *Krasin* began to lead the *Chelyuskin* to ice-free water. Due to its large width, the *Chelyuskin* could hardly follow the icebreaker because the luff part of the hull was constantly propped on the ice. As the result, a new dent occurred (Vize 1948).

15. По воспоминаниям капитана Николая Михайловича Николаева (Николаева, Хромцова, 1980) в 1934 году ледокольный пароход *Садко* выдержал первое настоящее ледовое крещение в Карском море на пути к мысу Оловянному на Северной Земле. Там создавалась новая полярная станция, и необходимо было доставить грузы. В семидесяти милях от цели судно попало в ледовый плен и беспомощно дрейфовало в течение 23 дней. Зажатый льдами пароход несло на север со скоростью 13–15 миль в сутки. Несло против ветра, вопреки течениям. Затем направление дрейфа изменилось, и *Садко* стало сносить на юго-запад. В окружающих полях стали появляться трещины, по которым можно было пробиться к чистой воде. Но тут обнаружилось, что на судне подошли к концу запасы угля. Команда была мобилизована на переборку шлака, и отобранный из шлака кокс снова бросали в топки. Медленно, но верно *Садко* двигался сквозь льды, отвоевывая с боем каждый метр. За первые 10 дней прошли 4,5 мили, за следующие три дня еще семь миль. Это казалось большим достижением. К счастью, на выручку *Садко* вскоре пришел ледокол *Ермак*.

Этот дрейф *Садко* добавил новые сведения для понимания динамики льдов в Карском море. В то время как на мелководье ледяные поля задерживались, вдоль глубоководных трогов шло интенсивное движение льда. Пропавшее без вести судно *Святая Анна* лейтенанта Брусилова было унесено на север вдоль трога Святой Анны, названого так впоследствии в честь этой пропавшей шхуны. К западу от Северной Земли *Садко*, попав в тяжелые льды, дрейфовал на север вдоль трога Воронина, названного так в честь капитана ледокольного флота Владимира Ивановича Воронина. В разные годы В.И. Воронин командовал пароходами *Сибиряков, Челюскин, Иосиф Сталин*.

16. В 1936 году рейс к островам Северной Земли, острову Уединения и далее к острову Домашнему совершил ледокольный пароход *Сибиряков*. Сменив здесь персонал станции, *Сибиряков* направился к проливу Шокальского, но перед входом в него оказался затертым льдом. 28 суток *Сибиряков* пролежал в дрейфе, до тех пор пока ледокол *Ермак* не освободил его из ледового плена (Визе, 1948).

15. 1934, *Sadko*, drift. According to the memoirs of Captain Nikolay M. Nikolaev (Nikolaeva and Khromtsova 1980), in 1934, the icebreaker *Sadko* passed the first real test against the ice in the Kara Sea. The ship was sent to Cape Olovyanny on Severnaya Zemlya, where the new polar station was established. Seventy nautical miles from the goal, the *Sadko* was nipped by ice. Severe ice drift lasted for 23 days. The ship, compressed by ice, was carried northward at a speed of 13 to 15 nautical miles per day. Something brought her against the wind and against the currents. Then, fortunately, the drift direction changed, the *Sadko* began to drift to the southwest, and cracks appeared in the surrounding ice fields. The ship began to break free. However, a new problem was revealed: a lack of coal. The crew had to move through the slag, and coke was again selected to start up the furnace. For 10 days, fighting every metre, they covered 4.5 nautical miles. Then, after 3 days, the covered another 7 more miles. It was a huge victory, and soon the *Ermak* arrived to rescue the *Sadko*.

This drift of the *Sadko* added new information to the understanding of ice drift dynamics in the Kara Sea. When ice fields stopped in shallow water, intense movement of the ice continued along deep troughs. The missing ship, the *Svyataya Anna* of Lieutenant G. Brusilov, was carried off to the north along the deep trough of the *Svyataya Anna*, which was later named in honour of the missing ship. To the west of Severnaya Zemlya, the *Sadko*, after encountering heavy ice, drifted north along the Voronin Trough, which was named after the icebreaker's captain (*Sibiryakov*, *Chelyuskin*, *Iosif Stalin*), Vladimir I. Voronin.

16. 1936, *Sibiryakov*, drift. In 1936, the icebreaker *Sibiryakov* made the voyage to the islands of Severnaya Zemlya and Yedineniya Island and then to Domashny Island. The *Sibiryakov* replaced the staff of the polar station and headed to the Shokalsky Strait, but in front of the entrance to the strait, it was nipped by ice. Tthe *Sibiryakov* remained there for 28 days in the ice drift, after which time the icebreaker *Ermak* freed the ship from the ice blockade (Vize 1948).

17. Летом 1936 года гидрографическое судно *Торос* пыталось пройти из Архангельска в порт приписки Провидение, но льды не пропустили это небольшое судно. Тогда было решено поставить его на зимовку в малоизученном архипелаге Норденшельда в Карском море, чтобы продлить короткий навигационный период гидрографических исследований. Опыт подобной зимовки в этом месте яхты *Заря* в 1900–1901 годах был весьма результативным.

Зимовка *Тороса* и регулярно проводимые гидрологические и метеорологические исследования подробно описаны начальником экспедиции Николаем Николаевичем Алексеевым в книге «Зимовка на *Торосе*» (Алексеев, 1939) и кратко гидрографом Сергеем Владимировичем Поповым (Попов, 1990). Зимовка в безопасной бухте архипелага Норденшельда прошла благополучно. В течение всей зимовки круглосуточно, в любую погоду на *Торосе* в установленное время производили метеорологические наблюдения. Данные этих наблюдений четыре раза в сутки передавались по радио в Бюро погоды. Для гидрологических промеров производилось бурение двухметрового льда специально изготовленной машиной. Помимо промеров производились геодезические, гидрологические и магнитные наблюдения, судовые ремонтные работы. Съемка существенно изменила очертания береговой линии архипелага. К следующей навигации были изданы подробные морские карты южной части архипелага Норденшельда, на которых появились открытые экспедицией остров Пилота Махоткина, мыс Уют, пролив Торос, залив Гидрографический.

В 1938–1939 годах исследования архипелага Норденшельда продолжили уже две зимовочные экспедиции — на гидрографическом судне *Торос* под руководством В.А. Радзеевского и на гидрографическом судне *Норд* во главе с гидрографом А.И. Косым. Они закрепили введенный в практику экспедицией Н.Н. Алексеева промер со льда. Этот метод стал очень важным для полярной гидрографии, хотя был и остается самым тяжелым (Попов, 1990).

Тяжелая ледовая обстановка сложилась в 1937 году в западном секторе Арктики. Производившие гидрографические работы транспортные суда были вовлечены в дрейфы, некоторые вынуждены были зазимовать. С периодом 1937–1938 годов

17. 1936-1937, *Toros*, shipwreck. In the summer of 1936, the hydrographic vessel *Toros* tried to pass from the home port of Arkhangelsk to Providenie. However, the ice did not allow the small boat to pass. A decision was made to prepare the boat for overwintering in the little-known Nordenskiöld Archipelago in the Kara Sea to extend the short navigation period of hydrographic studies. The overwintering experience of the yacht *Zarya* in 1900–1901 in this location was very successful.

The overwintering of the *Toros* and regular hydrological studies and meteorological observations were described in detail by the head of the expedition, Nikolay N. Alekseev (1930), as well as more briefly by Sergey V. Popov (Popov 1990). Overwintering in the safe harbour in the Nordenskiöld Archipelago was successful. The *Toros*'s crew made regular meteorological observations throughout the winter, around the clock and in any weather. These observations were transmitted by radio to the Weather Bureau four times per day. For hydrological measurements, drilling of the 2-m-thick ice was carried out with the help of a specially developed machine. Surveying, hydrological, and magnetic observations and ship repair work were performed in addition to the measurements. The investigation significantly changed the contours of the archipelago's coastline on the map. Detailed charts of the southern Nordenskiöld Archipelago were not published until the next navigation season. The new discoveries by the expedition led to the appearance of new names on the map. There was Pilot Makhotkin Island, Cape Uyut, Toros Strait, and Hydrographichesky Gulf.

In 1938–1939, studies of the Nordenskiöld Archipelago were continued by two overwintering expeditions: on the hydrographic vessel *Toros*, which was led by Viktor A. Radzeevsky, and on the hydrographic vessel *Nord*, which was headed by the hydrographer A.I. Kosoy. These studies improved the soundings from the ice provided by the expedition led by N. Alekseev. Such sounding has since become very important for polar hydrography, although, undoubtedly, it is one of the most difficult tasks (Popov 1990).

Severe ice conditions prevailed in 1937 in the western sector of the Arctic. The transport ships_ carrying hydrographic work materials got caught in the drifts; some overwintered there. Several episodes in the history of polar navigation are connected with the period

связано несколько эпизодов истории полярной навигации. Почти половина транспортных судов и почти весь ледокольный флот провели эту зиму в Арктике. Всего зазимовало 26 судов, в том числе три мощных ледокола (*Красин, Ленин, Литке*) и четыре ледокольных парохода (*Садко, Седов, Малыгин, Русанов*).

18. Научное судно *Профессор Визе* в течение несколько недель вынужденно дрейфовало вместе со льдом в районе берега Харитона Лаптева во время навигации 1937 года (Визе, 1948).

19. Осенью 1937 года были отмечены два характерных случая ледовой реки через пролив Вилькицкого.

В августе и сентябре 1937 года мощные циклоны устремились на восток приблизительно по 80–85 параллелям. В восточной части Карского моря начались сильные западные ветры. Эти ветры пригнали льды к Северной Земле и создали сплоченный барьер льдов в районе архипелага Норденшельда. Они с силой проталкивали льды через пролив Вилькицкого и начали буквально забивать ими море Лаптевых.

Несколько кораблей были вовлечены в дрейф. Этот стихийный дрейф подхватил в Карском море целый караван кораблей во главе с ледоколом *Ленин* и выбросил его как пробку через пролив Вилькицкого в море Лаптевых. Там караван оказался в западне: впереди была полоса сплоченных льдов шириной в 30 миль. Обогнув полуостров Таймыр, он вынужден был зазимовать в районе острова Бегичева и был потом вовлечен в новый дрейф (см. эпизод № 10 главы «Море Лаптевых»).

20. В августе 1937 года ледокольный пароход *Садко* продвигался на северо-восток к проливу Вилькицкого, встречая с каждой милей все более и более трудную ледовую обстановку: дул крепкий северо-западный ветер, густо падал снег, к северу от острова Русский держался лед в 9–10 баллов (Николаева, Хромцова,1980). Сильные западные ветры забили пролив Вилькицкого сплоченным льдом, против которого *Садко* был бессилен. Льды развернули его кормой вперед и потащили вслед за собой со скоростью около одной мили в час. Захваченный ледовой рекой *Садко* дрейфовал кормой вперед. Казалось, какая-то неведомая сила увлекла его и доставила прямо в море Лаптевых почти без всякого участия со стороны моряков. В море Лап-

of 1937–1938. Almost half of the transport ships and almost the entire ice-breaking fleet spent the winter in the Arctic. In all, 26 vessels, including 3 powerful icebreakers (*Krasin*, *Lenin*, *Litke*) and four ordinary icebreakers (*Sadko*, *Sedov*, *Malygin*, *Rusanov*) wintered out of home ports. That part of the events of this period is described in the following chapters.

18. 1937, *Professor Vize*, drift. Severe ice conditions occurred in 1937 in the western sector of the Arctic. The scientific vessel *Professor Vize* was forced to drift near the Khariton Laptev Coast for several weeks (Vize 1948).

19. 1937, Caravan with the icebreaker *Lenin*, drift. In autumn of 1937, two characteristic ice jet events occurred through the Vilkitsky Strait.

In August and September 1937, powerful cyclones rushed in on the east, approximately along the 80th to the 85th parallel. In the eastern part of the Kara Sea, strong westerly winds drove the ice to Severnaya Zemlya; this created a solid barrier of ice in the area seaward of the Nordenskiöld Archipelago, and the force pushing the ice through the Vilkitsky Strait began to literally shepherd the ice into the Laptev Sea.

Several ships were involved in the drift. This spontaneous drift caught an entire caravan of ships, headed by the icebreaker *Lenin*, in the Kara Sea and threw it like a cork through the Vilkitsky Strait and into the Laptev Sea. There, the caravan was trapped: a band of compact ice 30 nautical miles wide sat in front of the caravan. Skirting the Taymyr Peninsula, the caravan was forced to spend the winter near the Begichev Island and was then involved in a new drift (see episode 10 in Sect. 4.3).

20. 1937, *Sadko*, drift. In August 1937, the *Sadko* moved northeast towards the Vilkitsky Strait, and with each nautical mile, ice conditions became more and more difficult: a strong northwest wind blew, thick snow fell, and ice remained to the north of Russky Island compactness 9/10–10/10 (Nikolaeva and Khromtsova 1980). A strong westerly wind filled the Vilkitsky Strait with knit ice. The *Sadko* was powerless against that ice, which turned the ship's stern forward and dragged the vessel behind at a speed of 1 nautical mile per hour. The battered ship drifted stern forward. Some inexorable force seemed to be pulling the ship strait to the Laptev Sea, almost without any actions by the sailors. Then the ice opened a bit, and the *Sadko* started its way north in order to begin taking

тевых льды разредило, и судно стало пробиваться на север, чтобы начать гидрологический разрез в высоких широтах — от берегов Северной Земли к острову Котельному (Николаева, Хромцова, 1980).

21. В это же время ледокол *Седов* отправился на восток для производства гидрографических работ и попытался обойти Северную Землю вокруг мыса Молотова (мыс Арктический). Здесь он попал в тяжелые льды, сломал лопасть винта и вынужден был спуститься к югу, чтобы пройти в море Лаптевых через пролив Вилькицкого (Николаева, Хромцова, 1980).

22. В припае у юго-восточной оконечности острова Большевик (мыс Вайгач) в 1937–1938 годах зимовали суда *Литке, Моссовет, Урицкий, Правда, Крестьянин* и *Молотов*. В бухте Тихой (остров Гукера в архипелаге Земля Франца-Иосифа) зимовали пароходы *Пролетарий* и *Рошаль*, вышедшие из Архангельска слишком поздно, и ледокольный пароход *Русанов,* вмерзший в лед в конце октября. Все эти суда были освобождены в начале навигации 1938 года (Визе, 1948). Зимовка в бухте Тихой не относится к происшествиям в Карском море, но упоминается здесь для составления общей картины зимовок в западном секторе Арктики.

23. У острова Диксон зазимовали шесть грузовых пароходов, вышедших с лесом из Игарки слишком поздно (19 октября 1937 года). Самое активное участие в их освобождении принял ледокол *Ермак.* В течение восьми дней (23–31 мая 1938 года) *Ермак* совершил поход по маршруту Мурманск–бухта Тихая и освободил там караван *Русанова.* Затем в течение шести суток (26 июня–1 июля) *Ермак* прошел из Мурманска к острову Диксон и освободил зазимовавшие там шесть иностранных лесовозов. 20 июля *Ермак* вышел в новый поход из бухты Варнек к проливу Вилькицкого.

Как отмечает В.Ю. Визе (Визе, 1948) в навигацию 1937 года Главсевморпуть допустил серьезные ошибки. Причинами зимовок, кроме тяжелой ледовой обстановки, стали и отсутствие ледовой разведки, и недостатки в снабжении топливом: не были подготовлены запасы угля, и суда остались без горючего.

24. В октябре 1963 года теплоход *Нововоронеж* потерял винт при движении во льду и был протащен ледовой рекой через весь пролив Норден-

hydrological sections at high latitudes from the shores of Severnaya Zemlya to Kotelny Island (Nikolaeva and Khromtsova 1980).

21. 1937, *Sedov*, damage. At the same time, the *Sedov* headed eastward for hydrographic studies; it tried to bypass the Severnaya Zemlya archipelago around Cape Molotov (Cape Arktichesky). Here the boat got caught in heavy ice, broke a propeller blade and was forced to travel south into the Laptev Sea through the Vilkitsky Strait (Nikolaeva and Khromtsova 1980).

22. 1937-1938, *Litke*, *Mossovet*, *Uritsky*, *Pravda*, *Krestyanin*, *Molotov*, overwintering. In the fast ice at the southeastern extremity of Bolshevik Island (Cape Vaygach), were the *Litke*, *Mossovet*, *Uritsky*, *Pravda*, *Krestyanin* and *Molotov*. The steamers *Proletary* and *Roshal* wintered in Tikhaya Bay (Bay of Silence) in Franz Josef Land. The icebreaker *Rusanov* was also located in the bay. The *Rusanov* departed from Arkhangelsk too late and was frozen in the ice in late October. All of these ships escaped early in the 1938 navigation season (Vize 1948). The overwintering in Tikhaya Bay is not relevant to the Kara Sea cases, but it is mentioned to describe the situation in the western sector if Arctic.

23. 1937–1938, Six cargo ships, overwintering. Six cargo ships which came up with timber from Igarka too late in the season (19 October 1937) overwintered near Dikson Island. The icebreaker *Ermak* took the most active part in the rescue of these ships. Within 8 days (23–31 May 1938), the *Ermak* embarked on a campaign from Murmansk to Tikhaya Bay and released the *Rusanov* caravan there. Then, within 6 days (26 June to 1 July), the *Ermak* embarked on a campaign from Murmansk to Dikson Island and freed six overwintered foreign lumber carriers. On 20 July, the *Ermak* left on a new campaign from Varnek Bay to the Vilkitsky Strait.

As Vize (1948) wrote, in the navigation during 1937, the Northern Sea Route Administration committed grave errors. The reason for overwintering, with the exception of heavy ice conditions, was the lack of ice reconnaissance. In addition, coal supplies were not prepared, and ships were left without fuel.

24. 1963, *Novovoronezh*, drift. In October 1963, the *Novovoronezh* lost its propeller and was dragged through the Nordenskiöld Strait by an ice jet between

шельда между массой островов и мелей, не задев при этом ни одного препятствия (Купецкий, 1983).

25. Другой случай стихийного дрейфа в ледовой реке, описанный В. Купецким (Купецкий, 1983) произошел примерно в это же время в восточном секторе Карского моря. Караван судов, ведомый атомоходом *Ленин*, был застигнут штормовым западным ветром на подходах к проливу Вилькицкого. Поля молодого льда (5 см толщиной), сжимаемые и наслаиваемые ветром, сразу замедлили движение каравана. Атомоход стал вязнуть в ледяной каше, облипая огромной подушкой из смеси «сала», «каши», «ниласов». Дальнейшие действия атомохода сводились к тому, чтобы поочередно вытаскивать суда подальше от берега, оставлять их в свободном дрейфе по фарватеру в направлении пролива Вилькицкого.

26. В апреле 1976 года атомный ледокол *Ленин* осуществлял проводку транспортного судна дизель-электрохода *Павел Пономарёв* для первой в истории разгрузки на припай грузов для геологов, осваивающих Харасавейское газовое месторождение на Ямале. Участник рейса Лолий Георгиевич Цой вспоминает: «Мы повели его через Карские Ворота, но до этого, пока ожидали подхода судна к кромке льда, пошли к проливу на разведку «корпусом». А когда возвращались, попали в ледовую реку со скоростью встречного дрейфа льда до 2 узлов. Одновременно продвижению препятствовало ледовое сжатие от действия ветра. В итоге, а/л (атомный ледокол — комментарий Н. Марченко) *Ленин* в течение 40 часов не мог выйти из пролива Карские Ворота на запад. Удалось прорваться только после прекращения сжатия» (Цой, 2009, с. 17).

Карта плавания ледокола в проливе Карские ворота отражает его хаотичное движение во время дрейфа. Пройдя Карские Ворота, ледокол *Ленин* направился к полуострову Ямал. Однако, чтобы достичь ровного припая, где предполагалось провести разгрузку, надо было преодолеть еще барьер торосов высотой в два человеческих роста, который отделял припай от дрейфующих льдов.

«Ледокол *Ленин* рубил эти торосы в течение недели. Но реальное продвижение не превысило нескольких миль. Моряки сошли на лед в поисках прохода, но тщетно. Тогда опытнейший капитан а/л *Ленин* Борис Макарович Соколов вместе с гидрологом сам облетел на вертолёте оставшийся

the mass of islands and shoals but did not hit any obstacles (Kupetsky 1983).

25. 1963, Caravan of vessels with the nuclear icebreaker *Lenin*, drift. Another case of natural drift in an ice jet described by Kupetsky (1983) occurred at approximately the same time in the eastern sector of the Kara Sea. A caravan of vessels, driven by the nuclear-powered icebreaker *Lenin*, was caught in a stormy west wind on the approach to the Vilkitsky Strait. Fields of young ice (5 cm thick), compressed and rafted by the wind, soon halted the movement of the caravan. The *Lenin* began to stick in the icy slush, covered on the side by huge masses of a mixture of grease, ice, slush and nilas. Further actions of the nuclear-powered vessel were limited to pulling the ships away from the shore, leaving them free to drift through the channel in the narrow part of the Vilkitsky Strait.

26. 1976, *Lenin*, drift. In April 1976, the nuclear icebreaker *Lenin* led the transport diesel-electric ship *Pavel Ponomarev* for the first ever unloading of cargo on fast ice for geologists who were setting up the Kharasavey gas fields on the Yamal Peninsula. A participant of the voyage, Loly G. Tsoy, recalls: 'We took it through the Kara Vorota Strait, but until then, as we waited for the vessel to approach the edge of the ice, we went to the Strait to explore it as a 'corps'. And as we were returning, we fell onto the ice jet going at the speed of an oncoming ice drift of up to 2 knots. At the same time, the ice compression from the action of the wind prevented the vessel moving forward. In sum, n /i (nuclear icebreaker –N.M.) the *Lenin* could not leave the Karskie Vorota Strait to the west for 40 h. We managed to break free only after the compression stopped' (Tsoy 2009, p.17).

The navigation map for the icebreaker in the Karskie Vorota Strait reflects its chaotic movement during the drift. Having passing through Karskie Vorota, the icebreaker *Lenin* headed for the Yamal Peninsula. However, to attain smooth ice for unloading, the *Lenin* must overcome another barrier – the the hummocks that were as high as two human beings – that separated the fast from the drifting ice.

'The icebreaker *Lenin* was cutting these hummocks within a week. But real progress has not exceeded a few miles. The sailors have gone on the ice in search of a passage, but in vain. Then the very experienced captain of the icebreaker *Lenin*, Boris Makarovich Sokolov himself, flew with a hydrologist in a heli-

участок всторошенного барьера и с помощью вешек с флажками проложил между торосами путь для ледокола. Оставшиеся до ровного припая непокорные мили торосистых льдов а/л *Ленин* преодолел буквально за одну вахту. Опыт и квалификация капитана ледокола при проводке судов в Арктике имеют очень большое значение. Таким образом, д/э (дизель-электроход — комментарий Н. Марченко) *Павел Пономарев* был подведен к ледовому причалу» (Цой, 2009, с. 17).

27. Другой случай ледовой реки упоминается В. Бенземаном (Бенземан, 2004): в ноябре 1977 года ледокол *Капитан Сорокин* беспомощно дрейфовал в Енисейском заливе с большой скоростью.

28. Зимой 1979 года в Енисейском заливе вынужденно зазимовала группа транспортных судов (Арикайнен, 1990).

29. В марте–апреле 1980 года в вынужденный дрейф в ледовой реке в районе пролива Югорский шар были вовлечены сразу три ледокола: атомоходы *Сибирь*, *Арктика* и ледокол *Киев* (Бенземан и др., 2004).

30. Как показывает практика, при сильных сжатиях ледоколы порой не могут эффективно помочь судам. Из многих случаев подтверждения этому приведем два эпизода, описанные в книге «Безопасность плавания во льдах» (Смирнов и др., 1993). Один из них произошел в апреле 1985 года, когда теплоход *Тим Бак* Мурманского морского пароходства (класс УЛ, возраст 2 года) попал в зону сжатия в Карском море. Теплоход шел под проводкой атомохода *Арктика.* Ледовые условия были тяжелыми: сплоченность однолетнего зимнего льда была 10 баллов, торосистость 3 балла, сжатие 2–3 балла. Смерзшийся, заснеженный лед толщиной 150 см пришел в движение вокруг *Тим Бака.* Торошение льда у бортов судна образовало вмятины и гофры по корпусу с обоих бортов на уровне ватерлинии и выше на 140–220 см. Осуществлявший проводку атомоход *Арктика* в течение трех часов ничего не мог поделать с разбушевавшейся стихией.

31. Другой случай произошел через год, 12 апреля 1986 года. Теплоход *Архангельск* Мурманского пароходства (категория УЛА, типа Норильск, возраст 3 года) следовал по Енисею в канале за ледоколом *Капитан Николаев*. Припайный засне-

copter along the remaining portion of the hummocked barrier. He made the way toward the icebreaker between hummocks, using sticks with flags. Then the *Lenin* overcame the last unruly miles of hummocky ice and reached an areas of smooth ice literally for one shift. The experience and qualifications of the icebreaker captain are very important when it comes to leading ships in the Arctic. Thus the d/e (diesel-electric –N.M.) *Pavel Ponomarev* was led up to the ice wharf' (Tsoy 2009, p. 17).

27. 1977, *Kapitan Sorokin*, drift. Another ice jet event was discussed by Benzeman (2004). In November 1977, the icebreaker *Kapitan Sorokin* drifted helplessly at high speeds in the Yenisey Gulf.

28. 1979–1980, Group of cargo vessels, overwintering. In the winter of 1979, a group of transport ships was forced to overwinter in the Yenisey Gulf (Arikaynen 1990).

29. 1980, *Sibir*, *Arktika*, *Kiev*, drift. In March to April 1980, three icebreakers, the nuclear-powered ships *Sibir* and *Arktika* and the icebreaker *Kiev*, were involved in a forced drift by an ice jet in the Yugorsky Shar Strait (Benzeman et al. 2004).

30. 1985, *Tim Bak*, damage. As experience shows, sometimes icebreakers cannot effectively help vessels if the ice contractions are too strong. Of the many cases that confirm this phenomenon, we present two episodes which are described in the book *The Safety of Sailing in Ice* (Smirnov et al. 1993). One of them happened in April 1985. The motor ship *Tim Buck* (Murmansk Shipping Company, Ice Class UL, age: 2 years), led by the nuclear-powered icebreaker *Arktika*, was in a compression zone in the Kara Sea, where there was first-year winter ice of 10/10. The ice was refrozen, snow covered, 150 cm thick, hummocking of 3 units, and with a compression of 2 to 3 units. The compression resulted in the following damage: dents, corrugations on the hull from both sides at the water line and above the 140- to 220-cm waterline due to hummocking of ice at the boards of the vessel. The nuclear icebreaker *Arktika* which provided the escorting could not help for 3 h.

31. 1986, *Arkhangelsk*, damage. Another case occurred a year later. On 12 April 1986, the ship *Arkhangelsk*, which belonged to the Murmansk Shipping Company (Category ULA, Norilsk Type, age: 3 years) followed along the Yenisey River in the channel behind

женный лед толщиной 140–160 см был покрыт слоем снега толщиной около 30 см. Было очень холодно (температура воздуха –34 °С) и над поверхностью воды в кильватере образовывался так называемый морозный туман, поэтому видимость резко снизилась. Из-за этого ледокол *Капитан Николаев* неожиданно уперся в гряду торосов и начал подавать полагающиеся в таких случаях сигналы. Ледокол работал винтами «полный вперед» для создания сопротивления приближающемуся судну встречной струей воды. Но, несмотря на то что теплоход *Архангельск* включил «полный назад», все же произошел навал носовой части правого его борта на кормовой кранец левого борта ледокола. В результате была получена пробоина длиной 11,6 м и шириной 1,8 м. Ледокол же повреждений не получил (Смирнов и др., 1993).

the icebreaker *Kapitan Nikolaev*. 'The ice conditions are as follows: fast ice, covered with snow 140–160 cm thick, 30 cm of snow cover, air temperature –34°C, and visibility became very bad due to evaporation. Under these circumstances, the icebreaker *Kapitan Nikolaev* unexpectedly ran into a ridge of snow hummocks. All necessary signals for such a case were transmitted. The icebreaker set at 'full speed ahead' to create resistance to the approaching vessel's counterjet of water. The *Arkhangelsk*, working at full speed astern, however, because it still had momentum, collided off the starboard bow with the left rear fender of the icebreaker. As a result of the collision, the *Arkhangelsk* sustained a breach measuring 11.6 m in length and a maximum of 1.8 m wide above the twin deck. The icebreaker did not sustain any damage' (Smirnov et al. 1993).

Выводы

Таким образом, рассмотрено 31 происшествие, вызванное тяжелыми ледовыми условиями в Карском море, начиная с 1900 года. Среди них шесть кораблекрушений. Три из них (*Мечта* в 1900, а также *Геркулес* и *Святая Анна* в 1913–14 годах) произошли предположительно. Подробности их гибели, точные даты и места неизвестны. Суда исчезли, и только по отдельным находкам можно гадать об их судьбе. Перед тем как исчезнуть, *Мечта* и *Святая Анна* были вовлечены в ледовый дрейф. Два кораблекрушения произошли одно за другим во время первой Карской товарообменной экспедиции в 1921 году. В обоих случаях ничто не предвещало беду, и суда получили пробоины, ударившись о небольшие, но очень прочные льдины.

Шесть раз корабли вынуждены были оставаться на зимовку вдали от своих портов. Описано 13 случаев вынужденного дрейфа судов, два из которых завершились кораблекрушениями, а семь могут быть идентифицированы как проявления ледовых рек.

Наиболее тяжелыми для навигации годами были 1935 и 1937, а также 1976 и 1998. В навигацию 1998 года особых происшествий не было, но ранней весной почти все море было перекрыто сплошным всторошенным Новоземельским ледяным массивом. Лед забил пролив между мате-

Summary

In this chapter, we investigated 31 accidents caused by severe ice conditions in the Kara Sea after 1900. Among these accidents were six shipwrecks. Three (the *Mechta* in 1900 and the *Gerkules* and *Svyataya Anna* in 1913–1914) were discussed. The details of their disappearance, including exact dates and locations, are unknown. The ships vanished, and one can speculate on their fate only on the basis of certain findings. Before disappearing, the *Mechta* and *Svyataya Anna* were caught up in an ice drift. Two shipwrecks occurred, one after another, during the First Kara Barter Expedition in 1921. In neither case was there any preliminary sign of danger and the vessels had been hit by small, but very hard, ice cakes.

Six times, ships were forced to stay away from their ports for the winter. We described 13 cases of forced vessel drift, two of which ended in shipwreck and seven of which were identified as being caused by ice jets.

The most difficult years to navigate were 1935 and 1937, as well as 1976 and 1998. During 1998, there was no specific incident, but in early spring, almost the entire sea was blocked by solid hummocked ice of the Novaya Zemlya Ice Massif. Ice blocked the strait between the mainland and Novaya

риком и Новой Землей и даже затек в Печорское море (Цой, 2009).

Карское море выделяется наибольшим числом происшествий, что объясняется скорее большей интенсивностью навигации, а не худшими по сравнению с другими морями ледовыми условиями. Большая часть происшествий случилась, когда в рейсы отправлялись суда, мало приспособленные для борьбы со льдами.

Zemlya and even penetretad into the Pechora Sea (Tsoy 2009).

The Kara Sea had the largest number of accidents, partly due to the relatively high intensity of navigation and not because it sustained worse ice conditions compared to other seas. Most of the accidents occurred when the ships were not well equipped to deal with the severe ice encountered during navigation.

Глава 4

Море Лаптевых

Chapter 4

The Laptev Sea

4

4.1 Географическая характеристика

4.1.1 Границы и подводный рельеф

Море Лаптевых (рис. 4.1) — окраинное море Северного Ледовитого океана, расположенное между побережьем Сибири, полуостровом Таймыр, островами Северная Земля и Новосибирскими. На западе оно соединяется с Карским морем (проливы Вилькицкого, Шокальского и Красной Армии), на востоке — с Восточно-Сибирским морем (проливы Дмитрия Лаптева, Этерикан и Санникова).

С запада море ограничено восточными берегами островов архипелага Северная Земля и полуострова Таймыр от мыса Арктический до вершины Хатангского залива. Северная граница моря проходит от мыса Арктический до точки пересечения меридиана северной оконечности острова Котельный (139° в.д.) с краем материковой отмели (79° с.ш.,139° в.д.). Восточную границу образует 139° меридиан, западные берега острова Котельный, Большого и Малого Ляховских островов и западные границы проливов Санникова, Этерикан и Дмитрия Лаптева. Южная граница моря проходит по берегу материка от мыса Святой Нос до вершины Хатангского залива.

В этих границах море Лаптевых занимает пространство между параллелями 81°16′ и 70°42′ с.ш. и меридианами 95°44′ и 143°30′ в.д. Площадь — 662 тыс. км^2, объем — 353 тыс. км^3, средняя глубина —533 м, наибольшая глубина — 3385 м (Бадюков, 2003).

4.1 Geographical Features

4.1.1 Boundaries and Bathymetry

The Laptev Sea (Fig. 4.1) is the marginal sea of the Arctic Ocean. It is located between the coast of Siberia, the Taymyr Peninsula, the islands of the Severnaya Zemlya (Northern Land) Archipelago and the archipelago forming the New Siberian Islands. In the west, it connects to the Kara Sea (Vilkitsky, Shokalsky and Krasnaya Armiya Straits), while in the east, it connects with the East Siberian Sea (Dmitry Laptev, Eterikan and Sannikov Straits).

From the west, the sea is limited by the east coast of the islands of the Severnaya Zemlya Archipelago and the Taymyr Peninsula, from Cape Arktichesky to the top of Khatanga Bay. The northern border of the Laptev Sea passes from Cape Arktichesky and intersects with a meridian at the northern point of Kotelny Island (139°E), then continues to the edge of the continental shelf at approximately 79°N, 139°E. The eastern frontier is bordered by the 139°E meridian and the western coast of Kotelny Island, the Great and Little Lyakhovsky Islands, and the western borders of the Sannikov, Eterikan and Dmitry Laptev Straits. The southern border of the sea passes along the continental coast from Cape Svyatoy Nos to the top of the Khatanga Bay.

Within these borders, the Laptev Sea extends between the 81°16′ and 70°42′N parallels and the 95°44′ and 143°30′E meridians. Its area is 662,000 km^2, with a volume of 353 thousand km^3. It has an average depth of 533 m and a maximum depth of 3385 m (Badukov 2003).

N. Marchenko, *Russian Arctic Seas*,
DOI 10.1007/978-3-642-22125-5_4,

Fig. 4.1 Laptev Sea

Рис. 4.1 Море Лаптевых

Береговая линия. Главные заливы и острова. Берега моря Лаптевых разнообразны и сильно изрезаны. Они образуют заливы, губы, бухты, полуострова и мысы различной формы и величины (рис. 4.2). Особенно расчленены гористые восточные берега островов архипелага Северная Земля и полуострова Таймыр, к востоку от которого несколько крупных заливов (Хатангский, Анабарский, Оленекский, Янский), бухт (Кожевникова, Нордвик, Тикси) и губ (Буор-Хая, Ванькина) проникают вглубь материка. Дельта реки Лена, напротив, далеко выступает в акваторию моря. Кроме того, имеются полуострова Хара-Тумус и Нордвик. Западное побережье Новосибирских островов изрезано значительно меньше. Восточный бе-

Coastline: main gulfs and islands. The Laptev Sea coasts are quite diverse, with shapes including small and large peninsulas and capes, gulfs and bays (Fig. 4.2). The eastern coasts of Severnaya Zemlya and the Taymyr Peninsula are especially uneven, with bays splitting mountains. To the east of Taymyr Peninsula, the coastline is composed of large gulfs (Khatanga, Anabar, Olenek, Yana), bays (Kozhevnikov, Nordvik, Tiksi, Buorkhaya, Vanka) and peninsulas (Khara-Tumus, Nordvik). The delta of the Lena River is especially worth mentioning. The western coast of the New Siberian Islands is less uneven, and the eastern seacoast contains mainly gentle slopes of coastal hills. There are only a few places with low rocky cliffs.

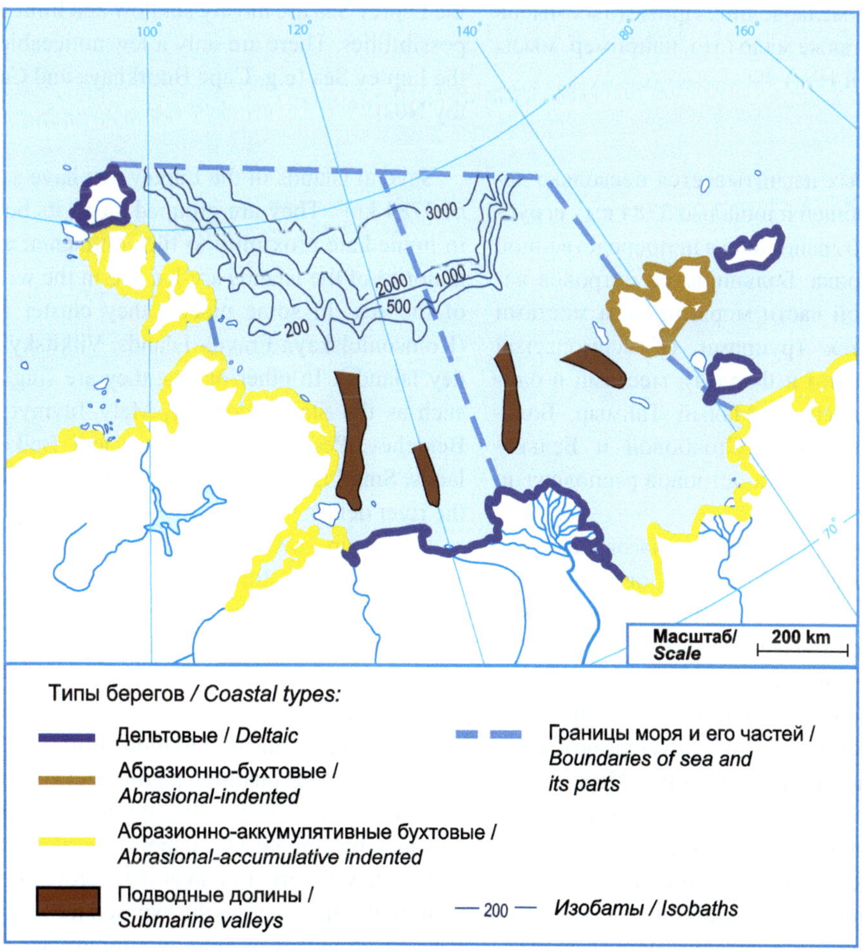

Рис. 4.2 Типы берегов и рельеф дна. Составлено на основе (Добровольский, Залогин, 1982)

Fig. 4.2 Types of coast and bottom relief (adapted from Dobrovolsky and Zalogin 1982)

рег моря образован преимущественно пологими склонами прибрежных холмов, изредка встречаются невысокие скалистые обрывы.

Большая часть побережья низменна и представлена абразионными и аккумулятивными формами, хотя встречаются и ледяные берега. Местами заболоченная тундра подходит вплотную к берегу. На значительных пространствах обширных дельт рек Лена и Яна высота берега едва достигает 1–2 м. Порой холмы высотой до 400 м подходят к морю и образуют крутые скалистые обрывы. В ряде мест горы отступают вглубь материка; на таких участках прибрежные территории представлены широкими террасами. Для северного и восточного берегов полуострова Таймыр характерны обрывистые участки высотой 15–22 м.

The coast is mostly low and contains abrasions and accumulative forms, but there are also coastlines with ice. In some places, the boggy tundra approaches the coast. On considerable portions of the extensive deltas of the Lena and Yana Rivers, the coast reaches 1 to 2 m high. In other places, mountains exceed 400 m in height and approach the coast to form abrupt, rocky cliffs. There are areas where mountains recede from the shoreline. Steep sites with heights of 15 to 22 m are characteristic of the northern and eastern coasts of the Taymyr Peninsula.

Хотя берега моря Лаптевых значительно изрезаны, укрытых якорных мест немного, так как бухты в основном мелководны. Приметных мысов в море Лаптевых также мало (это, например, мысы Буор-Хая и Святой Нос).

Although the seacoasts are considerably split and should provide locations for anchoring, the bays in the Laptev Sea are mostly shallow and limit anchoring possibilities. There are only a few noticeable capes in the Laptev Sea (e.g. Cape Buorkhaya and Cape Svyatoy Nos).

В море Лаптевых насчитывается несколько десятков островов общей площадью 3784 км^2, сгруппированных на его границах и в непосредственной близости от материка. Большинство островов находится в западной части моря, причем местами они располагаются группами (Комсомольской Правды, Вилькицкого и Фаддея), местами в одиночку (Старокадомского, Малый Таймыр, Большой Бегичев, Песчаный, Столбовой и Бельковский). Множество мелких островов расположено в дельтах рек.

Several islands in the Laptev Sea have a total area of 3784 km^2. They are grouped along its borders and in immediate proximity to the continental coast. The majority of the islands are located in the western part of the sea. In some places, they cluster in groups (Komsomolskaya Pravda Islands, Vilkitsky and Faddey Islands). In other places, they are single islands, such as the Starokadomsky, Maly Taymyr, Bolshoy Begichev, Peschany, Stolbovoy and Belkovsky Islands. Small islands also exist, but they are located in the river deltas.

Часть островов (острова архипелагов Северная Земля, Комсомольской Правды и остров Вилькицкого) сложена из каменистых пород и сравнительно мало разрушается. Резко отличаются от них небольшие низкие острова у северо-восточного побережья полуострова Таймыр. Они сложены рыхлыми породами и подвергаются довольно интенсивному разрушению. Переходной группой между этими двумя типами островов являются Новосибирские острова, в обрывах которых встречаются выходы реликтового льда значительной толщины. В обнажающихся слоях льда находят многочисленные останки мамонтов. Таяние и волно-прибойная деятельность сильно уско-

Islands in the archipelagos (Severnaya Zemlya, Komsomolskaya Pravda and Vilkitsky) are formed from rock bedding, and they have been eroded somewhat. Other islands along the northeast coast of the Taymyr Peninsula are small and low. They were formed from unconsolidated tender rocks and are exposed to forces causing rapid deterioration. The New Siberian Islands constitute a group between these two types of islands. They are relict ice outcroppings of considerable thickness in the cliffs along the coast of the New Siberian Islands. Numerous remnants of mammoths are found in the exposed ice layers. Thawing and groundswell activity strongly accelerate the erosion of such coasts. For example, the Semenovsky

ряют эрозию таких берегов. Например, открытые в 1815 году острова Семеновский и Васильевский (74°12′ с.ш., 133°00′ в.д.) исчезли с карты, и во второй половине XX века только отмели напоминали об их существовании (БСЭ, 1969–1978).

Море Лаптевых расположено в пределах материковой отмели, которая круто обрывается к ложу океана. Южнее 76° с.ш. глубины не превышают 25 м. Северная часть моря значительно глубже. Глубины менее 50 м занимают около 53 % площади моря, более 1000 м — 22 %.

В формировании относительно ровной поверхности дна существенную роль играли древние реки и ледники. В рельефе выделяется несколько лишь несколько трогов, возвышенностей и банок. Короткий и широкий трог расположен напротив устья Лены, воронкообразный трог находится у Оленекского залива, узкий и длинный трог уходит от острова Столбового на север. Все эти троги являются продолжением долин рек. В восточной части моря поднимаются банки Семеновская и Васильевская. Глубины здесь постепенно увеличиваются от 50 до 100 м, а затем резко возрастают до 2000 м и более.

Грунт глубоководной части илистый, в остальной части донные отложения представлены смесью песка и ила с преобладанием того или иного компонента. В восточной части моря под тонким слоем осадков встречается «второе дно» реликтового льда.

and Vasilevsky Islands (74°12′N, 133°00′E) were marked in 1815 but are no longer on the maps. Banks were the only indications in the second half of the twentieth century of their existence (USSR Academy of Sciences1969–1978).

The Laptev Sea is located within a continental shallow that abruptly descends to the ocean bed. Its depths do not exceed 25 m south of 76°N. The northern part of the sea is deeper. Depths of less than 50 m constitute approximately 53% of the sea area, while depths exceeding 1000 m constitute around 22% of the sea area.

Ancient rivers and glaciers played an essential role in the formation of the flat bottom relief. The Laptev Sea possesses some troughs, heights and banks. A short and wide trough is located against the mouth of the Lena River, while a funnel-shaped trough is located in the Olenek Gulf. A narrow and long trough extends from Stolbovoy Island to the north. These troughs are continuations of the river valleys. The Semenovskaya and Vasilevskaya banks rise above the flat bottom in the eastern part of the sea. The depths here gradually increase from 50 to 100 m and then sharply increase to 2000 m or deeper.

The sediments in the deep-water regions of the sea are oozy and slimy. In other parts of the sea, there is a mix of sand and silt, with a prevalence of one of the components (sandy silt or oozy sand). A so-called second bottom consists of relict ice under a thin layer of deposits in the eastern part of the sea.

4.1.2 Климат и динамика вод

Лаптевых море — одно из самых суровых арктических морей, что обусловлено его высокоширотным положением, большой удаленностью от Атлантического и Тихого океанов, близостью азиатского материка и присутствием полярных льдов. Климат может быть охарактеризован как континентальный полярный с заметно выраженными морскими чертами. Континентальность климата наиболее отчетливо проявляется в больших годовых колебаниях температуры воздуха, хотя под влиянием моря они немного сглажены. Значительная протяженность моря с юго-запада на северо-восток обусловливает существенно выраженные климатические различия.

4.1.2 Climate and Dynamics of Water

Climatologically, the Laptev Sea is one of the harshest Arctic seas because of its high-altitude location and distance from the Atlantic and Pacific Oceans. Another important factor is its proximity to the Asian continent and the ice-covered Arctic Ocean. The climate can be characterised as Continental Arctic one with considerable maritime features. The continentality of the climate is mostly expressed in the large annual fluctuations of air temperature, though there is smoothing due to the sea's influence. The considerable extent of the sea from the southwest to the northeast causes noticeable climatic differences from place to place during the seasons.

Около 3 месяцев на юге и 5 месяцев на севере продолжается полярная ночь и столько же полярный день. Температура воздуха ниже 0 °C держится на севере моря около 11 месяцев, на юге 9 месяцев. Средняя температура января от −31 до −34 °C (минимальная около −50 °C), июля в северной части 0–1 °C (максимальная 4 °C), в южной части 5–7 °C (максимальная 10 °C), на берегах максимальная температура может достигать 22–24 °C (август) (БСЭ, 1969–1978).

The polar night lasts for approximately 3 months in the south and 5 months in the north, similar to the polar day. Air temperatures below 0°C are observed in the northern part of the sea for approximately 11 months and for 9 months in the southern part. The average temperature in January ranges from −34 to −31°C (minimum nearby −50°C). The average temperature in July is 0 to 1°C (maximum 4°C) in the northern part of the sea and 5 to 7°C (maximum 10°C) in the southern part of the sea. The maximum temperature can reach 22 to 24°C (August) on the coast (USSR Academy of Sciences 1969–1978).

Синоптическая обстановка и погода над морем определяется влиянием различных центров действия атмосферы. Зимой море находится в зоне влияния двух крупных областей высокого атмосферного давления. С юго-востока заходит отрог Сибирского антициклона, с севера нависает гребень Полярного максимума, а к западной части иногда подходит ложбина Исландского минимума. Основное влияние оказывает Сибирский антициклон, который определяет преобладание южных и юго-западных ветров со скоростью в среднем около 8 м/с. К концу зимы их скорость становится меньше и часто наблюдаются штили. Воздух сильно выхолаживается, его температура над морем понижается с северо-запада на юго-восток с −26 до −29 °C в январе (среднемесячные значения). Спокойная и малооблачная зимняя погода прерывается редкими циклонами. Они проходят несколько южнее моря и вызывают сильные холодные северные ветры и метели, которые продолжаются несколько дней (Добровольский, Залогин, 1982).

Synoptic conditions and weather over the sea are defined by the influences of various low and high air pressure areas. During winter, the sea is located in a zone of influence of two large fields of high atmospheric pressure. From the southeast, the spur of the Siberian anticyclone affects the area, and from the north, the crest of the polar anticyclone affects the sea. Sporadically, the Icelandic low pressures approach the western part of the sea. The basic influence renders the Siberian anticyclone, which defines the prevalence of the southern and southwestern winds, with an average speed of approximately 8 m/s. By the end of winter, their speeds decrease, and calm winds are often observed. The air then becomes much colder. The air temperature over the sea decreases from the northwest to the southeast to −29 to −26°C in January (average monthly values). Quiet and slightly overcast winter weather is interrupted by rare cyclones. They pass to the south and can cause strong, cold, northern winds and blizzards that typically last for several days (Dobrovolsky and Zalogin 1982).

Весной начинается разрушение областей высокого атмосферного давления, и ложбина низкого давления становится менее заметной. Барическая обстановка в целом напоминает зимнюю, однако весенние ветры очень неустойчивы по направлению. Одинаково часто дуют как южные, так и северные ветры. Обычно ветры порывистые, но небольшой силы. Температура воздуха неуклонно повышается, хотя преобладает облачная и довольно холодная погода. Летом Сибирский максимум отсутствует, а Полярный максимум слабо выражен. К югу от моря давление понижено, над самим морем оно немного повышено. Поэтому чаще всего дуют северные ветры со скоростью

The vanishing of high atmospheric pressure begins in the spring, and a hollow of low pressure becomes less appreciable. The air pressure remains similar to that in winter; however, the spring winds are very unstable in direction. Both southern and northern winds blow equally often. Usually, winds are gusty, but the average speed is relatively low. The air temperature increases steadily, but cloudy and cold weather prevails. In the summer, the Siberian high is absent, and the polar anticyclone is poorly expressed. To the south, the air pressure is low, whereas over the sea it is somewhat higher. Therefore, the northern winds, with a speed of 3 to 4 m/s, blow more frequently. Strong winds with speeds exceeding 20 m/s are extremely

3–4 м/с. Сильные ветры со скоростями больше 20 м/с летом крайне редки. Температура воздуха достигает максимума в августе (среднемесячные значения в центральной части моря 1–5 °С). На побережье в закрытых бухтах воздух иногда прогревается весьма значительно. В бухте Тикси была отмечена максимальная температура 32,7 °С, но такие случаи довольно редкие (Добровольский, Залогин, 1982). Летом усиливается циклоническая деятельность, и пасмурная погода сопровождается продолжительным моросящим дождем. В конце августа начинает формироваться Сибирский максимум давления, что знаменует переход к осени. Ветры приобретают южное направление и усиливаются до штормовых. Реже проходят циклоны, уменьшается облачность.

rare in the summer. The air temperature reaches a maximum in August, when the average monthly values in the central part of the sea can reach +1 to 5°C. The air is sometimes warm, especially at the coast in the closed bays. A maximum temperature of 32.7°C has been observed in the Tiksi Bay, but such high temperatures are rare (Dobrovolsky and Zalogin 1982). The strengthening of cyclonic activities is characteristic for summer. It causes cloudy weather with nearly permanent drizzle. The Siberian high pressures begin to form by the end of August. This is the first sign of autumn, when unstable winds come from the south and may increase to the level of storm winds. Cyclones pass less often and the skies become less overcast at this time.

Таким образом, бóльшую часть года море Лаптевых находится под воздействием Сибирского антициклона. Это обусловливает относительно слабую циклоническую деятельность и несильные ветры. Длительное охлаждение и спокойный ветровой режим зимы — важнейшие климатические черты моря, которые существенно отражаются на характеристиках его вод.

Therefore, for most of the year, the Laptev Sea is under the influence of the Siberian anticyclone. This influence causes rather weak cyclonic activity and mainly light breezes. Long, strong cooling and quiet wind regimes in the winter are the major climatic features of the Laptev Sea, which are essentially reflected in the characteristics of its waters.

Преобладание слабых ветров, небольшие глубины и практически постоянное присутствие льда на поверхности определяют довольно спокойное состояние моря Лаптевых: типичное волнение 2–4 балла с волнами высотой около 1 м. Летом (июль–август) в западной и центральной частях моря изредка развиваются штормы 5–7 баллов, во время

The prevalence of light breezes, shallow depths and the nearly constant presence of ice on the surface define the generally quiet conditions of the Laptev Sea. A state of wavy sea registering 2 to 4 on the Douglas scale with wave heights of approximately 1 m is most frequent. Storms with a sea state of 5 to 7 occasionally develop during the summer (July–August) in the west-

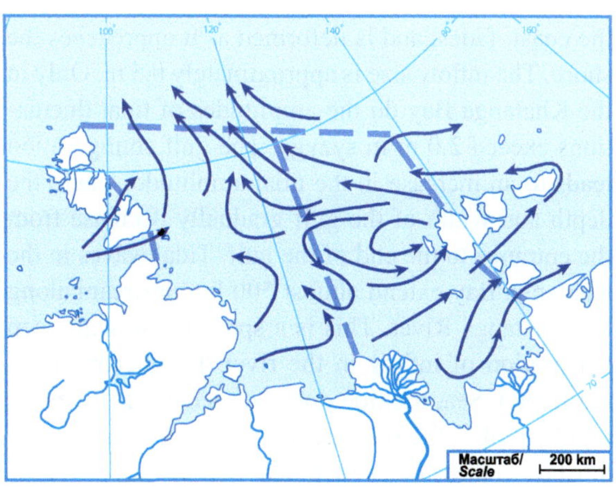

Рис. 4.3 Постоянные течения в поверхностном слое. Составлено на основе (Атлас, 1980)

Fig. 4.3 Surface currents (adapated from Atlas 1980)

которых высота волн достигает 4–5 м. Наиболее штормовое время года — осень, когда высота волн может достигать 6 м. Однако, и в этот сезон преобладают волны высотой около 4 м, что определяется длиной разгона и глубинами акватории (Добровольский, Залогин, 1982).

Общая циркуляция поверхностных вод моря Лаптевых имеет циклонический характер (см. рис. 4.3), который определяется прибрежным потоком, движущимся вдоль материка с запада на восток, и усиливаюшимся Ленским течением. При подходе к Новосибирским островам большая его часть отклоняется на север и северо-запад и в виде Новосибирского течения выходит за пределы моря, где она соединяется с Трансарктическим течением. Небольшая часть вод прибрежного потока уходит через пролив Санникова в Восточно-Сибирское море. Вдоль восточных берегов Северной Земли и полуострова Таймыр на юг движется Восточно-Таймырское течение, которое и замыкает циклоническое кольцо. Скорости течений в этом круговороте невелики (примерно 2 см/с), а внутри него располагается зона затишья. В зависимости от крупномасштабной барической ситуации центр циклонической циркуляции располагается или в середине северной части моря, или смещается в сторону Северной Земли. Соответственно возникают ответвления от основных потоков. Структура постоянных течений может нарушаться приливами (Добровольский, Залогин, 1982).

Прилив в море Лаптевых выражен достаточно хорошо. Он имеет характер неправильной полусуточной волны, которая подходит к берегам с севера, затухая и деформируясь по мере приближения к ним. Величина прилива около 0,5 м. Только в Хатангском заливе размах приливных колебаний уровня превышает 2,0 м в сизигии. Здесь к увеличению прилива приводит конфигурация залива, глубина и ширина которого постепенно уменьшаются от устья к вершине. Приливная волна, пришедшая в Хатангский залив, распространяется почти на 500 км вверх по реке Хатанге. Это один из редких случаев столь глубокого проникновения прилива в реку. В другие реки, впадающие в море Лаптевых, прилив почти не заходит и затухает очень близко от устья, поскольку эти реки имеют развитые дельты, в протоках которых гасится приливная волна.

ern and central parts of the sea. During this period, wave heights reach 4 to 5 m. The stormiest season is autumn, when the sea is roughest and the maximal wave heights are observed. Waves can reach 6 m high. However, waves with heights of approximately 4 m also prevail during this season and are controlled by the fetch and depths (Dobrovolsky and Zalogin 1982).

The general circulation of the waters in the Laptev Sea is characterised by the system of constant currents on the sea surface (Fig. 4.3). Cyclonic circulation of the surface water is an inherent feature of the sea. It is formed by a coastal stream, which moves along the continent from west to east and is amplified by the Lena Current. At the approach to the New Siberian Islands, its largest portion deviates to the north and the northwest. It leaves the sea, merges with the New Siberian Current and connects with the Transarctic Current. A small part of the coastal stream waters departs for the East Siberian Sea through the Sannikov Strait. The East Taymyr Current moves along the eastern coast of Severnaya Zemlya and Taymyr Peninsula to the south. This current forms a cyclonic circulation in the sea. Here, the current speeds are insignificant (approximately 2 cm/s), and the calm zone is located in the central part of the circulation. Depending on the large-scale air pressure situation, the centre of the cyclonic circulation is located in the middle of the northern part of the sea or displaced towards Severnaya Zemlya. Branches from the basic streams are also observed. Stable currents are interrupted by tidal currents (Dobrovolsky and Zalogin 1982).

The tides are expressed well in the Laptev Sea. They are characterised by an improper semidiurnal wave, which comes from the north and extends to the coast, fades, and is deformed as it approaches the shore. The inflow size is approximately 0.5 m. Only in the Khatanga Bay do the amplitudes of tidal fluctuations exceed 2.0 m in syzygy. The gulf configuration leads to an increase in the tidal amplitude, where the depth and width of the gulf gradually decrease from the entrance to the end of the gulf. Tidal waves in the Khatanga Bay extend almost 500 km upstream along the Khatanga River. This is a special case with deep penetration of inflow in the river. In other rivers in the Laptev Sea, the tide does not penetrate. It decays rapidly within the river deltas. Tidal waves are extinguished in these delta channels.

Кроме приливных, в море Лаптевых наблюдаются сезонные и сгонно-нагонные колебания уровня, хотя их сезонные изменения весьма незначительны. Только в юго-восточной части моря, на участках, близких к устьям рек, размах колебаний достигает 40 см. Минимальная высота уровня наблюдается зимой, максимальная летом. Сгонно-нагонные колебания отмечаются везде и в любое время года, однако они наиболее значительны в юго-восточной части моря осенью, при сильных и устойчивых ветрах. Сгоны и нагоны обусловливают самые большие понижения и повышения уровня в море Лаптевых. Размах колебаний уровня между ними достигает 1–2 м, а в заливах и губах может превышать 2,5 м (бухта Тикси) и достигать 5–6 м в Ванькиной губе (к северо западу от устья реки Яна). Для моря в целом северные ветры вызывают нагон, а южные сгон, но в зависимости от конфигурации берегов сгонно-нагонные колебания уровня в каждом конкретном районе создаются ветрами определенных направлений. Так, в юго-восточной части моря к наиболее эффективным нагонным ветрам относятся западные и северо-западные (Добровольский, Залогин, 1982).

Besides the tides, seasonal fluctuations of sea level and storm surges are observed in the Laptev Sea. Seasonal changes in level are rather insignificant. The changes can be considerable only in the southeast portion of the sea and at sites close to the mouths of the rivers. Here, fluctuations reach 40 cm. The minimum sea level height is observed in winter, and the maximum is observed in summer. Storm surges appear everywhere and at any time of year. However, they are most pronounced in the southeast part of the sea in autumn, when the winds are strong and steady. Storm surges generate the largest level increases and decreases in the Laptev Sea. The amplitude of the fluctuations of level between the upper and lower bounds reaches 1 to 2 m, and in gulfs and bays, it may exceed 2.5 m (in Tiksi Bay). For the sea as a whole, the north winds cause an increased sea level, and southern winds may cause lower levels. Storm surge levels are created by winds in certain directions. Depending on the coastal configuration, surges can lead to different situations in each case. In the southeastern part of the sea, the dominant surge winds are western and northwestern (Dobrovolsky and Zalogin 1982).

4.1.3 Гидрологические особенности

Материковый сток играет важную роль в формировании гидрологического режима моря Лаптевых. В него впадает несколько крупных и множество мелких рек. Наибольшая из них, Лена, ежегодно приносит около 515 км^3 пресной воды, Хатанга свыше 100 км^3, Оленек около 35 км^3, Яна более 30 км^3, Анабар 20 км^3, остальные около 20 км^3 воды в год. Общий объем ежегодного стока в море оценивается примерно в 720 км^3, что составляет 30 % от общего объема жидкого стока во все моря Российской Арктики. Однако распределение стока весьма неравномерно как во времени, так и в пространстве. Примерно 90 % всего годового стока поступает в летние месяцы (июнь–сентябрь), из которых на август приходится около 35–40 %. Зимой сток мал, в январе он составляет лишь 5 %. Такая неравномерность объясняется доминирующим влиянием тающих снегов в питании рек. Основная часть пресных вод поступает в восточную часть моря (только Лена дает 70 % всего берегового стока).

4.1.3 Hydrological Features

Several large rivers and a set of small rivers run into the Laptev Sea. Continental run-off plays an important role in the formation of natural features in the sea. The largest of the rivers, the Lena, brings 515 km^3 of freshwater annually, while Khatanga brings more than 100 km^3; Olenek brings 35 km^3, Yana brings more than 30 km^3, and Anabar brings 20 km^3. All other rivers provide 20 km^3 of water per year. The total amount of annual run-off into the Laptev Sea is approximately 720 km^3, which is 30% of the total amount of liquid run-off into all of the Russian Arctic seas. However, the run-off distribution is rather non-uniform both in time and in space. Approximately 90% of all annual run-off arrives in the summer months (June–September), and around 35 to 40% of the annual run-off occurs in August. In the winter, the run-off is small and is estimated at only 5% for January. Such non-uniformity in the run-off distribution within a year can be explained by the dominating influence of the thawing snow that feeds the Siberian rivers running into the Laptev Sea. The freshwaters arrive into the

В зависимости от количества воды, приносимой реками, и гидрометеорологической обстановки речные воды распространяются или к северо-востоку, достигая северной оконечности острова Котельного, или далеко на восток, уходя через проливы в Восточно-Сибирское море. Реки, впадающие в море западнее устья Лены, дают всего 20 % от общего объема стока (Добровольский, Залогин, 1982).

Температура воды. Море Лаптевых отличается низкими температурами воды: большую часть года они близки к точке замерзания. Зимой подо льдом в различных районах моря температура составляет от −0,8 до −1,7 °С. С началом весеннего прогрева лед тает, поэтому температура воды практически не изменяется. Теплее становятся только прибрежные районы, особенно возле устьев рек. Температура воды понижается с юга на север и с востока на запад. Летом поверхность моря прогревается. В августе на юге (губа Буор-Хая) температура воды на поверхности может достигать 10 и даже 14 °С, в центральных районах она близка к 3–5 °С, а у северной оконечности острова Котельный и у мыса Челюскин от −0,8 до −1,0 °С. Западная часть моря, куда приходят холодные воды Арктического бассейна, характеризуется более низкой температурой воды (2–3 °С), чем восточная, где сосредоточена основная масса теплых речных вод и температура может достигать 6–8 °С (Добровольский, Залогин, 1982).

Изменение температуры с глубиной отчетливо выражено только летом. Зимой в районах с глубинами до 50–60 м температура воды одинакова от поверхности до дна. В прибрежной зоне она равна –(1,0–1,2) °С, а в открытом море около −1,6 °С. На глубине 50–60 м температура воды повышается на 0,1–0,2 °С. На севере отрицательная температура распространяется от поверхности примерно до 100 м, затем начинается ее повышение до 0,6–0,8 °С. Такая температура сохраняется примерно до глубины 300 м. Ниже она снова медленно понижается ко дну. Относительно высокие значения температуры в слое 100–300 м связаны с проникновением в море Лаптевых теплых атлантических вод из Центрального Арктического бассейна.

eastern part of the sea (the Lena provides 70% of all coastal run-off). River waters sometimes extend far to the northeast and reach the northern extremity of Kotelny Island. The run-off can also flow far to the east, where it leaves through the passages to the East Siberian Sea. This movement depends on the quantity of water brought by the rivers and on hydrometeorological conditions. The rivers running to the west of the mouth of the Lena River only provide 20% of the total run-off (Dobrovolsky and Zalogin 1982).

Water temperature. The Laptev Sea is distinguished by low water temperatures. For most of the year, temperatures are close to the freezing point. In winter, on the sea surface, the temperature changes along the expanse of the sea from −1.7°C to −0.8°C. Ice thawing occurs in the first spring months; therefore, the water temperature remains almost the same as in winter. Only in coastal areas, especially near the mouths of the rivers, does the water temperature rise. In general, the temperature drops from the south to the north and the east to the west. The sea surface becomes warm in the summer. In August, in the south (Buorkhaya Bay), the surface water temperature may reach +10°C and even +14°C. In central parts of the sea, temperatures may reach +3 to 5°C; and temperatures of –1.0 to –0.8°C can be attained at the northern extremity of Kotelny Island and at Cape Chelyuskin. In general, the western part of the sea is characterised by lower water temperatures (+2 to 3°C) than the eastern part because cold water from the Arctic Basin flows into the sea in the west, whereas a large amount of warm river water flows into the sea in the east, where the temperature can reach +6 to 8°C (Dobrovolsky and Zalogin 1982).

The vertical distribution of water temperature is different during the cold and warm seasons and is only distinct in summer. The water temperature is constant from the surface to the bottom in winter for waters with depths between 50 and 60 m. In the coastal zone, the temperature is typically −1.2 to −1.0°C, and in the upper level of the sea, it is close to −1.6°C. The water temperature increases to 0.1 to 0.2°C at a depth of 50 to 60 m. The negative temperatures extend from the surface to approximately 100 m in the north. The temperature increases to 0.6 to 0.8°C below this depth. Such temperatures dominate until approximately 300 m depth. Further down, temperature slowly decreases to the seabed. Relatively high temperatures in a layer at a depth of 100 to 300 m are connected with the

penetration of warm Atlantic water from the Central Arctic Basin into the Laptev Sea.

Летом верхние 10–15 м прогреваются до 8–10 °С в юго-восточной части и 3–4 °С в центральной. Ниже температура резко понижается, доходя до –(1,4–1,5) °С на глубине 25 м. Эти или близкие к ним значения сохраняются до самого дна. В западной части моря верхний слой прогревается меньше, чем на востоке, и резких различий температуры по вертикали не наблюдается (Добровольский, Залогин, 1982).

In summer, the top 10 to 15 m warms and reaches temperatures of +8 to 10°C in the southeastern part of the sea and +3 to 4°C in the central area. Deeper, the temperature drops sharply, reaching –1.5 to –1.4°C at a depth of 25 m. These values remain constant in the seabed. No large differences in temperature are observed in the western part of the sea, where warming is less pronounced than in the east (Dobrovolsky and Zalogin 1982).

Соленость. Соленость воды в море Лаптевых, как и температура, варьирует существенно — от 1 до 34 ‰. Большую роль в этих изменениях играет речной сток. В целом для моря характерны невысокие значения солености (20–30 ‰), увеличивающиеся с юго-востока на северо-запад и север.

Salinity. The salinity of the water in the Laptev Sea, like water temperature, changes in space and in time and varies from 1 to 34‰. The primary reason for this change is the river discharge. As a whole, freshened waters with salinity of 20 to 30‰ prevail, and salinity increases from the southeast to the northwest and the north.

Зимой при минимальном речном стоке и интенсивном льдообразовании соленость достигает максимальных значений. На западе она выше, чем на востоке: вблизи мыса Челюскин почти 34 ‰, а у острова Котельный только 25 ‰. Весной соленость остается довольно высокой, но в июне, с началом таяния льдов, она существенно понижается — в юго-восточной части моря до 10–15 ‰ и даже 5 ‰ в губе Буор-Хая. На западе моря, где приток пресной речной воды мал, соленость сохраняет свои высокие значения (30–32 ‰). Осенью речной сток сокращается, а в октябре начинается льдообразование и происходит осолонение поверхностных вод. С глубиной соленость повышается, однако ее распределение по вертикали имеет сезонные различия в разных районах моря. Зимой на мелководьях она увеличивается от поверхности до 10–15 м, а затем остается почти неизменной до дна. В северных районах с бóльшими глубинами соленость начинает заметно увеличиваться не от самой поверхности, а с глубины около 10 м. Далее медленное повышение солености продолжается до самого дна. Весенний тип вертикального распределения солености, отличный от зимнего, наступает с началом интенсивного таяния льда. В это время соленость резко понижается в поверхностном слое, но у дна сохраняет довольно высокие значения.

The salinity is maximal in winter, when the river discharge is at a minimum and ice forms intensively. Thus, in the west, salinity is higher than in the east. At Cape Chelyuskin, it is almost 34‰, and at Kotelny Island it is only 25‰. In spring, the salinity remains high; however, in June, with the beginning of ice melt, it drops to 10 to 15‰ in the southeastern part of the sea and to 5‰ in the Buorkhaya Bay. The salinity is highest, 30 to 32‰, in the western part of the sea, where the inflow of fresh river water is small. In autumn, the river discharge is reduced, and ice starts to form in the beginning of October. Therefore, the salinisation of the surface water takes place during this period, and the salinity increases with depth.

However, the vertical distribution of salinity is quite different for various parts of the sea. It increases from the surface to 10 to 15 m and then remains invariable to the bottom during winter on the shoals. In the northern areas, where depths are large, there is an appreciable increase in the salinity that begins not at the surface but from a depth of approximately 10 m, from which it slowly increases to the bottom. The vertical distribution of salinity in spring is caused by intensive thawing of ice. At this time, salinity drops abruptly in the surface layer and remains high towards the bottom layer.

Летом в зоне воздействия речных вод верхние 5–10 м сильно опреснены, а ниже наблюдается очень резкое повышение солености. В слое 10–

In summer, the top 5 to 10 m are influenced by a zone of fresh river water. A very sharp increase in salinity is observed under this layer. In a layer at a

25 м градиент солености местами достигает 20 ‰ на 1 м, далее соленость изменяется незначительно. В северной части моря соленость сравнительно быстро увеличивается от поверхности до 50 м. В слое 50–300 м она повышается от 29 до 33–34 ‰ и глубже почти не меняется. Осенью в южных районах соленость возрастает с глубиной, и летний скачок постепенно выравнивается. На севере верхний слой однороден по солености, а ниже 10 м происходит ее увеличение (Добровольский, Залогин, 1982).

Плотность воды зависит от температуры и солености и поэтому увеличивается как с юго-востока на северо-запад, так и с глубиной. Зимой и осенью плотность больше, чем летом и весной. Зимой и в начале весны плотность почти одинакова от поверхности до дна, а летом скачки солености и температуры в слое 10–25 м определяет резко выраженный здесь скачок плотности. Осенью из-за осолонения и охлаждения поверхностных вод их плотность существенно увеличивается. Вертикальная стратификация вод по плотности четко прослеживается с конца весны до начала осени и наиболее резко выражена в юго-восточных и центральных районах моря и у кромки льдов (Добровольский, Залогин, 1982).

Конвекция. Из-за преобладания слабых ветров в теплое время года, большой ледовитости моря и расслоения его вод, ветровое перемешивание на свободных ото льдов пространствах развито слабо. Весной и летом оно захватывает только верхние 5–7 м в восточной части моря и до 10 м в западной.

Сильное осенне-зимнее выхолаживание и интенсивное льдообразование вызывают активное развитие конвекции, которое начинается на северо-востоке и севере, распространяется на центральную часть и далее на юг и юго-восток моря. Из-за сравнительно небольшой степени расслоения и раннего льдообразования наибольшая глубина конвекции (90–100 м) свойственна северным районам моря. Глубже 100 м ее распространение ограничивает плотностная структура вод.

В центральных районах плотностное перемешивание достигает дна (40–50 м) еще к началу зимы, а в южной части, подверженной опресня-

depth of 10 to 25 m, the salinity gradient reaches 20‰ per metre in some places, whereas further down, the salinity changes only slightly. In the northern part of the sea, the salinity quickly increases from the surface to 50 m. Between 50 and 300 m, it rises more slowly from 29 to 33 to 34‰, and it remains steady further down. In autumn, in the southern areas, the salinity increases with depth and the summer jump is gradually levelled. In the north, salinity is constant for the top layer of the sea and then increases below 10 m (Dobrovolsky and Zalogin 1982).

The temperature and salinity of the water define its density, which also increases from the southeast to the northwest. In winter and autumn, the water is denser than in summer and spring. The density increases with depth. In winter and the beginning of spring, it is almost identical from the surface to the bottom. In summer, the increase in salinity and temperature at depths of 10 to 15 m accompanies an increase in density. In autumn, the density increases due to salinisation and cooling of the surface water. Density stratification of the water is accurately observed from late spring to early autumn. It is expressed strongly in the southeastern and central areas of the sea and at the edge of the ice. Different degrees of stratification with depth create different possibilities for mixing and convection development in diverse areas of the Laptev Sea (Dobrovolsky and Zalogin 1982).

Convection. Mixing caused by wind in ice-free spaces is poorly developed in the warm season because of the prevalence of light breezes, extensive ice cover on the sea and stratification of its water. During the spring and summer, the wind mixes only the uppermost layers to a depth of 5 to 7 m in the east and up to 10 m in the western part of the sea.

Strong autumn–winter cooling and intensive ice formation cause convection. It begins in the northeast and the north and proceeds to the central part of the sea and farther south and southeast. In connection with the rather small degree of stratification and early ice formation, density mixing reaches deepest (to depths of 90 to 100 m) in the north of the sea. Further, the density structure of the water limits the mixing.

In the central regions of the sea, convection reaches the bottom (40 to 50 m) in early winter. In the southern part of the sea, with the considerable influence of con-

ющему влиянию материкового стока, даже на небольших (до 25 м) глубинах оно распространяется до дна только к концу зимы.

Водные массы. В целом неоднородность вод в море Лаптевых хорошо выражена, а гидрологическая структура и механизмы ее формирования типичны для большинства шельфовых морей Арктики. На акватории моря Лаптевых преобладают поверхностные арктические воды со свойственными им характеристиками и сезонным расслоением. В зонах сильного влияния берегового стока в результате смешения речных и поверхностных арктических вод образуется вода с относительно высокой температурой и низкой соленостью. На границе раздела этих вод на глубине 5–7 м создаются большие градиенты солености и плотности. На севере по глубоким трогам под поверхностной арктической водой распространяются теплые атлантические воды, но их температура несколько ниже, чем в трогах Карского моря. Атлантические воды, следуя от Шпицбергена, проникают в море Лаптевых через 2,5–3 года.

Море Лаптевых глубже Карского, и холодная придонная вода с температурой от –0,4 до –0,9 °C и почти однородной (34,90–34,95 ‰) соленостью распространяется здесь от 800–1000 м до самого дна. Процессы, протекающие в поверхностных арктических водах и в зонах их смешения с речными водами, в значительной степени определяют гидрологические условиях моря Лаптевых.

tinental run-off, convection extends to the bottom only by late winter, even at shallow (less than 25 m) depths.

Water types. Natural features of the Laptev Sea cause a considerably expressed heterogeneity of its water. As a whole, the hydrological structure and the mechanism of its formation in the Laptev Sea are typical for the majority of the Arctic sea shelf. Surface Arctic water prevails here. The special characteristics and seasonal stratification are peculiar to these waters. Rather warm water with low salinity is formed in the zones of strong influence of a coastal influx as a result of the mixture of river water with surface Arctic water.

Beneath this water (depth 5 to 7 m), the large gradients of salinity and density are created. Warm Atlantic water exists under surface Arctic water in a deep trough in the north. However, its temperature is slightly lower than the temperature observed in the troughs of the Kara Sea. The waters penetrate here for 2.5 to 3 years as they make their way from Spitsbergen.

The Laptev Sea is deeper than the Kara Sea. Cold benthonic water with temperatures of –0.4 to 0.9°C and nearly homogeneous salinity (34.90 to 34.95‰) is located from depths of 800 to 1000 m to the bottom. The primary reason for these hydrological conditions in the Laptev Sea is the processes in the surface Arctic water and in the zones where surface Arctic water mixes with river water.

4.1.4 Морские льды

С октября по май море Лаптевых покрыто льдами различной толщины и сплоченности. Летом в неблагоприятные годы льды занимают бóльшую часть моря, а в благоприятные почти вся акватория освобождается ото льда.

На рис. 4.4 показаны важные с точки зрения навигации ледовые явления: среднее многолетнее положение ледовых массивов, граница плавучих льдов в период наименьшего распространения и районы распространения многолетних стамух. Явление ледовой реки в море Лаптевых исследователями и мореплавателями не отмечалось.

Образование льда начинается в конце сентября и проходит почти одновременно на всем простран-

4.1.4 Sea Ice

The Laptev Sea is covered by ice of varying thickness and compactness for most of the year (October to May). In adverse years, ice occupies most of the Laptev Sea, even in the summer, whereas in favourable years, the sea is ice free during the summer.

The most important features from a navigational point of view are shown in Fig. 4.4. These features include the average long-term positions of ice massifs, the border of floating ice with the least distribution and areas of distribution of long-term stamukhas. The phenomenon of the 'ice jet' in the Laptev Sea was not noted by early researchers and seafarers.

Ice formation begins at the end of September and proceeds almost simultaneously in all parts of the sea.

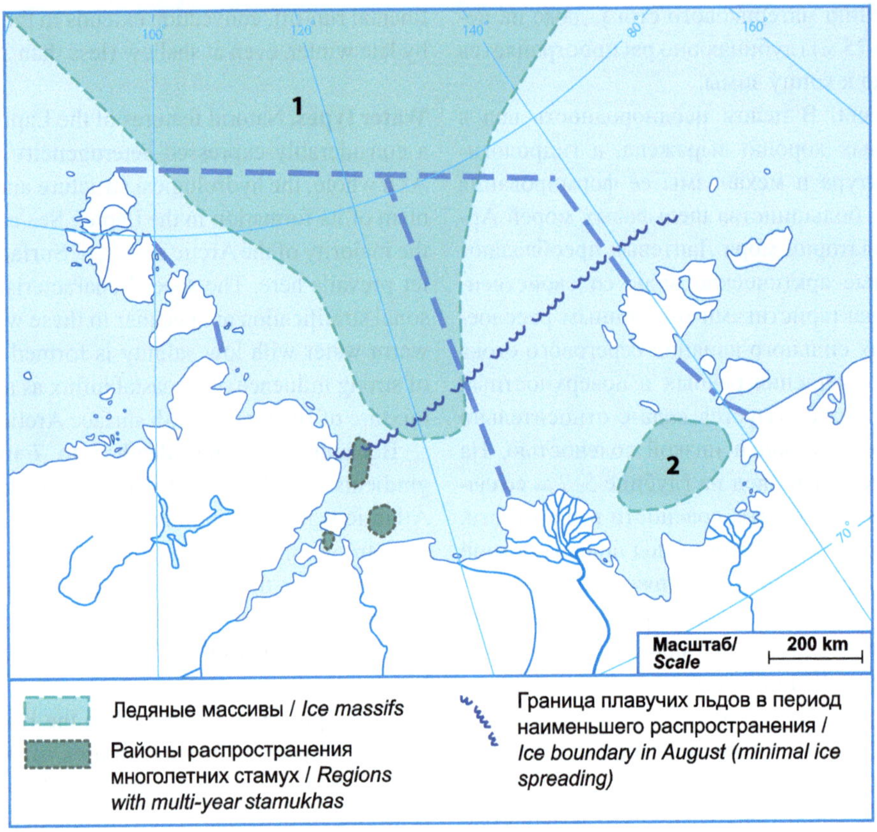

Рис. 4.4 Морские льды. Ледяные массивы: 1 – Таймырский, 2 – Янский. Составлено на основе (БСЭ,1969–1978; ЕСИМО; Горбунов и др., 2007)

Fig. 4.4 Sea ice. Ice massifs: 1 – Taymyr, 2 – Yana (adapted from USSR Academy of Sciences 1969–1978; USIMO 2011; Gorbunov et al. 2007)

стве моря. Зимой в восточной части, для которой характерны небольшие глубины, развит чрезвычайно обширный припай толщиной до 2 м, который занимает около 30 % площади всего моря. Граница распространения припая часто совпадает с изобатой 20–25 м, проходящей здесь на удалении нескольких сотен километров от берега. В западной и северо-западной частях моря припай занимает небольшие территории, а в некоторые зимы совсем отсутствует. Севернее зоны припая располагаются дрейфующие льды.

Зимой из-за почти постоянного выноса льдов из моря на север за припаем сохраняется обширная (до нескольких сотен километров) зона полыней и молодого льда. Часто эту зону называют Великой

The extremely extensive fast ice develops quickly up to 2 m thick in winter in the shallow eastern part of the sea. Usually, the fast ice occupies approximately 30% of the sea surface. The limit of its distribution often coincides with a water depth of 20 to 25 m. This isobath continues for several hundred kilometres from the coastal line. In the western and northwestern parts of the sea, fast ice is insignificant, and in some winters, it is absent. The drifting ice is located to the north of the fast ice zone.

Considerable areas of polynyas (ice-free water) and young ice remain outside (north) of the fast ice in winter, when a nearly constant withdrawal of the ice from the sea exists in the northern part of the sea. The width

Сибирской полыньей, а ее отдельные участки Восточно-Североземельской, Таймырской, Ленской и Новосибирской полыньями (см. рис. 1.3). Севернее этих полыней располагаются дрейфующие льды. В начале теплого сезона Ленская и Новосибирская полыньи достигают огромных размеров (тысячи квадратных километров) и становятся центрами освобождения моря ото льда.

В июне–июле начинается таяние льда, и к августу на значительных пространствах моря лед исчезает. Летом кромка льдов часто меняет свое положение под действием ветров и течений. В общем, западная часть моря более ледовитая, чем восточная. С севера вдоль восточного берега полуострова Таймыр в море спускается отрог Таймырского ледяного массива, в котором нередко встречаются тяжелые многолетние льды. Этот отрог сохраняется до нового льдообразования, смещаясь в зависимости от преобладающих ветров к северу или к югу. Локальный Янский массив образован припайными льдами. Ко второй половине августа он обычно разрушается на месте или частично уносится на север за пределы моря. Море Лаптевых характеризуется относительно слабым развитием многолетних стамух. По данным Ю.А. Горбунова и соавторов (Горбунов и др., 2007) здесь зафиксировано всего 11 % от числа стамух во всей Российской Арктике. В основном это двухлетние стамухи, сосредоточенные у восточного побережья полуострова Таймыр и на отмели к северу от острова Песчаный.

of this ice-free zone varies from tens to several hundreds of kilometres. It is often named the Great Siberian Polynya. Its individual sites are called Severnaya Zemlya Polynya, Taymyr Polynya, Lena Polynya and the New Siberian Polynya (see also Fig.1.3). Drifting ice settles down to the north of the polynya. In the beginning of a warm season, the Lena and New Siberian Polynyas reach very large sizes (thousands of square kilometres) and become the centres for sea ice withdrawal.

Ice thawing begins in June or July, and considerable areas of the sea are freed from ice until August. In summer, the edge of the ice often fluctuates under the influences of winds and currents. The western part of the sea generally has more ice than the eastern part. The tongue of an oceanic Taymyr Ice Massif goes from the north along the east coast of the Taymyr Peninsula. Quite often, there is heavy, long-term ice in this massif. It steadily remains during the new ice formation period, moving to the north or to the south with prevailing winds. The local Yana Ice Massif, formed by fast ice, usually melts in place until the second half of August or can be partially carried away to the north out of the Sea.

The Laptev Sea is characterised by rather poor development of long-term stamukhas. Only 11% of the total number of stamukhas in the Russian Arctic has been registered here, according to Yury Gorbunov et al. (2007). Basically, 2-year stamukhas are concentrated on the east coast of the Taymyr Peninsula and in a shallow area to the north of Peschany Island.

4.2 Условия навигации

Суровая природа, редкое население и удаленность от центральных районов России существенно ограничивают возможности хозяйственного использования моря Лаптевых. Поэтому главное направление экономики — транспортные перевозки по Северному морскому пути. В основном это транзит грузов, однако определенную роль играют также доставка и отправление грузов в конечные пункты, главным образом в порт Тикси. Незначительные промыслы рыбы и морского зверя в устьях рек имеют пока чисто местное значение.

4.2 Navigational Conditions

The severe nature, harsh climate, meagre development of infrastructure, sparse population and remoteness from the central areas of Russia limit the possibilities for economic exploitation of the Laptev Sea. The main driver of the economy is cargo transportation along the Northern Sea Route. Basically, the Laptev Sea enables the transit of cargo; however, the delivery and dispatch of cargo to terminal points, mainly to the port of Tiksi, also play a considerable role. Insignificant fishery and seal hunting in the river mouth areas have only local importance currently.

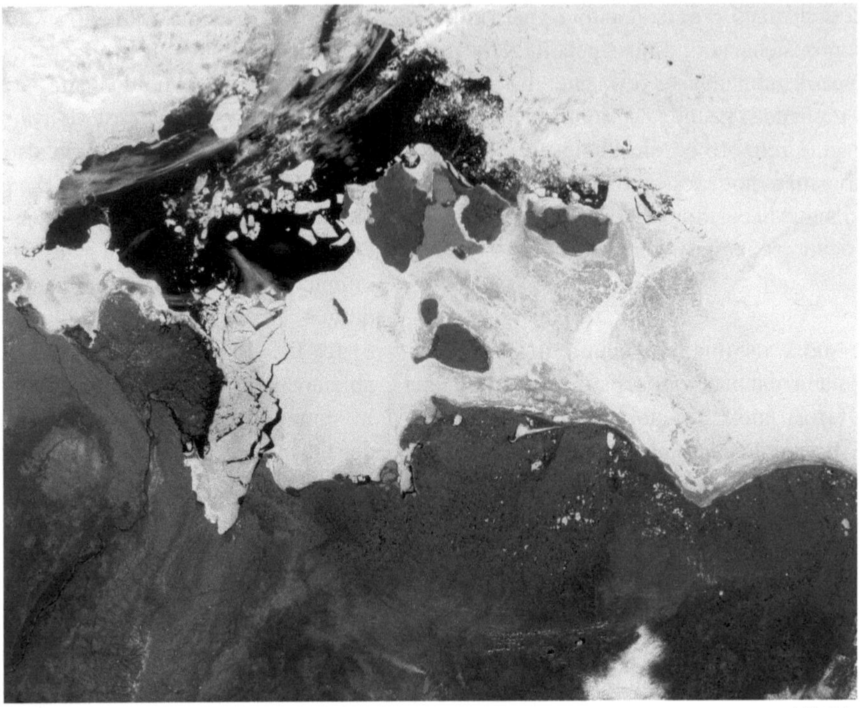

Рис. 4.5 Ледовые условия во время навигации. Космический снимок из архива NASA, сделанный 1 июля 2005

Fig. 4.5 Common ice conditions during navigation. Satellite image 1 July 2005. Courtesy Jeffrey Schmaltz and Jacques Descloitres, NASA MODIS Rapid Response: http://visibleearth.nasa.gov. Last accessed 24 August 2011

4.2.1 Особенности навигации

Особенности навигации в море Лаптевых определяются сложной ледовой обстановкой и малыми глубинами в прибрежной зоне. Южная акватория мелководна, поэтому морские суда вынуждены здесь следовать вне видимости берега. Суровые ледовые условия (см. рис. 4.5), особенно в западной части моря, затрудняют плавание судов по стандартным трассам и часто вынуждают их уходить далеко в море или, наоборот, идти вдоль берега, где малые глубины ограничивают маневрирование морских судов.

Особые сложности представляет Таймырский ледяной массив. У восточного побережья полуострова Таймыр наблюдается скопление многолетних стамух. Айсберги и их обломки встречаются в море не только вблизи мощных ледников у островов Северная Земля. Дрейфуя с Восточно-Таймырским течением, они проникают в восточный вход пролива Вилькицкого и южнее, вплоть до островов Комсомольской Правды.

4.2.1 Navigational Features

The navigational features of the Laptev Sea are defined by the difficult ice conditions during most of the year and the shallow water in the coastal zone. Southern coastal areas of the sea are shallow, and sea vessels with large displacement and draft are compelled to sail out of the visibility of the coast here. Severe ice conditions (Fig. 4.5), especially in the western part of the sea (where the Taymyr Ice Massif extends down from the north), create difficulties for navigation along standard routes and often force vessels farther into the sea or, on the contrary, along the coast, where shallow depths limit the possibility of manoeuvring for sea vessels. The agglomeration of long-term stamukhas is observed near the eastern coast of the Taymyr Peninsula. Icebergs and their fragments can be encountered in the open sea and near large glaciers along the Severnaya Zemlya Islands. They drift with the East Taymyr Current and into the east opening of the Vilkitsky Strait and, to the south, up to the Komsomolskaya Pravda Islands.

Не все районы моря достаточно обследованы гидрографически, и порой можно встретить глубины, меньше показанных на карте. Из-за возможности встречи со льдом при ограниченной видимости необходимо даже в открытом море идти с включенным радиолокатором, а около берегов надо быть особенно внимательным, чтобы отличить изображение берега от изображения морского льда.

Условия для определения положения судна с помощью радиолокатора благоприятны у восточного берега моря, менее благоприятны у западного и совсем неблагоприятны у южного берега, особенно в районе дельты реки Лена (Руководство, 1995).

Как и на всем протяжении Северного морского пути, все суда здесь оперативно подчинены Штабу морских операций. На акватории моря Лаптевых действуют два штаба, зоны влияния которых поделены меридианом 125° в.д. К западу от этого меридиана руководство навигацией осуществляет Штаб Запада, а к востоку — Штаб Востока. Начальники штабов выбирают маршруты и возможности самостоятельного плавания в зависимости от ледовых условий, организуют ледокольную проводку и авиаразведку. В их функции входит также контроль за предоставлением судам необходимой ледовой, навигационной и гидрометеорологической информации (Руководство, 1995).

Средства навигации. Как и в Карском море, навигационное оборудование распределено в море Лаптевых неравномерно, не везде имеются светящие знаки. Плавучие средства навигации практически не применяются из-за постоянного присутствия дрейфующего льда. Значительное количество зрительных средств навигационного оборудования установлено на южном берегу моря, что обеспечивает надежное определение места судна в прибрежной зоне моря.

Из-за отмелости берегов, тяжелой ледовой обстановки и плохой видимости суда нередко вынуждены следовать вне видимости самих берегов. Поэтому большое значение для определения положения судна имеют установленные на побережье радиомаяки, объединенные в группы с дальностью действия 80–200 миль, и автоматические

There are regions here that still have not been surveyed using detailed, regular measurements. In such areas, it is possible to encounter depths shallower than those marked on maps. Extreme caution is essential here. When a ship moves in conditions with limited visibility, it has to sail with the radar on, even in the open sea, because of the possibility of collisions with ice. When a vessel approaches the coast, it is important to distinguish the image of the coast from the image of the sea ice.

Conditions for identifying a location by means of radar are favourable on the eastern coast but less favourable on the western and southern coasts, especially around the delta of the Lena River (Guide 1995).

All sea vessels navigating in the Laptev Sea, irrespective of their departmental affiliation, are operatively subordinated to the Marine Operations Headquarters according to their navigation area and destination. The management of sea operations in the Laptev Sea is carried out by West Marine Operations Headquarters (west of the 125°E meridian) and the East Marine Operations Headquarters (east of the 125°E meridian). The choice of route and variations along the way, and the possibility of independent sailing, depend on the ice conditions and on the organisation of icebreaking pilotage (alone or in a group) and aviation ice patrol. It is the responsibility of the head of Marine Operations Headquarters to provide vessels with all necessary ice, hydrometeorological and navigational information (Guide 1995).

Navigation tools. The navigation equipment in the Laptev Sea is distributed non-uniformly, as in the Kara Sea. Illuminated signs are available only for some sites along the coast. Floating navigating units are not set up here due to the almost constant presence of drifting ice throughout the navigation season.

A significant number of visual tools for navigation have been established along the southern seacoast. They provide the orientation for a vessel in the coastal zone of the sea.

The shallow depths along the coast, the frequent adverse visibility conditions, and heavy ice conditions often compel even coastal vessels to sail without vision with respect to both navigating equipment and visibility to the coast. Therefore, the radio beacons established at the coast are quite important for maintenance of observations. They are combined

радиомаяки с дальностью действия 35–100 миль (Руководство, 1995).

Порты и якорные места. В море Лаптевых расположен порт Тикси (71°42′ с.ш., 129°36′ в.д., население 5892 жителей (2010 год)), в котором производится перевалка грузов с морских судов на речные для их дальнейшей транспортировки по рекам. Якорные места есть только непосредственно у берегов; однако к южным берегам моря подход морских судов затруднен из-за мелководья, и здесь можно найти временное укрытие от только южных ветров, а не ото льда, дрейфующего с севера. Большинство якорных мест у западного побережья открыто ветрам с моря, стоянка на них бывает неспокойна из-за дрейфа льда. Наиболее благоприятны условия для якорной стоянки в заливе Фаддея.

4.2.2 Плавание по основным рекомендованным путям

При плавании по основным трассам (рис. 4.6) необходимо учитывать, что суда обычно испытывают заметный, до 5–8 миль в сутки, снос к северу.

В Руководстве для сквозного плавания судов по Северному морскому пути (Руководство,1995) приводятся следующие рекомендации. Пересекать море Лаптевых от пролива Вилькицкого можно двумя основными маршрутами: либо держа курс на пролив Санникова, либо следуя к проливу Дмитрия Лаптева.

Из точки 77°45′ с.ш., 105°00′ в.д. к проливу Санникова ведет курс 112,4°. Этот путь протяженностью 540 миль сначала (первые 45 миль) проходит вблизи берега, и здесь можно ориентироваться по береговым знакам, а в ограниченную видимость — по радиолокационному изображению берега и островов на шкале дальности 15 миль. К востоку от меридиана 108° в.д. берега скрываются, и судно последовательно проходит зоны действия радиомаяка Дунай (между меридианами 118° и 124° в.д.), затем радиомаяков восточной части моря Лаптевых: Столбовой Остров, Кигилях, Санникова и Котельный.

into groups with a range of action of 80 to 200 nautical miles. Other tools consist of automatic radio beacons with a range of 35 to 100 nautical miles (Guide 1995).

Ports. The port of Tiksi (71°42′ N, 129°36′ E) is located in the Laptev Sea in the Lena Delta. Cargo is transferred here from sea vessels to river-designed vessels for further transport along the rivers. The population of Tiksi is 5892 (2010). The majority of anchor places on the western coast of the Laptev Sea are exposed to winds from the sea, and remaining in these places is difficult because of ice drift. The places for anchoring are available only near the coast; however, the approach to the coast for sea vessels is complicated by the shallow areas. It is possible to find temporary shelter against southern winds but not against the ice drifting from the north. Conditions for anchorage are more favourable in the Faddeya Gulf.

4.2.2 Navigation via Main Recommended Routes

When following the main routes recommended for navigation (Fig. 4.6), it is necessary to consider that the vessels undergo appreciable side-drift to the north, which can be as large as 5 to 8 nautical miles per day.

Recommendations for navigating along the main routes can be found in the directory for through traffic along the Northern Sea Route (Guide 1995). There are two main options for crossing the Laptev Sea from the Vilkitsky Strait: go to the Sannikov Strait or follow to the Dmitry Laptev Strait.

The course of 112.4° leads directly to the Sannikov Strait from the point 77°45′N, 105°00′E. This way is approximately 540 nautical miles. The first 45 nautical miles should be passed near the coast. It is possible to define the vessel's position using landmarks. In case of limited visibility, radar-tracking images of the coast on a scale of 15 nautical miles can be used. The coastline disappears after crossing the meridian at 108°E, and vessels consistently enter the operative range of the radio beacon Dunay (between the meridians at 118° and 124°E) and then a range of other radio beacons: the Stolbovoy Island and the Kigilyakh, Sannikov and Kotelny beacons.

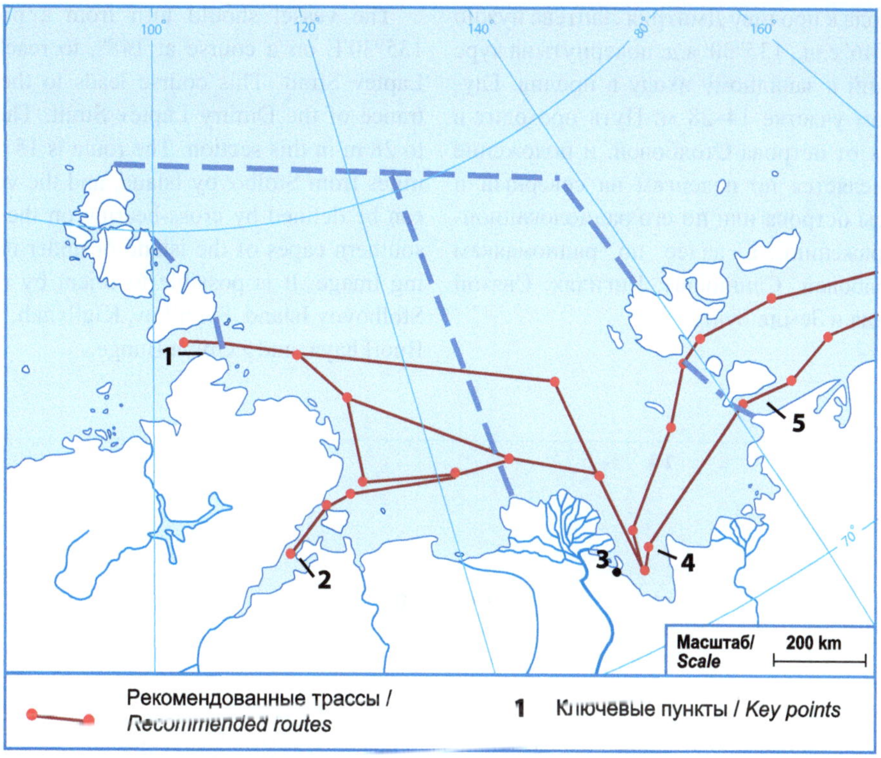

Рис. 4.6 Основные пути, рекомендованные для плавания в море Лаптевых и ключевые пункты: 1 – мыс Челюскин, 2 – мыс Косистый, 3 – Тикси, 4 – остров Моустах, 5 – пролив Дмитрия Лаптева. Составлено на основе (ЕСИМО, http://www.aari.nw.ru)

Fig. 4.6 The main recommended routes for navigation in the Laptev Sea and key points: 1 – Cape Chelyuskin, 2 – Cape Kosisty, 3 – Tiksi, 4 – Moustakh Island, 5 – Dmitry Laptev Strait (adapted from USIMO 2011)

При северных ветрах судно может сносить к югу в сторону Семеновского мелководья, поэтому здесь рекомендуется тщательно следить за глубинами и при их уменьшении до 14–15 м надо снизить скорость. В случае дальнейшего уменьшении глубин следует повернуть на север и выйти на бóльшие глубины. Если острова Столбовой и Бельковский не окружены торосистыми льдами, они опознаются на экране радиолокатора с 30 миль. В условиях отличной видимости возвышенности этих островов открываются с 30–35 миль.

Вход в пролив Санникова хорошо опознается по светящему знаку Санникова и постройкам полярной станции «Пролив Санникова», а с помощью радиолокатора на шкале дальности 15 миль — по юго-западному берегу острова Котельный.

As a vessel can drift to the south towards Semenovskoe Shoal, it is necessary to pay attention to the depth. With depths decreasing to 14 to 15 m, one must reduce speed, and if the depth decreases further, the vessel should turn to the north and exit to deeper areas, having taken all measures to find an exact vessel position. The Stolbovoy Islands and Belkovsky Islands are identified on radar screens from a distance of 30 nautical miles if they are not surrounded by hummocked ice. The low mounts of the islands can be observed from a distance of 30 to 35 nautical miles in good visibility.

The entrance to the Sannikov Strait is well identified by a luminous sign 'Sannikov' and the buildings of the Sannikov Strait polar station. It can also be identified by radar at a range of 15 nautical miles by the southwestern coast of Kotelny Island.

Для подхода к проливу Дмитрия Лаптева нужно из точки 74°46′ с.ш., 135°30′ в.д. повернуть на курс 148°, ведущий к западному входу в пролив. Глубины на этом участке 14–28 м. Путь проходит в 15–18 милях от острова Столбовой, и положение судна определяется по пеленгам на северный и южный мысы острова или по его радиолокационному изображению, а далее по радиомаякам Остров Столбовой, Санникова, Кигилях, Святой Нос, Буор-Хая и Земля Бунге.

The vessel should turn from a point 74°46′N, 135°30′E on a course at 148°, to reach the Dmitry Laptev Strait. This course leads to the western entrance of the Dmitry Laptev Strait. The depth is 14 to 28 m in this section. The route is 15 to 18 nautical miles from Stolbovoy Island, and the vessel location can be defined by cross-bearing on the northern and southern capes of the island or under its radar-tracking image. It is possible to orient by radio beacons Stolbovoy Island, Sannikov, Kigilyakh, Svyatoy Nos, Buorkhaya, and Zemlya Bunge.

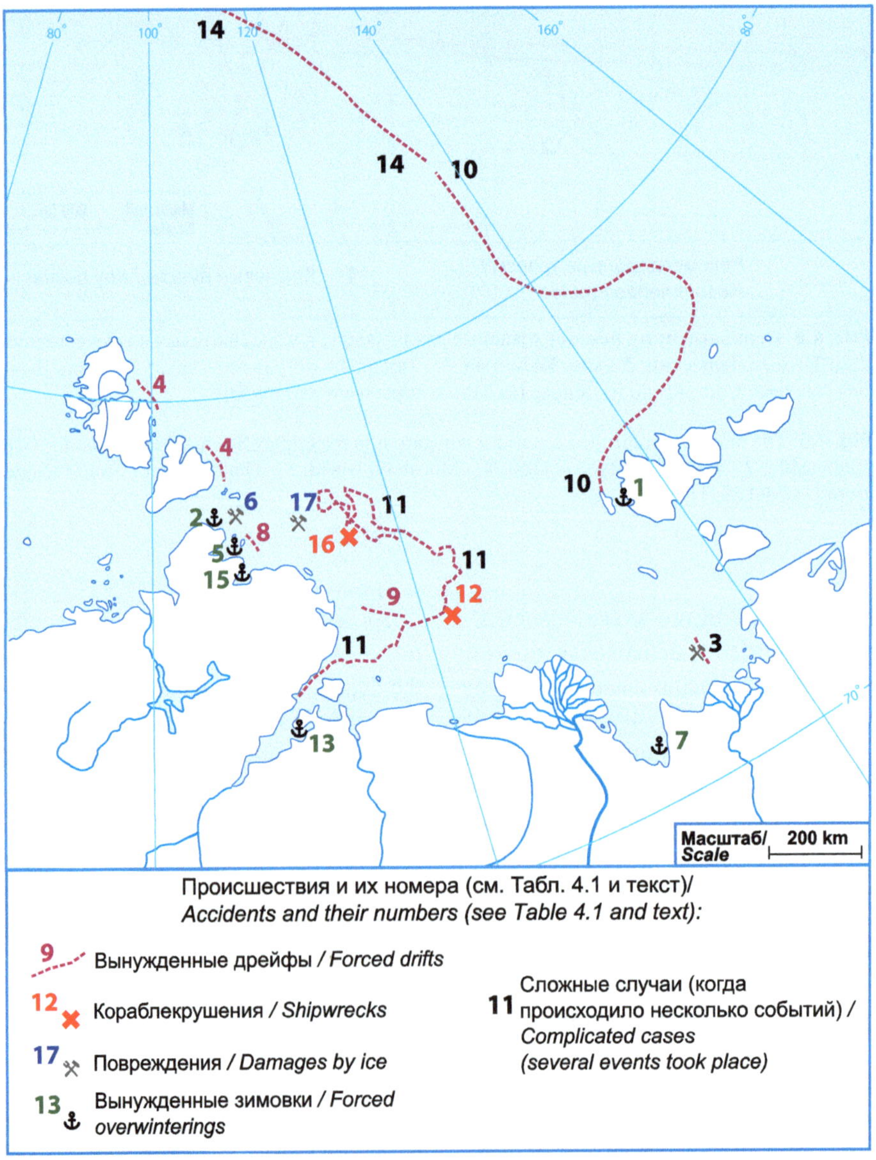

Рис. 4.7 Происшествия в море Лаптевых

Fig. 4.7 Accidents in the Laptev Sea

Миновав остров Столбовой, необходимо взять курс 99° и далее ориентироваться по горам на полуострове Кигилях, маяку Кигилях, знаку на холме высотой 144 м, расположенном на расстоянии 1,8 мили к востоку от мыса Кигилях. При плохой видимости место судна можно определить и по радиомаякам Кигилях и Святой Нос.

When the position has been identified, it is necessary to turn on the recommended course of 99°. The landmarks on this course are the mountains of the Kigilyakh Peninsula, the Kigilyakh beacon and a sign on a hill 144 m high located 1.8 nautical miles to the east of Cape Kigilyakh. In bad visibillity, a vessel's position can also be identified by radio beacons from Kigilyakh and Svyatoy Nos.

4.3 Происшествия

Этот раздел, аналогично разделу 3.3 главы о Карском море, посвящен вынужденным зимовкам и дрейфам, кораблекрушениям и повреждениям судов. По карте (рис. 4.7) легко определить географическое положение судов при столкновении со льдом, а по номеру найти описание события в тексте. Здесь, как и ранее, соблюдается хронологический порядок изложения.

Табл. 4.1 Происшествия в море Лаптевых. Список и легенда к карте (рис. 4.7)

№	ПРОИСШЕСТВИЯ
1	1901–1902. *Заря*. Зимовка
2	1918–1919. *Мод*. Зимовка
3	1928. *Полярная Звезда*. Дрейф, повреждения
4	1932. *Сибиряков*. Дрейф
5	1933–1934. Караван из 3 кораблей (*Правда, Володарский* и *Товарищ Сталин*). Зимовка
6	1934. *Литке*. Повреждения
7	1934–1935. *Прончищев*. Зимовка
8	1935. *Литке*. Дрейф
9	1937. *Кузнецкстрой*. Дрейф
10	1937–1938. *Садко, Седов* и *Малыгин*. Зимовка, Дрейф
11	1937–1938. Караван судов во главе с ледоколом *Ленин* (*Товарищ Сталин, Ильмень, Рабочий, Диксон, Камчадал*). Зимовка, дрейф, повреждения
12	1938. *Рабочий*. Кораблекрушение
13	1937–1938. *Красин*. Зимовка
14	1938–1940. *Седов*. Зимовка, дрейф, повреждения
15	1943–1945. *Якутия*. Зимовка
16	1980. *Брянсклес*. Кораблекрушение
17	1986. *Ветлугалес*. Повреждения

4.3 Accidents

This section is devoted to forced overwinterings and drifts, shipwrecks and damage to vessels. The map (Fig. 4.7) displays the geographical positions at which the vessels met ice, and a more detailed description of each event can be found following the table. Chronological order is maintained in the narration.

Table 4.1 Accidents in the Laptev Sea. List and legend for the map (Fig. 4.7)

№	Accident
1	1901–1902. *Zarya*. Overwintering
2	1918–1919. *Maud*. Overwintering
3	1928. *Polyarnaya Zvezda. Drift. Damage*
4	1932. *Sibiryakov. Drift*
5	1933–1934. 3 freighters of a convoy (*Pravda, Volodarsky* and *Tovarishch Stalin).* Overwintering
6	1934. *Litke. Damage*
7	1934–1935. *Pronchishchev.* Overwintering
8	1935. *Litke. Drift*
9	1937. *Kuznetskstroy. Drift*
10	1937–1938. *Sadko, Sedov and Malygin.* Overwintering. *Drift*
11	1937–1938. *Lenin's* Convoy *(Tovarishch Stalin, Ilmen, Rabochy, Dikson, Kamchadal*). Overwintering. *Drift. Damage*
12	1938. *Rabochy. Shipwreck*
13	1937–1938. *Krasin.* Overwintering
14	*1938–1940. Sedov.* Overwintering. *Drift. Damage*
15	1943–1945. *Yakutiya.* Overwintering
16	1980. *Bryanskles. Shipwreck*
17	1986. *Vetlugales. Damage*

1. Первое, начиная с 1900 года, происшествие в море Лаптевых случилось осенью 1901 года. В сентябре в лагуне Нерпалах (бухта Нерпичья) у западного берега острова Котельный (рис.4.8) шхуна *Заря* экспедиции барона Толля (рис.4.9) встало на вторую зимовку.

Кроме исследования Арктических морей, важной целью экспедиции было отыскание легендарной Земли Санникова. Из-за тяжелых ледовых условий экспедиция вынуждена была две зимы провести во льдах Арктики. Первая зимовка проходила в районе острова Нансена к северо-западу от полуострова Таймыр (см. главу 3, эпизод № 2).

В сентябре 1901 года *Заря* находилась к северу от острова Котельный, в том самом районе, где по расчетам Толля должна была находиться Земля Санникова. Однако поиски затруднял крупнобитый лед. Видимость была очень плохая, признаков земли не было видно — надо льдами всюду держался туман. С началом льдообразования *Заря* направилась в лагуну Нерпалах. Здесь был заранее

1. 1901–1902, *Zarya*, overwintering. The first ice-related accident since 1900 in the Laptev Sea took place in the autumn of 1901. In September the schooner *Zarya (Dawn)*, with an expedition led by Baron Eduard Gustav von Toll (Fig. 4.9), had to stand for its second overwintering in the Nerpalakh lagoon (Phoca Bay) on the western coast of Kotelny Island (Fig. 4.8).

The major purpose of the expedition (besides the study of the Arctic seas) was to find the legendary Zemlya Sannikova (Sannikov Land). However, due to severe ice conditions, the expedition was forced to spend two winters in the Arctic ice. The first was near Nansen Island to the northwest of the Taymyr Peninsula (Chap. 3, 'The Kara Sea', accident No 2)).

In September 1901, the *Zarya* was located to the north of Kotelny Island, right where Zemlya Sannikova should have been located according to Toll's calculation. However, the search was complicated by a massive multiyear ice. The visibility was bad, and a dense fog covered the surroundings. When fast ice began to form, the expedition headed for Nerpichya Bay. The schooner had been safely sheltered in the la-

Рис. 4.8 Место зимовки шхуны *Заря* в 1901–1902 лагуна Нерпалах

Fig. 4.8 The site of the *Zarya* overwintering in 1901–1902 in Nerpalakh lagoon

подготовлен запас продовольствия, и шхуна могла безопасно перезимовать. Во время зимовки *Заря* работала как геофизическая и метеорологическая станция. Э. Толль организовывал короткие научные экспедиции.

5 июня 1902 года, передав руководство экспедицией лейтенанту Ф. Матисену, Э. Толль с тремя спутниками отправился по льду к острову Беннетта. На двух собачьих упряжках и каяке он планировал пересечь остров Котельный и несколько проливов и найти Землю Санникова.

В августе 1902 *Заря* сделала первую неудачную попытку вырваться из ледового плена. Сильным ветром в лагуну нагнало лед, и шхуна повредила корпус. 21 августа *Заря* снова вышла в море и пыталась пробиться к острову Бенетта, чтобы эвакуировать партию Толля. Тяжелые льды встали на пути судна на подходе к острову, запасы угля были на нуле и, согласно предварительным указаниям Э. Толля, Ф. Матисен вернулся в Тикси.

Не дождавшись прихода *Зари*, Э. Толль и его спутники 8 ноября отправились на юг, к берегам

goon, and there was sufficient food provided by a support team led by K. A. Volosovich. The beset *Zarya* (Fig. 4.10) was engaged in geophysical research at the meteorological station. Baron von Toll dispatched people for short scientific expeditions.

On 5 June 1902, Eduard Toll resigned the leadership to Lieutenant F. A. Matisen and headed for Bennett Island along with three expedition members. Toll intended to cross Kotelny Island and several straits and look for Sannikov Land using two dog sledges and a kayak.

In August 1902, the *Zarya* made a first attempt to escape the grip of the ice, but strong wind had brought ice to the lagoon, and the *Zarya*'s hull was damaged. On 21 August, the *Zarya* managed to enter the open water and attempted to reach Bennett Island to evacuate Toll's party. The vessel was unable to do so because of severe ice conditions and a shortage of coal. Thus, it followed Toll's order, and Lieutenant Matisen returned the vessel to Tiksi.

Obviously, when Toll's team despaired of the *Zarya*'s extrication from the ice, he and his companions

Рис. 4.9 Барон Толль (1858—1902) на зимовке. Фотография неизвестного автора, сделанная до 1917 года, находится в общественном достоянии

Fig. 4.9 Baron von Toll (1858–1902) during overwintering (pre-1917 photo, public domain)

Рис. 4.10 *Заря* во время зимовки 1902 года. Фотография неизвестного автора, сделанная до 1917 года, находится в общественном достоянии

Fig. 4.10 The *Zarya* overwintering in 1902 (pre-1917 photo, public domain)

острова Новая Сибирь. Очевидно, они погибли, переходя по неокрепшим льдам в условиях надвигавшейся полярной ночи.

Весной 1903 года Академия наук направила на розыски группы Э. Толля спасательную экспедицию в составе двух отрядов. На острове Бенетта они обнаружили следы пребывания отважных путешественников, коллекцию Э. Толля и документы с результатами исследований, которые впоследствии были опубликованы в виде книги в Германии (Toll, 1909). Сокращенная версия этой книги на русском языке вышла в свет в Москве в 1959 году, она называлась «Плавание на яхте «Заря» (перевод с немецкого, Толль, 1959). Англоязычные читатели могут узнать об этой истории в статье В. Барра (Barr, 1980).

Жизнь и научная деятельность Э.В. Толля описаны П.В. Виттенбургом (Виттенбург, 1960). Интересная подборка статей и очерков об экспедиции барона Толля и ее участниках представлена на сайте «Полярная почта сегодня» http://www.polarpost.ru/forum/viewtopic.php?f=7&t=724.

moved to the south to New Siberian Island, where they drowned crossing young ice in the approaching polar night.

Two search parties were dispatched in the spring of 1903 by the Academy of Sciences. They did not find the lost explorers, but they examined the diaries and collections of the *Zarya* expedition, which shed light on the tragic fate of Baron Eduard von Toll and his companions. Toll's diaries and scientific thoughts were published by his wife in Berlin (edited by E. Toll) in 1909 under the title *Die Russische Polarfahrt der* Saja *1900–1902 aus den hinterlassenen Tagebuchern von Baron Eduard von Toll* (Toll 1909). A short Russian translation was published in 1959. A detailed description of the events was translated into English by William Barr (1980). Life and scientific activity of Eduard Toll had been described by P.V. Vittenburg (Vittenburg 1960). An interesting collection of articles and essays about the expedition of Baron Toll and its participants is presented on the web site 'Polar mail today' http://www.polarpost.ru/forum/viewtopic.php?f=7&t=724.-

Рис. 4.11 Руаль Амундсен (1872–1928). Фотография Людвига Сзачинского (1844–1894) находится в общественном достоянии

Fig. 4.11 Roald Amundsen (1872–1928) (pre-1917 photo, public domain)

Рис. 4.12 Экспедиционное судно *Мод* в море. Фотография неизвестного автора, сделанная до 1917 года, находится в общественном достоянии

Fig. 4.12 Research vessel *Maud* at sea (pre-1917 photo, public domain)

2. Следующее происшествие — зимовка судна Руаля Амундсена (рис. 4.11) *Мод,* (рис. 4.12) продвигавшегося северо-восточным проходом с целью повторить дрейф *Фрама* по новой траектории. Ледовые условия в 1918 году были весьма сложными, и уже после 9 сентября 1918 года за мысом Челюскина судно было остановлено льдами. Эта первая для *Мод* зимовка продолжалась до 12 сентября 1919 года.

Зимовка была омрачена несколькими печальными событиями. 30 сентября Амундсен упал с борта на лед, сломав левую руку в двух местах. Переломы были очень болезненны и, как потом выяснилось, срослись неправильно, отчего сломанная рука стала короче. Еще через пять недель он едва не был растерзан медведицей, а 10 декабря получил тяжелое отравление угарным газом из-за неисправности керосиновой лампы и с тех пор испытывал серьезные проблемы с сердцем (Amundsen, 1929).

Освободившись изо льдов, уже через 11 дней *Мод* была вынуждена встать на новую зимовку у острова Айон (см. главу, посвященную Восточно-Сибирскому морю)

3. В навигацию 1928 года парусно-моторная шхуна *Полярная Звезда* должна была перебросить из бухты Тикси на Большой Ляховский остров персонал, продовольствие и снаряжение для радиостанции (Хмызников, 1937).

12 августа 1928 года на траверзе мыса Куртах острова Макар *Полярная Звезда* не смогла продвигаться дальше из-за льдов и стала на ледяной якорь. Дрейф льда со шхуной шел по направлению к берегу. Измерение глубин показало, что они существенно уменьшаются — от 11,5 до 7,5 м. Это вызывало опасение, что шхуна может быть выброшена на мель, и на следующий день, включив двигатель, *Полярная Звезда* стала пробиваться к полыньям, которые были видны мористее и севернее.

Вскоре *Полярная Звезда* застряла в сплошном льду без признаков чистой воды. С трудом удалось пробиться к замеченной справа стамухе и встать около нее на ледяные якоря. Здесь шхуна стояла до 18 августа, переходя с одной стороны стамухи на другую в зависимости от приливов и отливов, определявших движение льда. 17 августа несколько моряков отправилось на моторном боте на берег за дровами для камельков, которыми все

2. 1918–1919, *Maud*, overwintering. The next event is the overwintering of the ship *Maud* (Fig. 4.12), led by Roald Amundsen (Fig. 4.11) along the Northeast Passage in an attempt to repeat the *Fram*'s drift via the new trajectory. The ice conditions in 1918 were very difficult, and after 9 September, just as the *Maud* rounded Cape Chelyuskin, she was blocked by ice. This overwintering continued until 12 August 1919.

There were several sad episodes during the overwintering. On 30 September, Amundsen fell on his way down to the ice and broke his left hand in two places The fractures were very painful, and, as was learned later, the bones coalesced incorrectly, so the broken arm became shorter than the other arm. Five weeks later, Amundsen was nearly torn apart by a female polar bear. On 10 December, Amundsen was asphyxiated by carbon monoxide because of an oil-lamp malfunction. He then suffered serious problems with his heart (Amundsen, 1929).

While staying away from the ice for 11 days, the *Maud* was forced to stop and stay for the next overwintering near Ayon Island (Chap. 5).

3. 1928, *Polyarnaya Zvezda*, drift, damage. In 1928, the sailing-motor schooner *Polyarnaya Zvezda* (*Polar Star*) had an order to haul personnel, food and equipment for the radio station from Tiksi to Bolshoy Lyakhovsky Island (Khmyznikov 1937).

On 12 August, at the traverse of Cape Kurtakh of Makar Island, the *Polyarnaya Zvezda* could not proceed due to heavy ice and was moored by ice anchors. Later, the schooner drifted together with the ice towards the shore. It became dangerous as the water depth decreased from 11.5 to 7.5 m. The schooner could have been grounded, and on the next day, the crew turned on the engine and began to hack their way through the ice to polynyas located northward and seaward.

Soon the *Polyarnaya Zvezda* was beset in compact ice without any sign of water. With great difficulty, it managed to reach a stamukha and moor to it with ice anchors. This allowed the vessel to avoid shorebound drift. The schooner was moored to the stamukha until 18 August and moved around it due to the tidal fluctuations. On 17 August, part of the crew travelled by motorboat to the shore to get firewood for the ovens that were being used for heating. By zigzagging be-

время отапливалось судно. Им пришлось лавировать между льдинами и затратить немало усилий, чтобы достигнуть берега и привезти на шхуну немного плавника. Стамуха постепенно разрушалась.

К счастью, к полуночи 18 августа наметилось некоторое разрежение льда, и в два часа ночи *Полярная Звезда* отошла от льдины, у которой стояла. Но скоро льды стали тяжелее, и шхуне снова пришлось задержаться до 22 августа, когда с улучшением ледовой обстановки судно начало пробиваться на северо-восток, где просматривались значительные полыньи. 23 августа льды снова стали смыкаться и продвижение существенно затруднилось. Винт несколько раз ударялся о льдины, подмятые шхуной, был погнут руль. Так не просто продвигалась шхуна к Большому Ляховскому острову. Но все же *Полярной Звезде* удалось выполнить задание (Хмызников, 1937).

4. В 1932 году, совершая первый в истории судоходства проход Северным морским путем за одну навигацию, пароход *Сибиряков* столкнулся с немалыми трудностями. Они начались уже в Карском море (см. главу 3). 17 августа 1932 года в море Лаптевых у восточного входа в пролив Красной Армии *Сибирякову* пришлось форсировать невзломанное припайное ледяное поле длиной около 5 миль, к которому с востока примыкал тяжелый торосистый лед. Толщина припая у его северного края была около 0,75–1 м, но по мере движения на юг увеличилась до 1,5 м (Хмызников, 1937; Визе, 1948). В монографии «Описание плаваний судов в море Лаптевых и в западной части Восточно-Сибирского моря с 1878 по 1935» П.К. Хмызников (Хмызников, 1937) пишет, что при форсировании льда *Сибиряков* часто застревал. Для прокладывания канала перед судном закладывали заряды аммонала массой в 15 кг. Но это мало помогало, так как после взрывов оставались только лишь небольшие воронки. Поэтому *Сибиряков* работал ударами, продвигаясь с каждый раз примерно на четверть корпуса вперед.

На прохождение этого пятимильного поля понадобилось 10 часов непрерывной тяжелой работы. У пролива Шокальского, *Сибиряков* опять встретил крупнобитый многолетний лед толщиной до 3 м, примыкавший к острову Большевик. Увеличив вес заряда аммонала до 20 кг, судно с большим трудом продвигалось вперед, при этом

tween the ice floes, they managed to reach the shore after several attempts and brought driftwood onboard. However, the stamukha deteriorated steadily.

Fortunately, at midnight on 18 August, some splitting in the ice was noticed, and at 2:00, the schooner left the stamukha and headed northeast, where considerable fractures had been seen. However, soon there was compaction in the ice again, and the schooner was forced to stay until 21 August. On 22 August, the *Polyarnaya Zvezda* continued moving northeast as the ice conditions improved. On 23 August, the *Polyarnaya Zvezda* rammed its way through the ice again. The propeller hit ice several times, and the rudder was bent. It was not an easy route to Great Lyakhovsky Island, but ultimately, the *Polyarnaya Zvezda* fulfilled its mission (Khmyznikov 1937).

4. 1932, *Sibiryakov*, drift. In 1932, during its famous voyage along the Northern Sea Route (the first time in history during one navigation season), the steamer *Sibiryakov* encountered considerable difficulties. Ice complications began in the Kara Sea (see Chap. 3, 'The Kara Sea'). On 17 August 1932, in the Laptev Sea near the east entrance of Krasnaya Armiya Strait (Red Army Strait), the *Sibiryakov* had to surmount a virgin fast ice field 5 nautical miles in length which was bound in the east by heavy hummocked ice (Fig. 4.13). The thickness of the fast ice was 0.75 to 1 m on the northern margin, but it increased southwards to 1.5 m (Khmyznikov 1937; Vize 1948). P.K. Khmyznikov wrote in his monograph *Description of Ship Voyages in the Laptev Sea and in the Western Part of the East Siberian Sea from 1878 to 1935* (in Russian) (Khmyznikov 1937) that the ship often became stuck when trying to navigate through the ice. The crew put an ammonal charge of 15 kg in front of the vessel, but the explosives only made a funnel in the ice and were useless for advancement. Nevertheless, the *Sibiryakov* overcame the ice barrier by ramming and moved forward with each hit approximately one quarter of the ship's hull length.

They spent 10 h on continual ice breaking just to cross the field. Approaching the Shokalsky Strait, the *Sibiryakov* again met small floes of multiyear ice with 3-m thickness adjacent to Bolshevik Island. In these ice conditions, the ship moved ahead with severe difficulty. It was necessary to use ammonal, having increased the weight of a charge to 20 kg. The

Рис. 4.13 Архипелаг Северная Земля. Район дрейфа *Сибирякова* в 1932 году

Fig. 4.13 Severnaya Zemlya Archipelago. Location of the *Sibiryakov*'s drift in 1932

его несло течением на юг вместе со всем ледяным полем. Только через двое суток напряженной работы удалось вырваться из ледяного плена. В крупнобитом льду при ударах о льдины крен *Сибирякова* порой доходил до 10°, его корпус испытывал сильные удары и сотрясения. 23 августа при работе по льду обломалась лопасть винта. Наконец, 24 августа в точке 75°02′ с.ш., 121°33′ в.д. *Сибиряков* вышел на чистую воду и больше в море Лаптевых льда не встречал (Хмызников, 1937).

5. В 1933 году недавно сформированное Управление «Главсевморпуть» организовало караван из трех грузовых судов (*Правда, Володарский* и *Товарищ Сталин*) в сопровождении ледокола *Красин* для доставки грузов в устье реки Лена и последующей транспортировки во внутренние районы Якутии. Эта операция вошла в историю под именем Первой Ленской экспедиции и стала следующим (после Карских операций) шагом на восток в освоении Северного Морского пути. *Володарский* и *Товарищ Сталин* добрались до Тикси и разгрузились там. Третье судно, *Правда* (рис. 4.15), доставило в

ship drifted with the current to the south together with the ice and escaped from ice captivity after two days of hard work. The *Sibiryakov* listed 10° and suffered strong blows and battering from the ice floes. On 23 August, a blade broke off the propeller while in the ice. At last, on 24 August, at 75°02′N and 121°33′E, the *Sibiryakov* arrived in ice-free water and did not encounter any further ice in the Laptev Sea (Khmyznikov 1937).

5. 1933–1934, three freighters in a convoy (*Pravda*, *Volodarsky*, and *Tovarishch Stalin*), overwintering. In 1933, the newly formed Glavsevmorput (Chief Administration of the Northern Sea Route) dispatched the first convoy of three freighters escorted by the icebreaker *Krasin* via the Northern Sea Route to the mouth of the Lena River to deliver cargo to Yakutia. To historians this operation is known as the First Lena Expedition. It was the next (after the Kara Operations) step to the east in the mastery of the Northern Sea Route. Despite heavy ice conditions in the Kara Sea, two of the ships reached their des-

бухту Нордвик экспедицию, направленную на поиски нефти. Однако льды, забившие пролив Вилькицкого, вынудили караван из трех судов встать на зимовку у острова Самуила в группе островов Комсомольской правды.

Уже в сентябре 1933 года под влиянием установившихся морозов море было сковано молодым льдом. Старые льды в проливе Вилькицкого сцементировало молодым льдом в одну цельную массу. Этот пролив, который три недели назад суда преодолевали без всяких затруднений, в двадцатых числах сентября оказался непроходимым для лесовозов даже под проводкой мощного ледокола. Не оставалось другого выхода, как поставить суда на безопасную зимовку. В качестве такого места были выбраны острова Комсомольской правды, расположенные у северо-восточного берега полуострова Таймыр (Визе, 1948). Выискивая спокойное место около острова Самуила, моряки не знали, что весной надолго придется за держаться в ледовом плену (рис. 4.14). Только позже стало известно, что в этом районе прочный припай сохраняется дольше, чем в любом другом районе Арктики (Карелин, 1947). Весной 1934 года суда беспомощно стояли в припайном льду, сплошь покрывавшем пролив между островами Комсомольской правды, хотя за ними уже темнела чистая вода.

Во время зимовки под руководством геолога Николая Николаевича Урванцева и его супруги Елизаветы Ивановны были организованы научные исследования. Суда использовались как базы для полевого изучения полуострова Таймыр.

Направленный на помощь судам ледорез *Литке* прибыл к островам Комсомольской правды 12 августа 1934 года. Встреченная сначала на пути полоса льда припая шириной около 90 миль была пройдена легко. Однако при подходе к лесовозам *Литке* столкнулся с немалыми трудностями. Когда расстояние до судов было 5 миль, *Литке* приступил к форсированию льда, толщина которого стала увеличиваться. Когда она достигла 1,5 м, ледорез, по своей конструкции совершенно не приспособленный к форсированию сплошного льда, стал продвигаться с большим трудом, отвоевывая буквально метр за метром. На преодоление 5 миль не-

tination in Tiksi and unloaded their cargo. The third ship, *Pradva* (the Truth) (Fig. 4.15), was bound for the Nordvik Bay with an oil exploration expedition and fulfilled her mission. However, hard ice conditions in the Vilkitsky Strait forced the three freighters of the convoy (*Pravda*, *Volodarsky*, and *Tovarishch Stalin)* to stay for the winter at Samuil Island in the Komsomolskaya Pravda group of islands.

In September 1933, under the influence of stable frost, the sea became covered with ice. This made sailing almost impossible.

The old ice was joined with young ice in one connected conglomerate in the Vilkitsky Strait. This strait had been passed 3 weeks prior without any difficulties. On 28 September, it appeared impassable for these timber-carrying vessels, even when escorted by the powerful icebreaker. It was not clear how to prepare the vessels for safe overwintering. As such, the Komsomolskaya Pravda Islands on the northeastern coast of the Taymyr Peninsula were chosen (Vize 1948). Trying to discover a quiet place near Samuil Island, the seamen did not know that in the spring the ice would hold them in captivity for a long time (Fig. 4.14). Later, it became known that, in this area, strong, fast ice remains longer than in any other area of the Arctic (Karelin 1947). In the spring of 1934, the vessels helplessly stood motionless in the fast ice that completely covered the passage between the Komsomolskaya Pravda Islands, though ice-free water was observed nearby.

A shore station was built, and a full scientific program was maintained all winter by the geologist Nikolay Urvantsev and his wife Elizaveta Ivanovna. The vessel was used as a base for exploration of the Taymyr Peninsula.

The ice-cutter *Litke* arrived at the Komsomolskaya Pravda Islands on 12 August 1934. The first strip of fast ice, approximately 90 nautical miles in width, was passed easily. However, when approaching the timber-carrying vessels, *Litke* met considerable difficulties. When the shortest distance to the ships was only 5 nautical miles, *Litke* started to force a crossing over the ice, which began to increase in thickness. When the thickness had reached 1.5 m, the ice-cutter began to move ahead with great difficulty. It was not designed to traverse continuous ice. It took the *Litke* 5 days of continuous hard work to overcome the 5 nautical miles of fast ice. The undermining of ice by am-

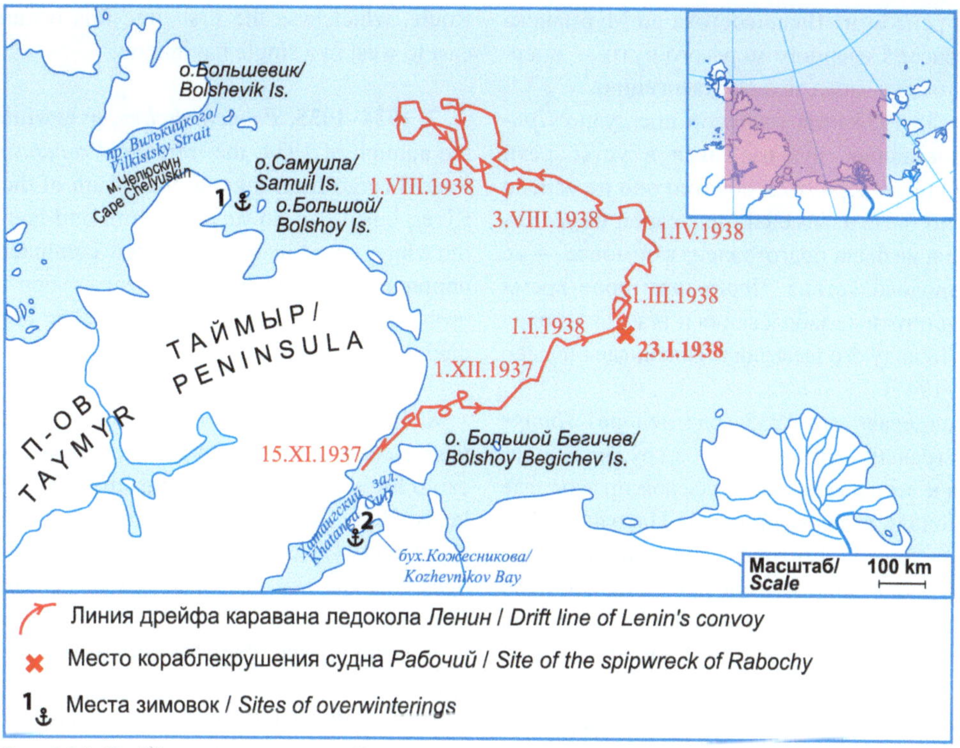

Рис. 4.14 Дрейф каравана ледокола Ленин и места зимовок: 1 – Каравана судов в 1933–1934, 2 – ледокола *Красин* в 1937–1938. Цифрами показаны даты прохождения соответсвующих точек, римские цифры — месяцы года. Составлено на основе (Визе, 1948)

Fig. 4.14 Drift of icebreaker *Lenin*'s convoy and locations of overwinterings: 1 – the convoy in 1933–1934, 2 – icebreaker *Krasin* in 1937–1938. The numbers are the dates on which certain locations were passed; Roman numerals denote months. Adapted from Vize 1948

взломанного припая *Литке* понадобилось 5 суток непрерывной работы. Подрыв льда аммоналом не давал желаемых результатов. Только после упорной борьбы *Литке* 17 августа подошел к плененным судам Первой Ленской экспедиции, которые приветствовали его ружейными залпами и криками «Ура!» (Визе, 1948).

Основные публикации о Первой Ленской экспедиции: очерки начальника экспедиции Б.В. Лаврова (Лавров, 1936) и корреспондента газеты «Известия» М.Э. Зингера (Зингер, 1934). Для англоязычных читателей будет актуальна статья В. Барра (Barr, 1982).

6. После того как суда Ленской экспедиции были выведены на свободную ото льда воду, ледорез *Литке* оставался у островов Комсомольской правды до 21 августа. Команда исправляла полученные повреждения. Затем *Литке* двинулся на запад, чтобы завершить свой исторический проход

monal charge was unsuccessful. The *Litke* approached the captive ships of the the First Lena Expedition after persistent struggle on 17 August. The ships' crews welcomed their liberator with gun volleys and shouts of 'Hurrah' (Vize 1948).

The main publications about the First Lena Expedition are (Lavrov 1936) and (Zinger 1934). A detailed description of the First Lena Expedition's overwintering near Komsomolskaya Pravda Islands and extrication of the vessels by the *Litke* was presented in English by Barr (1982).

6. 1934, *Litke*, damage. After the vessels of the First Lena Expedition were released, the *Litke* stayed near the Komsomolskaya Pravda Islands until 21 August to repair the damage. Then, the *Litke* set a course for the west to finish the historical passage from Vladivostok to Murmansk on a line along the Northern Sea

сквозным рейсом из Владивостока до Мурманска по всей трассе Северного морского пути — впервые с востока на запад за одну навигацию.

7. Осенью 1934 года транспортное судно *Прончищев* доставило груз из Тикси в устье реки Омолой. Однако вернуться обратно оно не успело и вынужено было зазимовать вне своей базы. Команда судна не была подготовлена к зимовке — не хватало продовольствия. Через некоторое время начались цинготные заболевания и тяжело заболел капитан. По льду его вывезли в Тикси, где он умер (Карелин, 1947).

8. В конце августа 1935 года ледорез *Литке* проводил транспортный пароход с грузом для зимовщиков к островам Комсомольской правды, где корабли попали в ледовый дрейф. Находившийся на судне гидролог Дмитрий Борисович Карелин писал, что еще издали моряки заметили, что небо приняло подозрительный блестящий отсвет, как будто впереди лежали льды (Карелин, 1947). И на подходе к островам ледорез действительно встретил разбитый, но сильно сжатый и чрезвычайно прочный лед. Льдины скользили по борту судна не с обычным легким шорохом, а с сухим угрожающим треском. Ледорез пытался подойти к острову с разных направлений, но везде ему встречался точно на такой же лед. Острова были окаймлены полосой льда шириной в несколько миль, хотя еще недавно зимовщики видели здесь чистую воду. По всей видимости, этот лед был принесен ветром от архипелага Северная Земля. Вместе со льдом прибыло и несколько белых медведей. Транспортный пароход, боясь столкнуться с прочными льдинами, сразу же отстал от ледореза. Пробившись через ледовую полосу, *Литке* стал на якорь и выжидал несколько дней. Однако ожидание это нельзя было назвать спокойным — периодически усиливался ветер, и льды вокруг островов приходили в движение. Волны с шумом накатывались на кромку льда и раскачивали тяжелые льдины. Затихавшие волны постепенно перекатывались валами по ледовой полосе. Свист ветра, плеск разбивающихся волн, стук льдин о борт судна и мощные шипение двигавшегося и перетиравшегося льда — вот такой фон сопровождал это ожидание. Льдины превращались в кашу, которая подбрасывалась волнами и звенела. *Литке* медленно пополз вместе со льдом к югу. Отдрейфовав до конца острова, он давал задний ход машине и возвращался к прежнему ме-

Route, which was the first time this occurred from east to west in a single navigation.

7. 1934–1935, *Pronchishchev*, overwintering. In the autumn of 1934, the freighter *Pronchishchev* delivered cargo from Tiksi to the mouth of the Omoloy River, but it had no time to return and had to spend the winter out of its base. The crew commanders were unprepared for this situation. Scurvy soon became a problem, and the sick captain was taken to Tiksi and died there (Karelin 1947).

8. 1935, *Litke*, drift. At the end of August 1935, the ice-cutter *Litke* escorted a transport steamship with cargo for winterers to the Komsomolskaya Pravda Islands. Here, the ships encountered an ice drift. D.B. Karelin (1947) wrote that from a distance they noticed that the sky had appeared to be suspiciously brilliant, reflecting light as if ice were ahead. On the way to the islands, they met ice. It had been broken but was strongly compressed and, more importantly, extremely firm. Ice floes slid on a board not with the usual easy rustle but with a dry, menacing crash. They tried to approach the islands from different directions, but everywhere encountered the same ice. The islands were bordered by a strip of ice of some nautical miles in width, though recent winterers had seen clear water there. Obviously, this ice descended from the Severnaya Zemlya Archipelago. The ice had brought some polar bears. The steamship, afraid to face the strong ice floes, immediately lagged behind the ice-cutter. The *Litke* made its way through the ice strip, anchored and waited for several days.

The crew were unfortunate that they just stood there comfortable and calm. The wind got stronger, and the massive ice around the islands started to move. Waves began to run along the ice strips, wedging ice noisily and shaking heavy ice floes. The whistling wind, splashes of breaking waves and knocks of ice floes around the vessel board were accompanied by a powerful hissing of moving, fraying ice. Ice floes turned to mush which was tosssed around by waves and made ringing noises. The *Litke* slowly mixed with the ice to the south. When it had drifted to the end of the island, it reversed by engine power and returned to its former location. From here, the drift of ice had begun again. This process was repeated several times. Then, all the ice passed to the south, having left chaotic heaps of ice floes and stones on shore. Then, the coastal part

Рис. 4.15 Грузовой пароход *Правда*. Построен в 1925 году в СССР, списан в 1964 году. Судно типа *Рабочий*. Печатается с разрешения ОАО «Дальневосточное морское пароходство»

Fig. 4.15 Cargo steamer *Pravda*. Built in 1925 in the USSR, decommissioned in 1964. Reproduced with permission from Far Eastern Shipping Company

Рис. 4.16 Грузовой пароход *Кузнецкстрой*. Построен в 1936 году в Дании, погиб в Арктике в 1956 году при обстоятельствах, не связанных со льдом. Печатается с разрешения ОАО «Дальневосточное морское пароходство»

Fig. 4.16 Cargo steamer *Kuznetskstroy*. Built in 1974 in Denmark, lost in Arctic in 1965 not due to ice. Reproduced with permission from Far Eastern Shipping Company

сту. Затем снова дрейфовал со льдом. Так повторялось несколько раз. Потом весь лед прошел на юг, оставив на берегу беспорядочные нагромождения льдин и камней. Тогда натиску разволновавшегося моря подверглась береговая часть острова. Тем не менее транспорт смог подойти к острову, и уголь в мешках и другие грузы на шлюпках доставили на берег по узким полоскам воды, оставшимся между приткнувшимися к берегу льдинами (Карелин, 1947).

Как уже отмечалось в описании происшествий в Карском море, осенью 1937 года в западном секторе Арктики сложилась необычайно тяжелая обстановка, которая продолжилась зимой. В море Лаптевых многие корабли зазимовали, некоторые были вовлечены в дрейф, один корабль погиб.

9. Удачнее всего сложилась судьба парохода *Кузнецкстрой* (рис. 4.16), который оказавшись в сплоченных льдах выше 74 параллели, не мог выбраться самостоятельно и дрейфовал хаотично. Ему пришел на помощь ледокол *Садко,* который 30 сентября 1937 года вывел его на чистую воду в районе острова Столбового. Отсюда *Кузнецкстрой* направился в пролив Санникова и, не встретив больше льдов, прошел во Владивосток (Визе, 1948)

10. Зимовка и дрейф ледоколов *Садко, Седов* и *Малыгин*. Окончив операцию по выводу *Куз-*

of the island was exposed to impacts of the tumultuous sea. Narrow openings between the ice floes stuck to the coast. The crew managed to use these gaps to reach the coast by boat and to deliver coal and other goods in bags (Karelin 1947).

As was already noted in the description of accidents in the Kara Sea, extraordinarily heavy conditions existed during the autumn of 1937 in the western Arctic regions. These conditions continued into the winter. Therefore, many ships wintered, and some vessels were caught up in the drift. One ship was lost in the Laptev Sea.

9. 1937, *Kuznetskstroy*, drift. The most successful vessel was the steamship *Kuznetskstroy* (Fig. 4.16). Suddenly, it found itself in the middle of ice floes north of the 74th parallel. The ship could not get out without support and drifted chaotically with the ice. The icebreaker *Sadko* came to the rescue by extricating the vessel on 30 September and escorting it to ice-free water around Stolbovoy Island. From there, *Kuznetskstroy* proceeded to the Sannikov Strait and passed to Vladivostok without encountering more ice (Vize 1948).

10. 1937–1938, *Sadko*, *Sedov*, *Malygin*, overwintering, drift. Having completed the extrication of

нецкстроя, Садко направился к *Седову*, который находился в тяжелых льдах в восточной части моря Лаптевых и, имея серьезные повреждения винта, не мог из них выбраться. Подойдя в *Седову* в точке с координатами 76°47′ с.ш., 117°00′ в.д., *Садко* совместно с *Седовым* пытался пробиться к ледоколу *Ленин*, но встреченный на пути барьер тяжелых льдов оказался для ледокольных пароходов непреодолимым. 9 октября, когда *Садко* и *Седов* пробивались на юго-юго-восток, было получено сообщение, что ледокол *Красин* вместе с *Малыгиным* вышел из Чаунской губы и направляется в море Лаптевых для оказания помощи находившимся во льдах судам. *Садко* и *Седов* приняли с *Малыгина* уголь, и все эти три судна вместе начали пробиваться на восток. *Красин* же пошел к каравану, ведомому ледоколом *Ленин*. Однако пробиться через сплоченные льды, уже скованные молодым льдом, трем ледокольным пароходам не удалось, и 23 октября недалеко от острова Бельковского стало ясно, что эти суда оказались в плену у дрейфующих льдов в точке с координатами 75°21′ с.ш., 132°15′ в.д. Через неделю, 30 октября, суда встали на зимовку.

В течение первого месяца плененные льдом суда *Садко, Седов* и *Малыгин* несло на запад, затем на север, при этом с довольно большой скоростью: за месяц они продвинулись к северу на 126 миль и 28 ноября имели координаты 77°27′ с.ш., 132°39′ в.д. Однако в конце ноября генеральное направление дрейфа резко изменилось и суда понесло на восток-северо-восток. Это направление удерживалось до начала весны 1938 года, когда 2 марта суда достигли своего наиболее восточного положения 78°24′ с.ш., 153°26′ в.д. Восточный дрейф оказался полной неожиданностью для всех, находившихся на кораблях, поскольку с самого начала дрейфа предполагалось, что суда вынесет из моря Лаптевых по пути, который проделало в 1894–1895 годах судно Фритьофа Нансена *Фрам* (Визе, 1948).

Восточный дрейф ледокольных пароходов был вызван преобладавшими юго-западными ветрами, которые, в свою очередь, были обусловлены циклонами, проходившими по необычно северным траекториям. В.Ю. Визе считал, что эти необычные высокоширотные траектории циклонов характерны для периода потепления Арктики, на который пришелся дрейф *Седова, Садко* и *Малыгина* (Визе, 1948).

В начале весны 1938 года, когда преобладание юго-западных ветров закончилось, суда понесло

Kuznetskstroy, the *Sadko* went to aid the *Sedov*, which was in heavy ice in the western part of the Laptev Sea. The *Sedov* had suffered serious damage to screws and was stuck in the ice.

The *Sadko* approached the *Sedov* at 76°47′N and 117°00′E. The *Sadko*, together with the *Sedov*, tried to reach the icebreaker *Lenin*, but the barrier of heavy ice was insuperable for these icebreaking steamers. On 9 October, as the *Sadko* and *Sedov* made their way to the south–southeast, a message was received that the icebreaker *Krasin*, together with the *Malygin*, had left Chaun Bay for the Laptev Sea to assist the ships that were in the ice. The *Sadko*, *Sedov* and *Malygin* loaded the coal from the *Malygin* and started to make their way to the east. The *Krasin* went to *Lenin*'s caravan. However, it was not possible for the icebreaking steamships to pass through the gathered ice, which was held down by young ice. On 23 October, near Belkovsky Island, these vessels became captives in the drifting ice at 75°21′N and 132°15′E. One week later, on 30 October, the overwintering began.

Within the first month of ice captivity, these ships drifted to the north at a fairly significant speed: on 28 November, they were already at latitude 77°27′N (132°39′E). Over the course of a month, they had moved 126 nautical miles to the north. However, at the end of November, the general direction of the drift had changed significantly, and the ships moved to the east–northeast. This direction was kept prior to the beginning of spring 1938, when the vessels had reached their easternmost position at 78°24′N and 153°26′E (2 March). The eastern drift surprised everyone on the ships because, from the very beginning of the drift, it was assumed that the vessels would leave the Laptev Sea along the same route as the ship of Fritjof Nansen, the *Fram*, had done in 1894–1895 (Vize 1948).

The easterly drift of the icebreaking steamships was caused by prevailing southwest winds, which were caused by cyclones passing on unusually northern trajectories. V.Yu. Vize argued that these unusually high-altitude trajectories of cyclones were characteristic of the period of warming in the Arctic that occurred during the drift of the *Sedov*, *Sadko* and *Malygin* (Vize 1948).

In early spring 1938, when the prevailing southwest winds had ended, the ships moved to the north and

на северо-запад, затем на север, а потом снова на северо-запад, параллельно линии дрейфа *Фрама*. Вскоре после того как восточный дрейф сменился северным, глубина моря стала резко увеличиваться, и 23 апреля в точке 79°52′ с.ш., 148°02′ в.д. глубина превышала 1000 м. Летом дрейф происходил уже над глубинами свыше 3 000 м.

Когда ледокольные пароходы были затерты льдами, на них находилось 217 человек (экипаж, научные работники, студенты). Было недостаточно продуктов, и условия жизни были весьма суровыми. Наименее благоприятная обстановка сложилась на *Седове*, на котором находились студенты. Осенью и в начале зимы суда испытывали временами сжатия льдов, но их положение не вызывало опасений. Но в день Нового 1938 года, когда суда находились в точке с координатами 78°20′ с.ш., 141°43′ в.д., *Седову* пришлось перенести чрезвычайно сильное сжатие, едва не окончившееся печально. Второй помощник капитана ледокола *Садко* К.С. Бадигин так описывает критический момент этого наступления ледовой стихии (цит. по Визе, 1948 стр. 352):

«Гигантский вал ломал метровые плиты льда, словно куски стекла. В течение нескольких минут он измял огромное поле, сплющивая и растирая в пыль многолетние торосы. Над морем стоял адский шум. Поля льда с грохотом трескались, их обломки переворачивались и со свистом и шипением лезли друг на друга... У *Седова* было очень мало шансов на спасение. Если бы этот грозный вал продвинулся еще на два метра вперед, от кормы судна осталась бы груда измятого железа. Но по счастливой случайности четырехметровая гряда торосов, завалив рулевое управление, остановилась, словно в раздумье: губить или не губить корабль». После окончания сжатия, люди на судне долго не спали, ожидая новых неприятностей. И действительно на следующее утро все началось сначала. Новый 1938 год начинался сильнейшим сжатием льдов. В результате этого сжатия было сильно повреждено рулевое управление *Седова*.

Уже в самом начале дрейфа стало известно, что весной предполагалось эвакуировать с судов часть экипажа при помощи самолетов. Поэтому еще до окончания полярной ночи приступили к подготовке ледовых аэродромов. Выбрали два более или менее ровных ледяных поля, с которых надо было

then to the northwest in parallel to the drift lines of the *Fram*.

Shortly afterwards, the easterly drift changed to a northerly one, and the depth of the sea began to increase sharply. On 23 April, at 79°52′N and 148°02′E, the depth had already exceeded 1000 m. All of the summer drifts had occurred at depths exceeding 3000 m.

There were 217 persons (crew, researchers and students) on board when the icebreaking steamships were jammed by ice. They were short on food. Living conditions were difficult; the least favourable conditions existed on the *Sedov*, which had students on board. In autumn and early winter, the vessels suffered partial compressions in the ice. This did not alarm the crew. However, on New Year's Day 1938, when the vessels were at 78°20′N and 141°43′E, the *Sedov* was rammed. This compression almost destroyed the ship. The second officer on board the *Sadko*, K.S. Badigin, described this natural phenomenon as follows (from Vize 1948, p. 352):

The huge billow broke metrelong plates of ice as if they were pieces of glass. Within several minutes, it had crumpled a huge field, flattening and pounding long-standing hummocks into dust. There was an infernal noise all over the sea. The fields of ice burst with a roar, their fragments turned over and climbed against each other whistling and hissing…The *Sedov* had very few chances for rescue. If this terrible billow had moved forward two more metres, there would have been a heap of crumpled iron instead of the vessel stern. Luckily the four-metre ridge of hummocks had stopped, but it had broken the rudder. It seemed to be contemplating whether to ruin or not to ruin the ship. So the compression ended. All night long we did not sleep, expecting new trouble. And actually, all started again the next morning. The New Year 1938 began with the strongest compression of ice that we had seen. As a result of the New Year's compression, the steering gear of the *Sedov* was severely damaged.

At the very beginning of the drift, it became known on the ships that they expected to evacuate a considerable number of people from the vessels by plane in the spring. Therefore, the preparation of an airstrip around the ships started before the polar night ended. Two more or less identical ice fields were chosen. The

удалить отдельные торосы. Когда после нескольких недель титанической работы полоса была построена, она оказалась разрушена при подвижках льдов. Пришлось строить новую.

Несмотря на все сложности, в апреле 1938 года самолетами было вывезено 184 человека и доставлено на суда 7 тонн груза. На судах осталось 33 человека, в том числе 2 научных работника — гидрограф-магнитолог В.Х. Буйницкий и гидролог Ю. Чернявский. Продовольствия теперь должно было хватить на 40 месяцев. Начальником дрейфующих судов был назначен капитан Н.И. Хромцов.

В августе 1938 года для вызволения судов из ледового плена отправился ледокол *Ермак* под командой известного полярного капитана Михаила Яковлевича Сорокина. К этому времени *Садко, Седов и Малыгин* достигли 83 параллели. 20 августа *Ермак* отошел от острова Котельный и взял курс на север по меридиану 139° в.д. Состояние льдов было весьма благоприятным, и продвижению *Ермака* препятствовали не столько льды, сколько туманы. 27 августа *Ермак* пересек 82 параллель, а на следующий день подошел к дрейфующим судам. Ледокол был украшен флагами. Встреча произошла в точке 83°05′ с.ш., 138°22′ в.д. под звуки государственного гимна. Как было отмечено в прессе, таким образом «дедушка ледокольного флота» поставил рекорд северной широты для свободно плавающего судна. До *Ермака* этот рекорд числился за *Садко*, который в 1935 году достиг параллели 82°42′ с.ш. (Визе, 1948).

Ермак вывел изо льдов два ледокольных парохода — *Садко* и *Малыгин*. Вызволить *Седова* не удалось, так как вследствие поврежденного рулевого управления следовать самостоятельно за *Ермаком* он не мог. Буксировка же *Седова* в сплоченных льдах оказалась невозможной, тем более что во время работы в тяжелых льдах *Ермак* потерял винты.

Винты подвергаются наибольшей опасности во время плавания ледокола. Они являются наиболее уязвимой частью судна. Поломка и даже потеря винтов у линейных ледоколов случается довольно часто. Ледокол *Красин* терял не только лопасти левого винта, но и весь левый винт с валом. Ледокол *Ермак* неоднократно терял отдельные лопасти, а также левый винт вместе с валом, а в 1938 году во время похода к каравану *Садко* он потерял оба

separate hummocks had to be removed. After several weeks, the strip had been constructed, but it was destroyed by motions of the ice. It became necessary to build a new one.

Despite these difficulties, 184 people were rescued by plane, and 7 tonnes of cargo were delivered to the vessels in April 1938. At this point, 33 persons were on the ships, including 2 scientists: the hydrographer-magnetologist V. Kh. Buynitsky and the hydrologist Y. Chernyavsky. The food supply was sufficient for 40 months. Captain N. I. Khromtsov was appointed captain of the drifting ships.

In August 1938, the icebreaker *Ermak*, under the command of the famous polar Captain Mikhail Y. Sorokin, went to rescue the captives in the ice. The *Sadko*, *Sedov* and *Malygin* were already approximately 83° parallel at that time. On 20 August, the *Ermak* weighed anchor near Kotelny Island and headed for the north along the meridian at 139°E. The ice conditions were more favourable than expected. The *Ermak*'s progress was slowed, not so much by ice as by fog. On 27 August, the *Ermak* crossed the 82nd parallel, and the next day it approached the drifting ships. The ship was decorated with flags, and the national anthem sounded. The meeting occurred at 83°05′N and 138°22′E; thus, 'the godfather of the icebreaking fleet' set a record of northern latitude for freely floating vessels. Before the *Ermak*, this record was held by the *Sadko*, which had reached 82°42′N in 1935 (Vize 1948).

The *Ermaк* extricated the two icebreaking steamships, the *Sadko* and the *Malygin*. It was not possible to free the *Sedov* because it could not follow the *Ermaк* on its own due to damaged steering. Towage of the *Sedov* in the rallied ice appeared too difficult because the propeller of the *Ermak* had been seriously damaged while operating in heavy ice.

Screws are exposed at the greatest risk during icebreaker navigation. They are the most vulnerable part of a vessel. Breakage and even loss of screws in liner icebreakers is a frequent occurrence. The icebreaker *Krasin* lost not only the blades of the left screw but also all of the left screws with shafts. The icebreaker *Ermak* repeatedly lost separate blades and the left screw, together with the shaft. It lost both on-board screws and remained with only the middle screw in

бортовых винта и остался только со средним винтом (Белоусов, 1940).

11. Дрейф каравана судов во главе с ледоколом *Ленин* в 1937–1938. Вернемся к осени 1937 года, когда несколько судов были вынуждены зазимовать в море Лаптевых. В октябре 1937 года ледокол *Ленин* вместе с пятью судами (*Товарищ Сталин, Ильмень, Рабочий, Диксон, Камчадал*) после неудачных попыток пробиться через тяжелые льды был поставлен на зимовку в проливе между островами Бегичева и материком.

В 1937 году пароход *Ильмень*, плавая под проводкой ледокола *Ленин* в море Лаптевых, во время сжатия потерял руль целиком. Судно не могло управляться и задерживало весь караван, так как ледокол вынужден был его буксировать. Этот случай приводится в учебниках для будущих капитанов как пример недальновидности и плохой подготовки к рейсу. «Если бы капитан парохода *Ильмень* еще до входа во льды предусмотрел возможность потери руля, он мог бы даже при поломке руля сохранить его от потери и в более спокойной обстановке приспособить сохраненный руль для дальнейшей работы» (Белоусов, 1940, с. 10).

15 ноября под влиянием юго-западного шторма лед в районе зимовки взломало и суда были вынесены в открытое море, где они дрейфовали до лета 1938 года. Основная часть кораблей каравана дрейфовала в одном направлении, и их взаиморасположение оставалось постоянным. Нос *Ильменя* был скреплен с кормой ледокола *Ленин*, и они так и дрейфовали в связке. *Диксон* был зажат льдами всего в 1.5 км от *Ленина*. По инициативе капитана *Диксона* Анисима Зиновьевича Филатова, корабль был связан телефонным кабелем с *Лениным* и получал также электропитание от ледокола, пока движение льдов не порвало провода (Рузов, 1957). *Рабочий* и *Камчадал* находились довольно близко вместе, в 10 км на юго-запад от каравана. Лесовоз *Товарищ Сталин*, напротив, дрейфовал независимо. Из-за причудливого движения ледяных полей лесовоз надолго задержался у северной оконечности острова Большой Бегичев, будучи более прочно вморожен в лед. Поэтому он значительно отстал от других пароходов, которые устойчиво дрейфовали к северо-востоку. В результате к концу января *Товарищ Сталин* находился в 240 км к юго-западу от *Ленина*. Однако

1938 during the voyage to the caravan of the *Sadko* (Belousov 1940).

11. 1937–1938, *Lenin* convoy (*Tovarishch Stalin, Ilmen, Rabochy, Dikson, Kamchadal*), overwintering, drift, damage. We return to the autumn of 1937, when some vessels were forced to overwinter in the Laptev Sea. In October 1937, the icebreaker *Lenin*, together with five freighters (*Tovarishch Stalin*, *Ilmen*, *Rabochy*, *Dikson*, *Kamchadal*), after unsuccessful attempts to make their way through heavy ice, were forced to overwinter in the passage between the Begichev Islands and the continent.

The steamship *Ilmen* had lost its entire rudder during ice compression while sailing in 1937 after the icebreaker *Lenin* in the Laptev Sea. Therefore, the vessel could not be steered, and this detained the whole caravan because the icebreaker had to tow the *Ilmen*. This case is described in textbooks for future captains as an example of short-sightedness and bad preparation for navigation. 'If the captain of the steamship *Ilmen*, before entering the ice, had accounted for the possibility of loss of the rudder, he could – even in case of rudder breakage – have kept it from becoming a total loss and, in quieter conditions, adapted the kept rudder for further work' (Belousov 1940, p. 10).

On 15 November, the ice cracked around the overwintering site under the influence of a southwest storm. The vessels were taken out into the high sea, where they drifted until summer 1938.

Most of the ships of the convoy drifted in approximately the same positions relative to each other. The *Ilmen* had no choice but to stay with the icebreaker *Lenin*, with its bow snubbed hard against the *Lenin*'s stern. The *Dikson* was jammed in the ice only approximately 1.5 km away. By the initiative of the captain, Anisim Z. Filatov, the *Ilmen*, was connected to the icebreaker by a telephone line, and the *Lenin*'s generator even supplied the *Ilmen* with power, although the ice movements occasionally cut the line (Ruzov 1957). The *Rabochy* and the *Kamchadal* were located to each other approximately 10 km to the southwest of the caravan. In contrast, the *Tovarishch Stalin* tended to go its own way. Due to the vagaries of the ice drift, the *Tovarishch Stalin* lingered for a long time near the northern extremity of Bolshoy Begichev Island. The ship became more firmly frozen in the fast ice and fell well behind the other steamers, which drifted more steadily northeastward. As a result, by late January, the *Tovarishch Stalin* was approximately 240 km

в марте это расстояния было всего 70 км (Рузов, 1957; Сторожев, 1940а).

Один из пароходов — лесовоз *Рабочий* водоизмещением 5300 тонн — пал жертвой стихии (см. происшествие № 12). 23 января 1938 года *Рабочий*, находившийся в то время в точке 75°16′ с.ш., 122°09′ в.д. был раздавлен льдами и затонул. Команда парохода перешла на находившиеся вблизи ледокол *Ленин* и гидрографическое судно *Камчадал* (Визе, 1948). В книге Д.Б. Карелина «Море Лаптевых» (Карелин, 1947) приведены другие координаты гибели *Рабочего*: 75°08′ с.ш., 121°42′ в.д.

Завершение зимовки каравана ледокола *Ленин*. В марте и апреле 1938 года к каравану ледокола *Ленин*, находившемуся около 76° с.ш., был совершен ряд полетов из бухты Тикси на двухмоторных самолетах, которые вывезли с судов 141 человека и доставили свежие продукты. Для этого было сооружено несколько посадочных полос, которые периодически ломались из-за торошения и с большими трудами восстанавливались. Поскольку лесовоз *Товарищ Сталин* дрейфовал независимо на значительном удалении от всего каравана, его команда сооружала и поддерживала собственную полосу.

Вследствие неоднократных сильных сжатий некоторые суда каравана получили серьезные повреждения: большие вмятины, разрывы обшивки, погнутые шпангоуты. 3 августа к каравану подошел ледокол *Красин* и стал выводить его изо льдов. 11 августа все суда прибыли в бухту Тикси.

Как уже было отмечено ранее, лесовоз *Товарищ Сталин* первоначально был в караване ледокола *Ленин*, но фактически, благодаря причудливому движению ледяных полей в море Лаптевых, лесовоз перемещался независимо. В течение января 1938 года капитан лесовоза Панфилов сообщал о чрезвычайных сжатиях ледяных полей вокруг своего судна. Дрейфуя самостоятельно в 240 км к юго-западу от других судов и приблизительно в 100 км от самой близкой земли, острова Преображения, *Товарищ Сталин* был самым уязвимым для атак ледяных полей. Рассчитывая на самое неблагоприятное стечение обстоятельств, на льду около судна был устроен аварийный склад продовольствия. Кораблекрушения, к счастью, удалось избежать (Готский, 1957).

Анализируя этот эпизод в книге «Опыт ледового плавания» (Готский, 1957) известный поляр-

southwest of the *Lenin*. By March, this distance was shortened to 70 km (Ruzov 1957; Storozhev 1940).

One of the steamships, the timber-carrying vessel *Rabochy*, with a displacement of 5300 tonnes, had fallen victim to the elements (see below). On 23 January 1938, this steamship was at 75°16′N and 122°09′E. The *Rabochy* was crushed by the ice and sank. The crew was transferred to the *Lenin* and a survey vessel, the *Kamchadal*, which were close by (Vize 1948, p. 285). In his book *The Laptev Sea*, D. B. Karelin (1947, p. 151), cites other coordinates for the destruction of the *Rabochy* (75°08′N and 121°42′E).

End of the *Lenin*'s Overwintering Convoy. In March and April 1938, a number of flights were made from Tiksi Bay to the caravan of the *Lenin*, located near 76°N. Two-engine planes transported 141 persons from the vessels and delivered fresh food. For this purpose, landing strips were built. The strips repeatedly broke because of hummocking and were repaired with great difficulty. Because the *Tovarishch Stalin* was drifting on its own at a considerable distance from the rest of the convoy, its crew had to build and maintain a separate airstrip near the ship.

Owing to the numerous strong compressions, some vessels in the caravan suffered serious damage, including large dents, ruptures of the plates, and bent frames. On 3 August, the icebreaker *Krasin* approached the caravan and began to extricate it from the ice. On 11 August, all vessels arrived at Tiksi Bay.

Events surrounding the drift of the *Lenin*'s convoy have been described in detail in English by William Barr (1980). As was mentioned above, originally the timber-carrying vessel *Tovarishch Stalin* was in the caravan of the icebreaker *Lenin*. However, due to freakish movement in the ice fields, the ship moved in the Laptev Sea on its own. During January 1938, the captain of the *Tovarishch Stalin*, Panfilov, reported extreme ice pressures around his ship. The vessel drifted on its own approximately 240 km southwest from the other ships and 100 km from the nearest land, Preobrazhenie Island. It was the most vulnerable to damage by ice. A depot of emergency supplies was established on the ice near the ship as a precaution. The crew managed to avoid shipwreck (Gotsky 1957).

In his analysis of the episode in his book *Experiencing Ice Navigation*, the famous polar Captain Mikhail

ный капитан Михаил Васильевич Готский назвал эту зимовку лесовоза *Товарищ Сталин* в 1937–1938 годах «классическим и непревзойденным примером того, как надо бороться за свое судно во льду». Маломощный и неприспособленный для плавания в тяжелом льду, аварийный, с большими повреждениями после тяжелой навигации 1937 года лесовоз *Товарищ Сталин* провел в дрейфующих льдах центральной части моря Лаптевых около 9 месяцев и самостоятельно вернулся в порт. Это стало возможным только благодаря героическим усилиям и неистощимой энергии экипажа, а также прекрасному знанию ледового режима капитаном парохода (Готский, 1957).

12. Кораблекрушение лесовоза *Рабочий*. Во время дрейфа все суда, за исключением ледокола *Ленин*, были подвержены реальной опасности быть серьезно поврежденными или даже раздавленными льдом. Некоторые суда были сильно ослаблены в своих предыдущих дрейфах через пролив Вилькицкого. Так, уже 5 ноября 1937 года *Рабочий* подвергся серьезному сжатию льда, которое сильно помяло его корпус. Это привело к возникновению серьезной течи (Сторожев, 1940). В качестве меры предосторожности судна *Рабочий* и *Камчадал* были частично разгружены на лед. Это было сделано и для ослабления давления льда. При сжатии высоко сидящие суда скорее выдавливаются льдом вверх, чем ломались под его напором. Даже *Ильмень*, буксируемый ледоколом *Ленин*, не был избавлен от опасности давления льда. Вечером 4 января 1938 года буксирные тросы, связывающие оба судна, оборвало как струны гитары. И *Ильмень* медленно заскользил вдоль левого борта ледокола под давлением гряды торосов (Сторожев, 1940). К счастью, повреждений корабли при этом не получили.

20 января 1938 года мощные движения льда начались вокруг *Рабочего* и *Камчадала*, в результате чего в левом борту *Рабочего* образовалась огромная вмятина. Движение льда продолжалось в течение следующих нескольких дней, затем в 1 час 00 мин в ночь на 23 января массивный торос высотой около 4 м навалился на левый борт судна. Огромные глыбы льда падали за борт, а под ватерлинией корпуса образовалась пробоина от переборки кормового машинного отделения до кормы. Большое количество льда набилось внутрь корпуса через эту зияющую дыру (Рузов, 1957; Сторожев, 1940).

V. Gotsky wrote that the overwintering of the timber-carrying vessel *Tovarishch Stalin* in 1937–1938 is a classic and unsurpassed example of a crew's struggle for their vessel in the ice. This timber-carrying vessel was in a state of emergency with major damage after sailing in the Arctic ice. The ship was, in general, low powered and not adapted for sailing in heavy ice. It had spent approximately 9 months in the drift ice of the central part of the Laptev Sea and then returned to port on its own. The rescue of the vessel happened only through the heroic efforts and inexhaustible energy of the crew, as well as a detailed knowledge of ice regimens on the part of the captain of the steamship (Gotsky 1957).

12. 1938, *Rabochy*, shipwreck. Inevitably, during the drift, all of the ships, with the possible exception of the icebreaker *Lenin*, ran a real risk of being severely damaged or even crushed by ice pressure. Several of them had been badly weakened in their earlier drift through the Vilkitsky Strait. As early as 5 November, the *Rabochy* was subjected to a severe battering that badly dented its hull, breaking numerous frames, loosening rivets, and leaving the ship with a serious leak (Storozhev 1940). As a precautionary measure, both the *Rabochy* and the *Kamchadal* were partially unloaded and their cargoes stacked on the ice. This was also done to reduce the ice pressure. Perched vessels could be squeezed out by ice on the surface, nipped, and then crushed. Even the *Ilmen*, which was towed by the *Lenin*, was not protected from the danger of ice pressure. On the evening of 4 January, the towing cables broke like guitar strings. The *Ilmen* travelled slowly down on the icebreaker's port side, carried along by an advancing pressure ridge (Storozhev 1940). Fortunately, there was no damage to the ships.

On 20 January, violent ice movements began around the *Rabochy* and the *Kamchadal*, resulting in a major dent in the *Rabochy*'s port side. The movements continued throughout the next few days. Then, at 1:00 a.m. on 23 January, a massive ridge approximately 4 m high overwhelmed the ship's port side. Huge blocks of ice tumbled over the rail, while beneath the waterline the hull was sliced open from the engine room bulkhead aft to the stern. Large amounts of ice were forced inside the hull through this gap (Ruzov 1957; Storozhev 1940).

Экипажи *Рабочего* и *Камчадала* начали лихорадочно разгружать трюмы *Рабочего* на лед. Вместе с другими товарами на лед были выгружены 150 ящиков со спичками, и по капризу судьбы тряска, производимая наступающими льдами, привела к их воспламенению и взрывам. Пламя было видно с борта *Ленина,* находящегося на расстоянии более 20 км. В то время как судно медленно оседало на корму, его капитан Сергиевский спустился на лед. В 7 час 30 мин утра давление льда ослабло, и корма медленно опустилась под воду. В 9 час 00 мин корма коснулась дна, а нос, по-прежнему поддерживаемый льдом, смотрел в небо. Затем при дальнейшем ослаблении сжатия нос пошел под воду. Все, что осталось от корабля, это штабеля спасенного груза общим весом около 200 тонн.

Экипаж *Рабочего* (25 человек) нашел приют на борту *Камчадала*, находящегося всего в 400 м.

13. Иначе сложилась судьба ледокола *Красин*. Зимой 1937–1938 года он был вынужден зазимовать в бухте Кожевникова в устье Хатангского залива. Однако уголь в бункерах ледокола был на исходе. А весной ему предстояло выйти в море на помощь дрейфующим во льдах судам. Экипаж ледокола своими силами организовал добычу угля из пластов, находившихся на поверхности земли. Каждый день в течение долгой полярной зимы и ранней весной моряки рубили уголь и перетаскивали его в мешках к судну. В результате этой титанической работы ледокол был загружен углем и смог вывести изо льдов беспомощный караван (Карелин, 1947).

14. Дрейф ледокола *Седов* в 1938–1940. Как уже сообщалось в описании дрейфа *Садко, Седова и Малыгина* (происшествие № 10), в конце августа 1938 года ледокол *Ермак* вывел из ледового плена два ледокольных парохода — *Садко* и *Малыгин*. Вызволить *Седова* не удалось из-за поврежденного льдами рулевого управления. Поэтому *Седов* был оставлен в Арктике на следующую зимовку.

На *Седова*, оставшегося в дрейфе с командой из 15 человек, были переданы продовольствие, одежда, уголь и т.п. Попытки высвободить *Седова* предпринимались еще раз в сентябре 1938 года ледоколами *И. Сталин* и *Литке*. Состояние льдов было менее благоприятным, и в 60 милях от *Се-*

The crews of the *Rabochy* and the *Kamchadal* began working feverishly to unload as much of the *Rabochy*'s cargo as possible onto the ice. The freight that was unloaded included 150 cases of matches, and, by a quirk of fate, an advancing ice ridge produced sufficient friction to ignite them, resulting in a spectacular blaze. The flames could be easily seen from the *Lenin*, over 20 km away. As the *Rabochy* slowly sank down by the stern, Captain Sergievsky stepped onto the ice at 7:30 a.m. The ice pressure slackened, and the stern slowly sank beneath the water surface. At 9:00 a.m., the stern touched bottom, while the bow, still supported by the ice, pointed skyward. Then, with the ice slackening further, the bow went under the water's surface. All that remained from the ship were the stacks of salvaged cargo, totalling some 200 tonnes.

The *Rabochy* crew of 25 took refuge on board the *Kamchadal* and the icebreaker *Lenin*, which was only 400 m away.

13. 1937–1938, *Krasin*, overwintering. The crew of the other overwintering icebreaker, the *Krasin*, was faced with another kind of difficulty. In the winter of 1937–1938, the icebreaker *Krasin* was forced to overwinter at the bank of the Kozhevnikova Bay in a mouth of the Khatanga Gulf. There was no coal on board the icebreaker. But in the early spring the *Krasin* could move to sea and aid the ships drifting in the ice. The icebreaker crew had organised by their own means coal mining from the layers that were on the surface of the Earth. Day after day within the long polar winter, the seamen cut coal and moved it in bags to the vessel. As a result of this titanic undertaking, the icebreaker had been bunkered and could release the helpless caravan from the ice (Karelin 1947).

14. 1938–1940, *Sedov*, overwintering, drift, damage. As already described in the summary of the drift of the ships *Sadko*, *Sedov* and *Malygin* (see above), by the end of August 1938, the icebreaker *Ermak* had rescued two icebreaking steamships, the *Sadko* and the *Malygin*, from ice captivity. It was not possible to free the *Sedov* because of steering damage. Therefore, the *Sedov* was left in the Arctic for another overwintering.

The *Sedov* remained in the drift ice with a command of 15 persons. Foodstuffs, clothes, coal, and other supplies had been transferred to her board. Attempts to liberate the *Sedov* were made once again in September 1938 by the icebreakers *I. Stalin* and *Litke*. The ice conditions were less favourable, and 60 nauti-

дова тяжелые 10-бальные льды оказались непроходимой преградой.

Через два дня после того как *И. Сталин* и *Литке* повернули на юг, *Седову* пришлось выдержать одно из наиболее опасных испытаний. 26 сентября в результате ледового сжатия судно получило крен в 30°, и через невозвратный клапан отливного отверстия холодильника в машинное отделение хлынула вода. Только благодаря самоотверженным усилиям экипажа удалось заделать отверстие и откачать воду.

Когда вторая зимовка в дрейфующих льдах стала неизбежной, одной из первых задач было поставить *Седова* в наиболее безопасное положение в отношении ледовых сжатий. С этой целью с помощью тросов и ледовых якорей *Седова* перетащили к толстому ледяному полю, к которому он пристал как к причалу.

Осень 1938 года принесла седовцам много тревожных часов: сжатия достигали большой силы, и не раз *Седов* был на волосок от гибели. По сравнению с дрейфом на норвежском судне *Фрам* под руководством Ф. Нансена, дрейф на ледоколе *Седов,* совершенно не приспособленном выдерживать ледовые сжатия, был намного опаснее. Борта *Седова* в отличие от *Фрама* имели прямую, а не яйцевидную форму, и приходилось считаться с возможностью гибели судна. Всего за три осенних месяца 1938 года на *Седове* было зарегистрировано 51 сжатие льда, которые красочно описаны в воспоминаниях капитана Константина Сергеевича Бадигина (особенно сжатия 11–12 ноября 1938 года) (Бадигин, 1941).

1939 год прошел почти без приключений. Однако декабрь 1939 года, последний месяц дрейфа *Седова,* оказался очень беспокойным из-за частых и сильных сжатий. По выражению капитана Бадигина в декабре *Седов* попал в самое пекло ледяного ада. Большое поле рядом с *Седовым* было полностью взломано. 2 января 1940 года ледокол *И. Сталин* (рис. 4.17) подошел к *Седову* на 25 миль. Далее в тяжелых сплоченных льдах ледоколу приходилось пробиваться ударами, причем с одного удара он продвигался вперед только на 3–4 метра. Чтобы преодолеть ледяную преграду перед *Седовым,* ледоколу *И. Сталин* понадобилось 10 дней.

Наконец, 13 января *И. Сталин* подошел вплотную в *Седову*. Героический дрейф корабля, начавшийся в море Лаптевых и продолжавшийся 812

cal miles from the *Sedov*, heavy ice with concentration 10/10 created an impassable barrier.

Two days after the *I. Stalin* and the *Litke* turned to the south, the *Sedov* underwent one of its most dangerous trials. On 26 September, the ship listed 30° as a result of ice compression, and at the same time water flooded the engine room through the irretrievable valve of the overflow hole of the cooling system. Thanks to the efforts of the crew, the aperture was closed and the water pumped out.

When the need for a second overwintering in the drifting ice was recognized, one of the first tasks was to put the *Sedov* in the safest position in relation to the ice compression. Therefore, the *Sedov* was pulled by cables and ice anchors to a thick ice field. The ship was stuck to the field, which acted as a mooring.

Autumn 1938 gave rise to more concern for the *Sedov* crew because compression in the ice caused strong forces, and again the *Sedov* came within a hair's breadth of destruction. In comparison to the *Fram*'s drift, the *Sedov*, with its flat (not round) hull, was vulnerable to ice compression and was in much graver danger. It was necessary to consider the possibility that the vessel would be destroyed. In total, 51 ice compressions were registered over three autumn months in 1938 on the *Sedov*. They are colourfully described in the memoirs of Captain Konstantin S. Badigin (especially the compressions from 11 to 12 November 1938) (Badigin 1941).

The year 1939 passed without any serious accidents. However, December 1939, the last month of the *Sedov*'s drift, was very difficult due to frequent and strong ice compressions. The *Sedov* experienced the 'scorching heat of an icy hell', according to Captain Badigin. The big ice field near the *Sedov* had been broken. On 2 January 1940, the icebreaker *I. Stalin* (Fig. 4.17) came as close as 25 nautical miles to the *Sedov*. The icebreaker had to push its way through the heavy and thick ice by ramming. It moved ahead only 3 to 4 m on each blow. It took the *I. Stalin* 10 days to overcome the ice barrier separating the icebreaker from the *Sedov*.

At last, on 13 January, the *I. Stalin* was near the *Sedov*. The harrowing drift of the ship had begun in the Laptev Sea and continued for 812 days, ending at

дней, закончился на 80°30′ с.ш., 1°50′ в.д. Всего *Седов* за время своего дрейфа прошел 3300 миль.

Героическому дрейфу *Седова* посвящено несколько книг. Наиболее примечательными из них являются воспоминания капитана *Седова* К.С. Бадигина: «На корабле «Георгий Седов» через Ледовитый океан» (1941) и «Три зимовки во льдах Арктики» (1950), переиздававшиеся несколько раз, а также книга «Двадцать семь месяцев на дрейфующем корабле «Георгий Седов» » (Черненко, Хват, 1940). Известны также книги на немецком и английском языках, посвященные этому дрейфу.

15. В 1943 году гидрографическое судно *Якутия* вынуждено было встать на зимовку в районе залива Фаддея. При этом опять было упущено из вида обстоятельство, с которым уже столкнулись участники первой Ленской экспедиции — чрезвычайно долгое сохранение прочного припая в этом

80°30′N and 1°50′E. In total, the *Sedov* had travelled 3300 nautical miles during the drift.

Several books are devoted to the drift of the *Georgy Sedov*. K. Badigin's memoirs are the most remarkable (Badigin 1941, 1950) as well as the book *Twenty-seven months on the drifting vessel* Georgy Sedov (Chernenko and Khvat 1940). These memoirs have gone through several editions. There is a German version of the book, *Die Drift des Eismeerdampfers* Georgi Sedow. *812 Tage im Eis der Arktis*, and an abridged English translation called *Men of the Icebreaker* Sedov.

15. 1943–1945, *Yakutiya*, overwintering. In 1943, the survey vessel *Yakutiya* was forced to overwinter around the Faddeya Gulf. Therefore, the circumstances that participants of the First Lena Expedition had already faced in 1933–1934 (extremely long preservation of strong, fast ice in this area) are left out

Рис. 4.17 Пароход ледокол *И. Сталин* (*Сибирь*). Судно построено в 1938 году в СССР, в 1961 году переименовано в *Сибирь*, списано в 1972 году. Головное судно серии (1938–1941), в которую также входят *Адмирал Лазарев* (*Л. Каганович*), *Адмирал Макаров* (*В. Молотов*), *Анастас Микоян*. Печатается с разрешения ОАО «Дальневосточное морское пароходство».

Fig. 4.17 Steamer icebreaker *I. Stalin* (*Sibir*). Built in 1938 in the USSR, renamed the *Sibir* in 1961, decommissioned in 1972. The first ship in the line (1938–1941), including the icebreakers *Admiral Lazarev* (*L.Kaganovich*), *Admiral Makarov* (*V. Molotov*), *Anastas Mikoyan*. Reproduced with permission from Far Eastern Shipping Company

районе. Летом 1944 года Якутия не смогла освободиться, так как припай не взломало. Ледокол не смог подойти к судну из-за мелководья. Ледокол снял с судна участников экспедиции и часть экипажа. А *Якутия* осталась в ледовом плену на вторую зимовку и освободилась ото льдов только в 1945 году (Карелин, 1947).

16. Гибель теплохода *Брянсклес*. Более 35 лет серьезных происшествий в море Лаптевых не было, казалось человек смог победить ледяную стихию. Однако в 1980 году теплоход *Брянсклес* был раздавлен льдами. Как разворачивались события, детально описано в книге «Безопасность плавания во льдах». Здесь приводится это описание (Смирнов и др., 1993, стр. 288–290).

«Теплоход *Брянсклес* Балтийского морского пароходства (категория ледовых усилений Л1, возраст 18 лет) совершал рейс на запад.

2 сентября 1980 года в 12 час 00 мин в точке 76°56′ с.ш., 119°38′ в.д. караван начал движение в таком составе: атомоход *Арктика*, теплоход *Нина Куковерова* и замыкал теплоход *Брянсклес*. Лед меньше 1 балла, отдельные льдины, но примерно через 1 час вошли в лед 9–10 баллов (поля однолетнего льда, обломки, включения двухлетнего льда 3 балла толщиной 120–150 см, торосы 3–4 балла разрушенностью 3 балла). В 13 час 15 мин суда застряли в канале, атомоход *Арктика* развернулся и последовал на обколку судов. В 14 час 00 мин ледокол околол суда, вышел в голову каравана и продолжил проводку прежним ордером.

В 17 час 00 мин караван вышел в лед 1–3 балла и следовал разводьями шириной 2–3 мили среди обширных полей. Ветер западный 4–5 баллов в левый борт, наблюдался дрейф судов. Средняя скорость каравана составляла около 8 узлов, дистанция между судами от 2 до 4 кабельтова.

В 18 час 45 мин с ледокола предупредили оба проводимых судна, что начали попадаться тяжелые льдины и необходимо соблюдать безопасную скорость и дистанцию между судами. В 18 час 50 мин с ледокола теплоход *Нина Куковерова* и *Брянсклес* предупредили о проходе по левому борту тяжелых ледовых обломков.

В 19 час 00 мин с теплохода *Брянсклес* поступило сообщение о замеченном крене на левый борт и о том, что он увеличивается. Обнаружено

of this account. In the summer of 1944, the *Yakutiya* could not be released as the fast ice had not cracked. An icebreaker could not approach the vessel because of the shoal and removed only the expedition staff and part of the crew from the vessel. The *Yakutiya* remained in ice captivity for a second overwintering and was extricated from the ice in 1945 (Karelin 1947).

16. 1980, *Bryanskles*, shipwreck. No more serious accidents occurred in the Laptev Sea for more than 35 years. It seemed as though humans had found way to battle the ice elements – and win. However, in 1980, the steamship *Bryanskles* was crushed by ice. The events are described in detail in the book *Safety of Ice Navigation*. The description is as follows (Smirnov 1993, pp. 288–290).

'The steamship *Bryanskles* of the Baltic Sea Shipping Company (a category of ice strengthenings – L1, age of 18 years) made the voyage to the west.

On 2 September 1980, at 12:00, at 76°56′N and 119°38′E, the caravan (the nuclear icebreaker *Arktika* and the steamships *Nina Kukoverova* and *Bryanskles* at the end) began to move. The ice was less than 1/10, with separate ice flows, but approximately 1 h in, the vessels had entered into ice of 9/10 to 10/10 (fields of first-year ice, fragments, inclusions of second-year ice of 3/10 with 120 to 150 cm thickness, and hummocks of 3 to 4 units with destruction at 3 units). At 13:15, the vessels became stuck in the channel, and the nuclear icebreaker *Arktika* turned and followed to break the ice around the vessels. At 14:00, the icebreaker destroyed the ice and returned to the head of the caravan and continued escorting them as before.

At 17:00, the caravan encountered 1/10 to 3/10 ice and followed along leads with a width of 2 to 3 nautical miles among extensive ice fields. There was a westerly wind with a Beaufort scale reading of 4 to 5 on the port side, and the vessels were drifting. The average speed of the caravan was approximately 8 knots, and the distance between the vessels was 2 to 4 cable lengths.

At 18:45, a warning about heavy ice floes came from the icebreaker, and it was recommended to keep a safe speed and distance between the vessels. At 18:50, the steamships *Nina Kukoverova* and *Bryanskles* were warned by the icebreaker about passing on the port side of heavy ice fragments.

At 19:00, a message was received from the steamship *Bryanskles* that the steamship was listing more and more to the port side. Water inflow in holds no. 1 and 2 was revealed. The vessel stopped down by the

поступление воды в трюмы № 1 и № 2. Появился дифферент на нос, судно остановилось. Атомоход *Арктика*, оставив теплоход *Нина Куковерова* на разводье, примерно в миле от аварийного судна развернулся и последовал к теплоходу *Брянсклес*. На ледоколе начали готовить к спуску спасательные шлюпки и катер.

В 19 час 11 мин с теплохода *Брянсклес* сообщили, что при заполнении водой двух трюмов плавучесть судна не обеспечивается. В связи с этим капитан ледокола приказал теплоходу *Брянсклес* спустить шлюпки, экипажу покинуть судно. Но с теплохода сообщили, что ни одна шлюпка не спускается. Тогда на ледоколе приняли решение подойти самим и снять экипаж.

В 19 час 16 мин верхняя палуба теплохода *Брянсклес* в носовой части (трюм № 1) погрузилась до уровня воды.

В 19 час 20 мин капитан теплохода *Нина Куковерова* объявил у себя общесудовую тревогу и с возможной при данной ледовой обстановке скоростью стал приближаться к теплоходу *Брянсклес*. В 19 час 37 мин теплоход *Нина Куковерова* подошел к *Брянсклесу* на дистанцию 2–3 кабельтова и лег в дрейф, так как к этому моменту все люди с аварийного судна уже были сняты атомоходом.

Капитан теплохода *Брянсклес* предложил капитану атомохода подойти и отшвартоваться с обоих бортов к теплоходу *Брянсклес*, чтобы помочь ему удержаться на плаву. Это предложение было отклонено, так как погружение носовой части судна до уровня воды за 16 мин означает, что пробоины в двух носовых трюмах значительных размеров. Осушить их без помощи водолазов невозможно, в то же время спускать водолазов для обследования и заводки пластыря в данных условиях (при сильном дрейфе и подвижке льда) также невозможно (верная гибель людей). К тому же, как можно осушать трюмы, если они полностью погрузились до уровня моря.

В 19 час 22 мин атомоход *Арктика* после разворота подошел кормой к кормовой части теплохода *Брянсклес* с левого борта, экипаж пересаживается на борт ледокола. На воду спущен катер ледокола, приспущена спасательная шлюпка левого борта.

В 19 час 24 мин на теплоходе *Брянсклес* постоянно увеличивается дифферент на нос и крен на левый борт. Оставшимся членам экипажа прика-

head. The icebreaker *Arktika*, having left the steamship *Nina Kukoverova* in the lead, was approximately 1 nautical mile from an emergency vessel and turned around and followed the steamship *Bryanskles*. The crew of the icebreaker started to prepare for the descent of lifeboats and a cutter.

At 19:11, the crew of the icebreaker was informed by the steamship *Bryanskles* that the buoyancy of the vessel was not sufficient when two holds were full. Therefore, the captain of the icebreaker ordered the steamship *Bryanskles* to lower the boats and the crew to leave the vessel. The steamship informed them that no boat could be launched. The lead team of the icebreaker decided to approach and rescue the crew.

At 19:16, the steamship *Bryanskles*' main fore deck (hold no. 1) had sunk into the water.

At 19:20, the captain of the steamship *Nina Kukoverova* sounded the general alarm and began to approach the steamship *Bryanskles* at as high a speed as possible in the given ice conditions. At 19:37, the *Nina Kukoverova* was 2 to 3 cable lengths from *Bryanskles*, and at this time, all crew on the lifeboats had already been removed by *Arktika*.

The captain of the steamship *Bryanskles* had suggested that the captain of the icebreaker should approach and moor from both boards to the steamship *Bryanskles* to help the ship stay afloat. This suggestion was rejected because the immersion of the fore part of the vessel to the water level for 16 minutes meant that the holes in the two fore holds were of considerable size and it would have been impossible to drain the holds without the help of divers. At the same time, it was also impossible to lower divers for inspection and patching in the given conditions. Doing so could have led to deaths while the strong drifts and ice motion continued. Besides, it would have been impossible to drain the holds when they had completely plunged below sea level.

At 19:22, the icebreaker *Arktika* approached the steamship *Bryanskles* by the stern to a fore part of the vessel from the port side. The crew went aboard the icebreaker. The icebreaker boat was lowered onto the water. The lifeboat on the port side was lowered slightly.

At 19:24, the trim by the bow and listing on the port side continued to increase on the steamship *Bryanskles*. The remaining crew were ordered to leave

зано срочно покинуть судно. Катер ледокола находится у кормы теплохода *Брянсклес*.

В 19 час 30 мин весь экипаж теплохода *Брянсклес* (33 человека) и 1 пассажир перешли на борт ледокола. Атомный ледокол *Арктика* и катер отходят от теплохода *Брянсклес*.

В 19 час 33 мин палуба бака теплохода *Брянсклес* скрылась под водой.

В 19 час 50 мин скрылась в воде тамбучина между трюмами № 1 и 2. Теплоход *Брянсклес* сдрейфовало по ветру в лед в 9 баллов. Катер ледокола поднят на борт.

В 23 час 39 мин в точке 77°20′ с.ш., 117°34′ в.д. теплоход *Брянсклес* лег на левый борт и носом вниз затонул на глубине 215 м.

Причиной кораблекрушения явилось плавание в битых льдах толщиной свыше 1 м (встречались массивные торосы толщиной до трех и более метров). При маневрировании по каналу среди тяжелого льда (о чем было предупреждение с атомохода *Арктика*) балластное судно, подверженное дрейфу, не смогло уклониться и ударилось об отдельную льдину. В результате получило пробоину ниже ледового пояса в обоих носовых трюмах.

Решение капитана атомохода *Арктика* о снятии экипажа с аварийного судна было обоснованным, так как быстрое затопление обоих трюмов создало недостаток времени, а дальнейшее погружение носовой части в воду исключало проведение осушительных работ. Швартовка судов с обоих бортов для удержания теплохода *Брянсклес* на плаву могла привести к тяжелым последствиям. Удержание аварийного теплохода на плаву до 23 час 39 мин после погружения в воду носовой части до надстройки можно объяснить только тем, что держали водонепроницаемые переборки между трюмом № 2 и машинным отделением и между машинным отделением и трюмом № 3, создавая некоторую плавучесть при громадном дифференте на нос.

Кораблекрушение теплохода *Брянсклес* — яркий пример того, как опасно для транспортных судов следовать в канале за ледоколом (да еще вторым-третьим номером в караване) среди тяжелых одно- и двухгодовалых ледовых полей в условиях дрейфа при сильном боковом ветре».

17. Один из последних серьезных инцидентов в море Лаптевых — аварийный случай с теплоходом *Ветлугалес* — описан в том же пособии

the vessel. The icebreaker boat was at the steamship *Bryanskles*' stern.

At 19:30, the crew of the steamship *Bryanskles* (33 persons) and 1 passenger boarded the icebreaker. The nuclear icebreaker *Arktika* and the boat departed from the steamship *Bryanskles*.

At 19:33, the forecastle deck of the *Bryanskles* disappeared into the sea.

At 19:50, the part between holds no. 1 and 2 disappeared into the water. The steamship *Bryanskles* drifted downwind in the ice of 9/10. The icebreaker boat was lifted aboard.

At 23:39, the *Bryanskles* was laid down on the port side with the bow downwards and sank at 77°20′N and 117°34′E and at a depth of 215 m.

The reason for the shipwreck was navigation in broken ice with a thickness of over 1 m (there were also massive hummocks with a thickness of 3 m or more). When manoeuvring in the channel among massive ice left behind the icebreaker *Arktika*, the ballast-drifting vessel could not evade the ice and was hit by a separate block of ice. As a result, a hole formed below the ice belt in both fore holds.

The decision of the captain on the icebreaker *Arktika* to evacuate the crew from the sinking vessel proved to be a good one when flooding of both holds made time critical and the further immersion of the fore part in the water excluded the possibility of more pumping. Mooring of both vessels from the boards to keep the steamship *Bryanskles* afloat could have led to serious consequences. The fact that the sinking ship remained afloat until 23:39 after the fore part was immersed in water up to its superstructure can be explained only by waterproof bulkheads. The bulkheads between hold no. 2 and the engine room and between the engine room and hold no. 3 held the vessel afloat by creating some buoyancy, but with an enormous trim on the bow.

The shipwreck of the steamship *Bryanskles* is a vivid example of how it can be dangerous for transport vessels to follow the icebreaker in the channel when following an icebreaker (and, moreover, for the second and third members in a caravan) among heavy first- and second-year ice fields in conditions of drift with a strong lateral wind'.

17. 1986, *Vetlugales*, damage. One of the last serious incidents in the Laptev Sea was an emergency case with the steamship *Vetlugales*. This incident is

«Безопасность плавания во льдах (Смирнов и др., 1993, стр. 290–291) как пример того, к чему приводит направление в Арктику судов, мало приспособленных к ледовому плаванию и имеющих значительный возраст.

Вот это описание: «В условиях сжатия *Ветлугалес* последовательно получал повреждения корпуса и только благодаря умелым действиям экипажей самого транспорта и атомных ледоколов был приведен в порт назначения.

23 июля 1986 года теплоход *Ветлугалес* Северного морского пароходства (категория ледового усиления Л1, возраст 22 года) следовал морем Лаптевых в Тикси в составе каравана судов под проводкой атомоходов *Россия, Арктика и Ленин*. Ледовая обстановка: сплоченность льда до 10 баллов, сжатие 2–3 балла, поля однолетнего льда толщиной до 1,5 м и двухлетнего до 3,5 м. В общем, ледовые условия плавания каравана, учитывая наличие сжатия до 3 баллов, сложились тяжелые и опасные.

В 15 час 50 мин на теплоходе *Ветлугалес* обнаружили поступление забортной воды в трюм № 2 через трещину. Экипаж приступил к аварийным работам, и в течение двух часов трещина в корпусе была заделана судовыми средствами с остаточной водотечностью около 2 м^3/час.

24 июля в 04 час 10 мин была обнаружена водотечность в трюме № 1, в 04 час 40 мин была обнаружена водотечность в трюме № 2 рядом с заделанной ранее трещиной. Экипаж устранил водотечность в обоих трюмах постановкой цементных ящиков.

26 июля в 18 час 10 мин при следовании в продолжающихся условиях сжатия льдов вновь обнаружили водотечность в трюмах № 1 и 2. Судовые осушительные насосы с откачкой воды не справились. Уровень воды в трюме № 1 поднялся до 2 м над полом. Только через 5 часов с заводкой пластыря и подключением двух погружных насосов с атомохода *Россия* (до этого эти насосы не включались, так как ремонтировались) трюм № 1 был осушен и на пробоину поставлен цементный ящик. Трещина корпуса в трюме № 2 также была заделана.

28 июля в 18 час 50 мин снова начала поступать вода в трюм № 2. Несмотря на работу всех судовых стационарных насосов, двух погружных (с атомохода *Ленин* и *Россия*), уровень воды в трюме

described in the textbook *Safety of Ice Navigation* (Smirnov et al. 1993, pp. 290–291) and is an example of what happens when dispatching vessels with a low class of ice resistance and of considerable age to the Arctic.

The description is as follows.

'In conditions of compression, the *Vetlugales* consistently suffered damage to the hull. The ship arrived at the port of destination due to skilful handling by the crews of the transport and the nuclear icebreakers.'

On 23 July 1986, the steamship *Vetlugales* of the Northern Sea Shipping Company (category of ice resistance L1, age 22 years) sailed in the Laptev Sea to Tiksi as part of a caravan of vessels assisted by the nuclear icebreakers *Russia*, *Arktika* and *Lenin*. The ice conditions were as follows: concentration of ice up to 10/10, compression 2 to 3 units, fields of first-year ice 1.5 m thick and second-year ice 3.5 m thick. In general, the ice conditions for the convoy were massive and dangerous considering the presence of compression to 3 units.

At 15:50, an outside water influx via a crack in hold no. 2 was discovered on board the steamship *Vetlugales*. The crew was prepared for an emergency, and within 2 h, the crack in the hull had been closed, with residual leakage of approximately 2 m^3 per hour.

On 24 July at 04:10, it was discovered that the ship was leaking badly in hold no. 1, and at 04:40, a leak was discovered in hold no. 2 near the crack that had been closed earlier. The crew eliminated the leaks in both holds using cement boxes.

On 26 July at 18:10, ice compression conditions resulted in further leaks in holds 1 and 2. Ship pumps could not remove the water. The water level in hold no. 1 had risen to 2 m over the deck. After 5 h of patching with plaster and with the help of two additional submersible pumps from the nuclear vessel *Rossiya* (which had just been repaired), hold no. 1 was drained, and a cement box was put in the hole. The crack in the hull of hold no. 2 was also closed.

On 28 July, at 18:50, water again started to flood hold no. 2. Despite the work of all stationary ship pumps, including two submersible ones from the nuclear vessels *Rossiya* and *Lenin*, the water level in the

сравнялся с уровнем воды за бортом. С помощью водолазов с ледоколов с большим трудом завели пластырь на две пробоины размерами 700×300 мм и 500×200 мм, после чего трюм, наконец, был осушен, и только к середине дня 30 июля пробоины были заделаны. 4 августа теплоход *Ветлугалес* добрался до Тикси.

Причина описанного случая — тяжелая ледовая обстановка со сжатием, а также изношенность корпуса судна. Сжатие льдов разрушало наружную обшивку корпуса в виде трещин и пробоин то в одном, то в другом трюме. Но вода поступала не в таких объемах и не в такой короткий срок, как на теплоходе *Брянсклес* (в два трюма одновременно). Это позволяло проводить осушение постепенно с заводкой пластырей силами водолазов и водооткачивающей техники трех ледоколов».

Выводы

Таким образом, начиная с 1900 года, в море Лаптевых зафиксировано 17 происшествий, вызванных тяжелыми ледовыми условиями. Среди них 2 кораблекрушения: в 1938 году лесовоза *Рабочий* и в 1980 году транспортного судна *Брянсклес*. Лесовоз *Рабочий* был раздавлен льдами при сжатии и торошении во время дрейфа в ледяном поле. *Брянсклес* получил удар льдиной, следуя в канале за ледоколом. Девять раз корабли вынуждены были оставаться на зимовку вдали от своих портов. Шесть зимовок прошли в закрытых бухтах, а три зимовки в условиях дрейфа, сопровождающегося торошениями, сжатиями и повреждениями кораблей. Одна зимовка продолжалась 2 года — *Якутия*, 1943–1945. Ледокол *Седов* дрейфовал во льдах 812 дней.

Наиболее тяжелыми для навигации были 1935 и 1937 годы. Основная часть происшествий произошла на трассах Северного морского пути. Зимовки 1901, 1934 и 1943 годов показали особую опасность постановки судов на зиму в закрытых бухтах, которые поздно освобождаются ото льда, и весной для вывода судов приходится прибегать к помощи ледокола. С другой стороны, постановка на зимовку каравана ледокола *Ленин* (1937–1938) в открытом проливе привела к тому, что ледяное поле было оторвано и суда вынесло дрейфом в открытое море, при этом один из них затонул.

hold equalled the water level behind the boards. Plaster was placed over two holes of 700 × 300 mm and 500 × 200 mm with the help of divers from the icebreakers, and the hold was finally drained. By midday on 30 July, the holes had been closed. On 4 August, the steamship *Vetlugales* reached Tiksi.

The reasons for this incident were the heavy ice conditions with compression and the deterioration of the vessel hull. The compression and the ice destroyed an external covering on the hull, creating cracks and holes in the holds. However, the water influx was not as strong as on the steamship *Bryanskles*. Therefore, it was possible to drain the holds gradually by patching them with plaster with the help of divers and pumps from the three icebreakers'.

Summary

Since 1900, 17 accidents in the Laptev Sea have been caused by massive ice conditions. Among these accidents were two shipwrecks: the timber-carrying vessel *Rabochy* in 1938 and the steamship *Bryanskles* in 1980. The *Rabochy* was crushed by compressing ice and hummocking while drifting in the ice field. The *Bryanskles* was hit by ice floes while following an icebreaker in the channel. In total, ships remained for overwintering nine times. Six overwinterings occurred in closed bays, while three overwinterings took place in drifting ice accompanied by hummocking, compression and damage to the ships. One overwintering lasted 2 years – the *Yakutiya* in 1943–1945. The icebreaker *Sedov* drifted for 812 days.

The most difficult years for navigation were 1935 and 1937. The majority of incidents occurred along the line of the Northern Sea Route. Overwinterings in 1901, 1934 and 1943 revealed the danger to vessels of overwintering in closed bays, which retain ice for longer periods. Therefore, there is often no way for ships to free themselves independently without the help of icebreakers in the spring. On the other hand, the overwintering of a convoy of the icebreaker *Lenin* (1937–1938) in open passage resulted in a situation where the ice field was torn up and the ships were taken out and drifted in the high seas, with one ship lost.

Если сравнивать количество происшествий в море Лаптевых и в других арктических морях, то наряду с Восточно-Сибирским морем оно отличается небольшим количеством происшествий (17 и 21 соответственно против 31 и 25 в Карском и Чукотском морях). Это объясняется скорее меньшей интенсивностью навигации, а не лучшими по сравнению с другими морями ледовыми условиями. Следует отметить также, что бóльшая часть происшествий случилась, когда в рейсы отправлялись неприспособленные для борьбы со льдами суда, и порой от большой беды спасало только счастливое стечение обстоятельств, мастерство и героизм экипажа.

If we compare the number of accidents in the Laptev Sea to the number of cases in other Arctic seas, the Laptev Sea and the East Siberian Sea differ by a small number (17 and 21, respectively, compared to 31 and 25 in the Kara Sea and the Chukchi Sea, respectively). This pattern can be explained by the reduced amount of navigation in these areas rather than by the sea ice conditions. It should be noted that most of the accidents occurred when the ships were dispatched to sea, where they were poorly equipped for the struggle against the ice. At times, coincidences and the skill and selfless work of the crew rescued the vessels from grave danger.

Глава 5
Восточно-Сибирское море

Chapter 5
East Siberian Sea

5

5.1 Географическая характеристика

5.1.1 Границы и батиметрия

Восточно-Сибирское море (рис. 5.1) — окраинное море Северного Ледовитого океана, омывающее восточную часть арктического побережья России между Новосибирскими островами и островом Врангель. На западе оно граничит с морем Лаптевых, соединяясь с ним проливами Дмитрия Лаптева, Этерикан, Санникова и участком Северного Ледовитого океана за островом Котельный. Восточнее моря Лаптевых расположено Чукотское море, к которому ведут пролив Лонга и участок Северного Ледовитого океана за островом Врангеля.

Западная граница моря проходит от точки пересечения меридиана северной оконечности острова Котельный с краем материковой отмели (79° с.ш., 139° в.д.) до мыса Анисий (остров Котельный), затем по западному берегу острова Котельный и далее по проливам до мыса Святой Нос. Южная граница проходит по материковому берегу от мыса Святой Нос до мыса Якан. Восточная граница поднимается на север от мыса Якан на материке до мыса Блоссом, по западному берегу острова Врангеля и далее по меридиану 180° до пересечения с 76° параллелью. Северная граница проходит по краю материковой отмели от точки с координатами 79° с.ш., 139° в.д. до точки с координатами 76° с.ш., 180° в.д. Это примерно соответствует изобате 200 м. Площадь моря в этих пределах составляет 913 000 км^2, объем 49 000 км^3, средняя глубина 54 м, наибольшая глубина 915 м (Бадюков, 2003).

5.1 Geographical Features

5.1.1 Boundaries and Bathymetry

The East Siberian Sea (Fig. 5.1) is a marginal sea of the Arctic Ocean bordering the eastern part of the Arctic coast of Russia between the New Siberia Islands and Wrangel Island. It connects with the Laptev Sea in the west via the Dmitry Laptev, Eterikan and Sannikov Straits and to the north of Kotelny Island. The sea also connects with the Chukchi Sea in the east by the De Long Strait and to the north of Wrangel Island.

Its western border goes from Cape Svyatoy Nos to the north along the western limit of the straits and the New Siberian Islands. Further, it follows from the northern point of Kotelny Island (Cape Anisy) along the 139°E meridian to the edge of a continental shallow (79°N, 139°E). The southern border passes along the continental coast from Cape Svyatoy Nos to Cape Yakan. The eastern frontier rises to the north from Cape Yakan on the continent to Cape Blossom, along the west cost of Wrangel Island, and further on to the meridian at 180° before crossing the 76°N parallel. The northern border passes along the edge of a continental shallow from 79°N, 139°E to 76°N, 180°E. It corresponds approximately to the isobath at 200 m. The sea area in these limits is 913,000 km^2, with a volume of 49,000 km^3 and an average depth of 54 m, with the greatest depth equal to 915 m (Badukov 2003).

N. Marchenko, *Russian Arctic Seas*,
DOI 10.1007/978-3-642-22125-5_5,

Рис. 5.1 Восточно-Сибирское море

Fig. 5.1 The East Siberian Sea

Береговая линия. Главные заливы и острова. Береговая линия изрезана относительно слабо; она образует крупные изгибы, уходящие глубоко в сушу или выдающиеся в море, между которыми есть участки с ровной линией берега (рис. 5.2). Имеется несколько мелких изгибов, приуроченные к устьям рек. Относительно крупные заливы: Чаунская губа, Колымский залив, Омуляхская и Хромская губы. Крупных островов немного: Медвежьи, острова Айон и Шалаурова. В прибрежной полосе Восточно-Сибирского моря небольшие острова расположены в основном группами. Острова имеются также на подходе к реке Колыма с севера, у входа в Чаунскую губу и залив Аачим.

Coastline: main gulfs and islands. The coastline is rather fragmented. It forms large bends that cause a patchy shoreline (Fig. 5.2). There are stretches of straight coastline between the bends. Small crinkles are observed, and they are usually connected with the mouths of rivers. Rather large gulfs are the Chaun Bay, Kolyma Gulf, and the Omulyakh and Khroma Bays. There are a few large islands: Ayon, Shalaurov and the group of Medvezhi Islands. Small islands are located in groupings in the coastal strip of the East Siberian Sea. There are also islands on the way to the Kolyma River from the north, near the input to the Chaun Bay, and at an input in the Aachim Gulf.

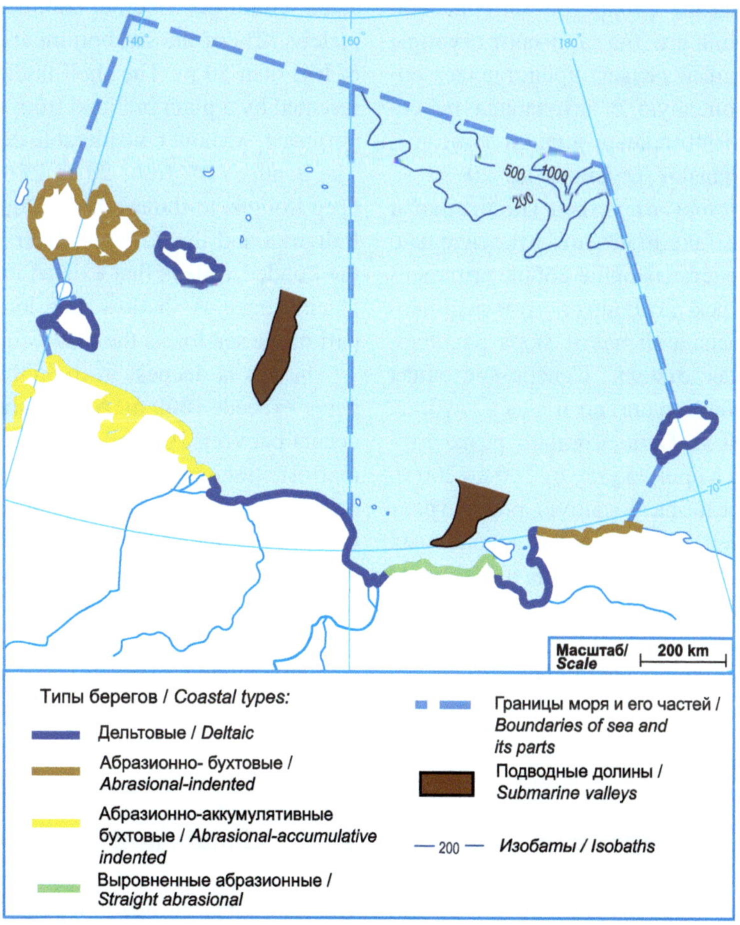

Рис. 5.2 Типы берегов и рельеф дна. Составлено на основе (Добровольский, Залогин, 1982)

Fig. 5.2 Coast types and bottom relief (adapted from Dobrovolsky and Zalogin 1982)

Некоторые острова целиком сложены из ископаемого льда и песка и подвергаются интенсивному разрушению. Ландшафты западной части побережья на участке от Новосибирских островов и до устья Колымы представляют собой унылую заболоченную тундру. Берега низменны и пологи, сложены преимущественно из песчано-глинистых осадочных пород. Восточнее устья Колымы к морю подходят невысокие холмы, местами круто обрывающиеся. Невысокие, но крутые ровные берега окружают Чаунскую губу. Высокие берега преимущественно приглубы, то есть с крутым подводным склоном и близко подходящими большоми глубинами. Берега почти всюду пригодны для визуального и радиолокационного ориентирования.

Восточно-Сибирское море мелководно, так как расположено в пределах сибирской материковой отмели, 72 % площади его дна занимают глубины менее 50 м. Подводный рельеф представляет собой равнину, наклоненную с юго-запада на северо-восток, без значительных впадин и возвышенностей. Преобладают глубины до 20–25 м. Только к северо-востоку от устьев Индигирки и Колымы на морском дне отмечены относительно глубокие троги, представляющие собой затопленные участки русел рек доледникового и ледникового периодов. В западной части моря расположена Новосибирская отмель. Северо-восточная часть наиболее глубоководна, но и здесь глубина не превышает 1000 м. Относительно резко глубина увеличивается в промежутке от 100 до 200 м. В формировании рельефа большую роль играет наличие многолетнемерзлых толщ и ископаемых льдов, а также термическая денудация и связанное с нею выравнивание поверхности.

Донные отложения представлены в основном серым илом, в прибрежной зоне преобладает ил с песком, у самого берега — главным образом песок.

Some islands are entirely composed of fossil ice and sand and exposed to intense forces causing deterioration. Landscapes in the western part of the coast from the New Siberian Islands to the mouth of the Kolyma River consist mostly of boggy tundra. The coasts are low and acclivous. They consist of mainly sandy-argillaceous sedimentary depositions. The coast is mountainous to the east of the mouth of the Kolyma River. Low hills bound the sea, abruptly breaking in some places. The Chaun Bay is framed by low, abrupt straight coasts. High coasts are mainly steep-to, and almost everywhere they are suitable for visual and radar-tracking orientation.

The East Siberian Sea is shallow because it is located within the Siberian continental shelf. Approximately 72% of the sea bottom area comprises depths of less than 50 m. The shelf underwater relief is represented by a plain inclined from the southwest to the northeast, without considerable depressions or ridges. The depths vary from 20 to 25 m. There are rather deep troughs to the northeast from the mouths of the Indigirka and the Kolyma Rivers. These troughs are the flooded valleys that existed in the pre-glacial and glacial times. A shallow area located in the western part of the sea forms the New Siberian Shallow.

The sea is deepest in the northeast, but its depth never exceeds 1000 m. A sharp increase in the depths occurs between 100 and 200 m. The presence of permafrost strata and relict ice has played an important role in the relief, and thermal denudation has contributed to levelling of the surface.

Bottom sediments are mostly gray silt. Sand and silt dominate in the coastal zone, and there are mostly sand sediments along the coastline.

5.1.2 Климат и динамика вод

Восточно-Сибирское море находится в высоких широтах, в зоне соприкосновения атмосферных потоков из Атлантического и Тихого океанов, вблизи постоянных льдов Арктического бассейна и огромного Азиатского материка. В западную часть

5.1.2 Climate and Dynamics of Water

The East Siberian Sea is located in the contact zone within the atmospheric influence of the Atlantic and Pacific Oceans, in high latitudes near the permanent ice of the Arctic Basin and the vast Asian continent. Cyclones of Atlantic origin penetrate into the west-

моря порой проникают циклоны атлантического происхождения, а его восточные районы бывают затронуты тихоокеанскими циклонами. Климат Восточно-Сибирского моря полярный (арктический) морской, но со значительным влиянием континента. Осадков выпадает всего 100–200 мм в год.

Главное влияние на море зимой оказывает отрог Сибирского максимума, выходящий к его побережью. Гребень Полярного антициклона выражен слабее, поэтому над морем преобладают юго-западные и южные ветры со скоростью 6–7 м/с. Они приносят с собой холодный воздух с континента, и среднемесячная температура воздуха в январе держится около –28–30 °С. Зимой преобладает характерная спокойная ясная погода, которую иногда нарушают циклонические вторжения. С атлантическими циклонами на западе моря связаны усиления ветра и некоторое потепление. У тихоокеанских циклонов обычно в тылу находится холодный континентальный воздух, и они вызывают увеличение скорости ветра, облачность и метели в юго-восточной части моря. В горных районах побережья с прохождением тихоокеанских циклонов связано образование местного ветра — фена. Фен достигает здесь штормовой силы и приводит к повышению температуры и уменьшению влажности воздуха (Добровольский, Залогин, 1982).

Летом, напротив, давление над Азиатским материком понижено, а над морем повышено, поэтому преобладают северные ветры. В начале сезона ветры довольно слабые, но в течение лета их скорость постепенно возрастает до 6–7 м/с. В конце лета западная часть Восточно-Сибирского моря становится одним из самых бурных участков трассы Северного морского пути, где скорость ветра часто составляет 10–15 м/с. Юго-восточная часть моря значительно спокойнее. Сильные ветры здесь связаны только с фенами. Благодаря устойчивым северным и северо-восточным ветрам на востоке моря сохраняется низкая температура воздуха. Средняя июльская температура всего 0–1 °С на севере моря и 2–3 °С в прибрежных районах (Добровольский, Залогин,1982).

Более низкие температуры на севере объясняются охлаждающим влиянием льдов, в то время как на южную часть моря согревающее воздействие оказывает материк. Погода летом над Восточно-Сибирским морем пасмурная с мелким

ern part of the sea (albeit rarely). The Pacific cyclones penetrate into its eastern region. The climate of the East Siberian Sea is polar (Arctic) marine, but with significant influence from the continent. Annual precipitation is 100 to 200 mm.

In winter, the tongue of the Siberian High Pressure mainly influences the sea and reaches the seacoast. The ridge of the polar anticyclone is less extended, and southwesterly and southerly winds with speeds of 6 to 7 m/s dominate above the sea. They bring with them cold air from the continent, and the average monthly temperature in January is between −30 and −28°C. Calm, clear weather that is sometimes interrupted by cyclonic intrusion is characteristic for winter. Atlantic cyclones in the western part of the sea cause increased wind and warming from continental air in the rear sector. The increased wind speed and clouds cause blizzards in the southeastern part of the sea. The outbreak of the local wind, known as foehn, relates to the passage of the Pacific cyclone in the mountainous parts of the coast. The winds can reach gale force here. This causes a slight increase in temperature and decreased humidity (Dobrovolsky and Zalogin 1982).

In summer, the air pressure is lower over the Asian continent, but it is higher above the sea. Therefore, northern winds prevail. In the beginning of the season, winds are very weak, but during summer, their speed gradually increases up to 6 to 7 m/s. In late summer, the western part of the East Siberian Sea is one of the stormiest parts of the Northern Sea Route. Often, the wind blows with speeds of 10 to 15 m/s. The southeastern part of the sea is much calmer. The strengthening of wind is associated with foehns here. Strong northerly and northeasterly winds cause low temperatures. The average July temperature is 0 to 2°C in the north and 2 to 3°C in the coastal areas (Dobrovolsky and Zalogin 1982).

Lower temperatures in the north are caused by the cooling effect of sea ice. At the same time, the continent warms the areas in the southern part of the sea. The weather is mostly cloudy with a fine drizzling rain over the East Siberian Sea in summer. Wet

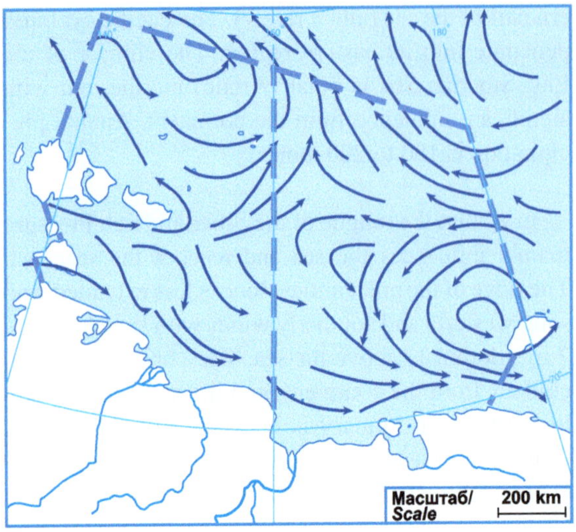

Рис. 5.3 Постоянные течения в поверхностном слое. Составлено на основе (Атлас, 1980)

Fig. 5.3 Permanent surface currents (adapted from Atlas 1980)

моросящим дождем. Иногда идет мокрый снег. Поскольку море удалено от Атлантического и Тихого океанов, возвраты тепла осенью случаются крайне редко, и они слабо влияют на атмосферные процессы в этот сезон.

Спокойная, ясная и холодная погода зимой, сравнительно холодное и пасмурное лето на всем море, бурная погода в конце лета и особенно осенью в окраинных районах моря и затишье в его центральной части — характерные климатические черты моря.

Волны и штормы. Летом на свободных ото льда пространствах моря развивается значительное волнение. При штормовых северо-западных и юго-восточных ветрах оно бывает наиболее сильным. Максимальная высота волн доходит до 5 м при средних значениях 3–4 м. Сильное волнение, как отмечалось выше, наблюдается главным образом в конце лета–начале осени, когда кромка льда отступает к северу. Западная часть моря более бурная, чем восточная, а центральные районы относительно спокойны (Добровольский, Залогин,1982).

Течения. Вдоль материка наблюдается устойчивый перенос вод с запада на восток (рис. 5.3). Часть из них у мыса Биллингса поворачивает на север и северо-запад, выносится к северным окраинам моря, где включается в поток, направленный на запад. Таким образом, на поверхности моря

snow sometimes falls. The warm weather comes back very seldom in autumn because of the remoteness of the sea from the Atlantic and Pacific Oceans and their weak influence on atmospheric processes in this season.

Therefore, the main particularities of the East Siberian Sea climate are calm, clear and cold weather in winter, a relatively cool and cloudy summer throughout the sea, and stormy weather in late summer and in fall, especially in the peripheral areas and calm in the central part of the sea during these seasons.

Waves and storms. Considerable waves may form in summer along ice-free areas of the sea. The waves are strongest when storms create northwesterly and southeasterly winds. Maximum wave heights reach 5 m, although 3 to 4 m is more typical. Strong waves, as noted above, are observed mainly from late summer to early fall (September), when the ice edge has retreated to the north and when the fetch is long. The western part of the sea is more tumultuous than the eastern part. Its central regions are relatively calm.

Currents. There is a stable transfer of water from west to east along the mainland coast (Fig. 5.3). Some currents turn to the north and northwest near Cape Billings and extend to the northern region of the sea, where they merge with the stream that runs to the west. Thus permanent currents form weakly ex-

постоянными течениями образуется слабо выраженная циклоническая циркуляция. В зависимости от синоптической ситуации преобладает либо движение вод на север, так называемые выносные потоки, или, напротив, приток вод к материковому побережью — нажимные течения. Последние особенно распространены в районе пролива Лонга. Часть вод выносится через этот пролив в Чукотское море. Постоянные течения часто нарушаются сильными ветровыми течениями. Влияние же приливных течений незначительно (Добровольский, Залогин, 1982).

Для Восточно-Сибирского моря характерны правильные полусуточные приливы, которые образует приливная волна, входящая в море с севера и следующая к побережью материка. Ее фронт вытянут с северо-северо-запада на восток-юго-восток, от Новосибирских островов до острова Врангеля.

Приливы отчетливо выражены на северо-западе и на севере, где приливная волна только входит в пределы моря. По мере движения на юг они ослабевают, поскольку эта волна существенно гасится на мелководье, и на участке от устья реки Индигирка до мыса Шелагского приливные колебания уровня почти не заметны. Западнее и восточнее этого района величина прилива также мала (5–7 см). В устье Индигирки, благодаря конфигурации берегов и рельефу дна, подъем уровня при приливах увеличивается до 20–25 см.

На побережье материка более развиты сезонные изменения уровня.

Наиболее высокий уровень моря наблюдается в июне–июле при обильном притоке речных вод. В августе сокращение материкового стока ведет к понижению уровня на 50–70 см. В октябре при господствующих нагонных ветрах происходит подъем уровня. Зимой уровень понижается и в марте–апреле достигает своего самого низкого положения.

Летом ярко выражены сгонно-нагонные явления, при которых колебания уровня моря достигают 60–70 см. Величина ветровых колебаний в некоторых районах может превышать 2 м (БСЭ, 1969–1978). В устье реки Колымы и в проливе Дмитрия Лаптева они максимальны и достигают 2,5 м. Быстрая и резкая смена положений уровня характерна для прибрежных районов моря (Добровольский, Залогин, 1982).

pressed cyclonic circulation on the surface of the East Siberian Sea. The movements of water are different for the different weather patterns. In some cases, outward currents dominate, whereas upwelling currents prevail in other cases. For example, some water is carried away from the East Siberian Sea via the De Long Strait to the Chukchi Sea. Persistent currents are often violated by stronger wind currents. The influence of tidal currents is relatively small (Dobrovolsky and Zalogin 1982).

There are also regular semi-diurnal tides in the East Siberian Sea. They cause a tidal wave that enters the sea from the north and moves to the coast of the continent. The wave front is elongated from the north–northwest to east–southeast, from the New Siberian Islands to Wrangel Island. Tides are expressed most clearly in the northwest and north of the sea, where the tidal wave only penetrates the boundary of the sea. As tides move southward, they fade because the ocean tidal wave is largely extinguished in the shallow water. Therefore, the tidal level fluctuations are almost invisible on the coastal section from the Indigirka River to Cape Shelagsky. The tidal sea level fluctuations are also small (5 to 7 cm) to the west and east of this area. The configuration of the coast and bottom relief contributes to amplified tides, with amplitudes up to 20 to 25 cm at the mouth of the Indigirka River.

The changes in sea level caused by meteorological factors are much more developed near the continental coast. The annual variation in the sea level is characterised by the highest levels in June and July, when there is an abundant inflow of river water. A reduction in continental runoff in August leads to a fall in the level to 50 to 70 cm. The level rises in October as a result of a preponderance of surge winds. In winter, the sea level decreases and reaches its lowest position in March–April.

In summer, the storm surge phenomenon can be observed very clearly. The sea level fluctuations are often 60 to 70 cm. The magnitude of wind fluctuations in some areas may exceed 2 m (USSR Academy of Sciences 1969–1978). They reach a maximum value for the entire sea (2.5 m) in the mouth of the Kolyma River and in the Dmitry Laptev Strait. The rapid and drastic change in the sea level is one of the characteristics of coastal regions of the sea (Dobrovolsky and Zalogin 1982).

5.1.3 Гидрологические особенности

Гидрологические особенности Восточно-Сибирского моря определяются географическим положением в высоких широтах, свободными сообщением с Центральным Арктическим бассейном, большой ледовитостью и малым речным стоком. Материковый сток в Восточно-Сибирское море, в отличие от Карского моря и моря Лаптевых, сравнительно невелик. Он составляет около 250 км^3/год, из которых 90 % поступает летом и образует слой воды толщиной 265 мм. Это всего 10 % от общего объема речного стока в арктические моря. Самая крупная из впадающих в него рек (Колыма) приносит за год 132 км^3 воды, вторая по величине река (Индигирка) — всего 59 км^3 воды в год. Все остальные реки за это же время вливают в море примерно 35 км^3 воды (Добровольский, Залогин, 1982). Поскольку небольшая мощность потоков не позволяет речной воде распространяться далеко от устьев рек, береговой сток практически не влияет на общий гидрологический режим моря, а только формирует некоторые гидрологические особенности прибрежных участков в летнее время,

Температура воды. Температура воды на поверхности моря в общем понижается с юга на север во все сезоны. Зимой она близка к точке замерзания и вблизи устьев рек равна –(0,2–0,6) °С, а у северных границ моря –(1,7–1,8) °С. Летом распределение температуры на поверхности моря определяется ледовой обстановкой. В заливах и бухтах температура воды достигает 7–8 °С, в свободных ото льда открытых районах она равна 2–3 °С, а у кромки льда близка к 0 °С. Зимой и весной изменение температуры воды с глубиной несущественно. Только около устьев крупных рек температура понижается от −0,5 °С в подледных горизонтах и до −1,5 °С у дна. Летом температура воды несколько понижается от поверхности до дна в прибрежной, свободной ото льда зоне на западе моря. В восточной части одинаковая температура наблюдается от поверхности до глубины 5 м, затем она резко понижается до глубины 7 м и далее плавно понижается до дна. В зонах влияния берегового стока поверхностная температура сохраняется до глубины 7–10 м, между 10–20 м наблюдается скачок температуры, а далее наблюдается ее плавное понижение до дна (Добровольский, Залогин, 1982).

5.1.3 Hydrological Features

Hydrological features of the East Siberian Sea are defined by its geographical position at high latitudes, free connection with the Central Arctic Basin, large ice-covered areas and minor river runoff. The continental runoff into the East Siberian Sea is rather insignificant, unlike that into the Kara and Laptev Seas. Continental runoff contributes 250 km^3 per year (90% in summer) and forms a water layer 265 mm thick. This is only 10% of the total amount of river runoff in the whole Arctic Ocean. The largest river running into the sea (the Kolyma River) contributes 132 km^3 of water per year. The second largest river (Indigirka) has an inflow of 59 km^3 of water per year. All other rivers combined pour approximately 35 km^3 of water into the sea (Dobrovolsky and Zalogin 1982). The coastal runoff does not influence the general hydrological regime of the sea. It only creates some hydrological features at coastal sites in the summer in the form of small streams that do not allow river water to extend far from the river mouths, even during the maximum runoff period.

Water temperature. The surface water temperature drops in general from the south to the north during all seasons. In winter, it is close to the freezing point. It equals −0.6 to−0.2°C near the mouths of the rivers and −1.8 to −1.7°C at the northern borders of the sea. In summer, the distribution of surface temperature is mostly affected by ice conditions. The water temperature in gulfs and bays reaches 7 to 8°C, whereas in open ice-free areas it reaches only 2 to 3°C. Close to an ice edge, the temperature is close to 0°C. The change in water temperature with depth in winter and in spring is not essential. Close to the mouths of the large rivers, the water temperature drops from −0.5°C under ice layers to −1.5°C at the bottom. In summer, in ice-free spaces, the water temperature falls slightly from the surface to the bottom in the coastal zone in the western part of the sea. In its eastern part the temperature is constant in a layer of 3 to 5 m, from which it sharply drops to a depth of 5 to 7 m, and further on it smoothly falls to the bottom. In the zones of influence of the coastal runoff, the homogeneous temperature covers a layer to a depth of 7 to 10 m. The temperature sharply declines between depths of 10 and 20 m, and then gradually decreases to the bottom (Dobrovolsky and Zalogin 1982).

Таким образом, мелководное и слабо прогреваемое Восточно-Сибирское море является одним из самых холодных арктических морей России.

Соленость. Горизонтальное и вертикальное распределение солености в Восточно-Сибирском море во многом определяется ледовой обстановкой и материковым стоком. Соленость поверхностных вод увеличивается с юго-запада на северо-восток. Зимой и весной вблизи устьев Колымы и Индигирки соленость равна 4–5 ‰, в открытом море она существенно увеличивается, достигая 24–26 ‰ у Медвежьих островов, 28–30 ‰ в центральных районах моря и 31–32 ‰ на его северных окраинах. Летом в результате притока речных вод и таяния льдов величины поверхностной солености уменьшаются до 20–22 ‰ у Медвежьих островов и до 24–26 ‰ на севере у кромки тающих льдов.

В целом соленость увеличивается с глубиной, толщина же более пресного поверхностного слоя варьируется от 5 до 25 м. В северо-западном районе под влиянием океанических вод с севера соленость увеличивается от 23 ‰ в верхнем слое толщиной 10–15 м до 30 ‰ у дна. Вблизи устьевых участков верхний опресненный слой на глубине 10–15 м подстилают более соленые воды. В конце весны и летом на свободных ото льда пространствах образуется опресненный слой толщиной 20–25 м, в котором соленость также увеличивается с глубиной.

В мелководных районах опреснение охватывает всю толщу вод. В районах с большими глубинами на севере и востоке моря соленость резко увеличивается в слое 5–15 м, а затем плавно и немного повышается до дна (Добровольский, Залогин, 1982).

Соленость и в меньшей степени температура обусловливают величины плотности воды. В осенне-зимний сезон вода плотнее, чем весной и летом. Плотность на севере и востоке больше, чем на западе моря, однако эти различия невелики. Распределение по вертикали сходно с динамикой солености в толще воды, и в большинстве случаев плотность увеличивается с глубиной.

Конвекция. Условия для перемешивания воды неодинаковы в разных районах Восточно-Сибирского моря. Осенью и зимой конвекция проникает до дна в районах с глубинами 40–50 м. Такие глу-

Therefore, the East Siberian Sea is shallow and shows little warming; as a result, it is one of the coldest Russian Arctic seas.

Salinity. Horizontal and vertical distributions of salinity in the sea are defined basically by ice conditions and continental runoff. The salinity on the surface in general increases from the southwest to the northeast. In winter and in spring, the salinity is equal to 4 to 5‰ near the mouths of the Kolyma and Indigirka Rivers. In the open sea, it increases, reaching 24 to 26‰ at the Medvezhi Islands, 28 to 30‰ in the central areas of the sea and 31 to 32‰ in the northern part of the sea. In summer, as a result of the inflow of river water and the thawing of ice, the salinity on the surface decreases to 20 to 22‰ at the Medvezhi Islands and to 24 to 26‰ in the north at the edge of the thawing ice.

On the whole, salinity increases with depth, and the thickness of a fresh upper layer alters it. In winter, over most of the sea, salinity increases from the surface to the bottom. In the northwestern area, where ocean water from the north penetrates, salinity increases from 23‰ in the top layer, with a thickness of 10 to 15 m, to 30‰ at the bottom. Saltier water is found under the top freshened layer, with a thickness of 10 to 15 m close to the river mouths. The freshened layer, with a thickness of 20 to 25 m and where salinity increases with depth, is formed at the end of spring and in summer in ice-free spaces.

Therefore, freshwater covers all layers of the water in shallow areas. In the deeper regions in the northern and eastern parts of the sea, salinity sharply increases at depths of 5 to 15 m. Below this depth, it rises slightly to the bottom (Dobrovolsky and Zalogin 1982).

Salinity and temperature (to a lesser degree) affect the density of water. During the autumn–winter season, water is denser than in spring and summer. The density is higher in the north and east than in the west, where the freshened water descends from the Laptev Sea influx. However, these distinctions are insignificant. Usually, the density increases with depth. The distribution of density versus depth is similar to that of salinity.

Convection. Varying degrees of water stratification by density create unequal conditions for mixing in the different regions of the East Siberian Sea. The autumn–winter convection expands to the bottom in re-

бины распространены более чем на 72 % всей территории. К концу холодного сезона зимняя вертикальная циркуляция распространяется до глубины 70–80 м, где ее ограничивает дно или высокая плотность.

Из-за мелководности и отсутствия глубоких трогов, выходящих за северные пределы Восточно-Сибирского моря, подавляющую часть его пространства от поверхности до дна занимают поверхностные арктические воды с соответствующими характеристиками. Только в приустьевых районах распространена своеобразная водная масса с повышенной температурой и низкой соленостью, образованная в результате смешения речной и морской вод.

На слабостратифицированных и свободных ото льдов пространствах сильные ветры летом перемешивают воду до горизонтов 20–25 м. Поэтому в мелководных районах ветровое перемешивание проникает до дна. В местах резкого расслоения вод значительные ветикальные градиенты плотности ограничивают ветровое перемешивание поверхностным слоем до глубины 10–15 м. (Добровольский, Залогин, 1982).

gions with depths of 40 to 50 m. Such regions account for over 72% of the East Siberian Sea's area. The winter vertical circulation extends to a depth of 70 to 80 m at the end of the cold season. It is limited by the bottom or by the stable density structure of the water.

Surface Arctic water occupies the overwhelming part of the sea volume from the surface to the bottom because of shallow depths and the absence of deep troughs towards the northern limits of the sea. The original water forms by the mixture of river and sea water and extends in a rather limited area near the river mouths. It is characterised by higher temperatures and low salinity.

Strong winds mix the water to a depth of 20 to 25 m in the slightly stratified and ice-free spaces. Hence, in summer and in shallow areas, wind interfusion extends to the bottom. The wind interfusion reaches a depth of 10 to 15 m in places with sharp stratification of the water by density. It is limited here by considerable vertical gradients of density (Dobrovolsky and Zalogin 1982).

5.1.4 Морские льды

Восточно-Сибирское море — самое ледовитое море Российской Арктики (рис. 5.4). Даже летом в восточной части плавучие льды держатся у берегов, отходя незначительно к северу лишь при особо благоприятных условиях. Бóльшую часть моря занимают довольно стабильные Айонский и Новосибирский ледяные массивы. Кроме того, море характеризуется максимальным развитием многолетних стамух.

В зимнее время с октября–ноября по июнь–июль Восточно-Сибирское море полностью покрыто льдом. В это время здесь преобладает принос льдов из Центрального Арктического бассейна, где в отличие от других морей Арктики превалирует выносной дрейф льда. Значительное развитие припая зимой является характерной особенностью Восточно-Сибирского моря (рис. 1.3). Припай наиболее широко распространен в западной мелководной части моря, где он соединяется с припаем моря Лаптевых и его ширина достигает 400–500 км. В центральных районах зона припая

5.1.4 Sea Ice

The East Siberian Sea is the iciest of the seas in the Russian Arctic (Fig. 5.4). Even in summer, drifting ice usually exists along the eastern coast. The ice withdraws slightly to the north only under especially favourable conditions. The largest part of the sea is occupied by the stable Ayon and the New Siberian ice massifs. Additionally, the sea is characterised by a large number of multi-year stamukhas.

In winter, from October or November until June or July, the sea is completely covered by ice. During this time, an influx of ice from the Central Arctic Basin prevails. This is in contrast to the situation in other Arctic seas, where ice drifts from the sea into the Arctic Basin. The prominent feature of ice in the East Siberian Sea is the considerable development of fast ice in winter (Fig. 1.3). It mostly extends over the western, shallow parts of the sea and occupies the narrow coastal strip in the east. In the western part of the sea, the strip of fast ice reaches a width of 400 to 500 km, connecting with the fast ice of the Laptev Sea. In the

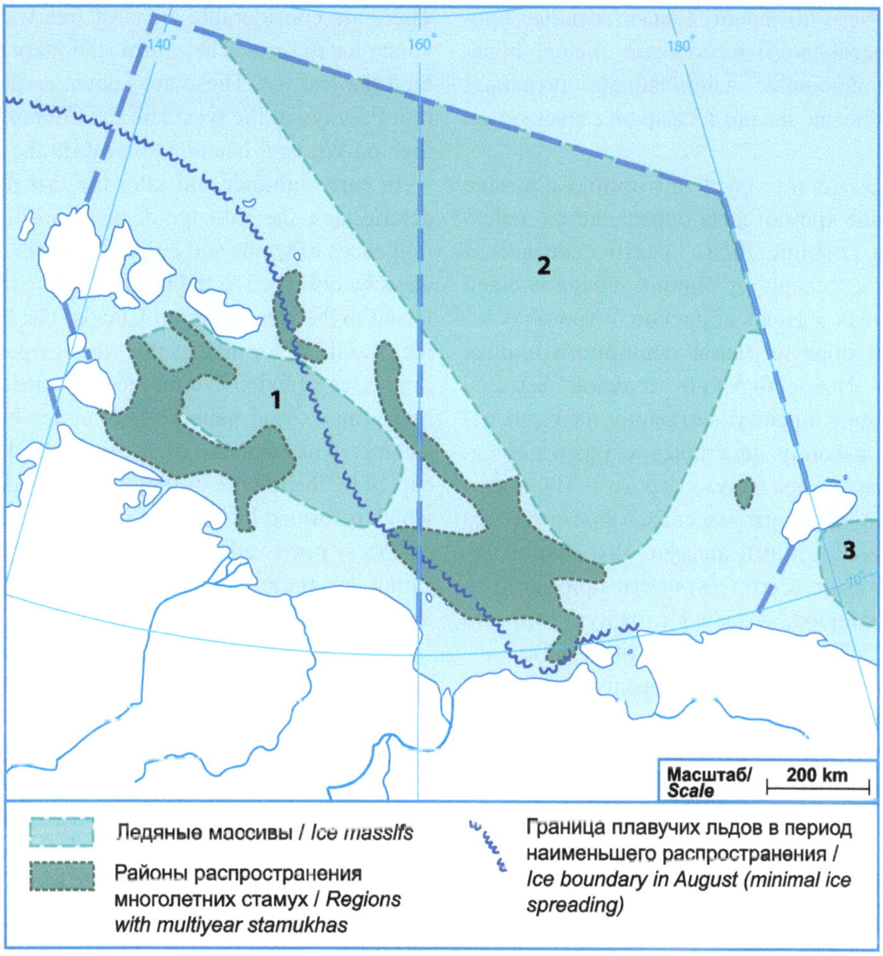

Рис. 5.4 Морские льды. Ледяные массивы: 1 – Новосибирский, 2 – Айонский, 3 – Врангелевский. Составлено на основе (БСЭ, 1969–1978; ЕСИМО; Горбунов и др., 2007)

Fig. 5.4 Sea ice. Ice massifs: 1 – New Siberian, 2 – Ayon, 3 – Wrangel (adapted from USSR Academy of Sciences 1969–1978; USIMO 2011; Gorbunov et al. 2007)

занимает пространства до 250–300 км, а к востоку от мыса Шелагского он сужается до 30–40 км. Граница припая совпадает с изобатой 25 м и проходит в 50 км к северу от Новосибирских островов, затем поворачивает на юго-восток, приближаясь к побережью материка у мыса Шелагского. Толщина припая уменьшается с запада на восток. К концу зимы она достигает 2 м. За припаем располагаются дрейфующие льды, которые обычно представлены однолетним и двухлетним льдом толщиной около 2 м. На самом севере моря встречается многолетний арктический лед.

Зимой ветры южных румбов часто относят дрейфующие льды от северной кромки припая,

central areas, the fast ice width equals 250 to 300 km, and to the east of Cape Shelagsky, the fast ice width is 30 to 40 km. The border of fast ice coincides with the 25-m-deep contour, which passes 50 km to the north of the New Siberian Islands. It then turns to the southeast, coming closer to the coast of the continent near Cape Shelagsky. By the end of winter, the thickness of the fast ice can reach 2 m and decreases from west to east. Drifting ice settles behind the fast ice. Usually, it is first-year and second-year ice with a thickness of 2 m. There is also multi-year Arctic ice in the north of the sea.

Southerly winds prevail in winter and often carry drifting ice from the northern edge of the fast ice.

в результате чего появляются значительные пространства чистой воды и молодых льдов, образующие стационарные заприпайные полыньи: Новосибирскую на западе и Заврангелевскую на востоке.

После вскрытия и разрушения припая в начале лета положение кромки льда определяется действием ветра и течений. Льды практически всегда встречаются к северу от линии, соединяющей остров Врангеля и Новосибирские острова. В западной части моря на месте обширного припая формируется Новосибирский ледяной массив, который состоит преимущественно из однолетних льдов и к концу лета обычно разрушается. Восточная часть моря занята отрогом Айонского океанического ледяного массива, образованного тяжелыми многолетними льдами. Его южная периферия в течение всего года почти примыкает к побережью материка, создавая сложную ледовую обстановку (Добровольский, Залогин, 1982).

Во второй половине 1980-х годов было выявлено наличие крупных многолетних стамух в западной и центральных частях Восточно-Сибирского моря. Эти стамухи были настолько стабильны и характерны, что часто использовались в качестве мест привязки маршрутов ледовой авиаразведки. Некоторым из них даже были даны имена, например «стамуха Купецкого», «стамуха Колпака» (Горбунов и др., 2007). В Восточно-Сибирском море отмечено максимальное для всех морей Российской Арктики количество стамух — 71 %, что обусловлено, кроме суровых климатических условий, также мелководностью моря. В восточной части моря отмечна и самая крупная стамуха с максимальным значением осадки 35 м (Горбунов и др., 2007). Стамухи часто образуются в юго-западной части моря: вдоль границы припая от острова Новая Сибирь до острова Айон, вдоль Чукотского побережья, а также на банках к западу от острова Врангеля.

Ю.А. Горбунов с соавторами в течение ряда лет наблюдали за многолетними ледовыми образованиями в Арктике. В статье «Многолетние стамухи в Арктических морях Сибирского шельфа» (Горбунов и др., 2007) детально описывается поведение стамух в центральной части Восточно-Сибирского моря в районе банки с координатами 72°43′ с.ш., 161°22′ в.д. и минимальной глубиной 6,8 м. Там обычно формируется крупная многолетняя ста-

There are considerable areas of free water, allowing young ice to form. They form stationary polynyas behind the fast ice. These are known as the New Siberian Polynya in the west and the Zavrangel (meaning 'behind Wrangel Island') Polynya in the east.

In early summer and after the fast ice opens and deteriorates, the ice edge changes position under the influences of winds and currents. However, ice can always be observed to the north of a line from Wrangel Island to the New Siberian Islands. The New Siberian Ice Massif is formed in the western part of the sea in an area of extensive fast ice. It consists mainly of first-year ice and usually deteriorates by the end of summer. The majority of sea space in the east is occupied by the tongue of the Ayon Oceanic Ice Massif, which is formed by heavy, multi-year ice. Its southern periphery nearly adjoins the continent coasts, complicating ice conditions in the sea all year (Dobrovolsky and Zalogin 1982).

The presence of large, multi-year stamukhas in the western and central regions of the East Siberian Sea was revealed in the late 1980s. These stamukhas were so stable and characteristic that they were often used as landmarks for ice aerial reconnaissance. Some of them were even named, for example 'stamukha Kupetskogo', 'stamukha Kolpaka' (Gorbunov et al. 2007). The largest number of stamukhas for all Russian Arctic seas (71%) is found in the East Siberian Sea because of the shallow waters and severe environmental conditions. The largest stamukha was found in the eastern part of the sea. Its maximal water draught is 35 m (Gorbunov et al. 2007). Stamukhas are often formed in the southwest part of the sea, along a border of fast ice from the New Siberia Islands to Ayon Island, along the Chukchi Peninsula coast, and on the banks to the west of Wrangel Island.

Yuriy A. Gorbunov and co-authors observed multi-year ice formations in the Arctic for many years. They described (Gorbunov et al. 2007) the behaviour of stamukhas in the central part of the East Siberian Sea on a bank with a minimum depth of 6.8 m (72°43′N, 161°22′E) . The large multi-year stamukha forms, or sometimes several rather small stamukhas can form, on this specific bank. They are positioned very close to each other. When they join with the fast ice not

муха, а иногда несколько близко расположенных небольших стамух. При объединении этих стамух с припаем, несвязанным с берегом, формируется значительное по размеру неподвижное ледяное образование, хорошо различимое на космических снимках.

Вокруг этой стамухи даже зимой отмечается дрейфующий лед, за исключением лет, когда припай получает очень большое развитие, и стамуха оказывается в него вмороженной. Например, в период с 1985 по 1989 года, а также в 1997 и 2002 годы стамуха вмерзала в припай в феврале–марте и сохранялась в его пределах до июня–июля, когда припай взламывался. За период с 1962 по 2003 годы продолжительность существования этой стамухи изменялась от 5–6 месяцев до 5,8 лет. Это максимальное значение (5,8 лет) было достигнуто в период с ноября 1984 года по третью декаду августа 1989 года. Вообще в 1980-е годы неблагоприятные ледовые условия способствовали длительному сохранению этой стамухи. В период с 1989 по 2003 год она, напротив, в большинстве случаев таяла летом. Только в 1994, 1997 и 1998 годах эта стамуха сохранялась до начала устойчивого ледообразования.

Оценки размеров исследованной стамухи немногочисленны. Так, 6 сентября 1987 года (возраст почти 4 года) по данным ледовой авиационной разведки длина стамухи превышала 22 км. К концу сентября 1988 года ее размеры уменьшились в результате таяния и составили 11.1×18.0 км. В это время стамуха представляла собой ледяное образование с очень высокими нагромождениями льда по краям поля. В центральной части встречался плавник. Максимальная высота паруса составляла около 15 м.

Другим районом, где часто образуются стамухи, являются банки к западу от острова Врангель с глубинами примерно 13 и 17 м и координатами 71°40′ с.ш., 176°45′ в.д. и 71°40′ с.ш., 177°30′ в.д. соответственно. Стамухи были там впервые обнаружены во время ледовой авиационной разведки в марте 1983 года и потом фиксировались на ледовых картах по данным авианаблюдений (до 1991 года) или по космическим снимкам (с 1987 год по настоящее время). Как показали наблюдения, на каждой банке могут формироваться одна или несколько стамух. Например, 20 августа 1987 года на западной банке было обнаружено

connected with the coast, motionless ice formations of considerable size are formed. This phenomenon is clearly distinguishable on satellite images.

The drifting ice was marked around the stamukha, even in winter and in most years. However, during the 1985–1989 period and again in 1997 and 2002, fast ice had a very wide extent in the East Siberian Sea. The stamukha was frozen into the fast ice in February–March and remained there until June–July. Rarely would it last only until May, when the fast ice broke up in this area. Between 1962 and 2003, the life time of these stamukhas ranged from 5 to 6 months to 5.8 years. In the 1980s, adverse ice conditions in the East Siberian Sea promoted long preservation. The longest duration of continuous existence of this stamukha during this period was 5.8 years (November–December 1984 to late August 1989). From 1989 until 2003, the stamukha usually disappeared in the summer as a result of thawing. In 1994, 1997 and 1998, the stamukha remained prior to the beginning of steady ice formation and accordingly ‘passed’ to the next year.

Estimates of the sizes of the long-term stamukha through ice aviation investigation are limited. The length of the stamukha on 6 September 1987 (when it was almost 4 years old) exceeded 22 km. By the end of September 1988, the stamukha's size had decreased as a result of thawing to 11.1 × 18.0 km. The feature was characterised by ice formations with very high heaps of ice along the field edges, with a maximum sail height of about 15 m and lower chaotic heaps in the centre. There was driftwood among the ice heaps in the centre.

Stamukhas are also constantly formed to the west of Wrangel Island on banks with minimum depths of 13.4 m (71°40′N, 176°45′E) and 17 m (71°40′N, 177°30′E). They were found for the first time during ice aviation investigations in March 1983. Additionally, they were fixed on ice maps according to aerial reconnaissance (until 1991) or according to an artificial satellite image (from 1987 to the present). Analysis has shown that one or more stamukhas can form on each bank. Five stamukhas were revealed on 20 August 1987 on the western bank. The fast ice formed here during the winter period between neighbouring stamukhas. This ice formation was visible in artificial

пять стамух. В зимний период между стамухами формируется припай, и это ледяное образование становится видимым на космических снимках. Крупные стамухи часто собираются на западной банке. Продолжительность существования стамухи изменялась от 7–8 месяцев до 4.8 лет (1980-е годы). В период 1990–2003 годов возраст стамухи не превышал двух лет. При длительных северо-западных ветрах в зимний период у западного побережья острова Врангеля возможно образование припая в виде клина протяженностью до 80–100 км. Рассмотренные выше стамухи оказываются вмерзшими в этот припай и задерживают его разрушение весной; оценка размеров стамух не проводилась (Горбунов и др., 2007).

satellite images. Large stamukhas often gather on the western bank. The lifetimes of the stamukhas varied from 7 to 8 months to 4.8 years (in the 1980s). The stamukhas' age did not exceed 2 years between 1990 and 2003.

The formation of fast ice in the form of a tongue with an extension of 80 to 100 km is possible when northwesterly winds prevail in the East Siberian Sea during the winter period at the western coast of Wrangel Island. The stamukhas formed on the banks specified above and appeared to be frozen in this fast ice, inhibiting ice destruction in spring. The sizes of the stamukhas were not estimated (Gorbunov et al. 2007).

5.2 Условия навигации

Восточно-Сибирское море — наиболее труднодоступное из Арктических морей. Поэтому оно используется главным образом как часть Северного морского пути, по которой проходят транзитные перевозки. Через порт Певек идут поставки продовольствия и потребительских товаров в северные районы Восточной Сибири. Устьевое рыболовство и добыча морского зверя в прибрежных водах имеют значение только для местных жителей.

5.2 Navigational Conditions

The East Siberian Sea is remote and a difficult area for development compared with the other Arctic seas. Therefore, it is used primarily for transit as a part of the Northern Sea Route. There are deliveries of foodstuffs and consumer goods to the northern areas of Eastern Siberia through the port of Pevek. Fisheries in the mouths of the rivers and hunting of sea animals in coastal water impact only local residents.

5.2.1 Особенности навигации

Судоходство в Восточно-Сибирском море осложнено мелководностью, слабой изученностью (кроме прибрежного района), частыми туманами в летний период и почти постоянным наличием сплоченного льда (рис. 5.5). Одним из главных препятствий является Айонский ледяной массив. Большие неприятности могут доставить также шторма в начале осени. Выбор пути в прибрежной зоне определяется наличием льда и опасных для плавания глубин, а в открытом море также и сплоченностью льда.

Штаб Востока, который находится в порту Певек, осуществляет руководство морскими операциями в Восточно-Сибирском море, и все суда оперативно ему подчинены. Начальник штаба Востока осуществляет выбор маршрута и варианта пути, определяет возможности самостоятель-

5.2.1 Navigational Features

Navigation in the considered waters is complicated due to shallows, a low level of scrutiny (except in coastal areas), frequent fog during summer periods and the nearly constant presence of compact ice (Fig. 5.5). Some of the main obstacles are the Ayon Ice Massif and the storms in early autumn. The selection of routes in the coastal zone is defined by the presence of ice and shallows which may be dangerous to sailing. The compactness of the ice is another important factor in open sea areas.

Sea operations in the East Siberian Sea are managed by the East Marine Operations Headquarters located in the port of Pevek. All sea vessels here are subordinated to the Headquarters operatively.

The chief of the East Marine Operations Headquarters decides on a route and any variants, determines

Рис. 5.5 Ледовые условия во время навигации. Космический снимок из архива NASA, сделанный 5 июля 2001 года

Fig. 5.5 Common ice conditions during navigation. Satellite image 5 July 2001. Courtesy Jeffrey Schmaltz and Jacques Descloitres, NASA MODIS Rapid Response: http://visibleearth.nasa.gov

ного плавания, а также организует ледокольную проводку (в одиночку или в группе) и авиационную ледовую разведку. В его функции входит также контроль за предоставлением судам необходимой ледовой, гидрометеорологической и навигационной информации.

Средства навигации. В Восточно-Сибирском море в течение трети навигационного периода преобладает ограниченная видимость из-за частых туманов и осадков, что делает светящиеся знаки крайне неэффективными. Кроме того, берега в западной части моря преимущественно отмелые. Поэтому основное значение имеют радиотехнические средства и космические навигационные системы, которые и обеспечивают плавание на всем протяжении пути от Новосибирских островов до пролива Лонга.

Условия для ориентирования с помощью радиолокации весьма разные: от удовлетворительных в проливе Дмитрия Лаптева до дающих только общую ориентировку в проливе Санникова. Для

the possibility of independent sailing, organises icebreaking and ice aerial reconnaissance and controls the delivery of the necessary ice, hydrometeorological and navigation information to the vessels.

Navigation tools. Limited visibility due to fogs and precipitation prevents crews from seeing lighted signs during the third part of the navigation season in the East Siberian Sea. The other difficulty is the small depth and shallow coast in the western part of the sea. That is why the radio engineering tools and space navigation system are the main means for navigation from New Siberian Islands to the De Long Strait.

Conditions for localisation by means of radar vary in different parts of the East Siberian Sea. They are satisfactory in the Dmitry Laptev Strait, but they provide only general orientation in the Sannikov Strait. It is possible to use for orientation the coast from east of the mouth of the Kolyma River to Ayon Island, and, with some exceptions, the mountainous coast from

надежного определения места судна средствами радиолокации можно использовать почти весь берег восточного устья реки Колымы до острова Айон и, за некоторым исключением, гористое побережье от порта Певек до мыса Якан. На большинстве знаков установлены радиолокационные пассивные отражатели, а на некоторых и маяки-ответчики (Руководство, 1995).

Port Pevek to Cape Yakan can be used for reliable localisation of a vessel by radar. Passive radar-tracking reflectors are established on the majority of signs. Radar-tracking beacon respondents appear on some signs (Northern Sea Route Administration 1995).

Все средства навигационного оборудования действуют только в период навигации. О начале и прекращении их работы радиостанция Певек передает специальные сообщения. Радиостанции Певек, Тикси и Шмидта для судов, имеющих приемную фототелеграфную аппаратуру, регулярно передают карты ледовых условий в Восточно-Сибирском море и во всем Восточном районе Арктики (от меридиана125° в.д.) (ЕСИМО, http://www.aari.nw.ru).

All types of navigation equipment operate only during the navigation period. The Pevek radio station provides information about the beginning and end of its operation in the form of special notices and alarms for the eastern sector. Maps of ice conditions in the East Siberian Sea and in all eastern areas of the Arctic (from longitude 125°E) are regularly transferred by facsimile to radio stations in Pevek, Tiksi and Schmidt for ships that have telefacsimile equipment (USIMO 2011).

Порты и якорные места. Основным портом Восточно-Сибирского моря является Певек (69°42′ с.ш., 170°19′ в.д.) — самый северный город России, расположенный у входа в обширную Чаунскую губу, прикрытую с севера островом Айон. В Певеке находится штаб Востока. Население 4434 человека (по данным на 2010 год). В 1989 году, до закрытия оловянных рудников и снижения грузопотоков в городе жило 12,9 тысяч человек. Другие населенные пункты на побережье: села Айон на одноименном острове с населением около 440 человек и Амбарчик, расположенный на берегу одноименной бухты. Эта бухта открыта к северу и вдается в материк на 3 км, имеет ширину у входа 7 км и глубину до 4 м. Однако большую часть года (с октября по июль) она закрыта льдом.

Ports and places to anchor. The basic port of the East Siberian Sea is Pevek (69°42′N, 170°19′E), which is the northernmost city of Russia and is located at the entrance of the extensive Chaun Bay, which is bordered to the north by Ayon Island. The East Marine Operations Headquarters is located in Pevek. The population is 4,434 people (2010). Nearly 12,900 people lived in the city in 1989 before the tin mines closed and there was a decrease in goods traffic. The other settlements along the coast are Ayon Village, on the island with the same name, with a population of 440 people, and Ambarchik, located on the coast of the bay with the same name. This bay is open to the north and cuts into the continent as much as 3 km. Its width at the entrance is 7 km. The depth is 4 m. However, it is closed off by ice for most of the year (from October until July).

Полярные станции находятся в Певеке, Айоне, Чауне, Амбарчике и Валькаркайе.

Polar stations are located in Pevek, Ayon, Chaun, Ambarchik and Valkarkay.

5.2.2 Плавание по основным рекомендованным путям

В Руководстве для сквозного плавания судов по Северному морскому пути (Руководство, 1995) при плавании по основным трассам (рис. 5.6) рекомендуется особенно внимательно наблюдать за состоянием компасов и систематически определять их поправки, а при плавании во льдах и в условиях ограниченной видимости рекомендуется

5.2.2 Navigation via Main Recommended Routes

In the directory for the navigation of ships through the Northern Sea Route (Guide 1995) there are recommendations for navigating the East Siberian Sea along the basic lines (Fig. 5.6): to give special consideration to the condition of compasses and regularly update them. Continuous note-taking is essential, with a consideration for drift, measuring depths, and vessel loca-

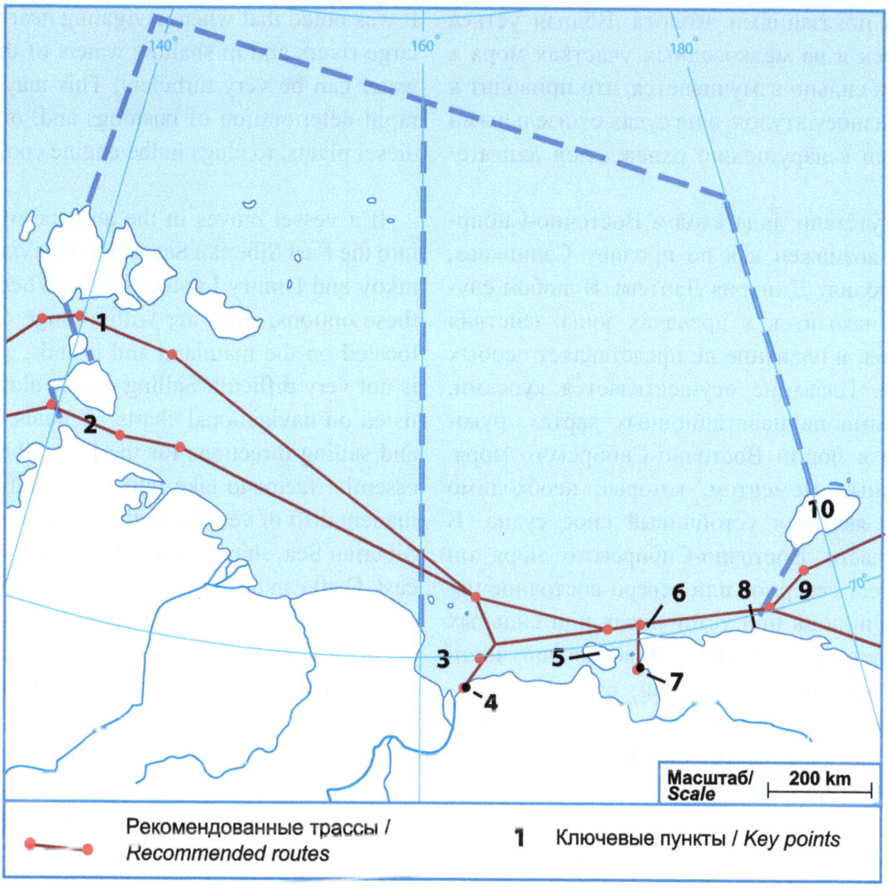

Рис. 5.6 Основные пути, рекомендованные для плавания в Восточно-Сибирском море и ключевые пункты: 1 – пролив Санникова, 2 – пролив Дмитрия Лаптева, 3 – Колымский залив, 4 – Амбарчик (поселок), 5 – остров Айон, 6 – мыс Шелагский, 7 – Певек (поселок), 8 – мыс Биллингса, 9 – пролив Лонга, 10 – остров Врангеля. Составлено на основе (ЕСИМО, http://www.aari.nw.ru)

Fig. 5.6 The main recommended routes for navigation in the East Siberian Sea and key points: 1 – Sannikov Strait, 2 – Dmitry Laptev Strait, 3 – Kolyma Gulf, 4 – Ambarchik (settlement), 5 – Ayon Island, 6 – Cape Shelagsky, 7 – Pevek (settlement), 8 – Cape Billings, 9 – De Long Strait, 10 – Wrangel Island (adapted from USIMO 2011)

также непрерывно вести счисление, учитывая дрейф, чаще измерять глубины и при любой возможности определять место судна.

Течения здесь изучены недостаточно. Кроме того, под влиянием сгонно-нагонных ветров глубины могут изменяться до 1,5 м относительно показанных на картах. Рекомендуется иметь дифферент на нос.

По прибрежной полынье и при подходе к берегам, особенно в районах с небольшими или резко меняющимися глубинами, рекомендуется следовать с небольшой скоростью и постоянно

tion when the vessel moves into conditions of limited visibility and ice.

The currents have been insufficiently studied here. The depths might vary up to 1.5 m compared to what is shown on maps because of wind surge. It is advisable to sail with a forward list.

It is recommended that vessels reduce speed and follow the indications of sonar when navigating the coastal polynya and while approaching the coast, especially in waters with low or sharply varying depths.

следить за показаниями эхолота. Вблизи устьев больших рек и на мелководных участках моря в шторм вода сильно взмучивается, что приводит к быстрому износу втулок, а на судах с дизельными установками к нарушению охлаждения двигателей.

При отсутствии льда вход в Восточно-Сибирское море возможен как по проливу Санникова, так и по проливу Дмитрия Лаптева. В любом случае судно находится в пределах зоны действия радиомаяков, и плавание не представляет особых трудностей. Плавание осуществляется курсами, приведенными на навигационных картах, руководствах и в Лоции Восточно-Сибирского моря. Существенным моментом, который необходимо учитывать, является устойчивый снос судна. В западной части Восточно-Сибирского моря он обычно имеет северное или северо-восточное направление, и лишь при устойчивых или сильных северных ветрах — южное. В восточной части моря снос наблюдается главным образом к востоку-юго-востоку. Средняя скорость постоянного течения в западной части моря 0,1–0,2 узла, а в восточной 0,2–0,3 узла.

При плавании во льдах курсы судов выбираются в зависимости от положения основных ледяных массивов: Новосибирского, Айонского и Врангелевского. Несмотря на то, что плаванием руководит штаб Востока, полезно знать некоторые общие рекомендации для плавания в годы с неблагоприятной ледовой обстановкой. Новосибирский ледяной массив обычно сравнительно легко преодолевается транспортными судами самостоятельно. Однако в отдельные годы он с трудом форсировался даже ледоколами. Айонский и Врангелевский массивы часто труднопроходимы и для линейных ледоколов. Иногда плавание возможно по прибрежной полынье, защищенной стамухами от нажима льда с севера.

Если плавание по основным рекомендованным путям невозможно по причине скопления тяжелого льда, то от проливов Санникова и Дмитрия Лаптева до Медвежьих островов рекомендуется идти по глубинам 9–10 м, держась от берега в 25–55 милях.

В западной части Восточно-Сибирского моря стамухи встречаются реже, чем в восточной. Новосибирский ледяной массив обычно состоит из годовалого малоторосистого льда, свободно дрей-

It was noted that when navigating near the mouths of large rivers and in shallow waters of the sea, stormy water can be very turbulent. This may lead to more rapid deterioration of bushings and, on vessels with diesel plants, to clogs in the engine cooling inlet.

If a vessel moves in the absence of ice, entrance into the East Siberian Sea is possible via both the Sannikov and Dmitry Laptev Straits. When using any of these options, ships are within range of the beacons located on the mainland and islands, and navigation is not very difficult. Sailing occurs along the courses listed on navigational charts, manuals for navigation and sailing directions for the East Siberian Sea. The essential factor to take into consideration is the permanent drift of vessels. In the western part of the East Siberian Sea, ships usually drift to the north or northeast. Drift can be to the south if stable or strong northerly winds blow. In the eastern part of the sea, drift occurs mainly in the east–southeast direction. The average speed of the constant flow is 0.1 to 0.2 knots in the western part of the sea and 0.2 to 0.3 knots in the eastern part.

When navigating in ice conditions, courses for ships are selected depending on the positions of the major ice massifs: the New Siberian, Ayon and Wrangel. While navigation is directed by East Marine Operations Headquarters, some general advice for navigation in years with unfavourable ice conditions is provided below. Usually, the ice of the New Siberian Ice Massif can be relatively easy to overcome by transport vessels. However, in some years, it is difficult to cross the ice here, even for icebreakers. The ice of the Ayon and Wrangel Massifs is often heavy going, even for powerful linear icebreakers. Sometimes, sailing is possible near the coast via the coastal polynya, which is protected from the pressure of ice from the north by grounded hummocks.

One should sail from the Sannikov Strait and the Dmitry Laptev Strait to the Medvezhi Islands along a line with depths of 9 to 10 m while maintaining a distance of 25 to 55 nautical miles from the shore for cases where sailing on the main routes is not recommended.

Stamukhas are less common in the western part of the East Siberian Sea than in the east. The New Siberian Ice Massif usually consists of first-year ice with a small number of hummocks, and it drifts freely

фующего на глубинах вплоть до 2–3 м. Поэтому по внешнему виду льда невозможно судить о резком изменении глубин, и плавание во льду на мелководье требует постоянного измерения глубин и самого точного счисления. Резкое изменение глубин — вообще характерная черта прибрежной части Восточно-Сибирского моря. Особенно осторожным необходимо быть восточнее меридиана устья реки Алазеи, где наблюдаются резкие перепады глубин от 9 до 20 м.

down to a depth of 2 to 3 m. Thus it is not possible to judge the sudden change in depth based on the appearance of ice; sailing in the ice via shallow water requires constant depth measurements and the most precise dead reckoning. Sharp changes in depth are the characteristic feature of the East Siberian Sea. One should be especially cautious east of the meridian at the mouth of the Alazeya River, there the depth sharply drops from 9 to 20 m.

Плавание от Медвежьих островов до мыса Шелагский по основным рекомендованным путям в годы с неблагоприятной ледовой обстановкой становится невозможным. В таких случаях судам рекомендуется следовать от Медвежьих островов в направлении на мыс Большой Баранов, а при встрече льда уклонятся в сторону берега, насколько позволят глубины.

Sailing from the Medvezhi Islands to Cape Shelagsky along the main recommended routes is impossible in years with unfavourable ice conditions. Vessels should follow the Medvezhi Islands to Cape Bolshoy Baranov. If ice is encountered on these courses, the route should change to the north and east, following the coast as closely as the depths will allow.

Пути к востоку от устья реки Колымы выбирают, сообразуясь с ледовой обстановкой и осадкой судна. Мысы здесь приглубы, но около устьев рек и у низких песчаных берегов встречаются небольшие илисто-песчаные или галечные банки. Их следует обходить всегда с мористой стороны, не заходя на глубины менее 10 м.

От северного берега острова Айон далеко выступает отмель, которая часто блокируется тяжелым льдом, и плавание здесь становится возможным только с помощью ледокола. Далее путь к мысу Шелагский при наличии льда рекомендуется прокладывать южнее, где лед преодолевается легче. При южных и восточных ветрах необходимо учитывать довольно сильное течение, которое направлено из Чаунской губы к северу и может существенно снести судно вместе со льдом.

One can choose the route to the east from the mouth of the Kolyma River according to ice conditions and the draft of the vessel. Capes are steep-to here, but there are small, silty-sandy or beachy banks near the mouths of the rivers and low sandy coasts. It is recommended to bypass these banks from the seaside; therefore, leaving at depths less than 10 m is not allowed.

The shallows that run far forward from the northern coast of Ayon Island is often blocked by heavy ice, and sailing here may be possible only with the help of an icebreaker. The route from Ayon Island to Cape Shelagsky in the presence of ice is usually easier the more southerly the route chosen. The strong current is directed to the north by the southern and eastern winds from the Chaun Bay. This current can bring a vessel away from the coast together with ice. Therefore, dead reckoning should be considered.

Условия плавания по прибрежным полыньям от мыса Шелагский до мыса Якан более сложные, чем западнее мыса Шелагский. Большие глубины между мысом Шелагский и островом Шалаурова при сильных северных ветрах способствуют скоплению тяжелого льда у самого берега, и появление значительных по протяженности полыней в годы с большой ледовитостью здесь довольно редко. При разрежении льда полыньи перекрываются обломками трудно проходимого торосистого льда, и для их преодоления требуется помощь ледокола.

К востоку от острова Шалаурова условия для образования прибрежных полыней более благо-

There are more difficult conditions for sailing along the coastal polynyas from Cape Shelagsky to Cape Yakan than to the west of Cape Shelagsky. The great depths between Cape Shelagsky and Shalaurov Island promote congestion of heavy ice at the coast when the wind blows strongly from the north. Extended polynyas seldom occur here in years with heavy ice conditions. The polynyas are blocked by fragments of hummocky ice that are difficult to pass. Overcoming such ice is possible only with the help of icebreakers.

Conditions needed to form coastal polynyas are more favourable to the east of Shalaurov Island, but

приятны. Плавание здесь осложняют мелководья вблизи мыса Аачим, которые рекомендуется обходить по глубинам более 15 м на расстоянии не менее 4 миль от берега. На таком же расстоянии от берега по глубинам около 15 м надо обходить и банки в районе мыса Биллингса, восточнее которого дно более ровное, а берег менее приглубый. Это благоприятствует скоплению вдоль берега гряд стамух и образованию значительных по протяженности прибрежных полыней.

5.3 Происшествия

Табл. 5.1 Происшествия в Восточно-Сибирском море. Список и легенда к карте (рис. 5.7)

№	ПРОИСШЕСТВИЯ
1	1919–1920. *Мод.* Зимовка
2	1922–1924. *Мод.* Дрейф, зимовка
3	1924–1925. *Мод.* Зимовка
4	1924–1925. *Ставрополь.* Зимовка
5	1927–1928. *Пионер.* Зимовка
6	1928–1929. *Колыма.* Зимовка
7	1929. *Элизиф.* Кораблекрушение
8	1929–1930. *Пионер.* Зимовка
9	1931–1932. *Колыма* и *Лейтенант Шмидт.* Зимовка
10	1932–1933. 6 грузовых пароходов (*Север, Анадырь, Сучан, Микоян, Урицкий Красный Партизан* и), ледорез *Литке* и шхуна *Темп.* Зимовка
11	1932–33. *Урицкий.* Зимовка, дрейф
12	1933–34. 3 парохода (в том числе *Север, Анадырь).* Зимовка
13	1933. *Революционный* и несколько барж. Дрейф, кораблекрушение
14	1933. *Челюскин.* Повреждения
15	1936. *Смоленск.* Повреждения
16	1938–1939. *Ост.* Дрейф, повреждения
17	1947. *Моссовет.* Кораблекрушение
18	1955. *Каменец-Подольск.* Повреждения
19	1965. *Витимлес.* Кораблекрушение
20	1965. *Адмирал Лазарев.* Повреждения
21	1978. *Капитан Мышевский.* Повреждения

shoals near Cape Aachim complicate navigation. One should bypass these shoals on depths exceeding 15 m with a distance from the coast of not less than 4 nautical miles. It is also necessary to bypass the banks around Cape Billings with the same distance from the coast and depths of about 15 m. The bottom is flatter to the east of Cape Billings, and the coast is less steep-to here. This promotes congestion of the ridges of stamukhas along the coast and forms coastal polynyas with considerable extension.

5.3 Accidents

Table 5.1 Accidents in the East Siberian Sea. List and legend for map (Fig. 5.7)

№	Accident
1	1919–1920. *Maud.* Overwintering
2	1922–1924. *Maud.* Drift, Overwintering
3	1924–1925. *Maud.* Overwintering
4	1924–1925. *Stavropol.* Overwintering
5	1927–1928. *Pioner.* Overwintering
6	1928–1929. *Kolyma.* Overwintering
7	1929. *Elizif.* Shipwreck
8	1929–1930. *Pioner.* Overwintering
9	1931–1932. *Kolyma and Leytenant Shmidt.* Overwintering
10	1932–1933. 6 cargo ships (*Anadyr, Sever, Suchan, Mikoyan, Krasny Partizan, Uritsky*), *Litke* and schooner *Temp.* Overwintering
11	1932–1933. *Uritsky.* Overwintering, Drift
12	1932–1933. 1933–1934. Three vessels (including the *Sever* and the *Anadyr*). Overwintering
13	1933. *Revolyutsionny* and several barges. Drift, Shipwreck
14	1933. *Chelyuskin.* Damage
15	1936. *Smolensk.* Damage
16	1938–1939. *Ost.* Drift, Damage
17	1947. *Mossovet.* Shipwreck
18	1955. *Kamenets-Podolsk.* Damage
19	1965. *Admiral Lazarev.* Damage
20	1965. *Vitimles.* Shipwreck
21	1978. *Kapitan Myshevsky.* Damage

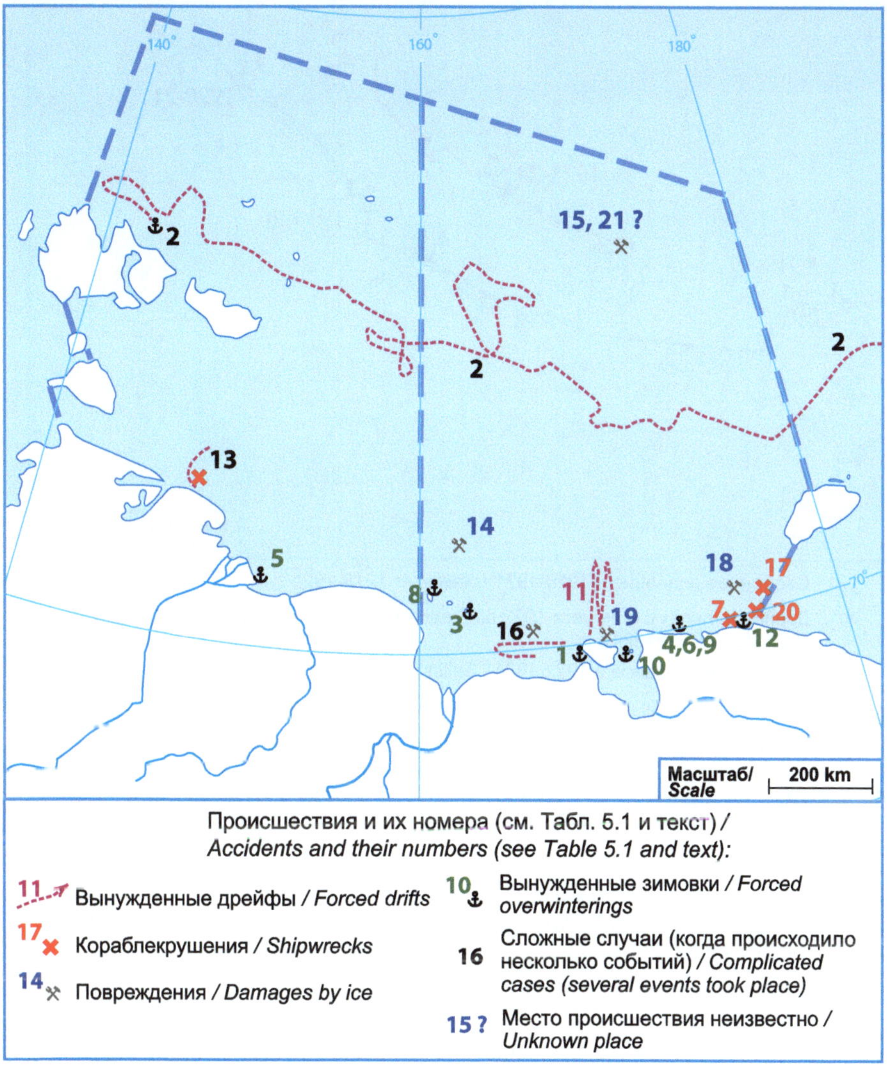

Рис. 5.7 Происшествия в Восточно-Сибирском море

Fig. 5.7 Accidents in the East Siberian Sea

Перечень происшествий, вызванных тяжелыми ледовыми условиями в Восточно-Сибирском море (рис. 5.7, таблица 5.1), открывается серией зимовок норвежского судна *Мод* экспедиции Рауля Амундсена. Как известно, Р. Амундсен планировал дрейфовать в Северном Ледовитом океане по пути *Фрама*, но как можно ближе к полюсу. Для этого на верфи Волден в Аскер, недалеко от Осло, было построено судно *Мод*. Спуская судно на воду и нарекая его именем норвежской королевы, Амундсен бросил в борт судна кусок льда и сказал: «Ты создана для льда. Ты проведешь свои

The list of accidents caused by severe ice conditions in the East Siberian Sea (Fig. 5.7, Table 5.1) starts with a series of overwinterings of the Norwegian vessel *Maud* (Fig. 5.8) from the expedition of Roald Amundsen.

As is known, Amundsen planned to drift through the Arctic Ocean along the *Fram*'s route but closer to the pole. The *Maud* was constructed in the shipyard Volden, Asker, near Oslo, especially for this purpose. Amundsen christened the vessel by throwing a piece of ice against the bow and said: 'You are made for the ice. You shall spend your best years in the ice and

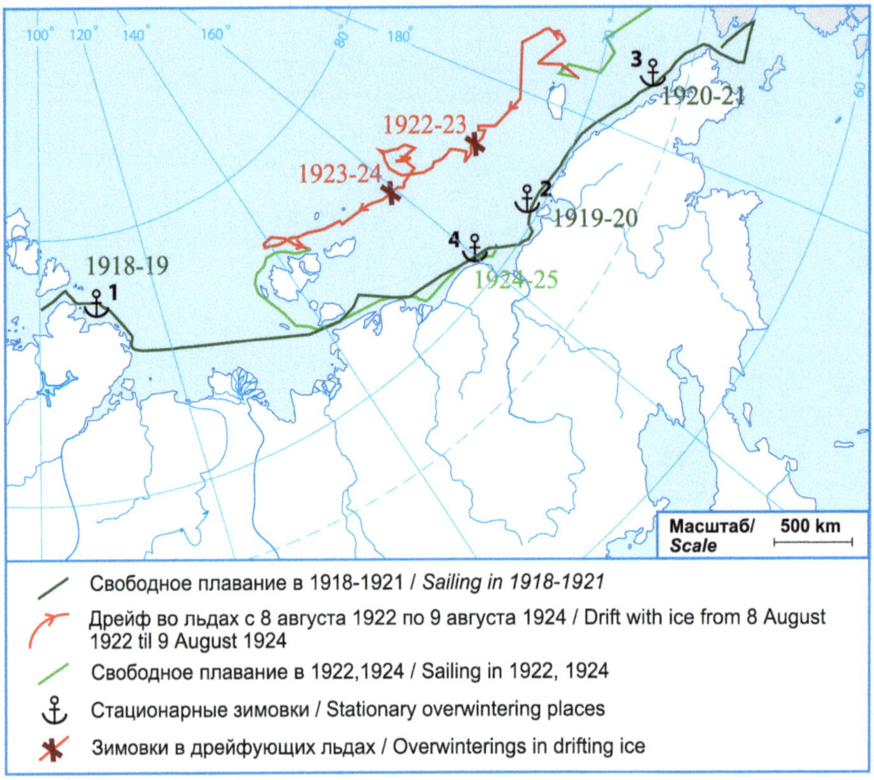

Рис. 5.8 Путь *Мод* в восточном секторе Арктики 1918–1925. Стационарные зимовки: 1 – мыс Челюскин, 2 – остров Айон, 3 – мыс Сердце Камень, 4 – Медвежьи острова. Составлено на основе (Sverdrup, 1926)

Fig. 5.8 Route of the *Maud* in the eastern sector of the Arctic, 1918–1925. Stationary overwintering places: 1 – Cape Chelyuskin, 2 – Ayon Island, 3 – Cape Serdtse-Kamen, 4 – Medvezhi Islands (adapted from Sverdrup 1926)

лучшие годы во льдах, и ты будешь делать свою работу во льдах» (цитируется по Jensen, 1933, с. 10). Как мы увидим в дальнейшем, *Мод* с честью выдержала все испытания.

В своей книге «Nordøstpassagen» (Северо-восточный проход) Амундсен писал, что при первом же столкновении со льдом *Мод* показала все свои лучшие качества, и первое впечатление было абсолютно благоприятным. Благодаря своей форме судно могло вращаться вокруг своей оси, что было очень важно при работе во льду. Округленный наклонный нос представлял неоценимое преимущество. Вместо того чтобы застрять во льду, судно скользило по поверхности и давило на лед, так что в итоге чаще всего лед ломался. Кроме того, *Мод* очень быстро набирала скорость, что также имело огромное значение при плавании во льдах (Jensen, 1933).

you shall do your work in the ice. With permission of Her Majesty the Queen, I name you "Maud"' (cited from Jensen, 1933, p. 10). As we will see, the *Maud* withstood all tests and collisions with flying colours.

In his book *Nordøstpassagen* (*The North-East Passage*), Amundsen wrote that in her first encounter with ice the *Maud* showed her best behaviour, and the first impression was absolutely favourable. The ship had, owing to its form, the ability to turn around on its own axis, and this is of great importance to a ship which shall work in the ice. The rounded, slanting bow was, furthermore, of invaluable advantage. Instead of getting stuck in the ice, the *Maud* slid up on the ice and forced it down, with the result that, most often, the ice broke. The *Maud* had, furthermore, the advantage that it got a speed lip at a very short distance. This feature, obviously, was of enormous importance, when one is working through ice (Jensen 1933).

Приключения мореплавателей на *Мод* и научные результаты, полученные в ходе экспедиции, описаны в ряде монографий и мемуаров. На русском языке это перевод книг Руаля Амундсена «На корабле «Мод». Экспедиция вдоль северного побережья Азии» (Амундсен, 1929) и «Моя жизнь» (Amundsen, 1928; Амундсен, 1959) и перевод книги Харальда Свердрупа «Плавание на судне «Мод» в водах морей Лаптевых и Восточно-Сибирского» с дополнениями и предисловиями П.В. Виттенбурга (Свердруп, 1930).

1. 23 сентября 1919 года *Мод* встала во льдах около острова Айон, у входа в Чаунскую губу и смогла освободиться только летом 1920 года.

В книге «Моя жизнь» Руаль Амундсен (Amundsen, 1928) вспоминал: «Мы взяли курс на восток, прошли через пролив, отделяющий Новосибирские острова от материка, и вышли к востоку от них в открытое море. На следующий день, 20 сентября, мы снова наткнулись на сплоченный лед, и так как всякое продвижение вперед казалось невозможным, мы снова пришвартовались у кромки льда и принялись за наблюдения над направлением и характером течения. Наблюдения установили наличие сильного течения к югу. Это, конечно, означало, что вскоре мы начнем дрейфовать обратно к материку. Мы решили воспользоваться первой возможностью, чтобы продвинуться вперед и искать убежища у мыса Шелагского. Но счастье опять обернулось против нас, мы прошли не дальше острова Айона, где застряли во льдах 23 сентября. Мы врезались в лед на 50 м и начали готовиться к зимовке.

Вскоре мы открыли, что на острове есть туземцы, и приобрели у чукчей, как называются эти первобытные жители Сибири, большое количество оленьего мяса на зиму.

Доктор Свердруп, научный сотрудник нашей экспедиции, решил воспользоваться нашим зимним пребыванием и отправиться на юг по Сибири с целью собрать научные материалы о чукчах и их стране. Для этого он примкнул к туземному племени, с которым отправился на юг, и вернулся на *Мод* лишь в середине мая. Он написал увлекательную книгу об интересных научных наблюдениях, собранных в этом путешествии».

Летом 1920 года, когда лед взломался, Р. Амундсен направил *Мод* к канадскому городку Ном для

The adventures of seafarers on the *Maud* and the scientific results obtained during the expedition are described in a number of monographs and memoirs. The English reader will find them in Amundsen (1928) and Sverdrup (1933).

1. 1919–1920, *Maud*, overwintering. On 23 September 1919, the *Maud* was stopped in the ice near Ayon Island at the entrance to Chaun Bay. The ship was first released in the summer of 1920.

In his book *My Life as an Explorer*, Roald Amundsen (1928) recalled:

'We headed east, traversed the passage separating the New Siberian Islands from the continent, and left to the east of them in the high sea. The next day, on 20 September, we again came across the compact ice, and as any advancement forward seemed impossible, we again moored at an edge of the ice and began observing the direction and character of the current. Our observations detected the presence of a strong current to the south. It, of course, meant that soon we would start to drift back to the continent. We decided to take advantage of the first opportunity to move ahead and seek out refuge at Cape Shelagsky. But our luck again turned against us; we had not passed further than Ayon Island when she got stuck in ice on 23 September. We ran into the ice at 50 m and started to prepare for overwintering.

Soon, we observed natives on the island. We bought from the Chukchees, as these primitive inhabitants of Siberia are called, a considerable quantity of reindeer meat for the winter.

Doctor Harald Sverdrup, the scientific worker of our expedition, decided to take advantage of our winter stay and to go to the south across Siberia to collect scientific materials about the Chukchees and their country. For this purpose, he joined a native tribe and travelled to the south with the tribe. He returned to the *Maud* only in the middle of May. He has written a fascinating book about the interesting scientific observations collected during his travels.'

When the ice was cracked in July 1920, Amundsen guided the *Maud* to the small town of Nome, Alaska,

пополнения запасов продовольствия и ремонта. Плавание от Айона до Нома прошло без всяких препятствий, и путешественники прибыли туда в августе 1920 года.

2. Третья и четвертая зимовки *Мод* с 1922 по 1924 год прошли во льдах Восточно-Сибирского моря. В результате дрейфа судно оказалось рядом с Новосибирскими островами.

Мод вышла из Нома к дрейфующим льдам Полярного бассейна 28 июня 1922 года. В этом плавании Амундсен уже не участвовал, так как в это время он полностью посвятил себя новой идее — достижению высоких широт по воздуху. Командование судном было возложено на О. Вистинга, научными работами руководил профессор Х. Свердруп, которому помогал молодой шведский геофизик Ф. Мальмгрен. На *Мод* был небольшой самолет «Ориоль», который обслуживал летчик О. Даль. Кроме того, на судне находились еще четыре человека судового состава: штурман К. Гансен, машинист С. Сювертсен, радист Г. Олонкин и чукча Какот, исполнявший обязанности юнги (Визе, 1948).

Уже 8 августа, находясь недалеко от острова Геральд в точке с координатами 71°16′ с.ш., 175°06′ з.д., *Мод* оказалась в сплоченных льдах, в которых не могла продвигаться дальше. Никому из путешественников не могло прийти в голову, что всякое свободное движение при помощи мотора закончилось и дрейф уже начался (Свердруп, 1930).

Примечателен сам момент захвата *Мод* льдами и поведение корабля при этом. Капитан *Мод* Оскар Вистинг, в книге «16 år med Roald Amundsen» (16 лет с Роалдом Амандсеном), вспоминал (цитируется по Jensen, 1933, p.12):

«Большая старая плавучая льдина медленно надвигалась на борт с огромной силой. Сжатие под кораблем усиливалось и ослаблялось попеременно, в то время как вода бурлила между огромными кусками льда. Все представление продолжалось не больше чем полчаса, но все это короткое время трехметровые торосы наваливались на нос и на корму *Мод*. Затем *Мод* сама была поднята на два фута, взгромоздилась на льдину, и на этой плавучей льдине она оставалась в течение 13 месяцев».

Как и судно экспедиции Джоржа де Лонга (1878–1881) *Жаннетта,* раздавленное льдами севернее Новосибирских островов, *Мод* понесло сначала на север, а затем на запад и северо-запад.

for provisioning and repair. Sailing from Ayon Island to Nome occurred without any obstacles, and the crew arrived in Nome in August.

2. 1922–1924, *Maud*, drift, overwintering. The third and fourth overwinterings of the *Maud* occurred between 1922 and 1924 in the ice of the East Siberian Sea. As a result of drift, the vessel arrived at the New Siberian Islands. The *Maud* left Nome again to drifting ice of the Polar Basin on 28 June 1922. Amundsen did not participate in the expedition on the *Maud* in 1922–1925 as he now devoted his time to a new idea – reaching the high latitudes by air. Command of the ship was in the hands of Captain O. Wisting; scientific projects were assigned to Professor H. Sverdrup and his assistant, the young Swedish geophysicist F. Malmgren. Certis's small plane, Oriol, was on the *Maud.* It was flown by the pilot, O. Dahl. Four other crew members participated in the expedition: navigator K. Hanssen, machinist S. Syvertsen, radio operator G. Olonkin, and Chukchee Kakot, fulfilling the duties of ship's boy (Vize 1948).

Already on 8 August, Herald Island (71°16′N, 175°06′W) was visible, and the *Maud* had been jammed up in the compact ice. It could not move ahead. 'No one can imagine that the end of any movement by means of the motor has come and that drift has already begun, wrote Sverdrup (1930). The moment the *Maud* was captured by the ice and the behaviour of the ship were remarkable. The *Maud*'s captain, Oscar Wisting, in his book *16 år med Roald Amundsen* (*16 Years with Roald Amundsen*), recollected [from Jensen (1933), p. 12):

'A big old floe slowly advanced against the broadside with enormous force. It was pressed under the ship and broke off time after time, while the water rushed up between the big pieces. The whole performance lasted not more than half an hour, but all this short time 3-m-high pressure ridges had been piled up ahead and astern of the *Maud.* The *Maud* herself had been lifted two feet straight up, and on this floe she remained for 13 months.'

The *Maud* was carried at first to the north, and then to the west and the northwest, like the *Jeannette* (the ship of expedition), commanded by US Navy Lieutenant Commander George W. De Long (1879–1881),

Разница была только в том, что к западу от меридиана острова Врангеля путь *Мод* пролегал на 50–100 миль южнее пути *Жанетты*. Это принесло Вистингу и его спутникам большое разочарование, так как они надеялись, что их вынесет на большие глубины Полярного бассейна. Однако в течение всего своего дрейфа *Мод* не выходила за пределы материковой отмели.

Зима 1922–1923 и лето 1923 года, когда *Мод*, обогнув остров Врангеля с севера, уже находилась в Восточно-Сибирском море около параллели 75° с.ш., прошли сравнительно спокойно, и корабль почти не подвергался давлению льдов. В июне впервые был испробован самолет, но неудачно. Второй опыт закончился совсем печально: при взлете самолет разбился и навсегда вышел из строя. В это же лето случилось и другое несчастье: от воспаления мозга скончался машинист Сювертсен. Таким образом, на *Мод* осталось только семь человек.

Осенью начались сильные сжатия льда, причем льдина, около которой *Мод* находилась в течение 13 месяцев, разломалась на мелкие куски. Это первое серьезное испытание корабль выдержал блестяще. «Не думаю, — пишет Свердруп (Свердруп, 1930), — чтобы льду удалось одолеть *Мод*, где бы и когда бы то ни было». Свердруп оказался прав, ибо при дальнейших сжатиях корабль оставался невредимым.

Весной 1924 года, после 20 месяцев дрейфа в полярных льдах мореплаватели увидели на горизонте землю. Это были небольшие острова Вилькицкого и Жохова. В конце апреля, когда *Мод* приблизилась к острову Вилькицкого, Вистинг дважды пытался добраться до острова на санях, но оба раза был вынужден вернуться с полпути из-за большого количества полыней и каналов во льду.

Начиная с весны 1924 года, скорость западного дрейфа заметно увеличилась, и в середине июня *Мод* находилась уже к северу от Фадеевского острова, приблизительно в 50 милях. Здесь кораблю пришлось выдержать жестокий напор льдов. Крен судна достиг 23°. «Ходить по палубе нечего было и думать, приходилось ползать, крепко держась за что попало. Вода залила большую часть палубы, борт у середины судна отстоял от воды всего на один фут. Положение казалось страшным. Правым бортом *Мод* была прижата к

which was crushed by ice and sank to the north of the New Siberian Island. The only difference between these two vessels was that to the west, from a meridian near Wrangel Island, the route of the *Maud* was 50 to 100 nautical miles to the south of the *Jeannette*'s route. This was a big disappointment to Wisting and his companions because they had hoped that the drift would take them to the depths of the polar basin. However, during the drift, the *Maud* did not fall outside of the border of the continental shallow.

The winter of 1922–1923 and the summer of 1923, when the *Maud* rounded Wrangel Island from the north and was in the East Siberian Sea at parallel 75°N, passed rather easily. The ship was not exposed to ice pressure. In June, the plane was tried out for the first time, but it was unsuccessful. The second experience ended in disappointment because the plane broke down at launch and could not be repaired. The same summer, the seafarers suffered even more loss: machinist Syvertsen died from brain inflammation. Thus, only seven people remained on the *Maud*.

In autumn, strong compression of ice had begun, and the ice floe that the *Maud* was trapped within for 13 months was broken into small pieces. The ship sustained this first serious test in excellent condition. 'I do not think,' wrote Sverdrup (1930), 'that ice managed to overcome the *Maud* at that time'. Sverdrup appeared to be right because the ship remained safe during later compression.

In the spring of 1924, after 20 months of drift in the polar pack ice, the seafarers saw land on the horizon. It was the small Vilkitsky and Zhohov Islands. At the end of April, when the *Maud* approached Vilkitsky Island, Wisting tried to reach the island by sledge twice, but both times he had to turn back because of considerable openings in the ice.

Since the spring of 1924, the speed of the western drift had increased considerably, and in the middle of June, the *Maud* was already approximately 100 km to the north of Fadeevsky Island. Here, the ship had to sustain severe ice pressures. The list of the vessel reached 23°. 'It was out of the question to walk on deck; it was only possible to crawl. Water flowed over most of the deck, the free board midship was just one foot. The situation seemed terrible. The starboard side of the *Maud* was pushed towards an old and strong ice floe. On the port side there was an incessant piling

старой крепкой льдине, с левой же стороны к корпусу беспрестанно наваливали новые груды льда» (Свердруп, 1930). Но и на этот раз замечательный корабль вышел победителем в схватке со льдом.

В начале июля 1924 года около судна появилось много открытой воды, и 10 июля после двухлетнего дрейфа *Мод* снова пошла под мотором. Однако попытка обогнуть с севера Новосибирские острова удалась не сразу — льды были еще слишком сплоченными, и *Мод* в течение целого месяца тщетно искала прохода.

9 августа 1924 года корабль находился перед северным входом в Благовещенский пролив (между островами Новая Сибирь и Фадеевским). Вистинг попытался пройти этим проливом на юг. Как писал О. Свердруп (Свердруп, 1930), *Мод* пробивалась вперед от одной полыньи к другой, таранила, давала задний ход, снова таранила, проталкивались изо всех сил и, наконец, пробила последнюю перемычку. Однако у южного входа в пролив мореплавателей ждало разочарование — лед стоял там сплошной стеной. Пришлось опять возвратиться на север. 13 августа *Мод* стала огибать остров Фадеевский с севера, но у мыса Нерпичьего была остановлена льдом. Свердруп воспользовался этой вынужденной стоянкой и сделал высадку на остров. Только 17 августа 1924 года удалось, наконец, обогнуть остров Котельный, а на следующий день *Мод* вышла в море Лаптевых на чистую воду.

После двух лет дрейфа, который пролегал по материковой отмели, южнее пути *Жанетты*, стало ясно, что *Мод* едва ли пронесет ближе к полюсу, чем в свое время пронесло *Фрам*. Поэтому Амундсен радировал на *Мод*, чтобы экспедиция возвращалась на Аляску (Свердруп, 1930).

3. Однако мореплавателям не посчастливилось выйти в Тихий океан в том же году: им пришлось пережить еще третью зимовку. 27 августа 1924 года непроходимые льды остановили судно у Большого Баранова Камня. Видя полную невозможность пробиться дальше на восток, Вистинг повернул обратно и 7 сентября поставил *Мод* у острова Четырехстолбового. Выбравшись из дрейфующих льдов, *Мод* не смогла достичь чистой воды и вынуждена была зазимовать в очередной раз. Эта вынужденная зимовка у Медвежьих островов явилась для путешественников великим разочарованием. (Свердруп, 1930). Для Х. Свердрупа и О. Вистинга это была уже шестая полярная зима, которую они провели на борту

of new heaps of ice' (Sverdrup 1930). The admirable ship survived this trial as well.

There was a lot of open water around the vessel in early July, and on 10 July, after 2 years adrift, the *Maud* moved by its own engine. However, the first attempts to round the New Siberian Islands from the northern side failed because the ice was still too compact, and the *Maud* vainly searched the pass for an entire month.

On 9 August 1924, the ship was again at the northern entrance of the Blagoveshchensk Passage (between New Siberia Island and Fadeevsky Island). Wisting had tried to navigate this passage from the south. 'We made our way forward from one lead to the next,' wrote Sverdrup (1930), 'rammed, gave sternway, again rammed, forced the way very much and, at last, punched the last ice isthmus.'

However, disappointment awaited the seafarers at the southern entrance of the passage, where ice stood as a solid wall. It was necessary to head north again. On 13 August, the *Maud* began to bend around Fadeevsky Island from the north, but at Cape Nerpichy, it was stopped by ice. Sverdrup took advantage of this and disembarked to the island. By 17 August, it was at last possible to round Kotelny Island, and the next day the *Maud* reached the Laptev Sea in ice-free water.

After 2 years of drift on a continental shallow to the south of the route of *Jeanette*, it became clear that the *Maud* would not make it closer to the North Pole than did the *Fram.* Therefore, Amundsen wired to the *Maud* that the expedition should return to Alaska (Sverdrup 1930).

3. 1924–1925, *Maud*, overwintering. However, the seafarers on the *Maud* failed in their attempt to reach the Pacific Ocean the same year, and they had to endure a third overwintering. On 27 August, impassable ice stopped the vessel at Bolshoy Baranov Kamen. Seeing that it was impossible to make their way further to the east, Wisting turned back, and on 7 September, he put the *Maud* near Chetyrekhstolbovoy Island (in the group of Medvezhi Islands) (Fig. 5.13). The *Maud* crew did not manage to reach ice-free water and had to spend the winter there. It was a great disappointment for the travelers (Sverdrup 1930). For Sverdrup and Wisting, it was the sixth polar winter they had spent onboard the *Maud.* The five previouse winters were in the years 1918–1921, 1922–1924.

Мод. Пять предыдущих состоялись в 1918–1921 и 1922–1924 годах.

Только в середине июля следующего, 1925 года судно получило возможность продолжить плавание, а приблизительно через месяц *Мод* была в Беринговом проливе. «Мы вышли, наконец, изо льда, — пишет Свердруп. — Он победил нас в том отношении, что нам не пришлось продрейфовать через Полярный бассейн, но покончить с *Мод* ему все же не удалось. Норвежское кораблестроение снова одержало победу над льдом» (Свердруп, 1930).

Борьбу *Мод* со льдами, попытки найти выход по полыньям, дрейф и поиски безопасного места для зимовки хорошо отражает карта, составленная на основе чертежа Х. Свердрупа (рис. 5.9).

В научном отношении плавание *Мод* оказалось очень полезным. Особенно ценные результаты были получены Х. Свердрупом при исследовании динамики вод Восточно-Сибирского моря, его метеорологического и аэрометеорологического режима, а также земного магнетизма. Наблюдения за жизнью полярных льдов, проведенные Ф. Мальмгреном и им же самим обработанные, поставили, по выражению В. Визе, имя этого молодого ученого в ряды наиболее выдающихся гляциологов (Визе, 1948). Через три года после возвращения из экспедиции *Мод* Мальмгрем трагически погиб в результате катастрофы дирижабля «Италия».

By the middle of July of the next year, 1925, the vessel was able to continue sailing, and in a month, the *Maud* was in the Bering Strait. ‘We left, at last, the ice,’ Sverdrup writes. ‘It has conquered us in the respect that it was not possible for us to drift through the Polar Basin, but it nevertheless was not able to crush the *Maud.* So Norwegian shipbuilding has again beaten the ice’ (Sverdrup 1930).

The map created on the basis of Sverdrup’s drawing reflects the *Maud*’s struggle with the ice while trying to find a way out via polynyas, and it shows as well the drift and search for a safe place to overwinter (Fig. 5.9).

The voyage of the *Maud* was very useful from a scientific point of view. Especially valuable results were obtained by Sverdrup on the dynamics of the waters of the East Siberian Sea, along with its meteorological and aerometeorological regime, and the Earth’s magnetism. The investigations by Malmgren on the life of polar ice, which he processed himself, fixed this young scientist’s name, in the expression of Vize, among the most outstanding glaciologists (Vize 1948). Tragically, he died 3 years later after returning from the *Maud*’s expedition as a result of an accident with the dirigible *Italy*.

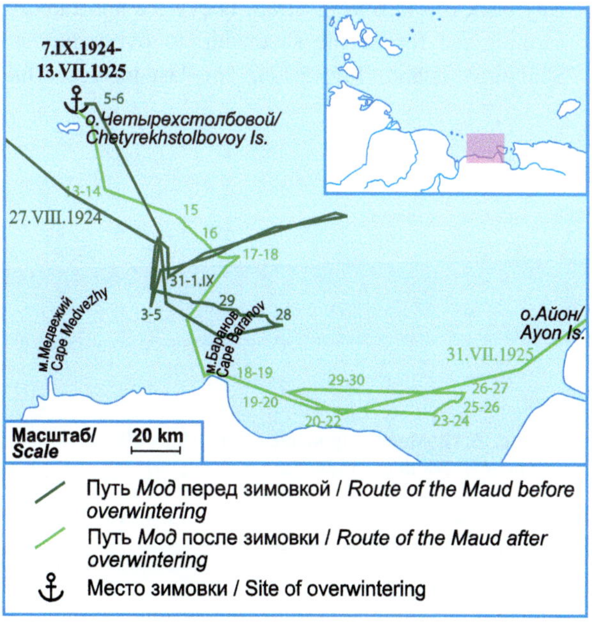

Рис. 5.9 Путь *Мод* во льдах Восточно-Сибирского моря с 24 августа по 7 сентября 1924 года и с 13 июля по 31 июля 1925 года. Цифрами показаны даты прохождения соответсвующих точек, римские цифры — месяцы года. Составлено на основе (Свердруп, 1930)

Fig. 5.9 The route of the *Maud* in the ice of the East Siberian Sea from 24 August to 7 September 1924 and from 13 July to 31 July 1925. The numbers are the dates certain locations were passed. Roman numerals indicate months (adapted from Sverdrup 1930)

Рис. 5.10 Грузопассажирский пароход *Ставрополь*. Построен в 1907 году в Германии. Работал на Северных направлениях, участник Колымских рейсов. Печатается с разрешения ОАО «Дальневосточное морское пароходство»

Fig. 5.10 Cargo-passenger steamer *Stavropol*. Built in 1907 in Germany. Worked on the Northern routes, participant of Kolyma voyages (reproduced with permission from Far Eastern Shipping Company)

Рис. 5.11 Грузопассажирский пароход *Колыма* (Проспер). Построен в 1906 году в Норвегии, приобретен для работы в Дальневосточном бассейне в 1911 году. Первопроходец колымских рейсов, обеспечивал северные направления. Печатается с разрешения ОАО «Дальневосточное морское пароходство»

Fig. 5.11 Cargo-passenger steamer *Kolyma* (*Prosper*). Built in 1906 in Norway, bought for work in Far East region in 1911. The pioneer of Kolyma voyages, it secured the Northern routes (reproduced with permission from Far Eastern Shipping Company)

4. В сентябре 1924 года оказался в ледовой западне транспорт *Ставрополь* (рис. 5.10).

1 сентября с большими трудностями *Ставрополю* удалось миновать остров Айон, но на следующий день в 90 милях от устья Колымы судно встретило совершенно неподвижные льды и полное отсутствие полыней. Льды окончательно преградили судну дальнейший путь на запад, и оно вынуждено было повернуть назад. На обратном пути к Берингову проливу тяжелые льды и быстрое образование нового льда задержали паро-

4. 1924–1925, *Stavropol*, overwintering. The cargo ship *Stavropol* (Fig. 5.10) became frozen in an ice trap in September 1924. The *Stavropol* managed to pass Ayon Island on 1 September with substantial difficulties, but the next day, 90 nautical miles from the mouth of the Kolyma River, the motionless ice and a total absence of polynyas had definitively blocked further passage to the west for the steamship. On the way back to the Bering Strait, heavy ice and rapidly forming ice forced the steamship to overwinter at Shalaurov Island (Fig. 5.12). The last unsuccessful

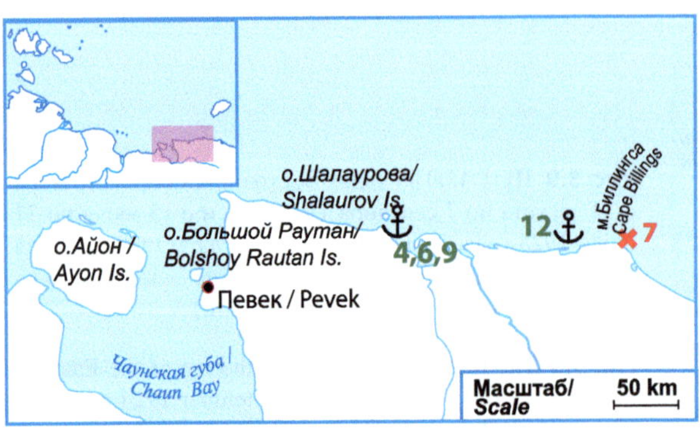

Рис. 5.12 Места происшествий 1928–1934. Номера происшествий см. табл. 5.1

Fig. 5.12 Locations of events, 1928–1934. See Table 5.1 for the numbers of the events

ход. 18 сентября была сделана последняя попытка пробиться на восток, но она не привела к успеху — зиму *Ставрополь* провел у острова Шалаурова (рис. 5.12) и освободился из ледового плена только летом 1925 года (Визе, 1926).

5. В период с 1927 по 1931 год между устьем Колымы и устьем Индигирки совершал снабженческие рейсы маленький моторный бот *Пионер* (грузоподъемностью около 20 тонн). В первый рейс *Пионер* зазимовал в устье Индигирки (1927–1928) (Визе, 1948) .

6. В середине сентября 1928 года транспортное судно *Колыма* (рис. 5.11), пробивавшееся в тяжелых льдах из Тикси во Владивосток, было вынуждено встать на зимовку у юго-восточной стороны острова Шалаурова (рис. 5.12). 23 июля 1929 года *Колыма* после зимовки двинулась на восток (Визе, 1926).

7. В августе 1929 года американская шхуна *Элизиф* пыталась добраться до реки Колымы после зимовки у мыса Шмидта. В районе мыса Биллингса (рис. 5.12) 11 августа 1929 года *Элизиф* потерпела аварию. По данным Н.А. Волкова (Волков, 1945) шхуна была раздавлена льдами.

8. Уже знакомый нам по зимовке 1927–1928 года бот *Пионер* в свой второй рейс из устья Колымы в устье Индигирки вышел в 1929 году и на обратном пути был вынужден снова зазимовать у Крестовского острова (самый большой остров в группе Медвежьих островов, расположенный на западе архипелага) (рис. 5.13) и провести зиму1929–1930 года в бухте, носящей теперь название Пионер (Визе, 1948).

attempt to make its way east occurred on 18 September. The ship was first released in the summer of 1925 (Vize 1926).

5. 1927–1928, *Pioner*, overwintering. A small motor boat, the *Pioner* (load-carrying capacity about 20 tonnes) made supply voyages between 1927 and 1931 at the mouths of the Kolyma and Indigirka Rivers. During the first trip, the *Pioneer* overwintered in the mouth of the Indigirka River (1927–1928) (Vize 1948).

6. 1928–1929, *Kolyma*, overwintering. In the middle of September 1928, the transport vessel *Kolyma* (Fig. 5.11) made its way in heavy ice from Tiksi to Vladivostok. She was forced to overwinter at the southeastern part of Shalaurov Island (Fig. 5.12). On 23 July 1929, the *Kolyma* moved east after overwintering (Vize 1926).

7. 1929, *Elizif*, shipwreck. In August 1929, the American schooner *Elizif* tried to reach the region of the Kolyma River after overwintering at Cape Schmidt. Near Cape Billings (Fig. 5.12), on 11 August 1929, the *Elizif* wrecked. According to N.A. Volkov (Volkov 1945), the schooner was crushed by ice.

8. 1929–1930, *Pioner*, overwintering. The *Pioneer* is already familiar to us from its overwintering in 1927–1928. It started its second voyage from the mouth of the Kolyma River to Indigirka in 1929. On the way back, it was forced to overwinter (1929–1930) in a bay at Krestovsky Island (the largest in the group of Medvezhi Islands, located to the west of the archipelago) (Fig. 5.13). This bay is now called Pioneer after the ship (Vize 1948).

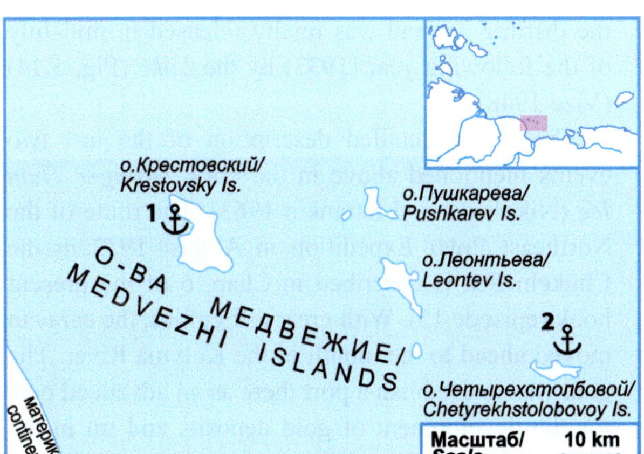

Рис. 5.13 Места зимовок: 1 – судно *Пионер* (1929–1930), 2 – *Мод* (1924–1925)

Fig. 5.13 Overwintering locations: 1 – *Pioner* (1929–1930), 2 – *Maud* (1924–1925)

9. Пароходы колымского рейса *Колыма* и *Лейтенант Шмидт* вошли в Чукотское море 19–22 июля 1931 года. Преодолевая многочисленные перемычки тяжелого льда, суда прошли мыс Шмидта только 20 августа. На обратном пути оба судна не смогли пробиться из Восточно-Сибирского моря в Чукотское и вынуждены были зазимовать у острова Шалаурова (Волков, 1945).

10. С 1932 года масштаб операций по линии Владивосток–Колыма был резко увеличен, и в этом же году понадобилось перебросить в устье Колымы 11000 тонн грузов. Для этого была организована «Северо-восточная полярная экспедиция 1932 года», в состав которой вошло шесть грузовых пароходов (*Анадырь, Север, Сучан, Микоян, Красный Партизан* и *Урицкий*), ледорез *Литке* и парусно-моторная шхуна *Темп*. Руководство этим караваном было поручено Николаю Ивановичу Евгенову. Из-за крайне неблагоприятного состояния льда у Чукотского побережья суда достигли Колымы только 4 сентября. Плохие разгрузочные условия в устье Колымы и позднее время года позволили разгрузить только около половины всего груза. В конце сентября, не имея возможности достигнуть в том же году Берингова пролива, суда стали на зимовку в Чаунской губе около острова Раутан (Визе, 1948).

11. Участвующий в этой же экспедиции пароход *Урицкий* не смог достичь безопасной стоянки, так как на пути в Чаунскую губу его затерло льдами. Попытка высвободить пароход, предпринятая ледорезом *Литке*, не увенчалась успехом. *Урицкий* провел в дрейфующих льдах девять с половиной месяцев и только в середине июля следующего 1933 года был высвобожден *Литке* (рис. 5.14) из ледового плена (Визе, 1948).

10—11. Подробное описание двух упомянутых выше событий мы находим в книге Анны Григорьевны Николаевой и Виктора Ивановича Саранкина «Сильнее льдов» (Николаева, Саранкин, 1963). Путь Северо-восточной Полярной экспедиции в августе 1932 года в Чукотском море описан в соответствующей главе (см. эпизод № 15). С большими трудностями продвигался караван к устью Колымы, чтобы основать там порт — форпост освоения месторождений золота и олова в глубине Ин-

9. 1931–1932, *Kolyma* and *Leytenant Schmidt*, overwintering. The steamships of the Kolyma voyage were named the *Kolyma* and the *Leytenant Schmidt* and entered the Chukchi Sea on 19–22 July 1931. The vessels had passed Cape Schmidt and overcome numerous heavy ice isthmuses on 20 August. On the way back, neither vessel could make its way from the East Siberian Sea to the Chukchi Sea, and both were forced to overwinter at Shalaurov Island (Volkov 1945).

10. 1932–1933, six cargo ships (*Anadyr*, *Sever*, *Suchan*, *Mikoyan*, *Krasny Partizan*, *Uritsky*), the *Litke* and the schooner *Temp*, overwintering. After 1932, the scale of operations on the stretch from Vladivostok to Kolyma increased sharply. In 1932, it was necessary to transfer 11,000 tonnes of cargo to the mouth of the Kolyma River. The Northeast Arctic Expedition was organised and consisted of six cargo ships (*Anadyr*, *Sever*, *Suchan*, *Mikoyan*, *Krasny Partizan* and *Uritsky*), the icebreaker *Litke* and the motorised schooner *Temp*. The commander on this caravan was Nikolay I. Evgenov. The vessels first reached the Kolyma River on 4 September due to extremely heavy ice conditions at the Chukchi Coast. The bad handling of the conditions at the mouth of the Kolyma River and the late time of year allowed the vessel to unload only about half of its cargo. In late September it was impossible to reach the Bering Strait in the same year; therefore, the ships stayed in the Chaun Bay, near Rautan Island, for overwintering (Vize 1948).

11. 1932–1933, *Uritsky*, overwintering, drift. Participating in this same expedition, the *Uritsky was* unable to reach a safe harbour because it had been battered by ice on the way to Chaun Bay. An attempt to release the ship, launched by the *Litke*, was not effective. The *Uritsky* spent nine and a half months in the drifting ice and was finally released in mid-July of the following year (1933) by the *Litke* (Fig. 5.14) (Vize 1948).

There is a detailed description of the last two events mentioned above in the book *Stronger Than Ice* (Nikolaeva and Sarankin 1963). The route of the Northeast Polar Expedition in August 1932 in the Chukchi Sea is described in Chap. 6 of the present book (episode 15). With great difficulties, the caravan moved ahead to the mouth of the Kolyma River. The goal was to establish a port there as an advanced post for the development of gold deposits and tin in the heart of the Indigirka–Kolyma taiga. The ships' route

Рис. 5.14 Ледорез *Литке.* Построен в 1909 году в Англии, был в эксплуатации до 1959 года. В разные годы назывался *Earl Grey, Канада, III Интернационал, СКР-18.* Печатается с разрешения музея «Московский дом фотографии»

Fig. 5.14 The ice-cutter *Litke.* Built in1909 in England, worked till 1959, known at different times as the *Earl Grey*, the *Canada*, the *III International*, and the *SKP-18*. Reproduced with permission from the Museum Moscow House of Photography

дигиро-Колымской тайги. Проследим их путь на запад от мыса Якан, борьбу со льдами и последующую зимовку по рассказу «16 месяцев в полярных льдах», опубликованному в упомянутой выше книге (Николаева, Саранкин, 1963, стр. 97–126).

«Как только забрезжил рассвет 31 августа, движение возобновилось. Впереди шел *Литке.* Теперь перемычки стали неширокими, ледокол быстро рушил скопления молодого льда. С борта *Литке* беспрерывно промеряли глубины, обеспечивая безопасность идущим за ним судам.

Мрачный мыс Шелагский экспедиция прошла 2 сентября около полудня. Суда следовали полным ходом. Тяжелый лед держался справа на горизонте. От этого мыса до устья Колымы оставалось менее 140 миль. На всех судах, несмотря на большую усталость, было праздничное настроение: люди сознавали, что, преодолев огромные трудности, они выполнили важное задание.

from the west to Cape Yakan and their battle with the ice and subsequent overwintering can be followed in the aforementioned book by Nikolaeva and Sarankin (1963, pp. 97–126):

'As soon as the dawn began to break on 31 August, movement renewed. The *Litke* was ahead. Now ice isthmuses became rather narrow, and the icebreaker quickly crushed down congestions of young ice. The the depths were being measured continuously onboard the *Litke*, providing safety to vessels following her.

The expedition passed gloomy Cape Shelagsky on 2 September at about noon. Vessels followed at full speed. Heavy ice remained on the right in the horizon. It remained less than 140 nautical miles from the cape to the mouth of the Kolyma River. On all vessels, despite pervasive weariness, there was a celebratory mood: people understood that, having overcome huge difficulties, they had carried out an important task.

На подходе к острову Айону еще раз встретился массив сплошного десятибалльного льда. К счастью, разведка с воздуха «Р-5» (самолет ледовой разведки — комментарий Н. Марченко) обнаружила узкую прогалину под берегом острова. Рискуя посадкой на мель, суда по этой прогалине беспрепятственно вышли к мысу Баранова и затем на рассвете 4 сентября прошли к устью Колымы. Остановились у мыса Медвежьего в двух милях от небольшой бухточки Амбарчик, где решено было выгрузить доставленный груз и людей Дальстроя (так называлась организация, которой предстояло построить порт и начать освоение месторождений полезных ископаемых Колымской земли — комментарий Н. Марченко).

Почти одновременно к устью Колымы подошел ледокольный пароход *Сибиряков*... Еще за год до этого вряд ли кто мог подумать, что в далеком пустынном просторе Восточно-Сибирского моря могут собраться столько судов. А теперь тут горели огни целой эскадры» (Николаева, Саранкин, 1963, с. 104–105).

Сибиряков доставил на буксире два речных парохода *Партизан* и *Якут,* в караване у ледореза *Литке* были пароходы *Анадырь, Север, Сучан, Микоян, Красный Партизан* и *Урицкий* и парусно-моторная шхуна *Темп*. Постояв четыре часа, *Сибиряков* снялся с якоря и пошел на восток, а суда экспедиции ледореза *Литке* приступили к разгрузке. Дело осложнялось тем, что пароходы не могли подойти близко к берегу; кроме того, здесь не было портовых средств, как не существовало и самого порта. Соорудив временную пристань, на берегу поставили палатки для рабочих и выгрузили автомобили и тракторы. Это были первые машины на колымской земле.

Нормальная разгрузка продолжалась только два дня, а затем стал усиливаться северный ветер. Вскоре он дошел до штормовой силы и буксирные тросы, которыми катера подводили к берегу баржи с грузом, стали рваться как нити. Шторм все усиливался, и работы по разгрузке пришлось прекратить, хотя на берег успели переправить только треть доставленных грузов, всего 4500 тонн. Разыгралась пурга и температура воздуха резко понизилась. Приближалась полярная зима, и стало ясно, что вернуться во Владивосток в эту навигацию не удастся.

There was once again a mass of continuous ice of ten units on the way to Ayon Island. Fortunately, investigation from the air with P-5 (the plane for ice investigation – N.M.) spotted a narrow lead near the coast of the island. There was a risk of grounding. But vessels passed along this glade unencumbered, approached Cape Baranov, and then, at dawn on 4 September, they arrived at the mouth of the Kolyma River. They stopped at Cape Medvezhi, two nautical miles from the small Bay of Ambarchik, where it was decided to unload the delivered cargo and the people of Dalstroy (the name given to the organisation that was to construct the port and begin development of mineral deposits of the Kolyma region – N.M.).

Almost simultaneously, the icebreaking steamship *Sibiryakov* approached the mouth of the Kolyma River. Just a year earlier, one could hardly have imagined that so many vessels could gather in such remote waters of the East Siberian Sea. Now, lights from the whole squadron flashed here (Nikolaeva and Sarankin 1963, pp. 104–105).

The *Sibiryakov* delivered two river steamships, the *Partizan* and the *Yakut*, in tow, and the steamships *Anadyr*, *Sever*, *Suchan*, *Mikoyan*, *Krasny Partizan*, and *Uritsky* and the motorized sailing schooner the *Temp* comprised the caravan of the ice-cutter *Litke*. After a 4-h stop, the *Sibiryakov* lifted anchor and headed east. Vessels of the *Litke*'s expedition started unloading. Things became complicated because steamships could not approach the coast. Port equipment was lacking because there was no port. Temporary landing stages were built, tents for workers were set up on shore, and cars and tractors were unloaded. These were the first cars in the Kolyma region.

More or less normal unloading proceeded for only 2 days. Then the wind from the north picked up. Soon it reached storm force. When boats brought barges with cargo to the coast, towing cables were ruptured like threads. The storm grew stronger and stronger. Additional unloading came to a halt, although only a third of the cargo had been unloaded. The people managed to transport 4500 tonnes of cargo to shore. The snowstorm was continuous, and the air temperature decreased sharply. The polar winter was clearly approaching. It became clear that it would not be possible to return to Vladivostok in this navigation year.

Для зимовки выбрали Чаунскую губу, где суда могли укрываться от непогоды. Но путь к Чаунской губы преграждали тяжелые льды, и снова ледоколу *Литке* пришлось прокладывать путь во льдах. При подходе к острову Айон караван настигла густая снежная мгла и движущийся тяжелый лед. *Урицкий*, замыкавший колонну, был оторван от остальных судов экспедиции и оказался окруженным ледяными полями. У северной оконечности Айона пароход *Сучан* повредил во льду руль. Он лишился возможности двигаться дальше своим ходом. Поэтому *Литке* вывел суда к месту зимней стоянки, затем вернулся, взял на буксир *Сучан* и привел его к месту. Но *Урицкий* оставался в стороне, в тяжелых льдах, недоступных даже для *Литке*. Судно дрейфовало в малоизученном районе, и предугадать направление движения было очень сложно. Льды грозили сжать и раздавить пароход, поэтому после постановки судов на зимовку ледокол *Литке* предпринял попытку вывести *Урицкий* из тяжелых льдов. На *Литке* хорошо понимали сложность обстановки и делали все возможное, чтобы пробиться к *Урицкому*. Небольшой ледокол штурмовал огромные торосы и ледяные поля, которые, как казалось, состояли не из льда, а из гранита. Не дойдя 10 миль до цели, *Литке* попал в зону многолетнего льда без единой трещины и разводий. За четырехчасовую вахту ледокол продвигался вперед не более чем на длину корпуса. Была реальная опасность того, что ледокол на пути к *Урицкому* израсходует все топливо и не сможет двигаться самостоятельно или еще раньше повредит себе корпус, что может повлечь за собой кораблекрушение. Решено было сохранить *Литке*, чтобы потом при благоприятных условиях освободить *Урицкого* и благополучно завершить всю экспедицию.

Урицкий остался на зимовку в открытом море. Однако ни один человек из экипажа не захотел покинуть судно. Были предприняты меры на случай аварии: изготовили парусные лодки, на которых можно было бы перебраться через полыньи, специальные палатки, спальные мешки. Наготове находилось аварийный запас продовольствия. На случай кораблекрушения запасы продуктов были сделаны и на материке.

В январе 1933 года была создана продовольственная база на мысе Айон, примерно в 40 милях

A place to overwinter had to be found. Chaun Bay was settled on, as vessels could safely stay there during the winter. However, the route to Chaun Bay was blocked by heavy ice. Again, the *Litke* led the caravan and threaded its way through the ice for the other vessels. When approaching Ayon Island, the caravan was caught up in a thick whiteout and moving heavy ice fields. The *Uritsky*, at the tail of the caravan, broke away from the other ships of the expedition and was surrounded by heavy ice fields. At the northern tip of Ayon Island, the *Suchan* suffered damage to its rudder in the ice. The ship also lost its ability to advance further by its own power. The *Litke* led the vessels to the overwintering location. Subsequently, it returned and took the *Suchan* in tow and brought it to the site for overwintering. The *Uritsky* remained on the sidelines in the heavy ice and was inaccessible, even to the *Litke*. The hydrology of the area was little known at that time, and no one could predict what direction the forthcoming drift would take. The ice threatened to compress and crush the ship. After putting the vessels up for overwintering, the icebreaker *Litke* attempted to free the *Uritsky* from the heavy ice. Everyone onboard the *Litke* understood the complexity of conditions and did their best to make their way to the *Uritsky*. The small icebreaker fiercely attacked the huge hummocks and ice rinks, which seemed to consist not of ice but granite. Less than 10 nautical miles from the ship, the *Litke* entered a zone of multi-year ice without a single crack and open leads. In a 4-h period, the icebreaker moved ahead no more than the ship's length. There was a real danger that the icebreaker would spend all of its fuel on the way to the *Uritsky* and wouldn't be able to move freely or would damage the hull itself first. It was decided that the *Litke* would be preserved so that later on, in more favourable conditions, it would be possible to liberate the *Uritsky* and complete the expedition.

The *Uritsky* remained to overwinter in the open sea. However, none of the crew members of the *Uritsky* wanted to abandon the vessel. They prepared for the possible loss of the ship. The crew made sailboats to get through open leads in the ice, and special tents and sleeping bags were created. Emergency foodstuffs were prepared onboard. For the worst case, food supplies were made stored on land.

In January 1933, a food supply was established on Cape Ayon, approximately 40 nautical miles from the

по прямой от дрейфующего *Урицкого*. В марте вторую базу создали на мысе Шелагском, куда кроме продовольствия завезли еще уголь. В апреле–мае были совершены три труднейших похода на собаках, и на *Урицкий* доставили свежее мясо, продукты, лекарства, теплую обувь, аккумуляторы для радиостанции и даже двух живых поросят (Николаева, Саранкин, 1963).

Вот как описана зимовка в книге «Сильнее льдов» (Николаева, Саранкин, 1963) (приводится с сокращениями).

«Зимовка *Урицкого* протекала неспокойно. Пароход несколько раз подвергался сильнейшим сжатиям. Иногда они прекращались в самый критический момент, когда, казалось, судно вот-вот будет раздавлено льдами. Бессильные что-либо предпринять, моряки внимательно наблюдали за разыгравшейся стихией, держа наготове аварийные запасы. Со вздохом облегчения они укладывали их на место, когда опасность проходила. В этой борьбе со слепыми силами природы побеждали люди. С наступлением затишья жизнь на судне снова шла своим чередом. Каждый был занят делом, каждый выполнял свой долг, не жалуясь на трудности.

За долгие месяцы направление дрейфа *Урицкого* несколько раз менялось, судно то далеко уходило в море, то вновь приближалось обратно к берегу. Однако ближе чем на 35–40 миль *Урицкий* к острову Айон и мысу Шелагскому не подходил.

Более спокойной была зимовка у Раутана. Пожалуй, никогда еще зимовка в полярных льдах не протекала так организованно и оживленно, как в этот раз. В Арктике есть свои непреложные законы. Один из них гласит: бездельничать на зимовке нельзя. Безделие рождает скуку и уныние. Вслед за ними приходит страшный бич — цынга. Командование экспедицией, партийная и профсоюзная организации делали все, чтобы сохранить у людей бодрость и здоровье. Нарком вод разрешил организовать на зимовке морской техникум. Он готовил штурманов дальнего и малого плавания, судоводителей маломерных судов, судовых механиков второго и третьего разряда, машинистов и мотористов.

В твиндеке одного из пароходов организовали клуб с разнообразными кружками. Раз в пять дней

drifting *Uritsky*. In March, a second supply was established on Cape Shelagsky. In addition to the foodstuffs, some coal was delivered there. Between April and May, three very difficult voyages were carried out by dog sledges. Fresh meat, other food products, medicines, warm footwear, batteries for radio transmission and even two live pigs were delivered to the *Uritsky* (Nikolaeva and Sarankin 1963).

That is how the overwintering is described in the book *Stronger Than Ice* (Nikolaeva and Sarankin 1963) (reproduced with cutdowns).

'The overwintering onboard the *Uritsky* proceeded restlessly. From time to time the steamship was exposed to the strongest compressions. Sometimes the compressions stopped at the most critical moment when the vessel seemed just about to be crushed by the ice. Powerless, the seamen attentively observed the elements, keeping emergency stocks ready. They returned them to their places with a sigh of relief when the danger had passed. This battle against the blind forces of nature was won by the crew. With the approach of calm, life on the vessel returned to normal. Everyone was busy, and everyone carried out his duty without complaint.

The direction of the *Uritsky*'s drift varied several times throughout the months. The vessel drifted to sea, then back close to the coast. This happened several times. However, the *Uritsky* did not get any closer than 35 to 40 nautical miles from Ayon Island and Cape Shelagsky.

The overwintering at Rautan Island went more smoothly. Perhaps never before had overwintering in polar ice proceeded so well organised and briskly. There are immutable laws in the Arctic. One of them is that it is impossible to remain inactive during overwintering. Inaction gives rise to boredom and despondency. The terrible scourge of scurvy comes. The command of the expedition and the party and trade-union organisations did everything they could to maintain the crew's spirit and health. The People's Commissar for Water Resources gave permission to organise a maritime technical school during the overwintering. The school prepared navigators for short and long-distance voyages, navigators for small vessels, ship mechanics of the second and third categories, machinists and motor mechanics.

On the twin deck of one of the steamships a club was organised with various activities. A bulletin board

выходила стенная газета. Издавался рукописный журнал «За Советский Север»...

newspaper was printed every five days. The handwritten magazine *Za Sovetsky Sever* (*For the Soviet North*) was published'…

Зима выдалась холодная и снежная. Нескончаемо тянулась полярная ночь. Среди ледяной пустыни недвижно застыли пароходы. Засыпанный снегом до второй палубы *Литке* напоминал огромный снежный сугроб, из которого торчали только верхушки мачт.

The winter was cold and snowy in the endless polar night. The steamships seemed to be asleep in the ice desert. The *Litke* was filled with snow up to the second deck and looked like a huge snowdrift. Only the tops of the masts stuck out of this snow bank.

Зимовщики всем, что было им по силам, помогали местному населению — чукчам. Кипучую инициативу в этом отношении проявлял флагманский врач экспедиции Леонид Михайлович Старокадомский — старый опытный полярник, участник похода ледокольных пароходов *Таймыр* и *Вайгач*.

Winterers helped the local population, the Chukchi, however they could. This vigorous initiative was exemplified by the expedition's flagman doctor, Leonid M. Starokadomsky. He was an old, skilled polar explorer and a participant in the campaign of the icebreaking steamships *Taymyr* and *Vaygach*.

Бригада моряков, превратившихся в строителей, построила на берегу школу-интернат для детей местного населения. В этой школе мальчиков и девочек не только обучали грамоте, но и приобщали к культурному образу жизни. Из чукотских ребят моряки создали первый в этих краях пионерский отряд, женщин-чукчанок объединили в пошивочную артель. Памятным событием был большой праздник 8 марта 1933 года, посвященный Международному женскому дню.

The brigade of seamen constructed a boarding school for children of the native people. The boys and girls were trained in reading and writing and learned a cultured way of life. The seamen created the first pioneer group of Chukchi children in this region. Chukchi females were united in sewing guilds (the team). International Women's Day, on 8 March 1933, was a memorable event.

С наступлением весны работы на судах пошли еще оживленнее; лето сулило всем скорое возвращение домой, во Владивосток. Заканчивали ремонт машин, залечивали раны в корпусах пароходов, красили заново палубные надстройки.

With the approach of spring, all work onboard went even more briskly; the summer promised a fast return home to Vladivostok. The crews finished engine repairs, repaired hull damage to the steamships and painted the deck superstructures.

Ранней весной на берег сошли промерные партии. Это был нелегкий труд, если учесть, что двухметровый лед приходилось пробивать вручную, а морозы доходили до 30 °C. В середине июня началось интенсивное таяние снегов. В поисках дичи ушли в сопки бригады охотников. Группы моряков ходили по горам, собирали яйца диких птиц и черемшу — прекрасное противоцинготное средство. Это значительно улучшило рацион питания на зимующих судах.

The depth-gauging teams came down to shore in early spring. It was hard work considering that two-metre-thick ice had to be bored manually and temperatures reached –30°C. The intense thawing of snow began in the middle of June. Brigades of hunters strolled along the hills searching for game. Groups of seamen hiked mountains and collected eggs of wild birds and wild leeks – a fine antiscorbutic. This considerably improved the food allowance on the overwintering vessels.

Наконец настал день, когда можно было идти на выручку к *Урицкому*, день, которого ждали все зимовщики Чауна. На *Литке* давно все было готово к новому трудному походу. В ночь на второе июля ледокол поднял пары. Некоторые капитаны решительно противились выходу на помощь *Урицкому* ранее конца июля. А.П. Бочек (заместитель на-

At last, the day came when it was possible to rescue the *Uritsky*. All of the winterers in Chaun Bay had been waiting for this day. Everything was ready for the difficult campaign onboard the *Litke*. On the night of 2 July, the icebreaker started its engine and took off. Some captains were firmly opposed to going out to help the *Uritsky* before the end of July.

чальника экспедиции, капитан дальнего плавания — комментарий Н. Марченко) и Н.М. Николаев (капитан ледореза Литке — комментарий Н. Марченко) приняли смелое решение, и оно увенчалось полным успехом. Выход *Литке* в ранние сроки они обусловливали возможностью ранних передвижек льда, опасных для слабого корпуса *Урицкого*. Угля на *Литке* было всего 450 тонн. Его могло хватить только на шесть ходовых суток, не больше. Конечно, угля было мало, но больше суда экспедиции выделить не могли, они оставили у себя лишь минимум того, что могло хватить для обратного похода. Еще раньше все зимующие суда были переведены на камельковое отопление, а пресную воду для питья и других нужд получали, распиливая лед. Так экономили уголь для возвращения на Большую Землю.

Дрейф *Урицкого* к этому времени продолжался уже десять месяцев и протекал в необычайно тяжелых условиях. Опасность быть раздавленным льдами угрожала пароходу буквально ежечасно. Постоянные подвижки льда только чудом щадили его корпус. К тому же запасы продовольствия на зимовке подходили к концу.

К вечеру 2 июля *Литке* удалось пробиться до мыса Шелагского. Большую часть пути он прошел разбегами. Отработав задний ход, *Литке* устремлялся вперед, сильными ударами дробя сплошные поля невзломанного торосистого льда. Но дальше движение пришлось приостановить. Запасы угля таяли катастрофически быстро, и Николай Михайлович (капитан Николаев — комментарий Н. Марченко) приказал застопорить машины. Надо было выжидать улучшения обстановки.

Только через три дня началась передвижка льда. Кое-где появились трещины и разводья. Теперь ледокол вновь поднял пары и двинулся вперед. Но еще не один раз приходилось ему стопорить машины, а потом опять пускать их в ход. *Литке* продвигался во льдах, используя малейшую возможность.

Прошли пятые сутки с начала трудного похода. Несколько раз льды так сильно сжимали *Литке*, что не выдержала и деформировалась поперечная переборка, обычно очень крепкая на ледоколах. Вырваться из ледяных тисков удалось только благодаря взрывам, умело произведенным старшим подрывником экспедиции Ю.М Рязанкиным. Не-

A.P. Bochek (the deputy for the chief of expedition, sea captian – N.M.) and N. Nikolaev (captian on the ice-cutter *Litke* – N.M.) made the courageous decision and were successful. They allowed for an early exit of the *Litke* because of the early movements and compressions of ice, which could have led to perilous damage to the weak hull of the *Uritsky*. There was only 450 tonnes of coal on the *Litke*. It would last no more than six full days. Certainly, coal supplies were low, but the expedition vessels could not allocate any more; they kept for themselves the bare minimum of what was needed for the return campaign. Even earlier, all overwintering vessels had been transferred to fire heating, and freshwater for drinking and other needs was obtained by sawing and thawing ice. The ships thereby converved the coal for the return to the mainland.

The drift of the *Uritsky* had proceeded for 10 months by this time under very severe conditions. The danger of being crushed by ice threatened the steamship hourly. Considering the constant motions of the ice, it was a miracle that the ice did not crush its hull. Food supplies onboard had been exhausted during overwintering.

By the evening of 2 July, the *Litke* managed to make its way to Cape Shelagsky. The ship battered the ice most of the way and could split continuous ice fields of uncracked hummocked ice. However, further movement was suspended. The coal supplies had dwindled catastrophically, and Nikolay Mihaylovich (Captain Nikolaev – N.M.) ordered the engines stopped. They had to wait for better conditions.

An ice reshuffle began after 3 days. Cracks and leads appeared here and there. Now, the icebreaker lifted steam again and moved forward. It was necessary to stop the engine and then restart it. The *Litke* moved ahead slowly in the ice.

The fifth day since the beginning of the difficult campaign passed. Sometimes ice compressed the *Litke* so strongly that the cross-section partition could not sustain the ice pressure and was deformed. This partition is usually very strong on icebreakers. Blasting was necessary to avoid the worst ice pressure and was skilfully carried out by the senior demolition man

легко обошлась эта битва. *Литке* получил новые раны: в ряде мест разошлись швы, обшивки, появилась течь.

Семнадцать суток одолевал ледокол 85-мильный путь к *Урицкому,* настолько были сплочены эти мощные торосистые льды. Последние мили оказались особенно трудными.

На *Урицком* уже начали сомневаться в близости избавления от ледяного плена. Когда *Литке,* наконец, преодолел последние метры пути и стал рядом, вся команда парохода высыпала на палубу. Больных вынесли на руках. Стреляли из винтовок, кричали «Ура», бросали шапки вверх. Приход *Литке* был праздником для уставших людей. Ледокол нес освобождение из ледяного плена людям, которые десять месяцев ежедневно смотрели в глаза смерти.

В полдень 18 июля *Литке* подошел к *Урицкому*. А на другой день ледокол вышел в обратный путь, проводя *Урицкого* на разгрузку в Колыму. Временами ледовая обстановка ухудшалась, корабли застревали во льдах. Не раз *Литке* брал своего подопечного на буксир. И все же путь до бухты Амбарчик был пройден за трое суток.

В устье реки Колымы еще стояли три парохода. *Сучан* и *Красный Партизан* сдали свои грузы на другие суда и ушли на восток. Теперь все решали часы. Экипажи работали на разгрузке в полном смысле самозабвенно, не считаясь со временем. Но не хватало ни рук, ни плавучих средств.

Все же, наконец, настал день, когда на колымский берег были переправлены оставшиеся на пароходах с прошлого лета 6500 тонн грузов. Первая Северо-Восточная полярная экспедиция Наркомвода свою задачу выполнила. Суда могли уходить в обратный путь.

Когда моряки покидали бухту Амбарчик, она была совсем не такой, какой застали ее в прошлом году. Рабочие Дальстроя, привезенные сюда экспедицией, за зиму воздвигли добротные жилища, обширные складские помещения, построили причалы и даже баржи для перевозки грузов с пароходов на берег. Советские люди начинали крепко, по-большевистски осваивать далекий северный край.

На память об экспедиции на берегу Чаунской губы остались школа-интернат и показательная

of the expedition, Yury. M. Ryazankin. This was a hard fight. The *Litke* suffered new damage: in a number of places, seams and coverings disappeared and leaks developed.

The icebreaker managed the 85-nautical-mile route to the *Uritsky* in seventeen days. The strongly hummocked ice was so compact that the last miles were especially difficult.

The crew onboard the *Uritsky* had already started to doubt they would ever break free of the ice. When the *Litke* at last managed the last metre and stopped, all commanders of the steamship gathered on the deck. Patients were carried out to witness the event. There were shots from rifles and shouts of "hurrah" and the tossing of caps into the air. The arrival of the *Litke* was a holiday for the tired crew. The icebreaker promised freedom from the ice for the crew, who daily looked into the face of death.

At midday on 18 July, the *Litke* approached the *Uritsky*. The next day, the icebreaker escorted the *Uritsky* to the Kolyma River. From time to time, ice conditions worsened and the ships became stuck in the ice. Time and again, the *Litke* took its ward in tow, and the route to the Bay of Ambarchik was still passed in three days.

There were still three steamships in the mouth of the Kolyma River. The *Suchan* and the *Krasny Partizan* had handed over their cargoes to other vessels and left for the east. Now each hour was important. Crews worked selflessly on unloading, but there were not enough hands or floating crafts.

Nevertheless, the day had now come when all 6500 tonnes of cargo remaining on the steamships from last summer had been sent onward to the Kolyma coast. The First Northeast Polar Expedition of Narkomvod (Ministry of Water Transport – N.M.) had fulfilled her mission, and vessels could head back.

When seamen left the Bay of Ambarchik, it was completely different from what it had been the previous year. The workers of the Dalstroy brought here by the expedition for the winter had built solid dwellings and extensive storehouses. They had constructed moorings and even barges for transport of cargo from steamships to the coast. The Soviet people began to master the Far North Country in Bolshevik style.

A boarding school and representative yaranga (house of native people – N.M.) constructed by the

яранга, построенные советскими моряками. Осталась и добрая слава о советских моряках во всех стойбищах Чаунской тундры.

Вынужденная зимовка не прошла бесполезно для экипажей судов. Созданный в начале зимы морской техникум закончило 108 человек. К 1 мая 1933 года 12 из них получили звание штурманов дальнего плавания, 20 — капитанов маломерных судов (водоизмещением до 200 тонн), 34 человека, успешно сдав экзамены, стали механиками второго и третьего разряда, 12 — старшинами катеров, 16 — машинистами, 14 — мотористами.

Несмотря на очень тяжелые условия зимовки, на судах не было ни одного происшествия. Личный состав судов был сохранен полностью.

В обратный рейс моряки отправлялись полные воодушевления. Казалось, близок конец всем мытарствам. Кто мог подозревать, что для многих этот обратный путь затянется на долгие месяцы.

Первыми, как указывалось выше, прямо из Чаунской губы ушли на восток *Сучан* (рис. 5.15) и *Красный Партизан*. Вскоре, разгрузившись в бухте Амбарчик, направились на восток *Урицкий* и *Микоян, Север* пошел на запад в бухту Тикси для доставки угля речным судам Колымы. *Литке* покинул устье Колымы последним. Это было 16 августа. Все шло как будто обычно. Выдавались и хорошие дни, были и плохие. Нередко на море свирепствовали штормы. Но в общем ледовая обстановка складывалась сложная, судам приходилось бороться буквально за каждый метр пути.

После очень тяжелого плавания *Сучан* в конце августа достиг Берингова пролива и вышел на чистую воду. Его спутник *Красный Партизан* потерял винт вместе с гребным валом и остался в районе мыса Ванкарем. Только спустя полмесяца к нему подошел *Литке*.

Нелегким оказался поход каравана *Литке*, в который первоначально входили *Анадырь, Микоян* и *Урицкий*. В пути *Анадырь* поломал все лопасти винта и погнул баллер руля. Его пришлось оставить у мыса Шалаурова для смены лопастей.

Литке то и дело окалывал суда, иногда ему приходилось подрывать лед взрывами аммонала.

Soviet seamen remained as a memory of the expedition on the bank of the Chaun Bay. The good reputation of the Soviet seamen also remained in all settlements of the Chaun tundra.

The forced overwintering provided a good learning experience for the ships' crews. More than 100 people finished the maritime technical school that had been established in early winter. By 1 May 1933, as many as 12 had received the rank of navigator for long voyages, 20 had the rank of captain of small vessels (displacement up to 200 tonnes), 34 people successfully passed examinations and became mechanics of the second and third categories, 12 became foremen of boats, 16 became machinists, and 14 became mechanics.

There were no incidents on the vessels despite the very harsh overwintering conditions. No crew members or vessels were lost.

The seamen went on return voyages and were full of enthusiasm. It seemed as though most of the misery had been forgotten. Who could have suspected that for many of the vessels, this way back would drag out for many months?

The first vessels, the *Suchan* (Fig. 5.15) and the *Krasny Partizan*, left Chaun Bay and headed east. Soon, having unloaded in the Bay of Ambarchik, the *Uritsky* and the *Mikoyan* continued east, while the *Sever* headed west to the Bay of Tiksi to deliver coal to river vessels on the Kolyma River. The *Litke* was the last to leave the mouth of the Kolyma River, on 16 August.

All went as usual, with good and bad days. Storms raged at sea quite often. In general, the ice conditions were difficult, and the vessels had to struggle for each metre of advancement.

After very difficult sailing, the *Suchan* reached the Bering Strait at the end of August and came to ice-free water. Its companion, the *Krasny Partizan*, had lost its screw and tail shaft and remained around Cape Vankarem. The *Litke* approached the vessel only two weeks later.

The campaign of the *Litke*'s caravan was quite hard. Three vessels were originally in the caravan *Anadyr–Mikoyan–Uritsky*. The *Anadyr* had broken all of the blades of its screw and had bent part of its rudder on the way. It should have been left at Cape Shalaurov to change blades.

The *Litke* continually chipped the ice around the vessels. Sometimes it was necessary to undermine

Рис. 5.15 Грузопассажирский пароход *Сучан*. Построен в 1930 году в СССР. Погиб в мае 1938 года в проливе Лаперуза. Печатается с разрешения ОАО «Дальневосточное морское пароходство»

Fig. 5.15 Cargo-passenger steamer *Suchan*. Built in 1930 in USSR. Lost in May 1938 in La Perouse Strait (reproduced with permission from Far Eastern Shipping Company)

Рис. 5.16 Грузопассажирский пароход *Смоленск*. Построен в 1931 году в СССР. Печатается с разрешения ОАО «Дальневосточное морское пароходство»

Fig. 5.16 Cargo-passenger steamer *Smolensk*. Built in 1931 in USSR (reproduced with permission from Far Eastern Shipping Company)

Но и аммонал не всегда помогал» (Николаева, Саранкин, 1963, с. 109–115, приводится с сокращениями).

12. Пароходам Северо-восточной экспедиции 1932 года *Северу и Анадырю* пришлось зазимовать вторично в зиму 1933–1934 года, на этот раз недалеко от мыса Биллингса. Здесь же задержался и один пароход экспедиции 1933 года. Всего на этих трех пароходах находилось 168 пассажиров, не обеспеченных продовольствием; часть пассажиров к тому же была больна цингой, и некоторые уже потеряли способность двигаться. Пассажиров было решено эвакуировать при помощи самолета. Операция была блестяще выполнена летчиком Ф.К. Кукановым. При крайне неблагоприятной погоде, в условиях наступающей полярной ночи Куканов за короткое время перебросил с зимовавших пароходов на мыс Шмидта и в Уэлен свыше девяноста пассажиров. Только летом 1934 года суда смогли вернуться во Владивосток (Визе, 1948).

13. В 1933 году была выполнена большая операция по перегону из устья реки Лена на Колыму пяти речных пароходов и шести барж. Проводка судов осуществлялась пароходом *Ленин* под общим руководством П.Г. Миловзорова. 18 августа, когда

the ice using explosives, but ammonal did not always help' (Nikolaeva, Sarankin, 1963, pp. 109–115, reproduced with cutdowns).

12. 1932–1933, 1933–1934, three vessels (including the *Sever* and the *Anadyr*), overwintering. The steamships of the Northeastern Polar Expedition of 1932, the *Sever* and the *Anadyr*, were forced to overwinter again in winter 1933–1934 near Cape Billings. One steamship from the 1933 expedition was present also. There were 168 passengers on these three steamships. They had not been provided with sufficient food; some of the passengers were sick with scurvy, and some had already lost the ability to move. It was decided to evacuate the passengers by airplane. That operation was masterfully executed by the pilot Fedor K. Kukanov. Kukanov delivered over 90 passengers from overwintering steamships to Cape Schmidt and to Uelen over a short time. Extremely adverse weather was accompanied by the conditions of the coming polar night in this period. The vessels returned to Vladivostok in the summer of 1934 (Vize 1948).

13. 1933, *Revolyutsionny* and several barges, drift, shipwreck. In 1933, a large operation to transfer five river steamships and six barges from the mouth of the Lena River to the Kolyma River was executed. The pilotage was performed by the steam-

караван находился в районе Меркушиной стрелки, суда из-за свежего ветра пришлось отшвартовать к стамухе. В сильный шторм стамуху размыло, суда начали дрейфовать, и их выбрасывало на отмель. Затонули пароход *Революционный* (в точке 72°30′ с.ш., 147°40′ в.д.) и все баржи (Хмызников, 1937; Визе, 1948).

14. В том же 1933 году следовавший Северным морским путем *Челюскин* в Восточно-Сибирском море сделал попытку исследовать белое пятно на карте, где предполагалось существование так называемой Земли Андреева. Однако тяжелые льды воспрепятствовали этому и заставили судно отклониться к югу. Корабль получил новые повреждения: один шпангоут лопнул, несколько погнулось, появились две новые вмятины, течь усилилась. «Как трудно идти среди льдов на слабом *Челюскине*, к тому же плохо слушающемся руля» — писал капитан корабля В.И. Воронин (Визе, 1948, с. 296).

15. В 1936 году пароход *Смоленск*, совершая рейс в Колыму, получил повреждения корпуса в районе первого трюма. Только благодаря тому, что груз был правильно погружен, удалось легко проникнуть к бортам судна, и повреждение быстро ликвидировали. *Смоленск* продолжал работать в течение всей навигации. Полярный капитан М.П. Белоусов в своей книге «О тактике ледового плавания» приводит этот эпизод как иллюстрацию того, что во время арктических плаваний генеральный груз надо размещать так, чтобы в любой момент можно было проникнуть к бортам судна для исправления или заделки тех или иных повреждений. Экономически это несколько невыгодно, так как теряется объем перевозимых грузов, но в конечном счете это себя оправдывает (Белоусов, 1940).

16. В 1938 году интересный дрейф претерпел парусно-моторный бот *Ост*, который должен был совершить сквозное плавание из Архангельска в бухту Провидения (Визе, 1948). Во второй половине сентября этот бот был затерт тяжелыми льдами в районе острова Айон. Попытки подошедшего на помощь ледокола *Красин* взять бот на буксир и вывести его из льдов окончились неудачей. Сняв с бота большую часть команды и оставив на нем только восемь человек с капитаном А. Успен-

ship *Lenin* under the general management of P.G. Milovzorov. On 18 August, when the caravan was in the area of Merkushina Strelka (the cape), the vessels had to be moored to a stamukha because of a fresh wind. In a strong gale, the stamukha washed away, and the vessels began to drift onto a shallow. The steamship *Revolyutsionny* and all barges sank (at 72°30′N and 147°40′E) (Khmyznikov 1937; Vize 1948).

14. 1933, *Chelyuskin*, damage. In 1933, following the Northern Sea Route, the *Chelyuskin* made an attempt to investigate the 'white spots' on the map of the East Siberian Sea, where the so-called Zemlya Andreeva (Andreev Land) was supposed to be located. However, heavy ice blocked the ship and forced the vessel to make a detour to the south. Meanwhile, the *Chelyuskin* received new damage: one frame burst, two new dents appeared and a leak amplified. 'It is so difficult to go among the ice on the weak *Chelyuskin*, which in addition doesn't obey the helm very well,' Captain Vladimir I. Voronin wrote [quoted from Vize (1948), p. 296).

15. 1936, *Smolensk*, damage. In 1936, the steamship *Smolensk* (Fig. 5.16) was making a voyage to the Kolyma River and sustained damage to the hull around the first hold. Because the cargo had been loaded properly, access to the vessel boards was easy, and the leaks were quickly stopped. The *Smolensk* continued to work during the navigation period. The ice captain Mikhail P. Belousov, in his book *Tactics of Ice Navigation*, mentioned the events to show that during Arctic sailing, it is necessary to expect damage by ice and to receive holes in the hull, which should be mended. One can draw the following conclusion from this case: general cargo should be placed so that at any moment it would be possible to reach the boards of the vessel for repair or patching of damages. It is slightly unprofitable economically, as some part of the hold capacity vanishes, but it justifies itself (Belousov 1940).

16. 1938–1939, *Ost*, drift, damage. In 1938, the motorized sailing vessel *Ost* underwent an interesting drift. The vessel had to sail from Arkhangelsk to Providenie Bay (Vize 1948). In the second half of September, the boat was jammed by heavy ice near Ayon Island. The icebreaker *Krasin* came to the *Ost*'said and attempted to tow the boat and extricate it from the ice. However, these efforts ended in failure. The *Krasin* sailed east after removing most of the crew from the boat. Only eight crew members, with Captain A.

ским во главе, для которых имелся запас продовольствия на три года, *Красин* пошел на восток. Дрейф *Оста* начался в точке 70°22′ с.ш., 167°23′ в.д. В ноябре судно испытало сильное сжатие, но после этого ледовая обстановка была сравнительно спокойной. С осени по февраль *Ост* продрейфовал сначала 115 миль с востока на запад, а потом примерно столько же в обратном направлении, после чего оказался в малоподвижном состоянии в районе мыса Большого Баранова. В конце июня 1939 года, когда судно находилось в точке 69°52′ с.ш., 165°26′ в.д., началась подвижка льда. Судно стало пробиваться вперед, но потеряло две лопасти винта. 20 июля лед разредило до восьми баллов. *Ост* поднял паруса и на следующий день вышел на чистую воду. У мыса Большого Баранова к *Осту* подошел буксир, доставивший его в бухту Амбарчик.

17. Очень мало известно о судне *Моссовет* (рис. 5.17), которое было раздавлено льдами в проливе Лонга 31 июля 1947 года. Об этом событии есть только краткое упоминание в Реестре флота и в монографии «Проблемы Северного морского пути» (Гранберг и др., 2008).

18. Примечательный случай произошел в навигацию 1955 года с пароходом *Каменец-Подольск*.

О ледовых повреждениях парохода *Каменец-Подольск*, которые едва не привели к гибели, рассказал его капитан П.П. Куянцев в книге «Я бы снова выбрал море... Очерки. Путевые заметки. Воспоминания» (1998), глава из которой приведена в монографии, посвященной Дальневосточному морскому пароходству (ДВМП, 2005).

«Пароход *Каменец-Подольск* в навигацию 1955 года был в Арктике. В конце сентября с полным

Uspensky at the head and with food provisions sufficient for 3 years, were left onboard the *Ost*. The *Ost* began to drift from its position at 70°22′N, 167°23′E. In November, the vessel endured strong compression, but after that, ice conditions were rather quiet. From autumn until February, the *Ost* first drifted 115 nautical miles from east to west, then nearly as far in the opposite direction. Then, it reached quiet conditions near Cape Bolshoy Baranov. In late June 1939, when the vessel was at 69°52′N, 165°26′E, the ice started to move. The vessel began to move forward but had lost two propeller blades. On 20 July, ice had rarefied to eight points. The *Ost* lifted its sails and the next day left on ice-free water. A towboat approached the *Ost* at Cape Bolshoy Baranov and delivered it to the Bay of Ambarchik.

17. 1947, *Mossovet*, shipwreck. Very little is known about the *Mossovet* (Fig. 5.17), which was crushed by ice in the De Long Strait on 31 July 1947. There is only a short notice in the fleet registry and in the book by Granberg et al. (2008).

18. 1955, *Kamenets–Podolsk*, damage. A remarkable case occurred in 1955 with the steamship *Kamenets-Podolsk*.

Its captain, Pavel P. Kuyantsev, discussed the ice damage to the steamship *Kamenets-Podolsk*, which nearly led to the death of the crew, in his book *I Would Choose the Sea Again* (1998). A chapter from his book was reprinted in the book devoted to the Far East Shipping Company (FESCO 2005).

‘The steamship *Kamenets-Podolsk* was in Arctic navigation in 1955. We went from Ugolnaya Bay

Рис. 5.17 *Уралмаш* — однотипное *Моссовету* судно. Печатается с разрешения ОАО «Дальневосточное морское пароходство»

Fig. 5.17 *Uralmash* – vessel of the same type as the *Mossovet* (reproduced with permission from Far Eastern Shipping Company)

грузом угля мы шли из бухты Угольная к мысу Шмидта. Дифферент судну был сделан один метр на корму. Не доходя до места назначения миль пятьдесят, вступили под проводку линейным ледоколом, но к месту разгрузки не удалось подойти, так как северные ветры нагнали очень много тяжелого льда. У мыса Шмидта оба судна простояли сутки и получили приказание штаба следовать в Певек. До мыса Биллингса обстановка была очень тяжелой, и мы едва двигались. Далее лед стал разреженнее, и у острова Шалаурова мы шли уже во льду не гуще пяти баллов. Была ясная тихая ночь, ледокол начал увеличивать ход.

В полночь на вахту заступил второй помощник — выпускник арктического училища. После нескольких суток, проведенных без сна, я почувствовал, что вот-вот свалюсь, и решил выпить черный кофе, чтобы продержаться до вахты старпома. Ледокол шел все быстрее, и пришлось попросить его убавить ход. После этого мы пошли со скоростью узлов шесть. Ледокол почти не делал поворотов и только показывал прожектором на опасные углы льдин. В час ночи я спустился вниз, заварил кофе, на что ушло минут десять, и, выпив чашку, тотчас же вышел на мостик.

Едва только глянул на обстановку впереди, сразу же увидел, что катастрофа неизбежна. Прямо по носу был свободный прямой путь за ледоколом, который ушел вперед на полмили. Кое-где плавали отдельные льдины. И их несло начавшимся ветром. Было заметно, что они меняют положение относительно ледяного поля. Однако виднелась маленькая льдинка, левее которой держал второй помощник, считая ее отдельно плавающей. Я же сразу заметил, что она не движется, и понял, что это верхушка длинного «тарана». Отворот вправо делать было поздно: «таран» угодил бы в район носовых трюмов и мог распороть корпус судна от скулы до мостика, так как скорость была узлов семь. Единственно верное решение — остановить судно. Был дан полный задний ход. Машина заработала сразу же, и ход начал заметно снижаться. Но от работы винта на задний ход нос покатился вправо, и когда скорость уже упала узлов до четырех, носовая левая скула судна коснулась «тарана». Раздался отвратительный звук рвущегося металла. Судно резко накренилось вправо. Я на-

(Coal Bay) to Cape Schmidt in late September with a full cargo of coal. We went down by the stern and made the ship list 1 m. We were escorted by the linear icebreaker over a distance of fifty nautical miles from the destination, but it was not possible to approach the unloading place as north winds had brought in a lot of heavy ice. Both vessels stayed one day at Cape Schmidt and had received an order from Headquarters to follow to Pevek. The ice conditions were very heavy on the way to Cape Billings, and we hardly moved. Further ice turned to be more diffuse, and at Shalaurov Island, we were already in ice no denser than five units. It was a clear, quiet night, and the icebreaker had started to increase its speed.

At midnight, the watch was handed to the second assistant – a graduate of the Arctic school. I felt that I was just about to break down after several days without any sleep. I decided to drink black coffee to hold on before the watch of the chief mate. The icebreaker went faster and faster, and it was necessary to ask it to slow down. After that, we continued at a speed of six knots. The icebreaker rarely turned and only pointed out with a spotlight dangerous corners of ice floes. At one o'clock in the morning, I went downstairs and prepared a coffee. It took ten minutes. After drinking a cup, I immediately returned to the bridge.

As soon as I had looked at the conditions ahead, I saw immediately that an accident was inevitable. There was a free, direct path afore behind the icebreaker, which was about half a nautical mile ahead of us. Individual ice floes were floating here and there. They were being carried away by the wind, which was starting to pick up. The floes had noticeably changed their positions relative to the ice field. However, there was one small ice floe to whose left the second assistant held the ship, thinking it was floating separately. I noticed right away that it did not move, and I understood that it was the top of a long 'apron'. It was too late to turn to the right as the 'apron' would hit in an area of bow holds and could unstitch the hull of the vessel from the luff to the bridge, as the speed was seven knots. Only one decision was possible: stop the vessel. A full reversal was made. The engine began to work at once, and the speed started to decrease considerably. But because the propeller worked in the direction of the stern, the heading declined to the right. When the speed had already fallen to around four knots, the left bow luff of the vessel touched the ice apron. A revolting sound

жал ключ авральных звонков. Тут же послышался звук, похожий на шум водопада: в пробоину ворвалась вода! В трюм номер один, в форпик, а может быть, и во второй тоже.

Все спали одетыми, и через минуту все были на своих местах и заводили пластырь с носа, где старший помощник Конченко со знанием дела отдавал команды. Судно быстро погружалось носом в воду, а корма угрожающе поднималась все выше. Было несколько мгновений, когда я собирался отдать команду: «Немедля всем сойти на лед!»

Я не знал, останется ли судно на плаву или уйдет носом в воду с поднятой в небо кормой, подобно *Титанику*. Но какая-то сила удержала меня от такой команды.

Через семь минут пластырь был на месте, погружение носа прекратилось. Открыли первый и второй трюмы. Увидели, что трюм номер один наполнен до уровня моря и более чем до половины твиндека. Нос ушел в воду по якоря. В трюме номер два и в форпике было сухо, и это всех успокоило. Винт и руль, хотя и были высоко, но оставались в воде благодаря тому, что дифферент до катастрофы был метр на корму.

Когда я приказал моему арктическому помощнику спуститься в трюм номер один и осмотреть его, он мне ответил, что боится туда спускаться. Пришлось взять его с собой, и мы оба спустились в трюм. Холм угля посередине возвышался над водой. Попытка откачивать воду из колодцев трюма не удалась, так как трубы сразу же забило угольной массой.

Когда на ледоколе увидели, что наше судно остановилось и быстро погружается носом, ледокол вернулся и подошел к нашему правому борту. А до чистой воды оставалось всего мили две-три.

Разобравшись с капитаном ледокола в обстановке, решили продолжать плавание и пошли к кромке за ледоколом малым ходом, все время наблюдая за водой в трюмах. На малом ходу судна уровень воды в трюме поднялся сантиметров на пять, в остальном ничего не изменилось. Так вышли на кромку почти у мыса Шелагского и были отпущены ледоколом. Сняли пластырь и пошли полным ходом. Уровень воды в трюме еще повысился на де-

of torn metal rang out. The vessel tilted sharply to the right. I pressed the emergency alarm button. The sound of a waterfall was heard: water flushed through the hole. The water flowed to hold no. 1 and the forepeak and possibly the second hold as well.

The crew slept in their clothes, and in a minute everybody was in position and made a patch from the bow, where the senior assistant Konchenko gave out commands with skill. The vessel quickly plunged bow first into the water, but the stern threateningly rose higher and higher. There were moments when I was going to give a command: “All hands on the ice immediately!”

I didn’t know whether the vessel would stay afloat or if it would plunge its bow into the water with the stern raised up toward the sky, like the *Titanic*. But some force kept me from giving that command.

In seven minutes, the plaster was in place, and the bow had stopped submerging. We opened the first and second holds and saw that hold no. 1 was filled to sea level and to more than half the twin deck. The stem became submerged to the level of the anchors. It was dry in hold no. 2 and in the forepeak, and that calmed everybody. The propeller and rudder, though high, remained in the water because the trim was a metre on the stern before the accident.

When I ordered my Arctic assistant to go down and examine hold no. 1, he said that he was afraid. So I had to take him with me, and both of us went down into the hold. A mound of coal towered over the water in the middle of the hold. An attempt to pump out the water from the drain well was unsuccessful as the pipes had been hammered flat by the coal.

When the crew on the icebreaker saw that our vessel had stopped and its stern was quickly becoming engulfed, the icebreaker returned and approached our right board. There was a distance of two to three nautical miles to travel to reach ice-free water.

After a summary of the hazards involving the captain of the icebreaker, we decided to continue sailing and came to the edge of the ice behind the icebreaker at a slow speed, all the while keeping an eye on the water in the holds. The water level in hold no. 1 was the only one changing, and it had slowly risen five centimetres. We left the ice edge at Cape Shelagsky and were liberated by the icebreaker. We removed the patch and sailed at full speed. The water level in the

сять сантиметров и более не прибывал. В форпике и трюме номер два по-прежнему было сухо. Так и дошли до Певека десятиузловым ходом. Потери груза почти не было, так как через пробоину вымыло очень мало угля. Она была по площади метр на метр, а образовавшаяся щель в корме от удара была не шире 10 см. Однако этого оказалось достаточно, чтобы трюм заполнился за несколько минут. Уголь, конечно, выгрузили весь мокрый, но его и на берегу мочили и дождь, и снег, а морская вода стекала тут же по мере выгрузки. Колодцы трюма были заполнены угольной массой в виде густой каши, которая просочилась через крышку колодца.

Пробоина, хотя и оказалась после выгрузки высоко, была все же временно заделана с помощью электросварки.

Таким образом, в арктическом плавании между вахтами старпома даже при самой благоприятной обстановке капитану следует пить кофе не внизу, а на мостике, если его не подменяет старпом.

И еще одна деталь. В своем рапорте начальнику штаба проводки М.В. Готскому я (автор, П. Куянцев – комментарий Н. Марченко) доложил, что пробоина случилась из-за моей неопыт-

holds rose as much as ten centimetres, but no higher. It was still dry in the forepeak and in hold no. 2. So we reached Pevek, sailing at a speed of 10 knots. No cargo was lost, and very little coal had washed up via the hole. The hole was about 1 m by 1 m in size, and the crack formed by the blow was no wider than ten centimetres. However, it was large enough to fill the hold in minutes. The coal, of course, was unloaded all wet, but it would get wet ashore as well from the rain and snow. The seawater drained away during the unloading process. The hold wells had been filled by coal in the form of a dense mush which had filtered through the well cover.

The hole appeared quite high after the unloading. It was nevertheless closed temporarily by means of electric welding.

Therefore, during Arctic navigation, between shifts of the first mate, even under the most favourable conditions, the captain should drink coffee not downstairs but on the bridge, if the first mate doesn't replace him.

And one more detail. In the official report presented to the chief of Headquarters Mikhail V. Gotsky, I (the author, P. Kuyantsev – N.M.), reported that the collision and resulting hole happened because of my

Рис. 5.18 Пароход ледокол *Адмирал Лазарев.* Построен в 1938 году в СССР, списан в 1967 году. Печатается с разрешения ОАО «Дальневосточное морское пароходство»

Fig. 5.18 The steamer icebreaker *Admiral Lazarev.* Built in 1938 in the Soviet Union, decommissioned in 1967 (reproduced with permission from Far Eastern Shipping Company)

ности в арктическом плавании — это была моя первая арктическая навигация. О втором помощнике в рапорте не было ни слова. Михаил Владимирович ответил, что по представлениям русских полярников приход судна с разбитым носом не считается великим грехом, это признак излишней смелости и уверенности. А вот когда хвостовое оперение — руль, винт — повреждено, это позор для полярника. Я преклонялся перед опытным полярником капитаном Готским и принял его слова почти всерьез. Не знаю, так ли считают молодые полярники...» (цитируется по (ДВМП, 2005, с. 55, 58)).

19. Через десять лет в августе 1965 года другой поучительный случай произошел западнее острова Айон. Тяжелые повреждения получил ледокол *Адмирал Лазарев* (рис. 5.18). Этот случай показал, что даже мощные ледоколы порой бывают бессильны перед ледяной стихией, но мужество и находчивость экипажа, согласованные действия и помощь каравана могут спасти корабль.

17 августа 1965 года в 3.30 ночи две огромные льдины неожиданно выросли из тумана на пути ледокола. Первый удар ледокол выдержал, но его

inexperience in Arctic sailing. That was my first Arctic navigation. There were no words about the second assistant in the official report. Mikhail Vladimirovich answered that, according to the mentality of Russian polar explorers, the arrival of a vessel with 'a broken nose' is not considered a great sin. It is a sign of excessive boldness and confidence. However, it is a shame for the polar captain when the tail plumage – the rudder, a screw – is damaged. I admired the skilled polar explorer Captain M. Gotsky and had taken his words seriously. I don't know if that's what young polar explorers think' (FESCO 2005, pp. 55, 58).

19. 1965, *Admiral Lazarev*, damage. Another instructive case occurred to the west of Ayon Island in August 1965. The icebreaker *Admiral Lazarev* (Fig. 5.18) was severely damaged. This case showed that even powerful icebreakers might be powerless in the face of ice at times, but courage and the skill of the crew, along with coordinated actions and the help of a caravan, rescued the ship

On 17 August 1965, at 3:30 p.m., two huge ice floes unexpectedly emerged in the fog along the route of the icebreaker. The icebreaker endured the

Рис. 5.19 Ледокол *Адмирал Лазарев.* Несколько сантиметров до затопления палубы. Печатается с разрешения ОАО «Дальневосточное морское пароходство»

Fig. 5.19 The icebreaker *Admiral Lazarev* just a few centimetres before the deck flooded (reproduced with permission from Far Eastern Shipping Company)

сильно бросило в сторону. И тут вторая льдина как огромной пилой провела по днищу, оставив шестиметровую трещину. Вода выдавливала переборки, заливая все новые и новые отсеки. И тогда капитан принял единственно верное решение — вести ледокол на мелководье.

Через несколько часов ледокол *Адмирал Лазарев* лег на грунт. Глубина была 12 м. От палубы до воды оставалось 20 см (рис. 5.19). Невероятными усилиями экипажу корабля удалось сохранить от затопления последнюю, четвертую кочегарку, благодаря чему поддерживалась жизнь на корабле и впоследствии удалось включить насосы.

К *Адмиралу Лазереву* подошли ледокол *№5*, буксир *Донец* и дизель-электроход *Амгуэма*. Они охраняли его от ударов ледовых полей, наплывающих с севера. Три водолаза, прибывшие на вертолете с ледокола *Ленинград* (рис. 5.20), в течение нескольких часов в холодной мутной воде сумели заварить пробоину. Мощные насосы откачали воду, и на следующий день ледокол *Ленинград* взял на буксир спасенный ледокол. В порт Певек *Адмирал Лазарев* вошел своим ходом.

Вот как красочно описана эпопея спасения ледокола *Адмирал Лазарев* в радиограмме с борта ледокола *Ленинград* в газету «Известия» специального корреспондента Юрия Теплякова (цитируется по ДВМП, 2005, с.102, 107):

«Вместе с капитаном ледокола *Адмирал Лазарев* Виктором Терентьевичем Садчиковым прыгаю на огромную льдину, что прижалась к самому борту, и ухожу далеко от корабля. Оба ищем хорошую точку, чтобы сделать фотографии на память.

Правда, в памяти этой больше всего сохранится печали. Мы видим только черный корабль, печально уткнувшийся иллюминаторами в зеленую воду океана. Грустно, конечно, сейчас капитану смотреть на свой ледокол. Здесь, в Арктике, я говорил с учеными, опытнейшими капитанами, ледовыми разведчиками — у всех единое мнение: нынешняя полярная навигация самая сложная за многие годы. Упрямые северные ветры гонят и гонят ледовые поля от полюса к берегам, закрывая дорогу караванам. Даже мощнейшие в мире ледоколы *Москва* и *Ленинград* бывают порой бессильны перед грозной природой. Каждая миля — это колоссальный труд, это тяжелая борьба. И не всегда океан уступает победу.

first blow, but it was pushed aside. The second ice floe cut the bottom like a huge saw, leaving a 6-m-long crack. Water squeezed between the bulkheads and filled in compartments one after another. Then, the captain made the decision to run the icebreaker onto a shoal.

After several hours, the icebreaker *Admiral Lazarev* was laid down on the ground. The depth was 12 m. The deck was only 20 cm above water (Fig. 5.19). The ship's crew managed to keep the fourth and last stokehold from flooding by their extraordinary efforts. The ship was saved thanks to their work, and the could turn on the pumps.

The icebreaker *No. 5*, the tow *Donets*, and the cargo vessel *Amguema* approached the icebreaker *Admiral Lazarev* and protected her from blows in the ice fields coming from the north.Three divers who arrived by helicopter from the icebreaker *Leningrad* (Fig. 5.20) within several hours managed to weld the hole in cold, muddy water. Powerful pumps pumped out water, and the next day the icebreaker *Leningrad* took on a tow and rescued the icebreaker. The icebreaker *Admiral Lazarev* entered the port of Pevek under its own power.

Here is how the rescue of the icebreaker *Admiral Lazarev* was described by special correspondent Yury Teplyakov in a radiogram from aboard the icebreaker *Leningrad* to *Izvestiya* newspaper (FESCO 2005, pp. 102, 107; the description has been abridged):

'I jump on a huge ice floe that has nestled onboard together with the captain of the icebreaker *Admiral Lazarev*, Victor T. Sadchikov, far from the ship. Both of us search for a good point to take photos to commemorate the event.

However, our memories would be tinged mostly by sorrow. We see only the black ship, sadly buried up to the windows in green water. It is very painful, of course, for the captain to look at the icebreaker. Here, in the Arctic, I spoke with scientists, experienced captains, and ice scouts, and they are all of one opinion: polar navigation today is the most difficult it has been for many years. Obstinate northern winds drive ice fields from the pole to the coast, closing routes to caravans. Even the most powerful icebreakers in the world, the *Moskva* and the *Leningrad*, are powerless at times in confrontations with nature. Each nautical mile is an enormous effort. The ocean does not always concede a victory.

Наш *Ленинград* в легких сумерках северной ночи пробивался во льдах. За кормой среди битых льдов тянулся танкер *Москальво*. Мы уже радовались, что проскочили самые сложные барьеры, что совсем скоро чистая вода, а там короткий отдых, пока построится новый караван. Но беда чаще всего приходит именно в хорошие минуты.

На мостик срочно вызвали капитана. Радиограмма из Певека, где находится штаб морских операций, была предельно краткой: «Западнее острова Айон получил тяжелые повреждения ледокол *Адмирал Лазарев*. Срочно идите на помощь!». Бросаем во льдах танкер. Курс на запад. Полный вперед. Каждый час радист приносит новые сообщения. Радирует капитан ледокола *Адмирал Лазарев* Садчиков: «Пробоину обнаружить не удалось, первая и вторая кочегарки затоплены. Принимаем все меры по спасению судна». Работает рация штаба, телеграмма ледоколу *Адмирал Лазарев*: «Вам на помощь вышли дизель электроход *Амгуэма*, ледокол № 5, буксир *Донец*».

Наши машины по-прежнему работают в режиме «полный вперед!». Вот уже позади остров Шалаурова. Скорость пятнадцать узлов. Мы идем как курьерский поезд, только мощные льдины громыхают о борт.

Новая радиограмма с ледокола *Адмирал Лазарев*: «Вода топит третью кочегарку». Она вызывает особую тревогу. Наш главный механик Леонид Вакс тихо замечает: «У них осталась последняя, четвертая, если переборка не выдержит, тогда беда». И как эхо на эти слова приказ капитана *Ленинграда* Абоносимова: «Все время идти «полный вперед!».

Очередная радиограмма капитана Садчикова: «Вода появилась в четвертой кочегарке. Затоплены топливные бункеры. Все работают на своих постах. Ждем помощи. Наши координаты 70°03′48″ с.ш., 168°52′30″ в.д.».

Ленинград уже близко от места аварии. Осталось миль шесть. 21.30. Капитан дает команду: «Водолазам приготовиться к переброске на ледокол *Адмирал Лазарев*».

Корабль где-то рядом. Мы знаем, что к нему уже подошли ледокол № 5 и буксир *Донец*. Оба охраняют его от ударов ледовых полей, наплывающих с севера.

Our *Leningrad* made its way through the ice in the early twilight of northern night. The tanker *Moskalvo* lumbered along behind the stern among the beaten ice. We already rejoiced that we had passed the most difficult barriers and that pure water would appear very soon, and then a short rest while the new caravan is set up. But it’s more often in good times that trouble shows up.

The captain had been called to the bridge urgently. The radiogram from Pevek (Marine Operations Headquarters in Pevek) was extremely short: ‘Icebreaker *Admiral Lazarev* has suffered severe damage to the west of Ayon Island. Go help immediately!’ We leave the tanker in the ice. Full speed to the west. Each hour, the radio operator sends new messages. The captain of the icebreaker *Admiral Lazarev,* V. Sadchikov, wires: ‘Couldn’t find hole. First and second stokeholds flooded. Doing our best to save vessel.’ Headquarters’ portable radio set works. It sends a telegram to the icebreaker *Admiral Lazarev*: ‘The diesel-electric engine ship *Amguema*, icebreaker *No. 5*, and the tow *Donets* are on their way.

Our engines are still working at full speed! We have already passed Shalaurov Island. Speed fifteen knots. We’re going like an express train, and only powerful ice floes rumble about the board.

A new radiogram from the icebreaker *Admiral Lazarev* reads: ‘Water floods the third stokehold.’ It causes special concern. Our main mechanic, Leonid Vaks, notes quietly: ‘They still have the last, the fourth stokehold. If the bulkhead does not hold up, then it will be in trouble.’ The order of the captain of *Leningrad,* Abonosimov, follows as an echo of the mechanic’s words: ‘Full speed the whole time!’

Captain V. Sadchikov’s next radiogram: ’Water has appeared in fourth stokehold. Fuel bunkers flooded. Everybody is at his post. Waiting for help. Co-ordinates 70°03′48″N, 168°52′30″E.’

The *Leningrad* is already close to the place of the accident. It remains around 6 nautical miles away. The time is 21:30. The captain gives a command: ‘Divers prepare for transfer to icebreaker *Admiral Lazarev.*’

The ship is somewhere nearby. We know that icebreaker *No. 5* and the tow *Donets* have already come to it. They’re both protecting the *Admiral Lazarev* against blows of the ice fields running from the north.

Рис. 5.20 Дизель-электроход ледокол *Ленинград*. Построен в 1965 году в Финляндии, списан в 1992. Судно типа *Москва* (1960–1969), к которому относятся также ледоколы *Владивосток, Киев, Мурманск*. Печатается с разрешения ОАО «Дальневосточное морское пароходство»

Fig. 5.20 Diesel-electric icebreaker *Leningrad*. Built in 1965 in Finland, decommissioned in 1992. Vessel of *Moskva* type (1960–1969), which includes icebreakers *Vladivostok, Kiev, Murmansk* (reproduced with permission from Far Eastern Shipping Company)

Наконец прямо по курсу видна черная точка. Это корабль. Беру бинокль. У ледокола *Адмирал Лазарев* торчат одни трубы. Нос по самые клюзы в воде. Льдины плавают почти вровень с палубой. У нас на мостике не верят своим глазам. А моряки повидали немало.

Впервые за всю историю великого Северного морского пути тонет линейный ледокол *Адмирал Лазарев*, с чьим именем связана молодость многих полярных капитанов. Ведь ледокол с 1938 года работает в Арктике! Сколько он провел караванов от Мурманска до пролива Беринга! Разве сосчитаешь!

С нашего *Ленинграда* сейчас поднимается вертолет. На его борту корабельный инженер Юрий Кудрявцев, возглавляющий большую спасательную группу. Он и будет руководить работой водолазов. Только вот сесть на *Адмирал Лазарев* не так-то просто.

Ночь. Прожектор вырывает из темноты участок мокрой вертолетной площадки. А у ледокола еще и солидный крен, да вокруг мачты других судов. Пилот Владимир Громов долго висит, рассчитывая каждый сантиметр, потом точно сажает машину. Но это лишь первый рейс. С *Ленинграда* надо перебросить еще трех водолазов. Ночь. Туман. Чайки кричат над водой. Идет августовский снег. И мало кто еще знает, что Арктика сегодня не спит. Что в Арктике тревога.

Утром вместе с врачом Аллой Вениаминовной Перуновой я хожу по палубам и каютам *Адмирала Лазарева*. На ледоколе все сейчас напоминает о

At last, the black point is visible directly on course. It is the ship. I take the field glass. Only the pipes of the icebreaker *Admiral Lazarev* stick out. The stern is in the water up to the hawses. Ice floes float almost on level with the deck. Our people on the bridge do not believe their eyes. But seamen have seen much.

For the first time in the history of the great Northern Sea Route, a linear icebreaker is sinking. The youth of many polar captains is connected with the name *Admiral Lazarev*. The icebreaker has worked in the Arctic since 1938! How many caravans have been led by it from Murmansk to the Bering Strait! Countless!

The helicopter now took off from the *Leningrad*. The ship's engineer, Yury Kudryavtsev, is heading the group and is on board. He will supervise the work of the divers. Only it is not so simple to land on the *Admiral Lazarev*.

It is night. A spotlight illuminates the wet helicopter platform in the darkness. The icebreaker has a solid list, and the masts of other vessels are all around. Pilot Vladimir Gromov hovers for a long time, counting each centimetre, then precisely puts the helicopter down. But it is only the first flight. It is necessary to pick up three more divers from the *Leningrad*. It is night. There is fog. Seagulls shout over the water. There is an August snow, and very few people know that the Arctic does not sleep today. There is alarm in the Arctic…

In the morning, I go along the decks and cabins of the *Admiral Lazarev* together with the doctor, Alla V. Perunova. Everything on the icebreaker reminds me

недавней битве с океаном. Красные насосы стучат до сих пор, встречаешь мешки с цементом, видно, готовили пластырь на пробоину. В коридорах еще плещется мутная вода. А рояль кают-компании, как посреди озера.

Единственную кочегарку, которую все-таки отстояли люди и которая сейчас дает пар машине, мне показывает старший механик Всеволод Бонишко. Высокий. Седой. Крепкий старик. В Арктике плавает не первый десяток лет. Говорит он не торопясь, солидно: «Из третьей кочегарки выбирались уже вплавь. Но четвертую мы не могли отдать, иначе остановились бы машины, затихли все насосы. Люди целую ночь работали по пояс в холодной воде. Потом укрепили переборку. Откачали воду. И никакой паники. Пришлось самому «тряхнуть стариной, покидать уголек»».

Мы идем к посту водолазов. Только что поднялся на борт Алексей Николаевич Болтунов: «Сейчас все отлично! Вот ночью было плоховато. Темно. Варили под водой на ощупь».

Инженер Юрий Кудрявцев как прилетел с *Ленинграда*, так и не уходил отдыхать. На его столе чайник, зеленые кружки, он что-то чертит, объясняет водолазам. Увидев нас, смеется: «Самое интересное под водой. Шесть метров дыра. Во как царапнуло! Суток двое придется варить». Инженер, наверно, и сам рад, что чуточку ошибся: «Это водолазы виноваты, что сжали самые сжатые сроки!».

На следующий день пробоину уже закрыл длинный лист железа. Сразу включили насосы, сотни тонн воды полетели за борт. А через час в иллюминаторы ледокола уже заглянул мягкий северный день.

В вахтенном журнале *Ленинграда* на всю жизнь останется лаконичная запись: «18 августа в 16.45 взяли после аварии на буксир ледокол *Адмирал Лазарев*. Курс — порт Певек».

Вечером, когда показались огни порта, отдали буксир. Ледокол пошел к причалу своим ходом. *Адмирал Лазарев*, с которым связана история Арктики, молодость многих полярных капитанов, жив» (ДВМП, 2005, с.102, 107).

20. В 1965 году в водах Восточно-Сибирского моря в результате полученных ледовых повреждений затонул теплоход *Витимлес* (рис. 5.21- 5.24).

of the recent battle with the ocean. Red pumps knock. One encounters bags full of cement apparently to patch a hole. Muddy water still laps in the corridors. There is a grand piano in the wardroom. It stands as if in the middle of a lake.

The one remaining stokehold now gives steam to the engine. Senior mechanic Vsevolod Bonishko shows me the stokehold. Tall. Grey-haired. Strong old man. He had sailed in the Arctic for several decades. He speaks without hurrying, without pause: 'We swam out of the third stokehold. But we could not get the fourth off, as the engines would stop and all the pumps would stop. The crew worked the whole night up to their waists in cold water. We have strengthened a bulkhead and pumped out water. There was no panic. We had to 'revive old customs and leave the coal.'

We go to where the divers are. Aleksey N. Boltunov just came aboard: 'Now everything is excellent! It was rather bad at night. It is dark. We felt our way around underwater to weld.'

Engineer Yury Kudryavtsev had not taken a rest since he arrived from the *Leningrad*. There's a teapot and green mugs on his table. He draws something, explains something to the divers. Seeing us, he laughs: 'The most interesting thing is below the water. It's a hole six metres long. The ship's been scratched! Welding'll take two days.' The engineer himself is probably glad for his mistake: 'The divers are guilty for shortening the shortest deadlines!'

The next day a long iron sheet patched the hole. As soon as the pumps were switched on, hundreds of tonnes of water begin to flow by the board. An hour later, the gentle northern day had already taken a peek in the icebreaker windows.

There will be a laconic note in the *Leningrad*'s logbook for all time: 'On 18 August, at 16:45, we took the icebreaker *Admiral Lazarev* in tow following accident. Course Port Pevek.'

In the evening, when the port lights had dimmed, the *Leningrad* was given a tow. The icebreaker approached a quay with its own propeller. The *Admiral Lazarev*, with which is connected the history of the Arctic and the youth of many polar captains, is alive (FESCO 2005, pp. 102, 107).

20. 1965, *Vitimles*, shipwreck. In 1965, the steamship *Vitimles* sank in the waters of the East Siberian Sea as a result of ice damage (Figs. 5.21–5.24).

Рис. 5.21 Теплоход лесовоз *Витимлес*. Построен в 1964 году в Польше, погиб в 1965. Судно типа *Беломорлес* (1962–1967), к которому относятся еще 36 лесовозов. Печатается с разрешения ОАО «Дальневосточное морское пароходство»

Fig. 5.21 The steamship lumber carrier *Vitimles*. Built in 1964 in Poland, lost lumber carrier in 1965. Vessel of *Belomorles* type (1962–1967), which includes 36 other lumber carriers (reproduced with permission from Far Eastern Shipping Company)

Рис. 5.22 Спасение экипажа теплохода *Витимлес*. Печатается с разрешения ОАО «Дальневосточное морское пароходство»

Fig. 5.22 Rescue of the crew of the steamship *Vitimles* (reproduced with permission from Far Eastern Shipping Company)

В начале навигация 1965 года не предвещала ничего плохого. Но к концу недолгого полярного сезона в восточном секторе Арктики сложилась сложная ледовая обстановка. Все сплоченнее и тяжелее становились ледовые поля, все меньше делались заприпайные полыньи, исчезала свобода маневра. Теплоход *Витимлес* следовал из Провидения в Певек с грузом угля для жителей севера. 20 сентября в районе острова Шалаурова теплоход попал в зону тяжелого льда. Абсолютно лишенное возможности двигаться самостоятельно судно простояло здесь в ожидании ледокольной проводки ровно 30(!) дней. 20 октября на помощь пришли сразу два линейных ледокола — *Москва* и *Ленинград*. Только недавно полученные из Финляндии, на тот момент это были самые современные, самые мощные ледоколы в Дальневосточном морском пароходстве. Они пришли на смену двухтрубным угольным теплоходам, и мощность силовой установки у каждого составляла 22000 л.с. Однако и они уже ничего не могли поделать. К этому моменту в том месте, где находился *Витим-*

First, the navigation period of 1965 did not foretell anything bad. However, the closer the end of the short polar season drew, the more solid and heavier the ice fields became. The polynyas located behind the fast ice lessened, and the primary advantage in such conditions, manoeuvrability, disappeared. The steamship *Vitimles* travelled from Provideniya (bay and port) to Pevek with a cargo of coal for the northerners. On 20 September, the ship reached a zone of heavy ice around Shalaurov Island. The vessel was unable to move independently, and it stayed there with the expectation of icebreaking support in exactly 30 (!) days. On 20 October, two liner icebreakers, the *Moskva* and the *Leningrad*, came to help. They had recently arrived from Finland, and they were the most powerful icebreakers in the Far East at the time. Each had a 22,000-hp engine. They came instead of two-pipe 'coal miners'. However, neither vessel could do anything. The powerful and incessant hummocking of ice had begun by this time. The terrible phenomenon known by experienced polar explorers as the 'ice jet' resulted in severe damage to the *Vitimles*. The vessel

Рис. 5.23 Теплоход *Витимлес* тонет. Печатается с разрешения ОАО «Дальневосточное морское пароходство»

Fig. 5.23 The steamship *Vitimles* is sinking (reproduced with permission from Far Eastern Shipping Company)

Рис. 5.24 Теплоход *Витимлес* уходит под воду. Печатается с разрешения ОАО «Дальневосточное морское пароходство»

Fig. 5.24 The steamship *Vitimles* is foundering (reproduced with permission from Far Eastern Shipping Company)

лес, началось мощное и беспрестанное торошение льда — чрезвычайно опасное явление, которое опытные полярники называют «ледовая река». Захваченное ледовой рекой судно получило тяжелые повреждения и начало пропускать забортную воду. Оба ледокола практически сразу потеряли ход. Попытки передать с *Москвы*, а затем и с *Ленинграда* мощные электропомпы к успеху не привели. В 12 час 7 мин местного времени 24 октября в точке с координатами 70° с.ш., 175° в.д. над тонущим судном *Витимлес* сомкнулись льды. Весь экипаж был эвакуирован ледоколами (Осичанский, 2010).

Естественно, это чрезвычайное происшествие долго разбирала специальная комиссия. Ее выводы во многом оказались уникальными: «Данный случай с т/х *Витимлес* классифицируется как кораблекрушение, вызванное действием непреодолимой силы при плавании во льдах. Вины экипажа *Витимлес*, экипажей ледоколов и руководства морскими операциями Восточного района Арктики комиссия не усматривает... » (Островский, 2001).

21. В мае 1978 года состоялась экспедиция, в задачи которой входила проводка по высокоширотной трассе Северного морского пути транспортного судна дизель-электрохода *Капитан Мышевский* (рис. 5.25) (типа судов *Амгуэма*) в ранние сроки навигации с запада на восток с по-

had started to let in water. The two icebreakers almost immediately stopped dead. Attempts to transfer powerful electric pumps from the *Moskva* and then from the *Leningrad* were unsuccessful. The Arctic, having grasped its prey, was not going to give it up. At 12:07 local time, on 24 October, at 70°N, 175°E, the ice closed over the sunken *Vitimles*. All crew members were evacuated by the icebreakers (Osichansky 2010).

Naturally, the extraordinary accident was examined by a high commission. Its conclusions appear unique in many respects: 'The present case with the steamer *Vitimles* is classified as a shipwreck caused by a natural disaster from sailing in ice. The commission does not see any guilt stemming from the actions of the crew of the *Vitimles* or the crews of the icebreakers or management of sea operations of the eastern area of the Arctic…' (Ostrovsky 2001).

21. 1978, *Kapitan Myshevsky*, damage. In May 1978, an expedition of the transport vessel *Kapitan Myshevsky* (a ship of the class *Amguema*) (Fig. 5.25), with the help of the nuclear icebreaker *Sibir*, took place. The expedition set out early to travel from west to east along the high-altitude line of the Northern Sea

Рис. 5.25 Транспортное судно *Капитан Мышевский*. Печатается с разрешения ОАО «Дальневосточное морское пароходство»

Fig. 5.25 Transport vessel *Kapitan Myshevsky* (reproduced with permission from Far Eastern Shipping Company)

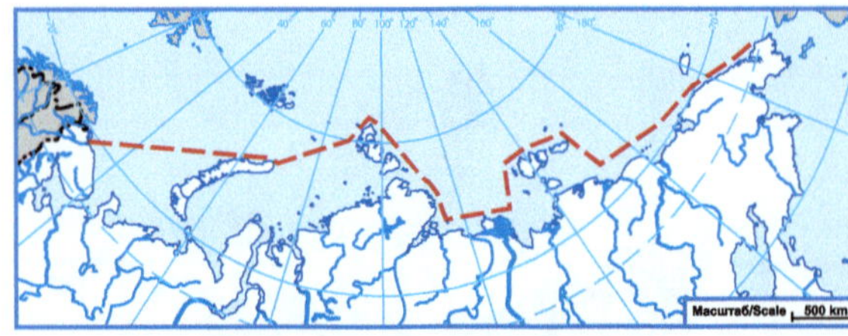

Рис. 5.26 Маршрут сверхраннего рейса ледокола *Сибирь* и транспортного судна *Капитан Мышевский*

Fig. 5.26 Route of early-term navigation of icebreaker *Sibir* and transport vessel *Kapitan Myshevsky*

мощью атомного ледокола *Сибирь* (рис. 5.26). Во время рейса судам пришлось преодолевать торосы и паковые льды. Участник экспедиции кандидат технических наук, почетный полярник Дмитрий Дмитриевич Максутов пишет в своей монографии «Моя жизнь. Воспоминания инженера-кораблестроителя и полярника» (Максутов, 2007), что в мощном льду ледокол иногда застревал, не имея возможности двигаться ни вперед, ни назад.

Казалось, что не хватает ни массы, ни мощности, что даже 150000 л.с. будет мало, чтобы преодолеть торосы. Но все же удавалось высвободится и продолжить движение. Ледокол часто работал набегами, ударами и во время такой работы постоянно записывались все контакты борта судна со льдом. Была отмечена значительная вибрация судна при ходе в тяжелых льдах, были случаи, когда нос ледокола поднимался на 130 см. Один раз ледокол наскочил с хода на старую паковую льдину и от удара бортом накренился на левый борт до 20 °.

Рейс прошел непросто. Форсируя тяжелые перемычки льда, приходилось брать *Мышевского* на короткий буксир. При такой буксировке полностью разрушились кормовые кранцы ледокола, а от трения носовой оконечностью о стальные части кормового выреза ледокола, *Мышевский* протер наружную обшивку своего корпуса, которую пришлось

Route (Fig. 5.26). During the voyage, the vessels had to overcome hummocks and pack ice. A participant in the expedition, polar explorer Dr. Dmitry D. Maksutov (2007), describes the intense moments where the icebreaker sometimes jammed and could move neither forwards nor backwards.

It seemed like neither mass nor power would suffice. In some places, we had the feeling that even 150,000 hp would not be enough (the *Sibir* has 75,000 hp, so here the author doubles the *Sibir*'s power – 75,000 hp – and thinks it is still not enough – N.M.). All contacts of the board of the vessel with ice were constantly recorded during the work. Considerable vibration of the vessel moving in heavy ice was noted. There were cases where the icebreaker stern rose to 130 cm, and once it ran on an old pack-ice floe at full speed. The icebreaker has listed on the left board to 20° from a blow by an ice floe.

In general, the voyage has passed uneasy. Heavy crosspieces forced the *Myshevsky* on a short tow to go faster. The icebreakers stay in expectation of changes in ice conditions or changes in wind direction during ice compression. Many polynyas were completely free of ice. Icebreakers normally sail in broken ice with a thickness of 150 to 200 cm. The icebreaker stern fend-

заваривать. Во время сжатий ледокол по большей части стоял в ожидании изменения ледовой обстановки или смены направления ветра. Встречалось много полыней, полностью освобожденных ото льда. В битых льдах толщиной 150–200 см ледокол шел уверенно. В припае вблизи острова Колючин ледокол *Сибирь* расстался с *Мышевским*, который пошел по чистой воде на восток, а ледокол взял курс на дрейфующую станцию «Северный полюс 24».

ers had completely collapsed at towage on a short tow. The *Myshevsky* frazzled her external covering due to friction in the protruding parts of the stern, and steel parts of the stern were torn off the icebreaker. This hole had to be welded. The icebreaker *Sibir* left the *Myshevsky* in fast ice near Kolyuchin Island. It sailed in ice-free water to the east, and the icebreaker headed for the drifting station North Pole 24.

Выводы

Таким образом, начиная с 1900 года, рассмотрено 21 происшествие в Восточно-Сибирском море, вызванные тяжелыми ледовыми условиями. Среди них четыре кораблекрушения: 1929 год — *Элизиф*, 1933 год — *Революционный и* несколько барж, 1947 год — *Моссовет* и 1965 год — *Витимлес*. Пароход *Революционер* и все баржи каравана затонули в сильный шторм, когда стамуху, к которой они пришвартовались, размыло. В результате суда стало сносить и выбрасывать на отмель. Про гибель судна *Моссовет* практически ничего не известно. Сведения о судне *Элизиф* противоречивы. *Витимлес* получил тяжелые повреждения корпуса в результате мощного торошения льда («ледовая река»), начал пропускать забортную воду и затонул. Находившиеся рядом ледоколы *Москва* и *Ленинград* практически сразу потеряли ход в «ледовой реке» и ничего не могли поделать, кроме как эвакуировать экипаж.

10 раз корабли зимовали вдали от своих портов. Все эти зимовки, в отличие от зимовок в море Лаптевых, прошли относительно спокойно. Наиболее драматичной была зимовка каравана судов Северо-восточной экспедиции 1932–1933 года, которая для некоторых судов затянулась и на следующий год. Многие суда получили повреждения, однако человеческих жертв удалось избежать благодаря четко скоординированным мероприятиям. Во время дрейфа зимой 1932–1933 года судно *Урицкий* несколько раз подвергалось интенсивным сжатиям, но его корпус выдержал нагрузки. Другой дрейф во время зимовки норвежского судна *Мод* был фактически запланированным. Правда, прошел этот дрейф не по ожидаемой траектории. Это нарушило планы исследователей (Р. Амундсена и Х. Свердрупа) и показало, насколько сложна картина дрейфа льдов в Арктике.

Summary

This chapter has considered 21 accidents caused by heavy ice conditions since 1900 in the East Siberian Sea, including four shipwrecks: the *Elizif* in 1929, the *Revolyutsionny* and barges in 1933, the *Mossovet* in 1947, and the *Vitimles* in 1965. The steamship *Revolyutsionny* and all barges of the caravan sank in a gale when the stamukha they had moored to washed away. Vessels began to drift and were thrown out to a shallow. Almost nothing is known about the shipwreck of the *Mossovet*. Information about the shipwreck of the *Elizif* is inconsistent. The *Vitimles* sustained heavy damage to the hull as a result of powerful hummocking and drifts of ice ('ice jet'). The ship started to leak and finally sank. The icebreakers *Moskva* and *Leningrad*, which were nearby, lost their speed immediately in the ice jet and could do nothing except evacuate the crew of the *Vitimles*.

The ships overwintered ten times away from their home ports. All of these overwinterings passed rather easily, unlike the overwinterings in the Laptev Sea. The most dramatic event was the overwintering of the caravan of vessels of the Northern East Expedition in 1932–1933. Some of the vessels had to spend the following year in the Arctic. Many vessels sustained damage; however, there were no human victims thanks to the carefully coordinated actions of the crews. The *Uritsky* was sometimes exposed to intense compression during its drift in the winter of 1932–1933, but its hull sustained stresses. The other drift during overwintering of the Norwegian vessel *Maud* was actually planned. However, this drift did not pass on the trajectory as planned by the researchers, led by R. Amundsen and H. Sverdrup. Failure to drift over the North Pole showed that ice drift in the Arctic was not well understood.

В Восточно-Сибирском море было зафиксировано наименьшее по сравнению с другими морями число происшествий. Однако объясняется это скорее меньшей интенсивностью навигации, а не лучшими ледовыми условиями. Как и в других морях, большая часть происшествий случилась, когда в рейсы отправлялись ветхие, мало приспособленные для борьбы со льдами судна. Исключение представляет гибель лесовоза *Витимлеса* (1965), который затонул в свою первую навигацию, но здесь, как заключила комиссия, действовала непреодолимая сила.

Особенно примечательны два случая, когда тонущие корабли (ледокол *Адмирал Лазарев* и транспортное судно *Каменецк-Подольск*) были спасены благодаря самоотверженым действиям экипажей и мастерству капитанов и моряков. Однако примечательны эти случаи еще и тем, что оба они произошли, когда ледовые условия казались относительно спокойными и ничто не предвещало беды. Это еще раз говорит о том, что плавание в арктических морях полно неожиданностей, требует от людей особого внимания и мастерства и постоянного использования как новейших технических средств, так и накопленного годами опыта.

The number of incidents in the East Siberian Sea is minimal compared to the other seas. This is more likely due to the easier navigation rather than to the best sea ice conditions when compared with other seas. As in the other seas, most of the incidents occurred when the ships were shabby and poorly adapted for struggles against the ice. The exception is the destruction of the timber-carrying vessel *Vitimles* (1965), which sank in its first voyage, but this was an act of God, as the high commission concluded.

Two cases are especially noteworthy in that the sinking ships (the icebreaker *Admiral Lazarev* and the transport vessel *Kamenetsk–Podolsk*) were rescued thanks to the self-sacrificing and coordinated actions of the crews and the skill of the captains and seamen. However, these cases are also remarkable because both of them occurred when ice conditions seemed rather quiet and trouble was not predicted. This once again indicates that navigation in the Arctic seas is unpredictable and demands special care, skill and constant use of the most up-to-date instruments and hard-earned experience gained over many years.

Глава 6
Чукотское море

Chapter 6
The Chukchi Sea

6

6.1 Географическая характеристика

6.1.1 Границы и подводный рельеф

Чукотское море (рис. 6.1) — окраинное море Северного Ледовитого океана, омывающее северные берега Чукотского полуострова (Россия) и северо-западные берега Аляски (США). На западе проливом Лонга оно соединяется с Восточно-Сибирским морем, на юге Беринговым проливом — с Беринговым морем. Северная граница с Арктическим бассейном условна, она соединяет точки 76° с.ш., 180° в.д. и 72° с.ш., 156° з.д. Восточная граница с морем Бофорта морфологически плохо выражена. Она проходит от точки с координатами 72° с.ш., 156° з.д. до мыса Барроу на Аляске, далее по материковому берегу до южного входного мыса бухты Шишмарева (полуостров Сьюард).

Западная граница проходит по меридиану 180° в.д. от точки пересечения меридиана с краем материковой отмели (76° с.ш., 180° в.д.) до острова Врангеля, по западному побережью острова и далее от его южной оконечности (мыс Блоссом) к мысу Якан, и пролив Лонга относится к Чукотскому морю. Южная граница Чукотского моря образована северной границей Берингова пролива и берегом Евразиатского материка от мыса Уникан до мыса Якан.

В этих пределах море занимает пространство между параллелями 76° и 66° с.ш. и меридианами 180° в.д. и 156° з.д. Его площадь равна 595000 км^2,

6.1 Geographical Features

6.1.1 Boundaries and Bathymetry

The Chukchi Sea (Fig. 6.1) is a marginal sea of the Arctic Ocean that reaches the northern coast of Chukotka Peninsula (Russia) and the northwest coast of Alaska (USA). In the west, it is connected with the East Siberian Sea by the De Long Strait, and in the south, the Bering Strait leads to the Bering Sea. The northern border with the Arctic Basin and the eastern border with the Beaufort Sea (along the meridian of Point Barrow) are not expressed morphologically and are limited by conventional lines. The northern border connects points 76°N, 180°E and 72°N, 156°W. The eastern frontier of the sea passes from the position 72°N, 156°W to Cape Barrow in Alaska and continues along the continental coast to the southern entrance cape of Shishmaref Bay (Seward Peninsula).

The western border passes from the point of intersection of the 180° meridian with the edge of a continental shallow (76°N, 180°E) to Wrangel Island along the 180° meridian on the western coast and further along from its southern extremity (Cape Blossom) to Cape Yakan. Therefore, the De Long Strait belongs to the Chukchi Sea. The eastern frontier of the strait stretches from Cape Pillar (Wrangel Island) to Cape Schmidt. The southern border of the Chukchi Sea passes along the northern border of the Bering Strait and continues along the continental coast from Cape Unikan to Cape Yakan.

Within these borders, the sea occupies space between the 76° and 66°N parallels and 180°E and 156°W meridians. The sea area is 595,000 km^2, and the volume

N. Marchenko, *Russian Arctic Seas*,
DOI 10.1007/978-3-642-22125-5_6, © Springer-Verlag Berlin Heidelberg 2012

Рис. 6.1 Чукотское море

Fig. 6.1 The Chukchi Sea

а его объем 42000 км³, средняя глубина составляет 71 м, наибольшая глубина 1256 м (Бадюков, 2003).

Береговая линия. Главные заливы и острова. По характеру береговой линии и небольшому количеству островов Чукотское море отличается от других окраинных морей Арктики и больше похоже на Баренцево море. Объединяет эти моря и то, что впадающие в них реки малочисленны и маловодны.

Берега Чукотского моря (рис. 6.2) почти на всем протяжении гористы. Во многих местах вдоль берега тянется почти непрерывная цепь лагун, отделенных от моря низкими галечно-песчаными косами. Берега западной части Чукотского моря образованы отрогами Чукотского нагорья высотой 300–700 м. В центральной части, находящейся в

is equal to 42,000 km³, with an average depth of 71 m. The greatest depth is 1256 m (Badukov 2003).

Coastline: main gulfs and islands. The Chukchi Sea differs from other marginal Arctic seas in the character of its coastline (a few islands and weakly indented coast), and it is most similar to the Barents Sea. Both of these seas are characterised by a small number of rivers running into them. These rivers bring very little water.

The coast of the Chukchi Sea (Fig. 6.2) is monotonous and mountainous along its entire length. A nearly continuous chain of lagoons stretches along the coast. The lagoons are separated from the sea by gravel and sandy tongues. The coasts of the western part of the Chukchi Sea are formed by spurs of the Chukchi Uplands, with elevations reaching 2000 m in the central

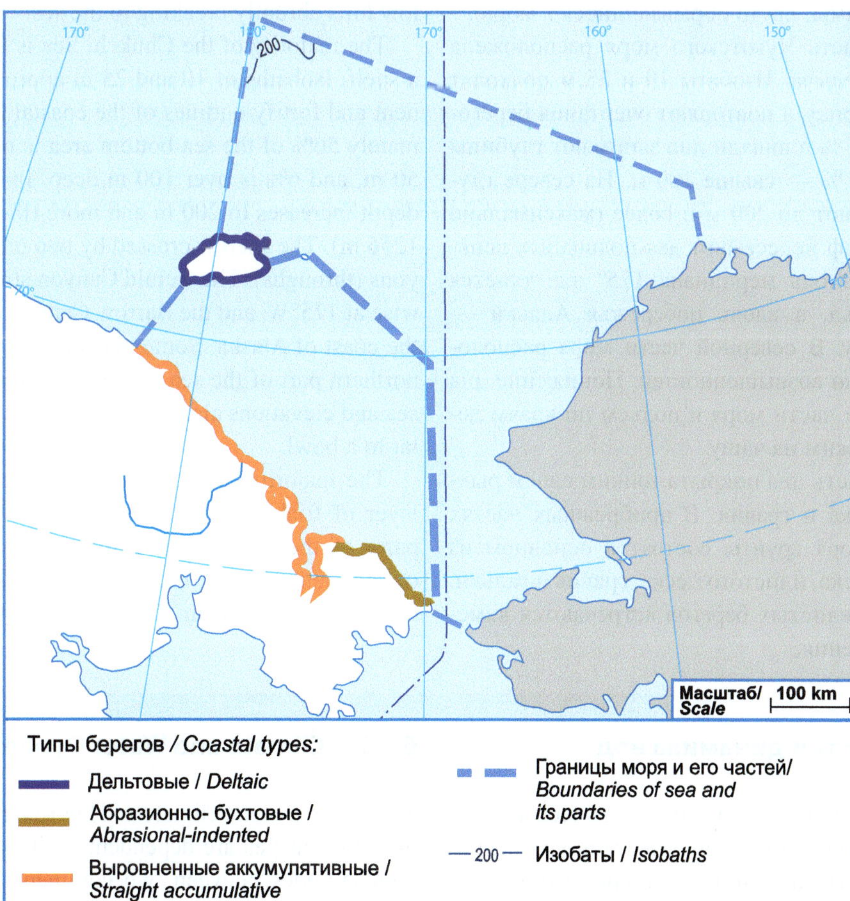

Рис. 6.2 Типы берегов и рельеф дна. Составлено на основе (Добровольский, Залогин, 1982)

Fig. 6.2 Types of coast and bottom relief (adapted from Dobrovolsky and Zalogin 1982)

80–100 милях от берега, высота нагорья достигает 2000 м. Прямолинейный характер берега незначительно нарушается выступающими в море обрывистыми мысами Шмидта, Ванкарем, Джэнрэтлен, Онман и Сердце-Камень. Единственный крупный залив — это вдающаяся вглубь материка почти на 100 км Колючинская губа. Внешний вид берега значительно меняется в зависимости от сезона. Наиболее контрастно берег выглядит ранней осенью после первых снегопадов, когда прибрежная полоса еще не покрыта снегом, а отдаленные горы уже заснежены.

part at a distance of 80 to 100 nautical miles from the coast. Typically, the coastal mountains reach 300 to 700 m. The rectilinear character of the coast is slightly broken by steep capes entering the sea. These capes are the Shmidt, Vankarem, Dzhenretlen, Onman and Serdtse-Kamen (Heart-Stone) Capes. The other distinguishing part of the shoreline is Kolyuchinskaya Bay. It goes deep into the continent to a distance of 100 km. The appearance of the beachfront varies depending on the season. It is identified best in the early autumn and after the first snowfall. In this time the coastal strip is not covered by snow, whereas the remote mountains may already be snow covered.

В Чукотском море всего три острова: значительный по размеру остров Врангеля (около 7300 км^2) и совсем маленькие острова Геральд и Колючин. Восточное побережье острова Врангеля образуют невысокие холмы, круто обрывающиеся к морю.

Бóльшая часть Чукотского моря расположена в пределах шельфа. Изобаты 10 и 25 м подходят близко к материку и повторяют очертания береговой линии. 56 % площади дна занимают глубины менее 50 м, 6 % — свыше 100 м. На севере глубины возрастают до 200 м и более (максимально 1256 м). Шельф пересекают два подводных каньона (трога). Вдоль меридиана 175° з.д. тянется каньон Геральд, а вдоль побережья Аляски — каньон Барроу. В северной части моря расположено несколько возвышенностей. Понижение дна в центральной части моря и подъем по краям делают его похожим на чашу.

Бóльшая часть дна покрыта тонким слоем рыхлого ила, песка и гравия. В прибрежных частях Чукотского моря грунты состоят в основном из отложений песка, илистого песка, гравия и гальки. У высоких скалистых берегов встречаются каменистые отложения.

There are only three islands in the Chukchi Sea: Wrangel Island, which is rather large at 7300 km^2, and two very small islands, Herald Island and Kolyuchin Island. The east coast of Wrangel Island is formed by low hills abruptly breaking to the sea.

The majority of the Chukchi Sea is located within a shelf. Isobaths of 10 and 25 m approach the continent and fortify outlines of the coastal line. Approximately 56% of the sea bottom area is no deeper than 50 m, and 6% is over 100 m deep. In the north, the depth increases to 200 m and more (the maximum is 1256 m). The shelf is crossed by two underwater canyons (throughs). The Gerald Canyon stretches lengthwise at 175°W, and the Barrow Canyon extends along the coast of Alaska. Some plateaus are located in the northern part of the sea. The deep central part of the sea and elevations along the edges form a shape similar to a bowl.

The majority of the bottom is covered by a thin layer of friable silt, sand and gravel. In the coastal parts of the Chukchi Sea, the sea bottom consists of sediment of sand, oozy sand, gravel and pebbles. Stony sediments occur along the high, rocky coast.

6.1.2 Климат и динамика вод

Особенности климата и гидрологического режима Чукотского моря определяются его расположением в высоких широтах, в контактной зоне между двумя материками (Евразией и Северной Америкой) и двумя океанами (Северным Ледовитым и Тихим).

6.1.2 Climate and Water Dynamics

The features of the climate and hydrological regime of the Chukchi Sea are dependent on its location in the high latitudes between two continents (Eurasia and North America) and two oceans (Arctic and Pacific).

Под влиянием этих факторов полярный климат моря с небольшим количеством солнечной радиации и малыми годовыми колебаниями температуры воздуха приобретает свои характерные черты. Основные климатические особенности Чукотского моря по-своему проявляются в каждый сезон. Полярная ночь начинается в середине ноября и длится более 70 суток. 86 суток, начиная с середины мая, длится полярный день.

Осенью и зимой море находится под влиянием нескольких крупномасштабных барических систем. В начале сезона на него воздействуют отроги Сибирского и Полярного антициклонов и Алеутский циклон, поэтому направление ветров над морем весьма неустойчиво. Скорость ветра в среднем равна 6–8 м/с. Осенью температура воздуха быстро понижается и уже в октябре на мысе Шмидта и острове Врангеля достигает −8 °C. С ноября начинают преобладать северо-западные ветры, а температура переходит к зимним величинам. Температура воздуха самого холодного месяца (февраля) в среднем составляет в Уэлене −28 °C, на острове Врангеля −25 °C и на мысе Шмидта −28 °C. Тихий океан оказывает отепляющее воздействие; азиатский материк, напротив, охлаждает.

В феврале исчезает ложбина низкого давления, а отроги Сибирского и Северо-Американского максимумов над морем сближаются. Порой они соединяются и образуют «мост» высокого давления между материками. С этим связано преобладание на севере моря северных и северо-западных ветров, а на юге — северных и северо-западных. Во второй половине зимы над морем преобладают ветры южных румбов со скоростью около 5–6 м/с. Характерную для зимы пасмурную и холодную погода с порывистым ветром иногда прерывает поступление теплого воздуха с Берингова моря.

В теплую часть года Сибирский и Северо-Американский антициклоны разрушаются и прекращают свое существование, а Полярный максимум ослабевает и смещается. Весной южнее Чукотского моря прослеживается полоса пониженного давления, идущая от Исландского минимума на восток и соединяющаяся с ложбиной Алеутского минимума. Ветры к концу сезона приобретают южное направление. Их скорость снижается до 3–4 м/с. Для весны характерна облачная, тихая, су-

The climate of the Chukchi Sea has features characteristic of a polar sea climate under the influence of the above-mentioned factors. These characteristics include a small amount of solar radiation and small annual fluctuations in air temperature. The basic climatic features of the Chukchi Sea exhibit different styles during each season. The polar night begins in the middle of November and lasts for more than 70 days. The polar day lasts 86 days, starting in the middle of May.

In autumn and winter, the sea is influenced by several large-scale air pressure systems. At the beginning of the season, it is influenced by a tongue of the Siberian and polar anticyclones and the Aleut cyclone, and the direction of winds over the sea is rather unstable. Winds blow in different directions with almost equal frequency. The average speed of the winds is 6 to 8 m/s. The air temperature drops quickly in autumn and reaches −8°C in October on Cape Schmidt and on Wrangel Island. Starting in November, northwest winds prevail and the temperature reaches winter values. The air temperature of the coldest month (February) averages −28°C in Uelen, −25°C on Wrangel Island and −28°C on Cape Schmidt. The Pacific Ocean causes a warming effect, whereas the Asian continent cools the sea down.

In February, the hollow of low pressure disappears, and spurs of the Siberian and North American maxima over the sea approach each other. Sometimes, they merge and form a high-pressure 'bridge' between the two continents. In this connection, the winds from the north and the northeast prevail in the northern part of the sea, while northern and northwest winds predominate in the southern part. The winds from the south, with speeds of 3 to 6 m/s, are dominant over the sea in the second half of the winter. Cloudy, cold weather with gusty winds is characteristic during the winter. It is sometimes broken by an influx of warm air from the Bering Sea.

In the warm part of the year, the Siberian and North American anticyclones collapse. The Polar Maximum weakens and is displaced. There is a strip of lowered pressure that goes from the Icelandic Minimum to the east and joins a hollow of a poorly expressed Aleutian Minimum in the spring and continues to the south of the Chukchi Sea. The wind direction is unstable, but the prevailing direction is from the south by the end of the season. The speed usually does not exceed 3 to 4 m/s. The weather in spring is usually cloudy, calm,

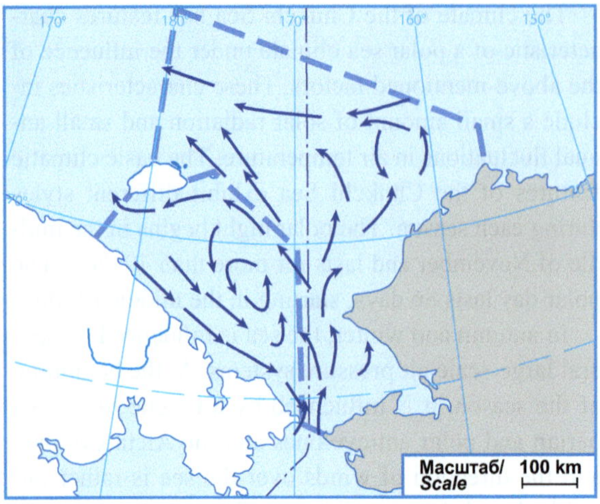

Рис. 6.3 Постоянные течения в поверхностном слое. Составлено на основе (Атлас, 1980)

Fig. 6.3 Permanent surface currents (adapted from Atlas 1980)

хая и прохладная погода с температурой воздуха в апреле около –12 °С в Уэлене и −17 °С на острове Врангеля.

Летом отрог Тихоокеанского максимума обусловливает повышенное давление над свободными ото льдов пространствами моря. На юге в это время преобладают ветры южного и юго-восточного направлений, а в северных районах моря — северные и северо-западные ветры со скоростью до 4–5 м/с.

Лето короткое и прохладное. Температура воздуха в июле (самый теплый месяц) в среднем равна в Уэлене 6 °С, на острове Врангеля 2,5 °С, на мысе Шмидта 3,5 °С. Только в отдельных закрытых бухтах воздух может прогреваться до 10 и даже 20 °С. Для лета типична пасмурная погода с дождем, который часто выпадает вместе со снегом, уже в августе намечается переход к осени (Добровольский, Залогин, 1982).

Волны и штормы. Сильное волнение в Чукотском море возникает сравнительно редко. Наиболее бурным оно бывает осенью, когда штормовые ветры вызывают волнение 5–7 баллов. Однако из-за небольших глубин и ограниченности свободных ото льда пространств воды здесь не развиваются очень крупные волны. Только на обширных, свободных ото льда пространствах в юго-восточной части моря при сильных ветрах высота волн может достигать 4–5 м и даже 7 м и иметь большую крутизну (Добровольский, Залогин, 1982).

Течения. Система постоянных течений и дрейфа льдов обусловлена притоком через Берингов

dry and cool. The average air temperature in April is −12°C in Uelen and −17°C on Wrangel Island.

In summer, the spur of the Pacific Maximum comes closer to Alaska, and pressure is higher over ice-free spaces of the sea. The winds, with southern and southeastern directions, prevail in the southern part of the sea. In northern areas, the northern and northwest winds, with speeds of 4 to 5 m/s, dominate.

The air temperature for the warmest month (July) averages +6°C in Uelen, +2.5°C on Wrangel Island and +3.5°C on Cape Schmidt. It can reach +10°C and +20°C in separate, enclosed bays. In summer, cloudy weather with rain and snow is typical. The summer is very short, and the transition to autumn is visible by August (Dobrovolsky and Zalogin 1982).

Waves and storms. Strong waves in the Chukchi Sea are rather rare. The roughest sea appears in autumn, when gales may cause storms of 5 to 7 units. However, very large waves do not develop here because of the shallow depths and limited ice-free spaces in the water. The height of waves can reach 4 to 5 m, with steepness only on extensive ice-free areas in the southeast part of the sea when strong winds blow. In some instances, the waves can reach heights of 7 m (Dobrovolsky and Zalogin 1982).

Currents. The system of constant currents and drift of ice is caused by the inflow through the Bering Strait of

пролив около 30000 км³/год относительно соленых и теплых вод, приносимых из Тихого океана Беринговоморским течением. В Чукотском море тихоокеанские воды распространяются веерообразно и разделяются на три ветви — Аляскинскую, Геральдовскую и Лонговскую, распространяющиеся соответственно на восток вдоль побережья Аляски, на северо-запад восточнее острова Геральд и на запад в пролив Лонга. Речной сток слабо влияет на циркуляцию вод.

approximately 30,000 km³/year of rather salty water delivered by the Bering Sea Current. In the Chukchi Sea, the currents are divided into three branches – the Alaska Branch, the Herald Branch and the Long Branch, which extend respectively along the coast of Alaska in the northwest, to the east of Gerald Island and into the De Long Strait. The influence of river runoff on circulation is insignificant.

Поверхностные течения моря в целом образуют слабо выраженный циклонический круговорот (рис. 6.3). Вдоль побережья Чукотского полуострова летом возникает, а осенью и зимой постоянно существует холодное Чукотское течение, несущее на юго-восток к Берингову проливу холодные летом и относительно теплые зимой (температура около −1,6 °C) распресненные воды Восточно-Сибирского моря. Зимой это течение выносит из Чукотского моря в Берингово поверхностные воды и льды, образуя так называемое Полярное течение. При достаточно сильном развитии Чукотского течения оно заходит в Берингов пролив и распространяется вблизи его западного берега. При слабом развитии этого течения вóды Беринговоморского потока отжимают его к северо-востоку.

Surface currents form poorly expressed cyclonic circulations in the sea (Fig. 6.3). The cold Chukchi Current flows along the coast of Chukotka Peninsula. It emerges in summer and exists throughout the autumn and winter. The current bears refreshed waters from the East Siberian Sea to the southeast to the Bering Strait. These waters are cold in summer and rather warm in winter (temperature nearby −1.6°C). In the winter, this current brings surface water and ice from the Chukchi Sea to the Bering Sea, forming the so-called Polar Current. When the development of the Chukchi Current is strong, it enters the Bering Strait and extends to its western coast. Although there is poor development of this current, the water of the Bering Sea Stream exits to the northeast.

Несколько круговоротов циклонического типа образуются в южной и средней частях моря в результате встречи Беринговоморского и Чукотского течений. Центр одного круговорота находится у мыса Дежнева, а другого на пересечении меридиана мыса Сердце-Камень и параллели 68° с.ш. Чаще всего скорость постоянных течений в море бывает в пределах от 30 до 50 см/с, но в Беринговом проливе при попутных ветрах она достигает 150 см/с. Наибольшее развитие постоянные течения получают летом, зимой они ослабевают и становятся заметны кратковременные ветровые течения. Скорость приливных течений в среднем равна 10–20 см/с и лишь в некоторых местах, например в бухте Роджерса, может увеличиваться до 70–80 см/с (Добровольский, Залогин, 1982).

Several cyclonic circulations are formed as a result of the encounter of the Bering Sea and the Chukchi currents in the southern and middle parts of the sea. The centre of one such circulation is at Cape Dezhnev, and another is located at the crossing of a meridian at Cape Serdtse-Kamen and parallels of 68°N. In the majority of cases, the speed of the permanent currents in the sea lies in the range of 30 to 50 cm/s, but in the Bering Strait, with fair winds, it reaches 150 cm/s.

The constant currents develop the most in summer, and they weaken in winter, when short-term wind currents are visible. Tidal currents may reach speeds of 10 to 20 cm/s. In some places (Rogers Bay), the speed of the current increases to 70 to 80 cm/s. Currents generally move in a clockwise direction (Dobrovolsky and Zalogin 1982).

Приливы и сгонно-нагонные явления. В Чукотское море наблюдаются правильные полусуточные приливы, величина которых в среднем незначительна (10–15 см), но может существенно увеличиваться (до 150 см) при сложении нескольких приливных волн, как в Бухте Роджерса, или

Tides and storm surges. The tide level lifting is insignificant along the coast of the Chukotka Peninsula. At some points, it is only 10 to 15 cm. It is much more significant on Wrangel Island. In Rogers Bay, the level of high water exceeds the level of low water by up to 150 cm because the total wave results from the

за счет конфигурации берегов, например в заливе Коцебу.

Приливы возбуждаются тремя приливными волнами. Одна приходит с севера из Центрального Арктического бассейна, другая проникает с запада через пролив Лонга и третья распространяется с юга через Берингов пролив. Все три волны встречаются в районе линии, проходящей от мыса Сердце-Камень до мыса Хоп. Интерференция этих волн существенно усложняет картину приливных явлений в Чукотском море. Кроме того, в разных районах моря приливы отличаются большим разнообразием скоростей течений и высот подъема уровня (Добровольский, Залогин, 1982).

В западной части Чукотского моря сгонно-нагонные колебания уровня относительно невелики. Лишь в отдельных пунктах у Чукотского полуострова они достигают 60 см. В восточной части моря сгонно-нагонные колебания уровня существенно больше — до 1,4 м, а у мыса Барроу до 3 м (БСЭ, 1969–1978).

addition of waves arriving from the north and from the west. The same rise in tide level is observed at the top of Kotzebue Sound.

The tides are initiated by three tidal waves. One comes from the north from the Central Arctic Basin, and another arrives from the west through the De Long Strait. The third tide enters from the south through the Bering Strait. All three waves meet around a line passing from Cape Serdtse-Kamen to Point Hop. The interference of these waves complicates the picture of the tidal phenomena in the Chukchi Sea. In different areas, the tides differ in their current speeds and heights of lifting (Dobrovolsky and Zalogin 1982).

The storm surge fluctuations in the Chukchi Sea are rather insignificant. At some points of the Chukotka Peninsula, they reach 60 cm. Near the coast of Wrangel Island, the phenomena are shaded by tidal fluctuations in the sea level. In the eastern part of the sea, the storm surge level fluctuations reach 1.4 m, and at Point Barrow, they can be as high as 3 m (USSR Academy of Sciences 1969 to 1978).

6.1.3 Гидрологические особенности

В Чукотское море поступает всего 72 км^3 речной воды в год, что составляет доли процента от объема его вод: 54 км^3/год дают реки Аляски и 18 км^3/год приносят реки Чукотки. Относительно крупной рекой на Российском побережье является лишь Амгуэма. Небольшой береговой сток сказывается только на температуре и солености прибрежных вод и почти не влияет на гидрологические условия Чукотского моря в целом. Существенно больше воздействие водообмена с Центральным Полярным бассейном и поступление тихоокеанских вод. Чукотское море широко открыто к северу и свободно сообщается с холодными водами Северного Ледовитого океана.

Связь с Беринговым морем ограничена. Тем не менее, через Берингов пролив в Чукотское море ежегодно приносится в среднем 30000 км^3 тихоокеанской воды, которая существенно согревает море. В целом за год Беринговоморское течение со среднемесячной температурой 0,2–4,0 °C приносит около 27×10^{15} ккал тепла, способного рас-

6.1.3 Hydrological Features

Only 72 km^3 of river water per year arrives in the Chukchi Sea. It constitutes approximately 5% of the general coastal runoff in all Arctic seas and a small percentage of the total volume of the sea waters. Of this quantity, 54 km^3/year is provided by the rivers of Alaska and 18 km^3/year by the rivers of the Chukotka. Amguema River is a relatively large river on the Russian coast. The minor coastal runoff does not influence the hydrological conditions of the Chukchi Sea as a whole, but it does affect the temperature and salinity of coastal waters. The water exchange with the Central Polar Basin and the input of Pacific water are much more important. The Chukchi Sea is wide to the north, and it is connected freely with the cold water of the Arctic Ocean.

The connection with the Bering Sea is limited. However, on average, 30,000 км^3 of Pacific water comes from the Bering Strait to the Chukchi Sea annually. It warms the sea to a certain extent. As a whole, the Bering Sea Current averages a monthly temperature of 0.2 to 4.0°C and brings approximately 27 × 10^{15} kcal of heat. This amount is capable of melt-

топить лед более чем на 1/3 площади моря (БСЭ, 1969–1978).

Другой источник тепла — проникающие через полярный бассейн атлантические воды, с которыми связано повышение температуры воды в придонных слоях в северной части моря. Однако в Чукотском море влияние атлантических вод выражено слабее, чем в других арктических морях.

Температура воды. Кроме упомянутых выше течений, величины и распределение температуры воды в море определяются радиационным прогревом летом и выхолаживанием водной поверхности в осенне-зимний период.

Зимой и в начале весны температура в подледном слое воды распределяется равномерно, и на всем пространстве моря она равна –(1,6–1,8) °С. В конце весны на поверхности чистой воды она повышается до –(0,5–0,7) °С у кромки льдов и до 2–3 °С у Берингова пролива. Летом поверхностная температура существенно повышается в результате радиационного прогрева и притока тихоокеанских вод. В августе в западной части моря она равна (0,1–0,3) °С у кромки льда и 4 °С у берега. Восточнее меридиана 168° з.д., где проходит ось тихоокеанского потока, она равна 7–8 °С. Таким образом, восточная часть моря в целом теплее из-за притока теплых вод из Берингова моря.

Вертикальное распределение температуры воды неодинаково от места к месту в разные сезоны. Зимой и в начале весны температура повсюду примерно одинакова. От поверхности до дна она равна –(1,7–1,8) °С и только в районе Берингова пролива на глубине 30 м повышается до −1,5 °С. Весенний прогрев быстро повышает температуру на поверхности в акваториях, свободных ото льда. В слое 5–10 м температура падает довольно резко, а далее плавно снижается до дна.

Летом на юге и востоке моря радиационный прогрев сочетается с притоком теплых вод, и высокая температура воды распространяется довольно глубоко. Поверхностная температура 6–7 °С наблюдается до 30 м, откуда она понижается до –(2,0–2,5) °С у дна. В центральной части моря влияние беринговоморских вод проявляется меньше, поэтому поверхностное значение температуры (около 5 °С) охватывает слой толщиной 5–7 м, затем температура быстро падает и на глубине 30 м переходит через 0 °С. В районе банки Геральда температура на поверхности

ing ice over more than one-third of the area of the sea (USSR Academy of Sciences 1969–1978).

Some rise in the water temperature in benthonic layers in the north is connected with the penetration of warm Atlantic waters. However, the influense of the Atlantic water in the Chukchi Sea are weeker, than in thr other Arctic seas

Water temperature. The level and distribution of water temperature in the sea are defined by radiating heat and autumn–winter cooling of the water surface, except in the above-mentioned circumstances. In winter and early spring, the temperature in the under-ice layer of water is relatively constant over the sea's area at −1.8 to −1.6°C. The temperature increases to −0.7 to −0.5°C by the end of spring on the surface of the ice-free water near the ice edge. It reaches +2 to 3°C near the Bering Strait. In summer, the surface temperature rises as a result of radiating heating and the inflow of Pacific water. In August, the temperature equals −0.3 to −0.1°C near the ice edge in the western part of the sea and +4°C at the coast. To the east, from a meridian at 168°W, where an axis of the Pacific Stream passes, the temperature equals +7 to 8°C. Therefore, the eastern part of the sea is warmer because of the inflow of warm Pacific water.

The vertical distribution of the water temperature is unequal from one place to another during different seasons. In winter and early spring, the temperature is nearly identical from the surface to the bottom and equals −1.8 to −1.7°C. Around the Bering Strait, at a depth of 30 m, it increases to −1.5°C. Spring heating raises the temperature on the surface of ice-free water, but at a depth of 5 to 10 m it drops sharply, and at lower depths, the temperature decreases more smoothly to the bottom.

The radiating heating is combined with heat advection in summer in the southern and eastern parts of the sea. The high water temperature extends all the way to the bottom. A surface temperature of approximately +6 to 7°C is observed to a depth of 30 m, where the temperature drops with depth to a value of +2.0 to 2.5°C at the bottom. The influence of the water from the Bering Sea is not very visible in the central part of the sea; the surface temperature (around 5°C) is consistently observed in a layer of 5 to 7 m in depth, then decreases sharply to a depth of 30 m, where it reaches 0°C. In the area of Herald Bank, the

несколько понижена вследствие таяния льдов. В слое от 10 до 15 м температура повышается под влиянием теплых беринговоморских вод. На глубинах от 20 до 40 м температура воды понижается до отрицательных величин, которые сохраняются до дна. В самой северной части моря в верхних слоях до глубины примерно 20 м температура воды равна 2–3 °C, затем идет ее понижение до −1,6 °C на горизонте 100 м. Ниже этого уровня температура вновь повышается до нулевых значений в придонном слое, что связано с проникновением сюда теплых атлантических вод из Центрального Арктического бассейна. Осенью охлаждение воды распространяется от поверхности вглубь, и распределение температуры по вертикали выравнивается (Добровольский, Залогин, 1982).

Соленость. Величина и пространственно-временное распределение солености на поверхности Чукотского моря определяется притоком тихоокеанских и речных вод. Зимой и в начале весны соленость подледного слоя повышена и равна примерно 31 ‰ на западе, 32 ‰ в центральной и северо-восточной частях. Самая большая соленость (33,0–33,5 ‰) наблюдается в районе Берингова пролива, куда приходят соленые тихоокеанские воды.

В конце весны и в течение лета в результате интенсивного таяния льдов и увеличения материкового стока соленость в целом понижается, а картина ее распределения становится еще более разнообразной. Она увеличивается с запада на восток примерно от 28 до 30–32 ‰, у кромки льдов уменьшается до 24 ‰, а вблизи устьев крупных рек до 3–5 ‰. В районе Берингова пролива соленость продолжает оставаться наибольшей (32,5 ‰). Повсеместное увеличение солености и ее более равномерное распределение на поверхности моря начинается осенью в процессе льдообразования.

Вертикальное распределение солености характеризуется в целом ее увеличением от поверхности ко дну. Зимой и в начале весны соленость очень мало изменяется по всей толще воды почти во всем море. Лишь к северо-западу от Берингова пролива, в сфере влияния тихоокеанских вод она намного выше — до 32,5 ‰. По мере удаления от зоны воздействия этих вод повышение солености с глубиной не так велико и происходит более плавно. В прибрежной полосе моря поверхност-

temperature on the surface is lowered slightly by the melting of ice. In the layer between 10 and 15 m, the temperature rises due to the influence of warm water from the Bering Sea. From 20 to 40 m, the water temperature becomes negative and remains so all the way to the bottom. In the northern limits of the sea, near the deep Chukchi Trench, the water temperature is +2 to 3°C in a top layer of approximately 20 m in depth. It then drops to −1.6°C at a depth of 100 m, and below this depth, the temperature rises to zero in a benthonic layer. This change is caused by the penetration of warm Atlantic waters from the Central Arctic Basin, though it is not as significant as in the other Arctic seas. In autumn, water cooling extends from the surface to the deep layers, and temperature levels out along the vertical axis (Dobrovolsky and Zalogin 1982).

Salinity. The space–time distribution and values of salinity on the surface of the Chukchi Sea depend on the inflow from the Pacific and river water. A rise in salinity of the under-ice layer is characteristic for winter and early spring. It is approximately 31‰ in the west and close to 32‰ in the central and northeastern parts of the sea. The salinity is highest (33.0 to 33.5‰) around the Bering Strait, where rather salty Pacific water extends.

The salinity decreases at the end of spring and during summer, when ice intensively thaws, the inflow of water through the Bering Strait amplifies, and the continental runoff increases. As a result, the salinity distribution becomes even more variable. In general, the salinity increases from west to east from 28‰ to 30 to 32‰. At the edge of the ice, the salinity decreases to 24‰ as a result of ice thawing. It is only 3 to 5‰ near the mouths of the large rivers. Around the Bering Strait, the salinity remains high (32.5‰). The more common increase in salinity and its more uniform distribution along the sea surface begin in autumn with the start of ice formation.

Salinity generally increases from the surface to the bottom. In winter and early spring, it changes very little with depth for most seas. In winter and early summer the salinity changes very little with depth throughout the entire sea. A substantial increase in salinity to 32.5‰ is observable to the northwest of the Bering Strait, within a sphere of influence of Pacific water. The increase in salinity with depth is not very large and occurs more smoothly. In a coastal strip of the sea, the surface layer is freshened much more

ный слой сильно опреснен и подстилается водами с соленостью 30–31 ‰.

Летом в результате интенсивного поступление тихоокеанских вод опреснение поверхностного слоя моря, вызванное таянием льдов, почти не выражено. По всей глубине Берингова пролива устанавливается соленость примерно 31,7–32,0 ‰. В свободной ото льдов центральной части моря, где ощущается влияние беринговоморских вод, соленость плавно увеличивается от 32 ‰ на поверхности до 33 ‰ у дна. В районе дрейфующих льдов и вдоль Чукотского побережья поверхностный слой толщиной 5–10 м опреснен; ниже, в слое от 10–15 до 20 м, соленость резко увеличивается до 31,0–31,5 ‰ и далее плавно повышается до 33,0–33,5 ‰ у дна. В конце лета повышение солености на поверхности моря начинает выравнивать ее распределение по вертикали. Осенью этот процесс продолжается за счет осолонения при льдообразовании. В одних районах выравнивание солености завершается осенью, а в других только к концу зимы (Добровольский, Залогин, 1982).

В соответствии с распределением и сезонными изменениями солености и температуры от сезона к сезону меняется и плотность воды. Определяющее влияние на ее величину оказывает именно соленость. В осенне-зимнее время, когда соленость повышена, и вода сильно охлаждена, ее плотность значительна, особенно на поверхности моря в южной и восточной его частях. Летом поверхностные воды опресняются, прогреваются и их плотность уменьшается. В связи с интенсивным поступлением относительно соленой воды из Берингова моря более плотные воды в это время года располагаются в южной и восточной частях моря. На севере и западе плотность на поверхности понижена из-за таяния льдов и притока вод низкой солености из Восточно-Сибирского моря, а также из-за речного стока.

Плотность в целом увеличивается от поверхности ко дну. Зимой увеличение происходит довольно равномерно и в небольших пределах по всей глубине. Весной и летом у кромки льдов и в прибрежной полосе верхний слой воды толщиной 10–20 м резко отличается по плотности от подстилающего слоя, ниже которого плотность равномерно увеличивается ко дну. В центральной части моря плотность изменяется по вертикали более плавно. Осенью при охлаждении поверхности моря плотность увеличивается (Добровольский, Залогин, 1982).

strongly here, although it is underlaid by water with salinity of 30 to 31‰.

In summer, the intensive influx of the Pacific water ends the desalinisation of the surface layer by melting the ice. The salinity reaches 31.7 to 32.0‰ at all depths of the Bering Strait. In the ice-free central part of the sea, where water from the Bering Sea has an impact, the salinity increases from 32‰ on the surface to 33‰ at the bottom. Around drifting ice and along the Chukotka Coast, the vertical distribution of salinity is characterised by lower values in the surface layer, with a thickness of 5 to 10 m. Then, the salinity increases sharply (to 31.0 to 31.5‰) in a layer from 10 to 15 to 20 m, and it increases towards the bottom, where it reaches 33.0 to 33.5‰. At the end of summer, the increasing salinity at the sea surface starts to even out the vertical distribution. In autumn, this process continues because of salinisation by ice formation. The salinity alignment ends in autumn in some areas, whereas in others it is complete at the end of winter (Dobrovolsky and Zalogin 1982).

The water density varies from season to season according to the distribution and seasonal changes in the salinity and the temperature. The salinity defines the density. The density is considerable, espccially on the surface in the southern and eastern parts of the sea in autumn and winter, when the salinity is high and the water is cool. In the warm half of the year, the surface water is freshened and warmed, and the density decreases. The denser water is located in the southern and eastern parts of the sea in connection with an intensive influx of rather salty water from the Bering Sea. In the north and west, the density on the surface is lower because of thawing ice and the inflow of water with low salinity from the East Siberian Sea. River runoff also plays a role.

The density increases from the surface to the bottom. In winter, the density increases evenly throughout all depths. In spring and summer, at the ice edge and in the coastal strip, the top 10- to 20-m-thick layer of water has a distinct density from the spreading layer below. At lower depths, the density increases consistently towards the bottom. In the central part of the sea, density changes with depth more smoothly. In autumn, density starts to increase because of the cooling ocean surface (Dobrovolsky and Zalogin 1982).

Конвекция. Ветры и вертикальное распределение плотности во многом определяют условия развития перемешивания в море. В весенне-летнее время на свободных ото льда пространствах моря вóды заметно стратифицированы по плотности, и слабые ветры перемешивают лишь самые верхние слои до горизонтов 5–7 м. Такая же глубина ветрового перемешивания свойственна приустьевым районам. Осенью вертикальная стратификация вод ослабляется, ветры усиливаются, и ветровое перемешивание проникает до глубины 10–15 м. Ниже перемешиванию препятствуют значительные вертикальные градиенты плотности. Особенно это заметно в западной части моря и меньше выражено в восточной. Устойчивую структуру вод разрушает осеннее конвективно-ветровое перемешивание, которое проникает лишь на 3–5 м ниже ветрового перемешивания. Осенняя термическая конвекция немного увеличивает толщину верхнего однородного слоя. Только к концу зимы на глубинах 40–50 м зимняя вертикальная циркуляция распространяется до дна (Добровольский, Залогин, 1982).

Гидрологическая структура. Гидрологическую структуру Чукотского моря образуют те же типы вод, что и в других арктических морях. Но, кроме того, в ней большое место занимают теплые и соленые тихоокеанские воды.

В западных и центральных районах моря преимущественно распространены поверхностные арктические воды со свойственными им океанологическими характеристиками. В узкой прибрежной зоне, особенно в местах впадения крупных рек, заметно выражена теплая опресненная вода, образованная от смешения морских и речных вод. На северной окраине моря материковый склон прорезает глубокий Чукотский желоб, по которому на глубине 400–450 м распространяются глубинные атлантические воды с максимальной температурой 0,7–0,8 °С. Эти воды попадают в Чукотское море через 5 лет после их входа в Арктический бассейн в районе Шпицбергена. Между поверхностными и атлантическими водами залегает промежуточный слой.

Восточную часть моря занимают относительно теплые и соленые тихоокеанские воды, втекающие через Берингов пролив. По мере продвижения в Чукотском море тихоокеанские воды смешиваются с местными, охлаждаются и погружаются в

Convection. The winds and vertical distribution of the density in many respects define the conditions needed for mixing in the sea. The water is considerably stratified by density, and rather light breezes only mix the uppermost layers to a depth of 5 to 7 m during spring and summer in ice-free spaces close to the river mouths. In autumn, the vertical stratification of water is weakened, and the winds amplify; therefore, wind mixing reaches a depth of 10 to 15 m. The vertical gradients of the density counteract its distribution at lower depths. This is especially evident in the western part of the sea. Autumn convection and wind-mixing reaches 3 to 5 m below the wind-mixing zone. The autumn mixing starts to destroy the structure of the water layers. Autumn thermal convection increases the thickness of the top homogeneous layer (approximately 5 m).

The winter vertical circulation extends to the bottom only at the end of winter in regions with depths of 40 to 50 m. The ventilation of lower layers occurs as water slips downwards along the bottom slopes in areas with more considerable depths (Dobrovolsky and Zalogin 1982).

Hydrological structure. The hydrological structure of the Chukchi Sea is formed by the same types of water as in the other Arctic seas. Warm and salty Pacific water occupies the large spaces here.

The surface Arctic water extends to the western and central areas of the sea and has its own oceanological characteristics. The warm, freshened water formed from a mixture of sea and river water is prominently expressed in the narrow coastal zone, mainly at the confluence of large rivers. The deep Chukchi Trench cuts the continental slope in the northern part of the sea. Deep Atlantic water with a maximum temperature of 0.7 to 0.8°C extends along the trench to a depth of 400 to 450 m. The water reaches the Chukchi Sea 5 years after it enters the Arctic Basin in the Spitsbergen region. There is an intermediate layer with unique temperature and salinity that lies between the surface water and Atlantic water.

The rather warm and salty Pacific water occupies the eastern part of the sea. The water flows into the sea through the Bering Strait. As it moves into the Chukchi Sea, the Pacific water mixes with local water, cools and descends into the undersurface layers. In the

подповерхностные слои. В восточной части моря с глубинами до 40–50 м они распространяются от поверхности до дна. На севере моря тихоокеанские воды образуют прослойку на глубине 40–100 м, под которой располагается глубинная вода. В поверхностных арктических и тихоокеанских водах формируются и разрушаются сезонные слои (Добровольский, Залогин, 1982).

eastern part of the sea, with depths of 40 to 50 m, the Pacific water extends from the surface to the bottom. In the deep northern areas of the sea, the Pacific water forms a layer at depths of 40 to 100 m. The abyssal water is located under this layer. There are seasonal layers related to the annual variability in the vertical distribution of oceanological characteristics (Dobrovolsky and Zalogin 1982).

6.1.4 Морские льды

В Чукотском море круглый год существуют льды (рис. 6.4). В конце октября–ноябре и вплоть до мая–июня море полностью покрывается льдом,

6.1.4 Sea Ice

There is ice in the Chukchi Sea all year (Fig. 6.4). From the end of October–November until May–June, the sea is completely covered by ice. The ice is mo-

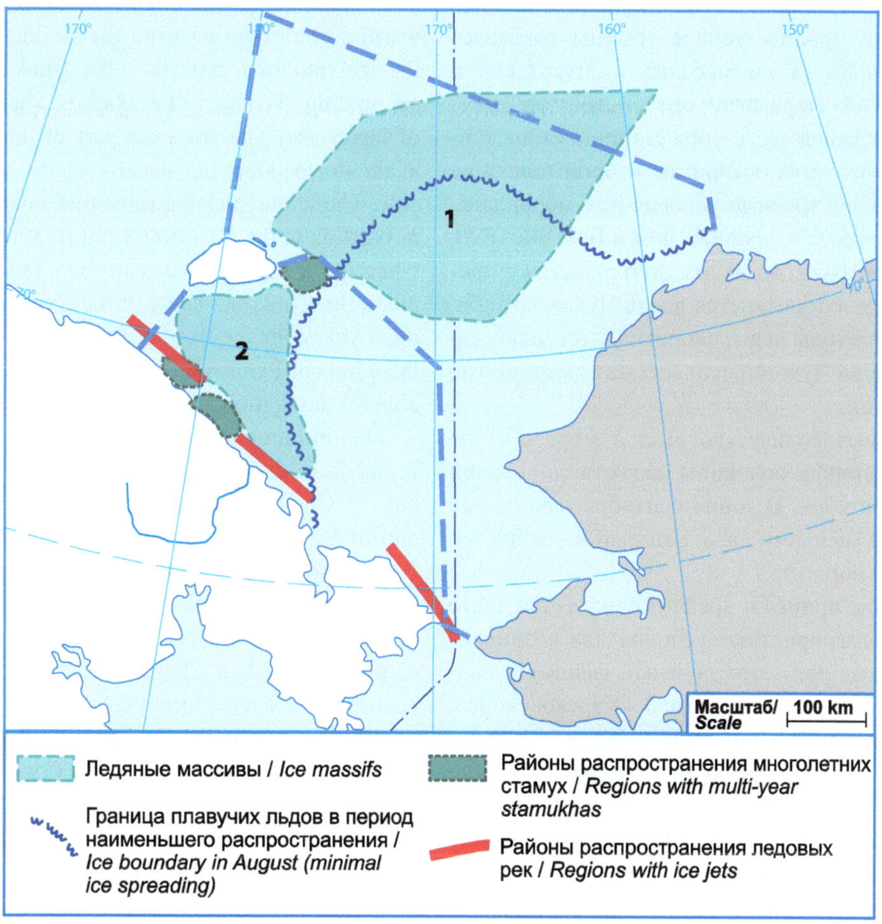

Рис. 6.4 Морские льды. Ледяные массивы: 1 – Северный Чукотский, 2 – Врангелевский. Составлено на основе (БСЭ, 1969–1978; ЕСИМО; Горбунов и др., 2007)

Fig. 6.4 Sea ice. Ice massifs: 1 – Northern Chukotka, 2 – Wrangel (adapted from USSR Academy of Sciences 1969–1978; USIMO 2011; Gorbunov et al. 2007).

неподвижным у самого берега и плавучим вдали от него. По сравнению с морями Лаптевых и Восточно-Сибирским припай здесь развит незначительно — только в узкой прибрежной полосе и врезанных в берег бухтах и заливах. Ширина припая не превышает 10–20 км. За припаем располагаются одно- и двухлетние дрейфующие льды толщиной 150–180 см. На севере моря встречаются многолетние тяжелые льды. При затяжных юго-восточных ветрах, отгоняющих дрейфующий лед от материкового побережья Аляски, между ним и припаем образуется стационарная Аляскинская полынья. В западной части моря в это время формируется Врангелевский ледяной массив. Вдоль побережья Чукотки за припаем иногда открывается узкая, но очень длинная (до многих сотен километров) Чукотская заприпайная прогалина (рис. 1.3).

Летом кромка льда отступает на север. Идущее из Берингова пролива теплое течение разделяет ледяной покров на два массива — Чукотский и Врангелевский. Первый из них состоит из тяжелых льдов. Южная часть моря становится доступной для судоходства обычно во второй половине июля. Наиболее трудные условия для мореплавания льды создают в проливе Лонга (см. рис. 6.5), особенно в те годы, когда лед скапливается в проливе и в виде языка тянется вдоль Чукотского берега. В другие годы льды, напротив, отступают далеко от берегов Чукотки, что весьма благоприятно для навигации.

Наименьшее количество льда в море обычно бывает со второй половины августа до первой половины октября. В конце сентября начинается образование молодого льда, который в ноябре покрывает все море.

На границе припая и дрейфующих льдов часто создаются благоприятные условия для возникновения ледовых рек. Этот опасный феномен, подробнее рассмотренный в главе 3 «Карское море», может создавать большие затруднения для судоходства вдоль Чукотского побережья, особенно в проливе Лонга, между мысом Шмидта и Косой Двух Пилотов и в самой восточной части — между мысами Икигур и Умыкын (см. рис. 6.4 Расположение мысов показано на рис. 6.13).

Многолетних стамух в Чукотском море отмечено немного — всего 4 % от их общего числа (наименьшее по сравнению с другими Арктическими морями России количество). Они сосредо-

tionless near the shore and floats away from it. The fast ice advances insignificantly here compared with the Laptev and East Siberian Seas. It borders a narrow coastal strip and bays and gulfs coming into the shore. The width of the fast ice varies, but it does not exceed 10 to 20 km. There is first- and second-year drifting ice with a thickness of 150 to 180 cm behind the fast ice. Multi-year heavy ice locates in the northern part of the sea. The stationary Alaska Polynya forms between multi-year ice and the fast ice by southerly winds that push out the drifting ice from the mainland coast of Alaska. Simultaneously, in the western part of the sea, the Wrangel Ice Massif forms. A narrow but very long (up to several hundred kilometres) a polynya can exist along the coast of the Chukotka Peninsula. It is called the Chukotka Flaw Polynya (Chukotka Glade)(Fig. 1.3).

In summer, the ice edge retreats to the north. The warm current coming from the Bering Strait divides the ice into two massifs – the Chukotka Ice Massif and the Wrangel Ice Massif. The first consists of heavy ice. The southern part of the sea becomes available for shipping usually in the second half of July. The ice creates the most difficult conditions for navigation in the De Long Strait (Fig. 6.5), especially when the ice accumulates in the strait and stretches along the Chukotka coast in the form of a tongue. In other years, the ice front retreats far from the coast of the Chukchi Peninsula. These years are very favourable for navigation.

The minimum amount of ice in the sea is usually found from the second half of August until the first half of October. Young ice formation begins at the end of September and covers the sea in November. Favourable conditions for the occurrence of ice jets are often created on the borders of fast ice and drifting pack ice (Kupetsky 2005). This dangerous phenomenon is detailed in Chap. 3. The Kara Sea can present great obstacles to navigation along the Chukchi coast, especially in the De Long Strait, between Cape Schmidt and Kosa Dvukh Pilotov (Two Pilots Island), and in the eastern part of the peninsula between Cape Ikigur and Cape Umykyn (Fig. 6.4). The locations of capes are shown in Fig. 6.13.

There are a few multi-year stamukhas in the Chukchi Sea, which has the fewest stamukhas compared with the other Russian Arctic seas (4% of the total). The stamukhas concentrate along the Chukotka coast

Рис. 6.5 Ледовая обстановка в проливе Лонга в начале июня. Космический снимок из архива NASA, сделанный 5 июня 2001

Fig. 6.5 Ice conditions in the De Long Strait in early June. Satellite image from the catalog of NASA images, made 5 June 2001. Courtesy Jeffrey Schmaltz and Jacques Descloitres, NASA MODIS Rapid Response. http://visibleearth.nasa.gov. Last accessed 24 August 2011

точены вдоль Чукотского побережья и к востоку от острова Врангеля. Стамухи с продолжительностью существования 1,7–2,0 года наблюдались в районе лагуны Рыпильхина, мыса Шмидта и Ванкарем (Горбунов и др., 2007).

and to the east of Wrangel Island. Stamukhas with lifetimes of 1.7 to 2.0 years have been observed in the area of the Rypilhin Lagoon, Cape Schmidt and Cape Vankarem (Gorbunov et al. 2007).

6.2 Условия навигации

Чукотское море является связующим звеном между портами Дальнего Востока, устьями сибирских рек и Европейской частью России. Восточная зарубежная часть моря связывает тихоокеанские порты Канады и США и устье реки Макензи. Хозяйство Российской части Чукотского моря целиком определяют транспортные перевозки по Северному морскому пути. Как и в других арктических морях, здесь преобладает транзит грузов. Прибрежное рыболовство и промысел морского зверя имеют местное значение.

6.2 Navigational Conditions

The Chukchi Sea is a connecting link between the ports of the Far East, the mouths of Siberian rivers and the European part of Russia. The eastern, foreign part of the sea connects Pacific ports of Canada and the USA with the mouth of the Mackenzie River. The economy of the Russian part of the Chukchi Sea is entirely determined by transportation along the Northern Sea Route. The transit of goods dominates here and in other Arctic seas. Coastal fishing and hunting of marine animals have local significance.

6.2.1 Особенности навигации

Опасностей для плавания на дне Чукотского моря обнаружено немного. Самое удаленное опасное место — банка Геральд глубиной 13,8 м — лежит в 100 милях к востоку от острова Геральд. Несколько мелководных участков находится вокруг острова Врангеля (Руководство, 1995). Однако с точки зрения ледовых условий обстановка в Чукотском море порою складывается очень тяжелая.

Основные осложняющие плавание моменты таковы. Недостаток береговых ориентиров вынуждает ориентироваться по вершинам гор, удаленных от береговой линии. Условия ориентировки часто осложняться облачностью, а вид берега значительно изменяется в зависимости от сезона. В начале навигации, как и поздней осенью, довольно затруднительно определять положение судна по прибрежным горам.

Льды в Чукотском море, особенно в его северных районах, часто бывают сильно загрязнены минеральными и органическими примесями и могут иметь темный цвет. Когда нет снега, такой лед дает на облаках темный отсвет, который неопытный наблюдатель может принять за водяное небо. В западной части Чукотского моря подводные части льдин часто намного шире надводных, выступая в виде таранов, достигающих в длину более 10 м. Самая крепкая часть льдины находится именно под водой. Поэтому отдельные крупные льдины надо обходить на значительном расстоянии.

Во время плавания судам часто приходится использовать заприпайные полыньи и прогалины, что вынуждает их идти близко к берегу по малым глубинам, где можно встретить непоказанные на карте отмели, образующиеся при выносе грунта реками в период половодья. Другая опасность — северо-западные и северные ветра, при которых прогалины быстро закрываются. В этом случае, оказавшись между сплоченным многолетним льдом и припаем, суда могут получить серьезные повреждения, попав в сильное сжатие. После взлома припая заприпайная прогалина быстро заполняется его обломками и становится непригодной для плавания.

При устойчивых северо-западных и северных ветрах сплоченный торосистый лед блокирует все материковое побережье моря и подходы к острову Врангеля. Это создает почти непреодолимые преграды даже для мощных ледоколов.

6.2.1 Sailing Features

There are few hazards to navigation at the bottom of the Chukchi Sea. The Herald Bank, with a depth of 13.8 m, is the most distant of them. It lies 100 nautical miles to the east of Herald Island. Several shallow areas surround Wrangel Island (Guide 1995). However, from the point of view of ice conditions, navigation in the Chukchi Sea can be very difficult.

The following factors complicate shipping. The lack of landmarks forces one to use mountain peaks for orientation that are far from the coastline. Orientation is often hampered by clouds. The appearance of the coast varies considerably depending on the season. It is difficult to determine the location of a vessel by the coastal mountains at the annual start of navigation and in late autumn.

The ice is often heavily contaminated with mineral and organic impurities in the Chukchi Sea, especially in its northern areas, where it can take on a dark colour. The ice provides a dark reflection of the clouds with the absence of snow. An inexperienced observer might take such a colour to be a water sky. In the western area of the Chukchi Sea, the underwater part of the ice floes is often much wider than the surface. The underwater part thus acts as a battering ram (apron), reaching a length of more than 10 m. The most solid part of the ice lies just under the water. Therefore, it one should skirt around certain large ice floes at a considerable distance.

Vessels must often use 'flaw polynyas' (clearings located behind fast ice). However, these clearings may quickly close when the clamping northwesterly and northerly winds begin, and vessels may sustain serious damage when battered between compressed multi-year ice and fast ice. After the breaking of the fast ice, these clearings are filled with ice debris, which makes the clearings unfit for sailing. Use of the polynya forces ships to approach the shore in shallow areas.

There, one can encounter unknown shoals that formed by the removal of soil and sediments by rivers during floods. With stable northwesterly and northerly winds, compact ice blocks the mainland coast and the approaches to Wrangel Island. This ice creates nearly insurmountable obstacles, even for powerful icebreakers.

Средства навигации. В Чукотском море есть как визуальные, так и радиотехнические средства навигации, которые создают благоприятные условия для ориентирования. Это светящие знаки и морские радиомаяки, распределенные довольно равномерно на побережье материка. На навигационных знаках установлены радиолокационные маяки-ответчики и пассивные радиолокационные отражатели.

Navigation tools. The Chukchi Sea has visual and radio tools for navigation. The navigation tools consist of light signals, which are fairly evenly distributed on the mainland coast. They support cruising along the coast at night. Among the radio signal tools, there are maritime radio beacons, radar beacons and passive radar reflectors installed on the navigation marks. The conditions for radar orientation are generally favourable.

Порты и якорные места. На побережье Чукотского моря нет портов и мало удобных якорных стоянок.

Население побережья материка и островов Чукотского моря малочисленно. В основном это русские и чукчи. В небольшом количестве живут эскимосы.

Ports and places to anchor. There are no ports on the coast of the Chukchi Sea and very few convenient places to anchor. The population of the mainland coast and islands of the Chukchi Sea is sparse and consists mainly of Russians and Chukchis. Eskimos (yupik) live there in small numbers as well.

Населенные пункты есть на протяжении всего побережья. Обычно селения состоят из 50–80 небольших построек, среди которых выделяются одноэтажные деревянные дома или служебные постройки полярных станций.

Small settlements are scattered throughout the coast. Typically, villages consist of 50 to 80 small buildings, among which are one-storey wooden houses and outbuildings of the polar stations.

Самыми крупными населенными пунктами являются поселок Мыс Шмидта и селение Уэ́лен. Поселок городского типа Мыс Шмидта был основан в 1931 году как опорный пункт для освоения Арктики, позже в его окрестностях началась добыча олова и золота. В связи с прекращением добычи население поселка за последние 20 лет сократилось в 9 раз и в 2010 году составляло 1094 человека.

The most significant settlements are 'Mys (Cape) Schmidt' and the village of Uelen. The settlement of Mys Schmidt was founded in 1931 as a base for Arctic exploration. The mining of tin and gold started later around the town. The population of the settlement has decreased by a factor of 9 over the past 20 years in connection with the termination of mining. There were only 1094 people in Mys Schmidt in 2010.

Уэлен — самый восточный населенный пункт Российской федерации, известный изделиями чукотского народного промысла из кости морских животных. Численность постоянного населения около 500 человек.

Uelen is the easternmost inhabited village in Russia and is known for the products of Chukchi folk crafts created from the bones of marine animals. The resident population is approximately 500 people.

Кроме того, есть небольшой чукотский поселок Энурмино рядом с мысом Сердце-Камень. В 3-х км северо-западнее него не побережье моря находится полярная станция «Мыс Нэттен» (там живет одна чукотская семья), еще дальше (60 км) расположен поселок Нешкан. Прибрежное мелководье не дает возможности морским судам подходить близко к населенным пунктам, и товары доставляются сюда вертолетами или на маленькой барже. Основной вид деятельности местного населения — зверобойный промысел.

There is a small Chukchi settlement, Enurmino, near Cape Serdtse-Kamen. A polar station, Cape Netten (where a Chukchi family lives), is located 3 km northwest of it on the seacoast. Neshkan is further away (60 km). The shallow coast does not allow many vessels to approach the settlements. Therefore, goods are delivered by helicopter and sometimes by small barge. The main activity of the local population is trapping.

Полярный станции есть у мысов Шмидта, Ванкарем, Нэттен и в селении Уэлен. Поселок Ушаковское в бухте Роджерса на острове Врангеля,

There are polar stations at Cape Schmidt, Cape Vankarem, Cape Netten and in the village of Uelen. The village of Ushakovskoe, in Rogers Bay on Wran-

основанный Г.А. Ушаковым в 1926 году, окончательно опустел в 2003 году (http://ru.wikipedia.org).

gel Island, was founded by Georgy A. Ushakov in 1926 and deserted in 2003 (http://ru.wikipedia.org).

6.2.2 Плавание по основным рекомендованным путям

Все плавающие в Чукотском море суда оперативно подчиняются штабу Востока, базирующемуся в порту Певек, и без его разрешения не должны входить в лед. Штаб, располагая данными ледовой авиаразведки, сообщениями полярных станций и прогнозами погоды, определяет наиболее удобные пути для судов и дает им соответствующие рекомендации. Капитаны судов получают последнюю

6.2.2 Navigation via Main Recommended Routes

All vessels navigating in the Chukchi Sea obey the East Marine Operations Headquarters (HQ), based in the port of Pevek. They are not allowed to navigate into the ice without permission. The HQ determines the optimal route for the vessels and provides them with appropriate advice using ice reconnaissance data, reports of polar stations and weather forecasts. Ship captains receive the latest information on the

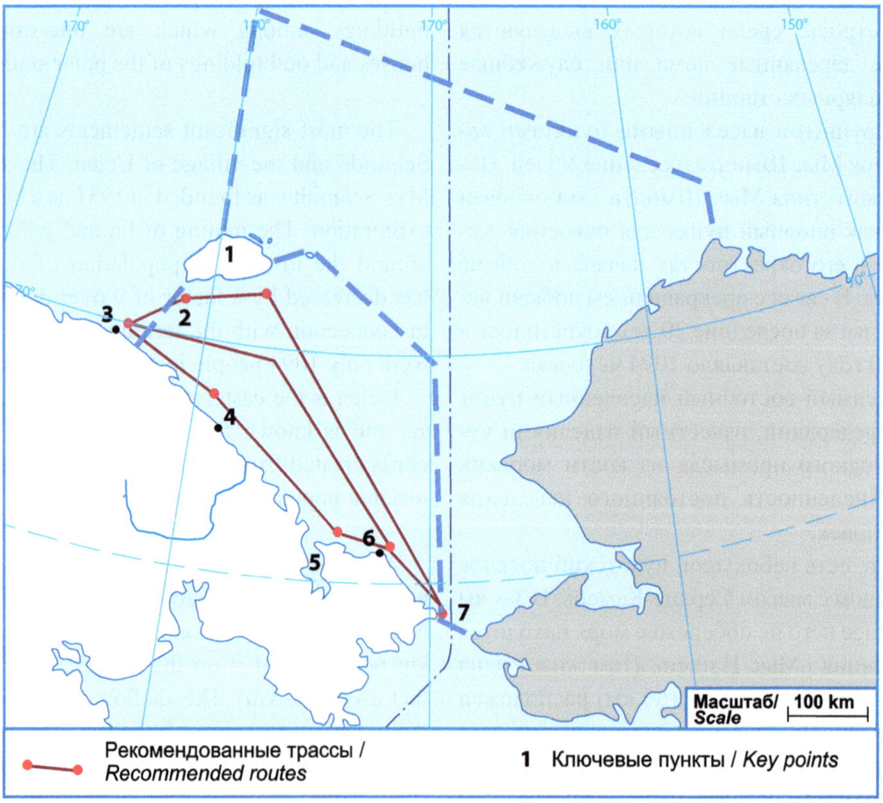

Рис. 6.6 Основные пути, рекомендованные для плавания в Чукотском море и ключевые пункты: 1 – остров Врангеля, 2 – пролив Лонга, 3 – мыс Биллингса, 4 – мыс Шмидта, 5 – Колючинская губа, 6 – мыс Сердце-Камень, 7 – Берингов пролив. Составлено на основе (ЕСИМО, http://www.aari.nw.ru)

Fig. 6.6 The main recommended routes for navigation in the Chukchi Sea and key points: 1 – Wrangel Island, 2 – De Long Strait, 3 – Cape Billings, 4 – Cape Shmidt, 5 – Kolyuchin Bay, 6 – Cape Serdtse-Kamen, 7 – Bering Strait (adapted from USIMO 2011: http://www.aari.nw.ru)

информацию о навигационно-гидрографической и ледовой обстановке от штаба морских операций по радио, связавшись с ним на подходе к портам Певек или Провидения.

В Руководстве для сквозного плавания судов по Северному морскому пути (Руководство, 1995) рекомендуется при северо-западных и северных ветрах, когда сплоченный торосистый лед блокирует все материковое побережье моря и подходы к острову Врангеля, отойти от материка у мыса Биллингса и следовать к востоку в 10–15 милях от северо-западного и северного берегов острова Врангеля (рис. 6.6). Далее к Берингову проливу можно пройти как по проливу между островами Врангеля и Геральд, так и восточнее острова Геральд. Плавание севернее острова Врангеля осложняется отсутствием надежных ориентиров.

В отдельные годы, еще до взлома припая в июне, при восточном и юго-восточном ветрах вдоль побережья образуется Чукотская заприпайная прогалина шириной 10–15 миль, заполненная разреженным льдом и перемычками сплоченного льда различной ширины. При плавании по этой прогалине необходимо следить за ее состоянием и за прогнозом ветра. При прижимных северо-западном и северном ветрах прогалина быстро закрывается. Суда, оказавшись между сплоченным льдом и припаем, могут попасть в сильное сжатие и получить серьезные повреждения. Поэтому при сильных прижимных ветрах рекомендуется зайти в укрытие, которым могут служить гряды стамух у кромки припая или специально пробитые ледоколами в припае каналы — «карманы» — или выйти в зону битого дрейфующего льда.

Используя Чукотскую прогалину, суда обычно идут по глубинам 10–20 м и часто приближаются очень близко к берегу. В таких условиях необходимо тщательно измерять глубины, чтобы не сесть на мель. Плавание по прибрежным полыньям обычно осуществляется на участке мыс Якан–мыс Сердце-Камень. Восточнее мыса Сердце-Камень ледовая обстановка под влиянием теплого потока из Берингова пролива бывает значительно легче. Когда прибрежная полынья восточнее мыса Ванкарем преграждается так называемым Колючинским ледяным пятном, рекомендуется обходить его с севера («мористый вариант»).

navigational, hydrographical and ice conditions from HQ by radio near the ports of Pevek or Provideniya.

The Guide for through-navigation of vessels via the Northern Sea Route (Guide 1995) advises following a route east 10 to 15 nautical miles away from the northwestern and northern shores of Wrangel Island if northwesterly and Wrangel Island if northerly winds dominate during navigation and compact ice and ridges of ice pack block the mainland coast (Fig. 6.6). The further voyage to the Bering Strait depends on ice conditions. It is possible to sail between Wrangel and Herald Islands and to the east of Herald Island. Sailing to the north of Wrangel Island is complicated by the lack of reliable landmarks.

In some years, before the breaking of the fast ice in June, the thinning of ice starts in the coastal zone. At the same time, the Chukotka Flaw Polynya forms between fast ice and drift ice with the easterly and southeasterly winds along the coast and can be 15 nautical miles wide and filled with sparse ice and ridges of ice with varying widths. When navigating along this glade, it is very important to monitor conditions throughout and follow wind forecasts. The glade quickly closes by clamping from the northwesterly and northerly winds. Vessels caught between compacted ice and fast ice can be rammed strongly and suffer serious damage. Therefore, when strong pressing winds begin, the vessel should seek shelter or leave the zone of broken, drifting ice. Stamukha ridges at the edges of fast ice or special areas punched by icebreakers in the fast ice channels, known as ‘pockets’, can serve as shelters for the vessels.

When ships use the Chukotka Flaw Polynya, they usually follow along depths of 10 to 20 m using the polynya. Under these conditions, continuous and careful depth measurements are required. Sailing along the shore polynya is usually done in the area between Cape Yakan and Cape Serdtse-Kamen. Ice conditions to the east of Cape Serdtse-Kamen are considerably easier because of the warm currents coming from the Bering Strait. The shore polynya to the east of Cape Vankarem is sometimes blocked by the so-called Kolyuchin Icy Spot. In this case, vessels should detour around this ice pack massif from the north (‘seaward option’).

В середине навигации северо-западный и северный ветры могут прижимать сплоченный лед к берегу материка, закрывая прибрежную и заприпайные прогалины. Но в этом случае открывается полоса чистой воды или разреженного льда у южного берега острова Врангеля, и судам рекомендуется выбирать «северный вариант» пути, вдоль южного берега острова Врангеля. Если западная часть Чукотского моря при юго-восточных ветрах полностью очищается ото льда, рекомендуется «прибрежный вариант».

In the middle of the navigation season, northwesterly and northerly winds sometimes compress ice close to the shore of the mainland, covering the coastal and flaw polynyas but opening a strip of ice-free water and scattered ice off the southern coast of Wrangel Island. In such situations, the 'northern option' route along the southern coast of Wrangel Island should be selected. When the western part of the Chukchi Sea is completely ice free by the southeasterly winds, the transit voyage via the 'coastal option' is recommended.

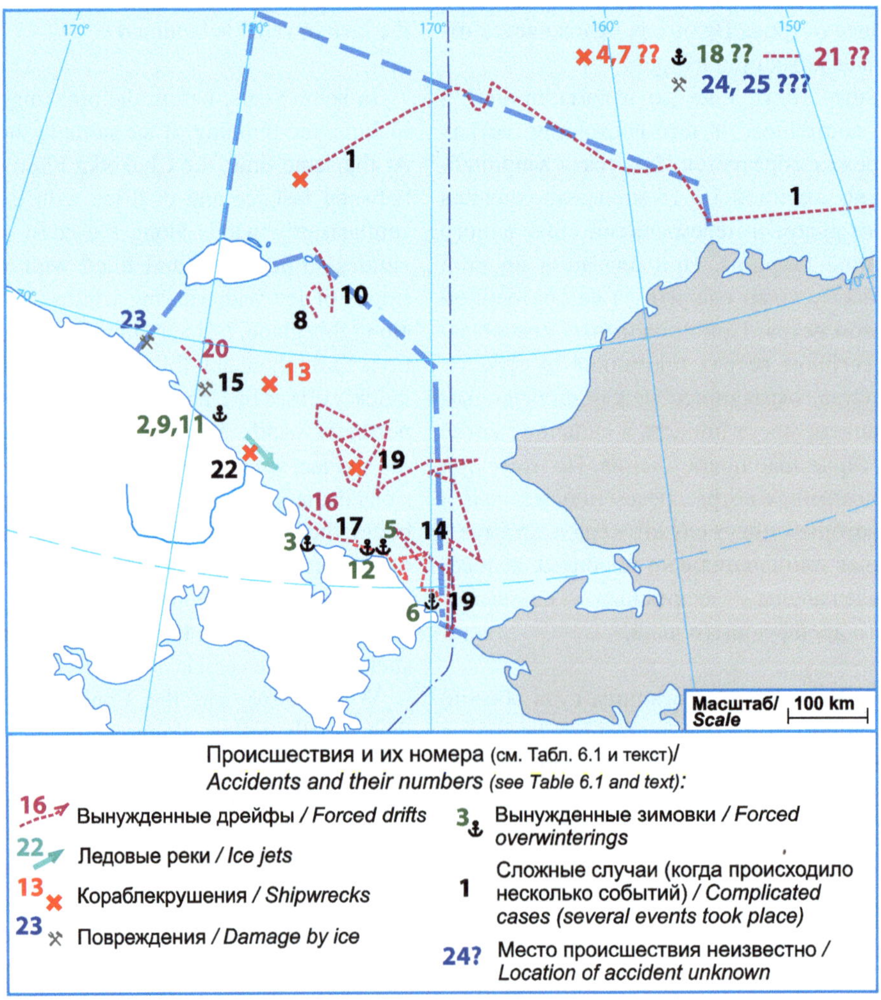

Рис. 6.7 Происшествия в Чукотском море

Fig. 6.7 Accidents in the Chukchi Sea (see legend in Table 6.1)

При любом варианте плавания в западной части Чукотского моря постоянное течение обычно сносит суда к северу. При благоприятной ледовой обстановке можно следовать в пределах видимости берегов. Северный и мористый варианты выбирают при блокировании льдом прибрежных путей.

It is important to remember that with any form of navigation in the western part of the Chukchi Sea, a constant current usually pushes the ship to the north. Under favourable ice conditions, it is advised to remain within the visibility of landmarks. The northern version and 'seaward option' (from Cape Schmidt) are selected when the coastal routes are blocked by ice.

6.3 Происшествия

6.3 Accidents

Табл. 6.1 Происшествия в Чукотском море. Список и легенда к карте (рис. 6.7)

№	ПРОИСШЕСТВИЯ
1	1914. *Карлук.* Кораблекрушение
2	1914–1915. *Колыма.* Зимовка
3	1919–1920. *Ставрополь.* Зимовка
4	1919. *Бельведере.* Кораблекрушение
5	1920–1921. *Мод.* Зимовка
6	1920–1921. Американское судно. Зимовка
7	1922. *Игл.* Кораблекрушение
8	1924. *Красный Октябрь.* Дрейф, повреждения
9	1928–1929. *Элизиф.* Зимовка
10	1929. *Литке.* Дрейф, повреждения
11	1929–1930. *Ставрополь, Нанук.* Зимовка
12	1930–1931. *Кориза.* Зимовка
13	1931. *Чукотка.* Кораблекрушение
14	1932. *Сибиряков.* Дрейф, повреждения
15	1932. *Караван судов.* Повреждения
16	1933. *Караван судов.* Дрейф
17	1933. *Свердловск, Лейтенант Шмидт.* Дрейф, повреждения
18	1933–1934. *Хабаровск.* Зимовка
19	1933–1934. *Челюскин.* Дрейф, кораблекрушение
20	1934. Литке. Дрейф
21	1982. *Поляр Си.* Дрейф
22	1983. *Нина Сагайдак* Кораблекрушение
23	1983. *Коля Мяготин.* Повреждения
24	1983. Вывод последнего каравана
25	1983. Более 30 судов. Повреждения

Table 6.1 Accidents in the Chukchi Sea. List and legend for map (Fig. 6.7)

№	Accident
1	1914. *Karluk.* Shipwreck
2	1914–1915. *Kolyma.* Overwintering
3	1919–1920. *Stavropol.* Overwintering
4	1919. *Belvedere.* Shipwreck
5	1920–1921. *Maud.* Overwintering
6	1920–1921. American vesel. Overwintering
7	1922. *Eagle.* Shipwreck
8	1924. *Krasny Oktyabr*. Drift, Damage
9	1928–1929. *Elizif.* Overwintering
10	1929. *Litke.* Drift, Damage
11	1929–1930. *Stavropol, Nanuk.* Overwintering
12	1930–1931. *Koriza.* Overwintering
13	1931. *Chukotka.* Shipwreck
14	1932. *Sibiryakov.* Drift, Damage
15	1932. Caravan of vesels. Damage
16	1933. Caravan of vesels. Drift
17	1933. *Sverdlovsk, Leitenant Shmidt.* Drift, Damage
18	1933–1934. *Khabarovsk.* Overwintering
19	1933–1934. *Chelyuskin.* Drift, Shipwreck
20	1934. *Litke.* Drift
21	1982. *Polar Sea.* Drift
22	1983. *Nina Sagaydak*. Shipwreck
23	1983. *Kolya Myagotin*. Damage
24	1983. Rescue of the last caravan
25	1983. More than 30 vessels. Damage

Рис. 6.8 Путь *Карлука* и команды Р. Бартлетта (1913–1914). Составлено на основе (Bartlett, Hale, 1916)

Fig. 6.8 Drift of the *Karluk* and Captain R. Barlett's trip in the ice in 1913–1914 (adapted from Bartlett and Hale 1916)

6.3.1 Подробное описание происшествий

1. Первым в списке происшествий, вызванных тяжелыми ледовыми условиями в Чукотском море, стоит трагический рейс судна *Карлук.* Этот последний рейс флагмана канадской арктической экспедиции закончился гибелью судна и почти половины его экипажа. В рейсе 1913 года бригантина *Карлук,* прежде используемая как китобойное судно, была зажата в арктическом льду и вовлечена в дрейф в районе острова Херчель. После долгого дрейфа во льду через моря Бофорта и Чукотское, судно было раздавлено льдом и затонуло (рис. 6.8). Команда и штат экспедиции изо всех сил пытались выжить, сначала на льду и позже берегах острова Врангеля. Одиннадцать человек умерли прежде, чем пришла помощь. Шесть репортажей об этом путешествии были опубликованы сразу же после возвращения. Среди них отчет В. Стефанссона (Стефанссон 1921), который охватывает толькоиюнь-сентябрь 1913. Секретарь экспедиции Берт Макконнелл написал отчет о спасительной операции на острове Врангеля, который был опубликован в Нью-Йорк Таймс от 15 сентября 1914 года. Версия Макконнелла появляется в книге В. Стефанссона. Опубликованные на

6.3.1 Detailed Descriptions of Accidents

1. 1914, ***Karluk***, shipwreck. The first accident (Table 6.1) caused by heavy ice conditions was the tragic voyage of the *Karluk* (Fig. 6.10). This cruise of the Canadian Arctic Expedition ended with the loss of the ship and the subsequent deaths of nearly half of her crew. The *Karluk* was a brigantine formerly used as a whale ship. In her last voyage in August 1913, it became trapped in the Arctic ice while sailing near Herschel Island. After a long drift in the ice across the Beaufort and Chukchi Seas, the ship was crushed and sank (Fig. 6.8). In the ensuing months, the crew and expedition staff struggled to survive, first on the ice and later on the shores of Wrangel Island. In all, 11 men died before help could reach them.

Six first-hand accounts of the *Karluk*'s last voyage have been published. These include V. Stefansson's account (Stefansson 1921), which only covers the June–September 1913 period. Expedition secretary Burt McConnell wrote an account of the Wrangel Island rescue, which was published in the *New York Times* on 15 September 1914. A version of McConnell's account appears in Stefansson's book. English-language accounts include an article by Robert Bartlett (1914), a book by Robert Bartlett and

Рис. 6.9 Роберт Бартлетт (1875–1946). Фотография неизвестного автора, сделанная до 1917 года, находится в общественном достоянии

Fig. 6.9 Robert Bartlett (1875–1946) (pre-1917 photo, public domain)

Рис. 6.10 *Карлук* во льдах (1913–1914). Фотография неизвестного автора, сделанная до 1917 года, находится в общественном достоянии

Fig. 6.10 The *Karluk* in ice (1913–1914) (pre-1917 photo, public domain)

английском языке обзоры включают статью Роберта Бартлетта (1914), книгу Роберта Бартлетта и Ральфа Хейла (Bartlett, Hale, 1916), и произведения Эрнеста Чейфа (1918), Вильямура Стефанссона (1921), Джона Хэдли (1921) и Уильяма Лэрда Маккинли (1976).

Канадская арктическая экспедиция была организована канадским антропологом В. Стефансоном. Вскоре после того как *Карлук* был захвачен льдом, Стефансон и маленькая группа участников экспедиции оставили судно и отправились охотиться на оленей карибу. Поскольку *Карлук* дрейфовал постоянно, охотники потеряли возможность возвратиться на корабль. Стефэнссон посвятил себя другим целям экспедиции, оставляя команду и штат на борту судна под начальством его капитана, Роберта Бартлетта (рис. 6.9).

На *Карлуке* под командованием капитана Р. Бартлетта находилось 24 человека, в том числе шесть ученых и две эскимосские семьи.

Ralph Hale (Bartlett and Hale 1916), and works by Ernest Chafe (1918), Vilhjalmur Stefansson (1921), John Hadley (1921), and William Laird McKinlay (1976).

The Canadian Arctic Expedition was organised under the leadership of Canadian-born anthropologist Vilhjalmur Stefansson. Shortly after the *Karluk* was trapped in the ice, Stefansson and a small party left the ship, stating that they intended to hunt for caribou. As the *Karluk* drifted from its fixed position, it became impossible for the hunting party to return. Stefansson pursued the expedition's other objectives, leaving the crew and staff aboard the ship under the charge of the captain, Robert Bartlett (Fig. 6.9).

In addition to Captain R. Barlett, there were 24 people on the *Karluk*, including six scientists and two Eskimo families. During the drift, the crew continued

Во время дрейфа команда наблюдала за изменением глубины моря, вела отбор проб для сбора сведений о флоре и фауне глубинных слоев моря. Кроме того, производилось наблюдение за изменением глубины моря. Эти работы велись через отверстие во льду, пробуренное и поддерживаемое около кормы.

Сначала судно понесло к мысу Барроу, откуда дрейф принял северо-западное направление. 15 ноября *Карлук* почти достиг 73° с.ш. — наиболее северного своего положения за все время дрейфа. 11 января 1914 года, когда корабль находился в точке 72° с.ш., 173°50′ з.д., произошло сильнейшее сжатие льдов, судно получило пробоину, и вода хлынула в трюм. По команде предусмотрительного капитана Бартлетта задолго до этого на лед вынесли нарты и лодки, а на палубе сложили запасы продовольствия, горючего и различное снаряжение для санного похода. Когда положение стало критическим, хранившиеся на палубе запасы спешно, но без переполоха, стали выбрасывать на лед. Затем был отдан приказ всем покинуть судно. «Я остался на борту, — пишет капитан Бартлетт, — и решил дождаться конца. В 15 час 15 мин судно стало погружаться. Через несколько минут палубы были залиты водой. Поставив похоронный марш Шопена, а я завел викторолу. Вода хлынула в люки. Я взобрался на релинги и когда их края сравнялись со льдом, соскочил. Канадский флаг развернулся на верхушке мачты, коснулся воды, и судно скрылось» (Bartlett, Hale, 1916, p. 91).

После того, как судно затонуло, на льду был построен дом из ящиков и несколько иглу, в которых и устроились потерпевшие кораблекрушения. Бартлетт организовывал марш к острову Врангеля. Путникам предстояло пройти 80 миль (около 150 км). Условия на льду были трудными и опасными, и первые две группы из четырех мужчин каждая погибли при попытке достигнуть острова.

17 членам экспедиции все же удалось добраться до острова. Двое из них, капитан судна Бартлетт и эскимос Катактовик, пошли дальше и 4 апреля оказались на северном побережье Чукотки в районе мыса Якан. За два дня путешественники дошли до мыса Северный (мыс Шмидта), где были гостеприимно встречены чукчами селения Рыркайпия. Добравшись до Аляски, Бартлетт снарядил спасательную экспедицию, которая в сентябре 1914 года сняла с острова Врангеля оставшихся в живых членов экспедиции *Карлука* (Bartlett, Hale, 1916).

to dredge and collected data about flora and fauna of the deep sea. They also kept records of the changing depths of the sea. Dredging and sounding were performed through a constantly maintained hole in the ice near the ship's stern.

First, the ship, beset by ice, was brought to Point Barrow, where the drift took on a northwest direction. On 15 November, the *Karluk* nearly reached the 73°N latitude, which is the northernmost point for all drifts. On 11 January 1914, when the ship was at 72°N, 173°50′W, there was a severe ice compression, a hole formed in the vessel, and water poured into the hold. Long before the disaster, Captain Bartlett, ever prudent, had ordered the preparation of an ice sledge and boat and ordered the crew to lay down their stocks of food, fuel and various equipment for a sleigh hike on the deck. With haste, but without commotion, they began to throw items onto the ice. Then the order was given that all should leave the ship. Captain Bartlett wrote:

I stayed on board and decided to wait until the end. In 15 hours 15 minutes, the ship began to sink. In a few minutes the decks were covered with water. I put on Chopin's Funeral March. Water gushed into the hatches. I climbed up on the rails, and when their edges were even with the ice, I jumped. The Canadian flag was turned upside down at the top of the mast, touched the water, and the ship disappeared (Bartlett 1916, p. 91).

After the sinking, houses were built out of boxes on the ice and a few igloos were also built, where victims of the shipwreck settled. Bartlett organised a march to Wrangel Island 80 miles (150 km) away. Conditions on the ice were difficult and dangerous; two parties of four men each were lost in the attempt to reach the island.

The remaining 17 surviving members of the expedition travelled on the ice to the island. Two of them, the captain of the ship, R. Bartlett, and the Eskimo Kataktovik, went further, and on 4 April, they reached the northern coast of Chukotka in the vicinity of Cape Yakan. In 2 days, the travellers reached Cape Severny (Cape Schmidt), where they were hospitably received by the Chukchi from Ryrkaypiya Village. After reaching Alaska, Bartlett equipped a rescue mission. The mission took the remaining members of the expedition from Wrangel Island in September 1914 (Bartlett 1916).

2. С 1911 по 1918 годы в устье реки Колымы ежегодно направлялся один пароход Добровольного флота. Потом гражданская война и иностранная интервенция на Дальнем Востоке прервали такие походы. Как правило, суда колымских рейсов следовали вдоль береговых прогалин, опасаясь оторваться от берега и попасть в ледовый плен, так как в те годы никто не мог из него выручить. Несмотря на риск и большие трудности, судам все же удавалось достигать места назначения. На Колыму в каждую навигацию завозили не более 400–500 тонн продовольствия и других грузов. Но этого едва хватало для немногочисленного населения (Николаева, Саранкин, 1963).

В 1914 году на Колыму ходил пароход с таким же названием — *Колыма*. На обратном пути осенью пароход был задержан льдами близи устья Колымы, и ему пришлось зазимовать около мыса Северный (Шмидта) (Волков, 1945).

3. Еще более неудачным оказался рейс на Колыму в 1919 году, когда пароход *Ставрополь* не смог преодолеть ледовый барьер и даже, не достигнув Колымы, повернул у мыса Шмидта обратно. Затем он встал на вынужденную зимовку у Колючинской губы (Визе, 1948).

4. В 1919 году льдами была раздавлена шхуна *Бельведере* (Визе, 1948). Об этом событии неизвестно почти ничего.

5. В августе 1920 года уже знакомое нам по серии зимовок в Восточно-Сибирском море и море Лаптевых норвежское экспедиционное судно *Мод* было затерто льдом около мыса Сердце-Камень и вынуждено было встать на зимовку (Визе, 1926). На этот раз на борту *Мод* было всего четыре человека: Руаль Амундсен в качестве начальника экспедиции, научный сотрудник доктор Харальд Свердруп, Оскар Вистинг и Геннадий Олонкин. В книге «Моя жизнь» (Amundsen, 1928) Руаль Амундсен пишет, что команда *Мод* подвергалась большому риску, пускаясь в плавание на таком большом судне со столь малочисленным экипажем. В случае непогоды было трудно управлять судном вчетвером. Но все участники экспедиции имели большой опыт, и, по счастью, за все время не случилось ничего такого, что потребовало бы помощи большего числа людей.

2. 1914–1915, *Kolyma*, overwintering. From 1911 to 1918, a steamer belonging to Dobrovolny Flot (Voluntary Fleet, a ship transport association established in Russia in 1878 – N.M.) sailed to the Kolyma River. The civil war and foreign intervention in the Far East put an end to such campaigns. As a rule, the vessels on the Kolyma Route followed along the shore lead, fearing that they would break away from the coast and be battered in ice captivity. In those years, no ship could escape captivity. Despite the risks and difficulties, the vessels still managed to reach their destinations. Between 400 and 500 tonnes of food and other goods were imported to the Kolyma region during each navigation. This was barely enough for the small population (Nikolaeva and Sarankin 1963).

In 1914, the ship *Kolyma* sailed to the Kolyma River. On the way back in autumn, the ship was detained by the ice near the mouth of the Kolyma River and had to overwinter near Cape Severny (Schmidt) (Volkov 1945).

3. 1919–1920, *Stavropol*, overwintering. The voyage to the Kolyma River in 1919 was even more unfortunate. The steamer *Stavropol* was unable to overcome the barrier of ice. The ship did not reach the Kolyma River and turned back to Cape Schmidt. Then the *Stavropol* remained at Kolyuchin Bay for forced overwintering (Vize 1948).

4. 1919, *Belvedere*, shipwreck. In 1919, the schooner *Belvedere* was crushed by ice (Vize 1948). Almost nothing is known about the event.

5. 1920–1921, *Maud*, overwintering. In August 1920, the Norwegian research vessel *Maud* was ice bound near Cape Serdtse-Kamen and was forced to put up for the winter (Vize 1926). The events unfolded as follows. The vessel stayed over in the winter of 1919–1920 near Ayon Island, and Roald Amundsen arrived in Nome, Alaska, in August 1920. In Nome, four people from the ship's crew decided to leave the expedition. After that, only four men remained on the *Maud*: Roald Amundsen, head of the expedition; researcher Dr. Harald Sverdrup; Oscar Wisting; and Gennady Olonkin. In his book *My Life as an Explorer* (1928), Amundsen wrote that the crew was at greater risk of blowing out to sea on such a large vessel, like the *Maud*, with only four crewmen to steer the vessel in case of bad weather. But they were all people with great experience, none of them was afraid for himself, and indeed nothing

Единственная неудача, постигшая *Мод*, — поломка винта — случилась после того, как судно обогнуло мыс Сердце-Камень. Эта авария принудила команду Амундсена зимовать неподалеку от этого мыса. Нагромождение прибрежных льдов выдавило судно на берег, а при весеннем таянии и разрушении льда оно опять оказались на воде без каких-либо повреждений. Всю зиму по соседству с *Мод* стояли три палатки чукчей. Зимовщики быстро с ними подружились, и Амундсен начал собирать этнографические сведения об одном из этих трех чукотских семейств.

Пять чукчей отправились с Амундсеном в плавание. Один из чукчей по имени Какот привез на корабль свою пятилетнюю дочку. Эта девочка вместе с девятилетней дочкой жившего в Беринговом проливе австралийского промышленника Карпендаля отправилась вместе с Амундсеном в Сиэтл. Когда в 1922 году Амундсен вернулся в Норвегию, он привез девочек с собой. Это давало возможность изучить природные свойства и умственные способности представителей чукотского народа. Девочки учились в норвежской школе два года. Когда Амундсен приехал за ними, чтобы доставить их обратно к родным, учителя подтвердили, что девочки были самыми способными ученицами в классе (Amundsen, 1928).

6. В то же время (1920–1921) около мыса Дежнева зазимовало американское судно (Визе, 1926).

7. В 1922 году во льдах погибла шхуна *Eagle* (Визе, 1948).

8. В 1924 году советское правительство отправило на остров Врангеля пароход *Красный Октябрь* (бывший портовый ледокол *Надежный)* (рис. 6.12) для установки там советского флага. В задачи экспедиции входило снятие с острова людей, завезенных туда летом 1923 года американцами и промышлявших там без разрешения СССР (Красинский, 1925). Это должно было закрепить владение СССР островом и предотвратить его интервенцию. В ходе экспедиции *Красный Октябрь* попал в дрейф, получил повреждения и отчаянно боролся со льдом (рис. 6.11).

Красный Октябрь вышел из Владивостока 20 июля 1924 года и 10 августа прошел Берингов про-

had ever happened that would require the assistance of more people.

The only misfortune that befell the expedition was screw breakage, which occurred after *Maud* rounded Cape Serdtse-Kamen. The accident forced them to spend the winter in the vicinity of the cape. Piles of coastal ice squeezed the ship to shore, and during the spring melting and break-up of the ice, they were in the water once again without any damage to the perfectly constructed *Maud*. Throughout the winter, there were three tents inhabited by Chukchis in close proximity to the *Maud*. The explorers quickly befriended them, and Amundsen started gathering information about the most interesting of these three families of Chukotka.

Five Chukchis went with Amundsen to sail. One of the Chukchis, named Kakot, brought aboard his 5-year-old daughter. This girl, along with the 9-year-old daughter of Australian industrialist Karpendal, lived in the Bering Strait, and they went together with Amundsen to Seattle. When, in 1922, Amundsen returned to Norway, he brought the girls with him. This allowed to explore natural features and the mental capacities of representatives of the Chukchi people. The girls were enrolled in a Norwegian school for 2 years. When Amundsen arrived to bring them back to their relatives, the teachers confirmed that the girls were the most able students in the class (Amundsen 1928).

6. 1920–1921, American vesel, **overwintering.** In the same year, an American vessel wintered near Cape Dezhnev (1920–1921) (Vize 1926).

7. 1922, *Eagle*, shipwreck. In 1922, the schooner *Eagle* was lost in the ice (Vize 1948).

8. 1924, *Krasny Oktyabr*, drift, damage. In 1924, the Soviet government sent the steamer *Krasny Oktyabr* (*Red October* - the former port icebreaker *Nadezhny*)) (Fig. 6.12) to Wrangel Island to hoist the Soviet flag on the island and to withdraw the men left there in the summer of 1923 without the permission of the Soviet Union (Krasinsky 1925). This mission was supposed to end the economic management of foreigners on Wrangel Island. During the expedition, the *Krasny Oktyabr* was damaged in a drift and struggled to navigate through the ice (Fig. 6.11).

The *Krasny Oktyabr* departed from Vladivostok on 20 July 1924 and on 10 August passed the Bering

Рис. 6.11 Схема плавания и дрейфа судна *Красный Октябрь* в 1924 году. Составлено на основе (Давыдов,1925)

Fig. 6.11 Sailing and drift route of the *Krasny Oktyabr* in 1924 (adapted from Davydov 1925)

Рис. 6.12 Грузовой пароход *Красный Октябрь* (*Веерхавен*). Построен в 1911 году в Англии. Списан в 1955 году. Печатается с разрешения ОАО «Дальневосточное морское пароходство»

Fig. 6.12 Cargo steamer *Krasny Oktyabr*. Built in 1911 in England, decommissioned in 1955. Reproduced with permission from Far Eastern Shipping Company

лив. Однако уже в первый день плавания в Чукотском море была встречена кромка льда, и вскоре *Красный Октябрь* вошел в тяжелые торосистые многолетние льды.

Продвигаться в этих льдах ледокол мог только при помощи ударов. После упорной борьбы со льдом *Красный Октябрь* 19 августа подошел к острову Врангеля и встал на якорь в бухте Роджерс. На следующий день на берегу бухты состоялась церемония поднятия советского флага.

Пройдя на запад до мыса Блоссом, *Красный Октябрь* направился к Чукотскому побережью. Однако весь пролив Лонга был забит сплоченными льдами, что сильно затрудняло продвижение судна, и только 28 августа *Красный Октябрь* подошел к мысу Якан. Во время перехода через льды пролива Лонга судно получило существенные повреждения: оказались погнутыми много шпангоутов, руль был свернут, в бортах образовались вмятины. Из-за дувших непрерывно северо-западных ветров ледовая обстановка у Чукотского побережья была крайне неблагоприятной. Поскольку на судне не хватало угля, командование ледокола решило дождаться изменения состояния льдов около мыса Шмидта. Когда после нескольких дней ожи-

Strait. An ice edge was encountered on the first day of sailing in polar waters, and later, the *Krasny Oktyabr* reached heavy multi-year hummock ice.

The icebreaker could move ahead in the ice only by blows. After a tough battle with the ice, the *Krasny Oktyabr*, on 19 August, sailed to Wrangel Island and dropped anchor in Rogers Bay, where the ceremony of raising the Soviet flag was held the next day.

After heading west to Cape Blossom, the *Krasny Oktyabr* went towards the Chukotka coast. The De Long Strait was filled with knit ice. It was very difficult to move the ship forward, but on 28 August, the *Krasny Oktyabr* reached Cape Yakan. Passing through the ice of the De Long Strait had not been for nothing: the ship had bent its frame in many places, the steering wheel had been destroyed, boards were damaged, and dents had appeared. The ice conditions were extremely unfavourable near the Chukotka coast due to the northwest winds. Due to a lack of coal, the command of the icebreaker decided to wait for changes in the ice conditions near Cape Schmidt. However, day after day, the situation did not improve. There was no way to prepare for overwintering. All arrangements

дания улучшения обстановки не наступило, судно стали готовить к зимовке. Все механизмы были разобраны, а 25 сентября прекратили пары в последнем котле. Начальник экспедиции Б.В. Давыдов писал: «Корабль фактически стал на зимовку. Казалось, что положение вполне и окончательно определилось: нам предстояло провести не менее девяти месяцев в условиях полной оторванности от внешнего мира: было трудно рассчитывать на возможность выхода из крепко схвативших нас ледяных объятий» (Давыдов, 1925, с. 24–25).

Но как раз в тот день, когда на судне остановили подачу пара, мореплаватели совершенно неожиданно почувствовали отчетливую зыбь, которая становилась все сильнее и сильнее. По всей видимости, недалеко от мыса Шмидта должны были находиться большие пространства открытой воды. По расчетам угля на судне было достаточно как раз для перехода до бухты Провидения по чистой воде без встречного ветра. Начальник экспедиции решил рискнуть и попытаться вырваться из льдов. Спешно была собрана машина, и 27 сентября *Красный Октябрь* продолжил плавание к Берингову проливу. Через 12–15 миль ледокол преодолел ледяную перемычку и вышел на чистую воду. Затем *Красный Октябрь* последовал вдоль кромки льдов, которые держались у самого берега, оставляя вдоль него только узкую полоску чистой воды.

Запасы угля подходили к концу, и в топки стали бросать имевшиеся на судне бревна и доски. 30 сентября *Красный Октябрь* был около мыса Дежнева. Но здесь, перед самым выходом в свободный океан, судно опять встретило ледяную преграду. Чтобы пробиться через льды, в топку пошли пеньковые тросы, весь запас олифы, большая часть машинного масла и даже корпус моторного катера. Но льды не хотели выпускать корабль и потащили его обратно на северо-запад. Положение судна было поистине критическим. Однако 3 октября лед несколько развело, и *Красный Октябрь* смог подойти к селению Уэлен. Здесь быль разобран на топливо и перенесен на *Красный Октябрь* корпус стоявшей в лагуне американской шхуны, конфискованной в 1923 году. Кроме того, у чукчей был скуплен весь запас плавника. С этим жалким топливом *Красный Октябрь* продолжал плавание, держась по возможности ближе к берегу, где было свободной воды больше. «Никогда, кажется, не забыть этого рискованного перехода, — вспоминает

were dismantled and the steam equipment was collected, and on 25 September, the steam in the last boiler was turned off. The head of the expedition B.V. Davydov wrote: 'The ship actually stopped for the winter. It seemed that the situation had finally been determined: we were to spend no less than nine months in complete isolation from the outside world; it was difficult to count on the possibility of leaving while firmly in the clutches of the icy embrace around us' (Davydov 1925, pp. 24–25).

But on the day the ship's steam was turned off, the navigators suddenly felt a distinct upswell, which grew gradually stronger. By all appearances, there should be large spaces of open water near Cape Schmidt. According to Davydov's calculations, enough coal was available on the ship to make it to Provideniya Bay through ice-free water with no oncoming wind. The commander decided to take his chances and break the ice. The machine was hastily assembled, and on 27 September, the *Krasny Oktyabr* continued to sail towards the Bering Strait. Within 12 to 15 miles, the icebreaker broke the ice isthmus and sailed to open water. Then, it followed along the northern edge of the ice near the shore, leaving the shore strip in ice-free water.

The amount of coal stored on board diminished, and the crew started tossing all available logs and planks in the furnace. On 30 September, the *Krasny Oktyabr* reached Cape Dezhnev. But here, at the exit to the open sea, the vessel suddenly encountered an ice barrier. To cut through the ice, the crew began using hemp rope, the entire stock of linseed oil, most of the engine oil and even the hull of a motor boat in the furnace. However, the ice did not want to release the ship and dragged it back to the northwest. The situation of the vessel was indeed critical. Nevertheless, on 3 October, some gaps formed in the ice, and the ship was able to sail to the village of Uelen. Here, the hull of an American schooner seized in 1923 and located in the lagoon was dismantled and transferred to the ship. In addition, an entire stock of driftwood was purchased from the Chukchis. With this miserable fuel, the *Krasny Oktyabr* set sail, keeping as close as possible to the shore, where the area of ice-free water was larger. 'Never, it seems, will I forget this risky voyage,' Davydov recalled. 'The ship moves with

Давыдов, — Тяжело движется корабль, прокладывая себе путь среди льда, отвоевывая с каждым шагом вперед свою свободу. Целые снопы искр вылетают из трубы, кружась в воздухе. Береговые обрывы порою так близки к кораблю, что кажется, еще немного — и мы заденем за них бортом» (Давыдов, 1925, с. 28).

Обогнув Дежневский массив, *Красный Октябрь*, в конце концов, вырвался на чистую воду и стал на якорь против поста Дежнева. Здесь на берегу оказался небольшой запас угля, из которого на ледокол было погружено 25 тонн. 6 октября *Красный Октябрь* достиг бухты Провидения, угля в этот момент оставалось только на 25 мин хода; пресной воды не было совершенно. Однако теперь героическая команда судна уже могла вздохнуть свободно: задание экспедиции было выполнено, и льды остались позади.

9. 16 августа 1928 года у Колючинской губы судно *Ставрополь* встретило американскую шхуну *Элизиф,* которая следовала с товарами в Нижне-Колымск. Капитан *Ставрополя* Миловзоров высказал опасение, что такое небольшое судно, как *Элизиф,* не имеющее ледовых обводов, не сможет пройти к Колыме. Владелец *Элизиф* О. Свенсон не послушал Миловзорова и продолжил путь на запад. Около мыса Северный (Шмидта), встретив непроходимые льды, он вынужден был зазимовать (Визе, 1948). Закончилось это путешествие совсем печально — в следующем году 11 августа на пути в Колыму после зимовки шхуна *Элизиф* была раздавлена льдами в районе мыса Биллингса (см. главу 5 «Восточно-Сибирское море») (Волков, 1945).

10. В 1929 году ледорез *Литке* следовал к острову Врангеля с грузом для полярной станции. Ледорез покинул Владивосток 14 июля и вошел в Чукотское море 5 августа, потом взял курс на мыс Сердце-Камень и в 15 милях от него вошел в разреженный лед. Далее судно отклонилось к северу и вышло на чистую воду, по которой шло до 7 августа. Остров Врангеля был в то лето окружен многолетним полярным льдом, через который ледорез долго не мог пробиться. 8 августа в точке 70°33′ с.ш., 174°32′ в.д. к югу от острова Геральд судно было затерто во льдах и до 23 августа безуспешно пыталось из них выбраться. Далее *Литке* был вовлечен льдами в дрейф и вынесен к северу от острова Геральд. За островом льды оказались более разреженными, и 29 августа, обогнув его с

great difficulty, making its way through the ice, fighting with each step forward for her freedom. Sparks flew from the chimney, swirling in the air. The coastal bluffs were sometimes so close to the ship that it felt as if we could touch them' (Davydov 1925, p. 28).

Skirting the Dezhnev Ice Massif, the *Krasny Oktyabr* finally reached ice-free water and dropped anchor against the post of Dezhnev. There was a small supply of coal there onshore. The icebreaker took 25 tonnes. On 6 October, the *Krasny Oktyabr* reached the Bay of Providenie. By this time, there were only 21 pounds of coal on the ship, enough for 25 min of sailing. There was no freshwater at all. The courageous crew could breathe freely: the expedition's mission had been fulfilled, and the ice was left behind.

9. 1928–1929, *Elizif*, overwintering. On 16 August 1928, in Kolyuchin Bay, the ship *Stavropol* encountered the American schooner *Elizif*, which was sailing with goods to Nizhne-Kolymsk. The captain of the *Stavropol*, Milovzorov, feared that a small boat with no defence against the ice could not reach Kolyma. However, the owner of the *Elizif*, O. Swenson, did not listen to Milovzorov. Near Cape Severny (Cape Schmidt), they encountered impassable ice, and the *Elizif* was forced to overwinter (Vize 1948). The following year, on 11 August, on the way to Kolyma after overwintering, the schooner *Elizif* would be crushed by ice in the vicinity of Cape Billings (Chap. 5, 'East Siberian Sea') (Volkov 1945).

10. 1929, *Litke*, drift, damage. In 1929, the ice-cutter *Litke* left Vladivostok on 14 July, and on 5 August, it entered the Chukchi Sea and headed for Cape Serdtse-Kamen. Approximately 15 nautical miles from the cape, the ship encountered open ice. Later, the vessel deviated to the north and came to open water, which lasted until 7 August. Wrangel Island was surrounded by multi-year Arctic ice in the summer. For a long time, the icebreaker could not get through this ice. On 8 August, at 70°33′N, 174°32′W and to the south of Herald Island, the vessel was rammed by ice, and before 23 August it tried, unsuccessfully, to extricate itself.

The ship drifted to the north of Herald Island, where the ice turned out to be sparser. On 29 August, the *Litke* rounded the island to the north of Herald and

севера, *Литке* удалось добраться до острова Врангель и достигнуть бухты Роджерс. Выгрузив здесь продовольствие, построив радиостанцию и сменив зимовщиков, 5 сентября *Литке* отправился в обратный путь (Волков, 1945; Визе, 1948).

11. Летом 1929 года рейс на Колыму совершал пароход *Ставрополь*. Выполнив задание, он возвращался из Нижне-Колымска во Владивосток. Огибая мыс Северный, 5 сентября 1929 года *Ставрополь* застрял в непроходимых льдах и вынужден был стать здесь на зимовку. Такие зимовки судов в Арктике случались в то время часто. Но в этот раз на *Ставрополе* находились пассажиры, в том числе женщины и дети. Оставлять их в Арктике на зимовку было рискованно. Было принято решение снять с парохода пассажиров, чтобы облегчить зимовку членам команды.

Там же у мыса Северный зазимовала американская шхуна *Нанук* (Волков, 1945) с грузом закупленной пушнины. Кроме самого владельца шхуны Олафа Свенсона (Olaf Swenson), на борту была его 17-летняя дочь Марион. Чтобы не терпеть убытки, Свенсон договорился с авиационной компанией на Аляске переправить пушнину воздушным путем в Америку. Эту операцию взялся провести пилот компании «Аляска Айрвейс» (Alaska Airways), известный полярный летчик Карл Бен Эйелсон (Carl Ben Eielson).

События, развернувшиеся далее, были весьма драматичны и получили широкий резонанс и России, и в Америке. Судьба самолета и судна возбудила общественный интерес, и газета Нью-Йорк Таймс организовала репортажи Марион Свенсон прямо с борта *Нанука*. После одного удачного рейса 7 ноября 1929 года Эйелсен вместе со своим другом и неизменным спутником бортмехаником Франком Борландом снова вылетел на самолете «Гамильтон» из Фербенкса к мысу Северный. В тот день на трассе полета свирепствовала сильная пурга, и самолет не достиг цели. Предположительно не работал альтиметр. Развернулись поисковые работы с использованием как самолетов (двух советских и двух американских), так и собачьих упряжек. Самолет был обнаружен с воздуха 24 января 1930 года, а тела летчиков нашли только 19 февраля. Свенсон и его дочь были вывезены на материк 7 февраля. *Нанук* успешно вернулся в Ном и затем в Сиэтл в августе 1930 года.

managed to reach Rogers Bay on Wrangel Island. The crew unloaded the foodstuffs and built a radio station. The people working at the station were replaced, and the *Litke* left on 5 September (Volkov 1945; Vize 1948).

11. 1929–1930, *Stavropol*, *Nanuk*, overwintering. The steamboat *Stavropol* made a trip to Kolyma in the summer of 1929 and returned in late autumn from Nizhne-Kolymsk to Vladivostok, having completed its mission. Skirting Cape Severny (Shmidt), on 5 September 1929, the ship was stuck in impassable ice and had to stay for the winter. Forced overwintering of ships occurred very often in the Arctic at that time. However, this time there were passengers on the *Stavropol*, including women and children. It was risky to leave them in the Arctic for the winter. It was decided to remove the passengers from the steamer. This would prove helpful for the rest of the winter.

At the same place near Cape Severny, the American schooner *Nanuk* overwintered (Volkov 1945) with fur trader and adventurer Olaf Swenson and his 17-year-old daughter Marion aboard. There was also a cargo of furs bought from the native people. To avoid losses, O. Swenson contracted with the air company Alaska Airways, headed by the noted Arctic pilot and explorer Carl Ben Eielson, to fly out furs and crew members.

The events that unfolded later were quite dramatic and resonated widely in Russia and America. The *New York Times* arranged for Marion Swenson to send regular dispatches on the progress of the search. After one successful round trip, on 7 November 1929, Eielson was delayed by a search for a downed plane in Alaska. Resuming their task after the delay, Eielson and his mechanic Frank Borland flew into a fierce storm over the Siberian coast and crashed, flying into terrain with the throttle wide open. A faulty altimeter may have been a contributing factor. A major search ensued using both aircraft (two Soviet and two American) and dogsleds. The fates of both the plane and the ship (with a high-school girl aboard) captured the public's imagination. The downed plane was found on 24 January 1930, and the bodies of the crew were recovered on 19 February. Swenson and his daughter were flown out on 7 February by the pilot T.M. Reid. The *Nanuk* returned successfully to Nome and then Seattle, arriving in early August 1930.

Коса, где погибли американские авиаторы, была названа в их память Косой Двух Пилотов.

Карты, которыми пользовались тогда летчики, были очень плохими. Пока продолжались поиски, приходилось черпать сведения в основном из устных советов гидрографа В.К. Бубнова, прожившего на Чукотке почти 15 лет, и признанного знатока здешних мест Ф.И. Караева (Николаева, Саранкин, 1963).

На помощь зимовщикам был отправлен ледорез *Литке*. Когда 7 ноября 1929 года ледорез покидал Владивосток, на его борту еще не знали о несчастье, постигшем американских летчиков. Направляясь на помощь пароходу *Ставрополю, Литке* погрузил на палубу самолеты и летчиков М.Т. Слепнева и В.Л. Галышева и доставил их в бухту Провидения, откуда можно было бы организовать вывоз на материк пассажиров *Ставрополя*. 9 декабря ледокол покинул бухту Провидения. Из-за сильного шторма обратный рейс оказался для *Литке* одним из труднейших за всю историю его плаваний.

После вывоза тел погибших летчиков, пилот В.Л. Галышев занялся эвакуацией пассажиров со *Ставрополя*. Он на своем самолете и местный житель Дьячков на нартах вывезли со *Ставрополя* 31 пассажира. Некоторые из пассажиров отказались покинуть судно и вместе с экипажем остались зимовать и готовить *Ставрополь* к предстоящему плаванию.

Летом пароход высвободился изо льдов. 5 июля 1930 года *Ставрополь* зашел в бухту Провидения, взял дожидавшихся там своих пассажиров и доставил всех во Владивосток (Николаева, Саранкин, 1963).

12. Навигация 1930 года прошла достаточно спокойно. Из пяти судов, плававших в 1930 году вдоль Чукотского побережья, только американская шхуна *Кориза* в сентябре была затерта льдами и зазимовала к западу от мыса Сердце-Камень (Волков, 1945).

13. В 1931 году предполагалось послать на Колыму судно с дополнительным топливом, свежим продовольствием и почтой. Выполнение этой операции было возложено на шхуну *Чукотка*, которая предварительно должна была устроить на северном берегу Чукотского полуострова ряд факторий (Визе, 1948). Это задание осталось невыполненным.

The plane crashed on the spit, which is known as 'Kosa dvukh pilotov' (Two Aviators Island) following these events. Maps used by pilots were very bad at that time. Although the search continued, it was more useful to listen to the oral advice of hydrographer V.K. Bubnov, who had lived in Chukotka for almost 15 years, and a recognised expert on the local area, F.I. Karaev (Nikolaeva and Sarankin 1963).

On 7 November 1929, when the icebreaker *Litke* left Vladivostok, the misfortune that had befallen the American pilots was still unknown. The *Litke* loaded the aircraft for pilots M.T. Slepnev and V.L. Galyshev and headed to the aid of the steamer *Stavropol*. The *Litke* delivered the flight expedition to the Bay of Providenie, where it was possible to organise the evacuation of passengers from the *Stavropol* to the mainland (Nikolaeva and Sarankin 1963). On 9 December, the ice-cutter left the Bay of Provideniya and set off for Petropavlovsk. Because of the heavy storm, the return voyage was one of the hardest in the history of Arctic navigation for the *Litke*.

After removing the dead pilots, the pilot Galyshev helped evacuate passengers from the *Stavropol*. Galyshev, with his plane, and a local resident named Dyachkov, using sledges, removed 31 passengers from the *Stavropol*. Some of the passengers refused to leave the ship and, together with the crew, prepared for the upcoming sailing of the *Stavropol*.

The boat was liberated from the ice in the summer. On 5 July 1930, *Stavropol* arrived at the Bay of Provideniya and boarded the passengers that were there, Crew and support staff, and delivered them all to Vladivostok (Nikolaeva and Sarankin 1963).

12. 1930–1931, *Koriza*, overwintering. Navigation in 1930 was relatively successful. Only one of the five vessels that sailed along the Chukotka coast was nipped in September 1930 and spent the winter west of Cape Serdtse-Kamen. It was the American schooner *Koriza* (Volkov 1945).

13. 1931, *Chukotka*, shipwreck. In 1931, a ship with additional fuel, fresh food and mail was to be sent to Chukotka. This task was entrusted to a schooner of the same name – the *Chukotka*. The schooner first had to arrange a number of trading posts on the northern shore of the Chukotka Peninsula (Vize 1948). This mission went unfulfilled.

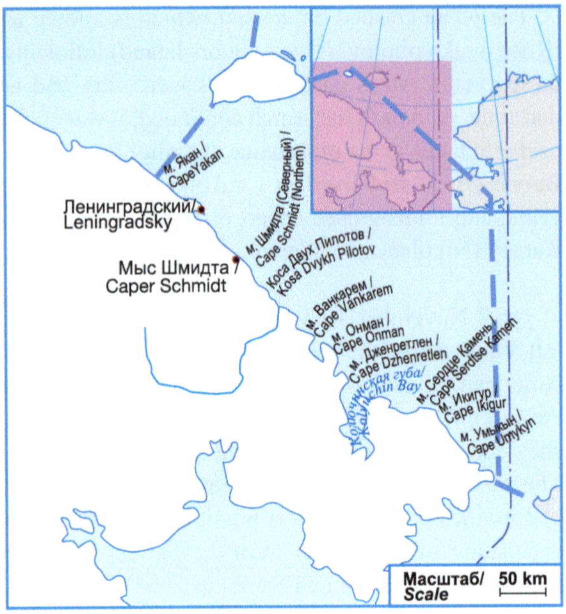

Рис. 6.13 Географические пункты вдоль побережья Чукотки

Fig. 6.13 Geographical points along the coast of Chukotka

Шхуна *Чукотка* вышла в Чукотское море 4 июля и, проследовав через разреженные льды, 5 июля вошла в прибрежную полынью западнее мыса Сердце-Камень. В этот же день, держась вдоль кромки берегового припая, шхуна встретила сплошной невзломанный лед в районе мыса Онман. Попытки пробиться вперед успеха не имели, и 28 июля при сжатии льда шхуна была повреждена, а 1 августа затонула в точке с координатами 68°00′ с.ш., 177°05′ з.д. юго-восточнее острова Врангель (Волков, 1945; Визе, 1948). Команда погибла во время перехода по льдам на сушу (Бурыкин, 2001).

14. 1932 год считается в истории Северного морского пути знаменательным, так как именно в этом году пароходу *Сибиряков* впервые удалось преодолеть эту трассу за одну навигацию. Однако во время этого триумфального прохода пароход *Сибиряков* столкнулся с немалыми трудностями. Особенно напряженной была ситуация в Чукотском море.

10 сентября *Сибиряков* достиг острова Колючина. В 1878 году в этом месте льды остановили и вынудили зазимовать первопроходца Северного морского пути судно *Вега* экспедиции Э. Норденшельда. Та же участь, по всей видимости, грозила здесь и *Сибирякову*, поскольку, работая в тяжелых

The *Chukotka* entered the Chukchi Sea on 4 July and continued through the sparse ice. On 5 July, it arrived at the coastal polynya to the west of Cape Serdtse-Kamen. The same day, staying along the edge of the fast ice, the schooner encountered continuous unbroken ice in the vicinity of Cape Onman (Fig. 6.13). All attempts to break forward were unsuccessful, and on 28 July, during compression of ice, the schooner was damaged and sank on 1 August. It sank at 68°00′N, 177°05′W southeast of Wrangel Island (Volkov 1945; Vize 1948). The team died during the trip along the ice to land (Burykin 2001).

14. 1932, *Sibiryakov*, drift, damage. The year 1932 is considered to be very significant in the history of the Northern Sea Route. In 1932, the steamer *Sibiryakov* managed for the first time to navigate this route in a single season. However, the *Sibiryakov* faced considerable difficulties during its triumphant passage. The situation in the Chukchi Sea was especially difficult.

On 10 September, the *Sibiryakov* reached Kolyuchin Island, near where the ship of Nordenskiöld's expedition shipe the *Vega* was forced to spend the winter in 1878. The same fate threatened the *Sibiryakov*, as the icebreaker broke all four propeller blades working in heavy ice at Kolyuchin Island.

льдах у острова Колючина, он поломал себе все четыре лопасти винта.

На чистой воде *Сибиряков*, несомненно, имел бы ход, но с оставшимися обломками лопастей продвигаться в сплоченном льду он уже не мог. Единственным выходом оставалось сменить поврежденные лопасти новыми, которые по счастью имелись в запасе. Для этого надо было, прежде всего, поднять корму. Этого можно было достигнуть перемещением всего имевшегося на судне угля (400 тонн) и запаса продовольствия из кормовой части в носовую. На время все участники экспедиции превратились в грузчиков, перенесли груз и уже через день, вечером 12 сентября были поставлены новые лопасти, и ледокол смог продолжить свое плавание.

The vessel, of course, would be able to sail in ice-free water even with only the remaining blade fragments. But the ship could no longer work in the compact ice. The only chance to continue moving east was to replace the damaged blades with new, existing ones from the supplies. For this reason, it was necessary to raise the stern by 10 feet. It was possible to do so by rearrangement and removal of all of the available coal on board (400 tonnes) and by moving the supply of food from the stern to the bow. This had to be done in a hurry, and all members of the expedition turned into stevedores. The new blades were fixed in the early evening of 12 September, and the icebreaker continued its voyage.

Рис. 6.14 *Сибиряков* под импровизированными парусами в Чукотском море. Фото М.А. Трояновского печатается с разрешение музея «Московский дом фотографии»

Fig. 6.14 The *Sibiryakov* under improvised sails in the Chukchi Sea. Photo by M.A. Troyanovsky (reproduced with permission from Moscow House of Photography)

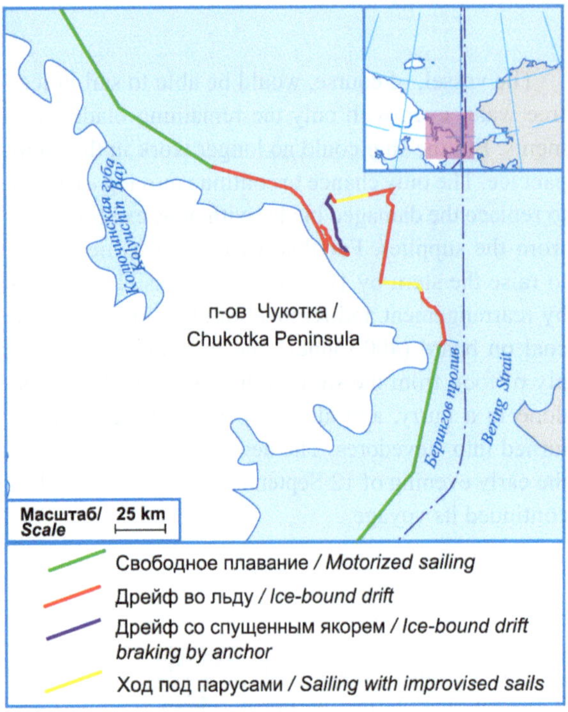

Рис. 6.15 Картосхема дрейфа *Сибирякова* в Чукотском море с 18 сентября по 1 октября 1932 года. Составлено на основе (Белов, 1959)

Fig. 6.15 Map of the *Sibiryakov*'s drift in the Chukchi Sea from 18 September to 1 October 1932 (adapted from Belov 1959)

Во время работы по смене лопастей *Сибиряков* очень медленно дрейфовал в различных направлениях между мысом Онман и островом Колючиным. Погода, к счастью, стояла маловетреная и не препятствовала работам. Шторм в это время мог бы привести к тяжелым последствиям вплоть до затопления, поскольку передняя палуба находилась почти на уровне моря.

Обогнув остров Колючин с юга, *Сибиряков* легко прошел до мыса Дженретлен. Но затем встретил весьма сплоченный и тяжелый лед, в котором обломалась одна из вновь поставленных лопастей. В машине в это же время сломался упорный подшипник, а в носовой части обнаружилась довольно сильная течь. 18 сентября, недалеко от острова Идлидля *Сибиряков* потерпел еще большее повреждение, грозившее самыми серьезными последствиями: обломался конец гребного вала, и судно фактически осталось без винта. Потеряв возможность самостоятельного движения во льду, *Сибиряков* повиновался игре ветров и течений (см. схему дрейфа — рис. 6.15) (Визе, 1948; Белов, 1959).

Сначала Сибиряков дрейфовал на юго-восток вдоль берега Чукотского полуострова, но около

While changing blades, the *Sibiryakov* slowly drifted in different directions between Cape Onman and Kolyuchin Island. Fortunately, the weather was calm and did not impede work. A storm at this time could have had dire consequences as the front deck was almost flush with the surface of the sea.

The *Sibiryakov* skirted Kolyuchin Island from the south side and easily passed to Cape Dzhenretlen. But then, going quite far from the shore, the ship met very solid and heavy ice, where one of the newly set blades broke off. At the same time, thrust-bearing broke down in the engine, and quite strong flow was discovered in the bow. On 18 September, near Idlidl Island, the *Sibiryakov* suffered even more damage which jeopardised the entire mission of the expedition; in particular, the end of the tail-shaft was broken off. Now the ship was without a propeller. Having lost the ability to move freely in the ice, the *Sibiryakov* fell prey to winds and currents (the drift route is depicted in Fig. 6.15) (Vize 1948; Belov 1959).

The direction of the drift was first to the southeast along the coast of the Chukotka Peninsula, but near

мыса Икигур направление дрейфа дважды менялось на обратное. В промежуток времени с 23 по 29 сентября ледокол описал между мысом Икигур и мысом Дежнева большую дугу, выгнутую к северу. Когда судно дрейфовало в нежелательном направлении, движение пытались замедлить с помощью якоря. Однако якорь не мог противостоять напору льдов, и эта мера помогала очень мало. Отдельные навалившиеся на якорную цепь льдины взрывали аммоналом. Совершенно не держал якорь, когда температура воздуха опускалась ниже 0°C и отдельные старые льдины спаивались молодым льдом в цельные поля.

27 сентября, когда под влиянием северо-западного ветра льды несколько разредило, на *Сибирякове* были поставлены шлюпочные паруса и самодельные паруса, наскоро сшитые из брезента (рис. 6.14). При помощи этих парусов ледокол продвигался по разводьям со скоростью около полуузла. Поскольку при таком малом ходе судно совершенно не слушалось руля, лавировать среди льдов было невозможно, и ледокол часто натыкался на льдины. В таких случаях на льдину заносился трос, и при помощи паровой лебедки она оттаскивалась в сторону, иногда такую льдину взрывали аммоналом.

Команда *Сибирякова* упорно боролась с ледяной стихией всеми доступными способами, что, в конце концов, увенчалось успехом. 1 октября *Сибиряков* вышел на чистую воду в северу от Берингова пролива в точке 66°17′ с.ш., 169°28′ з.д.

Таким образом, впервые в истории Северо-восточный проход был пройден в одну навигацию — за два месяца и пять дней. Исполнилась многолетняя мечта мореплавателей Севера (Визе, 1948).

15. Кроме знаменательного похода *Сибирякова*, 1932 год отмечен также переломом в освоении полярных окраин России. Север Сибири был тогда практически пустынным, редкие селения оленеводов и охотников отстояли друг от друга на сотни километров. В то же время в недрах Колымо-Индигирской тайги были открыты богатейшие месторождения золота и олова, которые необходимо было разрабатывать. Только два пути вели к этим богатствам: один от берегов Охотского моря через горы и тайгу, второй с севера, через Берингов пролив вдоль побережья Чукотки. Далее по реке Ко-

Cape Ikigur, the direction of the drift changed twice, in opposite directions. Between 23 and 29 September, the icebreaker traversed a big arc between Cape Ikigur and Cape Dezhnev and curved to the north. When the ship drifted in an undesirable direction, the anchor was dropped. However, under the pressure of the ice, the anchor almost never stayed put and helped very little. The crew of the *Sibiryakov* blew up some ice using ammonal and leaning on the anchor chain. The anchor did not hold on days when the air temperature fell below 0°C and when separate ice floes were set in the field by young ice.

On 27 September, when northwesterly winds stirred the ice, improvised sails and lifeboat were set on the *Sibiryakov*. The sails were hastily sewn from tarpaulins (Fig. 6.14). The icebreaker moved easily along the polynyas at a speed of half a knot with the help of the sail. Because at such a low speed the vessel did not respond to the rudder, it was manoeuvring in the ice proved impossible. The icebreaker became stuck abutting against the ice floe. When that happened, the crew moored the ice floe by cable and pulled it out and cast it aside using a steam winch. Sometimes it was necessary to blast a block of ice with ammonal.

Without passing in front of ice and stubbornly fighting it with all means available, the crew on the *Sibiryakov* eventually emerged victorious from the unequal battle: On 1 October, at 14:45, the *Sibiryakov* sailed into ice-free water in the north of the Bering Strait at latitude 66 °17′N, longitude 169°28′W.

For the first time in history, the Northeast Passage was navigated during a single season – in 2 months, 5 days. The dream of navigators of the North for four centuries was finally realised (Vize, 1948).

15. 1932, Caravan of vessels, damage. Besides the remarkable campaign of the *Sibiryakov*, the year 1932 was also marked by a new step in the development of the polar border regions of Russia. Northern Siberia remained deserted then, but deep in the country's interior were found huge mineral reserves. The sparse villages of reindeer herders and hunters were located hundreds of kilometres from each other, and in the depths of the Kolyma–Indigirka taiga, geologists discovered rich deposits of gold and tin. Only two routes led to this treasure: one from the shores of the Okhotsk Sea through the mountains and the taiga,

лыме и ее притокам грузы можно было доставлять на юг.

В январе 1932 года правительство СССР приняло постановление об организации большой морской экспедиции из Владивостока в устье реки Колымы для доставки 12 000 тонн грузов и основания порта. Эта экспедиция должна была обеспечить продовольствием несколько пунктов на побережье Северного Ледовитого океана и доставить на Колыму пассажиров — строителей Дальстроя и работников будущего Колымского пароходства.

Морской путь на Колыму открывался только в короткий летний период и часто суда, посылаемые на Колыму, не доходили до места назначения или становились на зимовку на обратном пути (см. выше). Экспедиция 1932 года тоже прошла неспокойно, но она положила начало регулярному транспортному сообщению с побережьем Чукотки.

С какими трудностями столкнулись участники экспедиции в этот необычайно тяжелый по ледовым условиям год можно представить из рассказа его участников, который описан в книге «Сильнее льдов» (Николаева, Саранкин, 1963, с. 99–104, цитируется с сокращениями).

«На этот раз в устье Колымы направлялась целая флотилия: пароходы *Сучан, Анадырь, Урицкий, Север, Микоян, Красный Партизан* и шхуна *Темп.* Наиболее приспособленными для плавания во льдах были пароходы-северники *Сучан, Анадырь и Север*. Им предстояло вести на буксире речные суда для Колымы. Остальные пароходы экспедиции числились лесовозами. Но они тоже имели специальный защитный ледовый пояс. Перед выходом в экспедицию на случай сильных сжатий на них установили внутренние подкрепления в трюмах. Флагманом шел ледорез *Литке.* Во главе экспедиции были поставлены опытные полярники. Начальником всего этого большого дела назначили известного гидрографа Николая Ивановича Евгенова, участника экспедиции 1914–1915 годов на ледокольных пароходах *Таймыр* и *Вайгач*, которые впервые прошли Северный морской путь с востока на запад за два летних периода. Заместителем начальника экспедиции был капитан дальнего плавания Александр Павлович Бочек, давно работавший на дальневосточном севере.

the second from the north through the Bering Strait along the coast of the East Siberian Sea. Further along the Kolyma River and its tributaries, goods could be sent south.

In January 1932, the Russian government passed a decree on the organisation of a large sea expedition from Vladivostok to the mouth of the Kolyma River to deliver 12,000 tonnes of cargo and to build a port.

The expedition was to provide food for a few settlements on the coast of the Arctic Ocean and deliver passengers to Kolyma. These passengers were the builders of Dalstroy and workers of the future Kolyma Shipping Company.

The sea route to the Kolyma was accessible only during the short period suitable for Arctic navigation. Often, the vessels sent to Kolyma did not reach their destination, or, at best, they had to overwinter on the way back (see above). The East Siberian Expedition was difficult, but it marked the beginning of a regular transport supply in Siberia.

The difficulties facing members of the expedition are described in the story of its participants, who compiled the book *Stronger Than Ice* (Nikolaeva and Sarankin 1963, pp. 99–104, quoted in abridged form from the online version):

'At this time, at the mouth of the Kolyma, we sent an entire fleet: the ships *Suchan*, *Anadyr*, *Uritsky*, *North*, *Mikoyan* and *Krasny Partizan* and the schooner *Temp*. Those most adapted for sailing in the ice were the steamers *Suchan*, *Anadyr* and *Sever*. They had to carry in tow river vessels to the Kolyma River. The remaining ships of the expedition were timber-carrying vessels. They also had a special protective ice belt. Before leaving on an expedition, internal reinforcement in the holds was established. The flagship was the ice-cutter *Litke*. The experienced polar explorers headed the expedition. The chief of this great cause was Nikolay I. Evgenov, who was a member of the expedition between 1914 and 1915 on the icebreakers

and *Vaygach*, which first passed the Northern Sea Route from east to west during a two-year period. The deputy chief of the expedition was a sea captain named Alexander P. Bochek. He also had extensive work experience in the Far North.

Литке вышел из Владивостока 2 июля 1932 года. Вблизи мыса Дежнева его ожидали пароходы *Сучан, Анадырь* и *Север*. Скоро подошли остальные суда.

Этот год в ледовом отношении выдался очень тяжелым. Обычно весной южные ветры отгоняют лед от побережья, образуя под берегом свободный проход для судов. Весной 1932 года южных ветров не было. Невзломанные льды начинались сразу же за мысом Дежнева. Давний житель Чукотки норвежец Воол и чукчи с мыса Сердце-Камень, побывавшие на пароходе *Анадырь*, рассказали, что по их наблюдениям за последние тридцать лет такая тяжелая ледовая обстановка была лишь однажды — 13 лет назад, в 1919 году.

Неоднократные попытки пароходов *Сучан* и *Анадырь*, на одном из которых находился начальник экспедиции Н.И. Евгенов, самостоятельно пройти от мыса Дежнева на запад не увенчались успехом. Тяжелые, многолетние обломки ледяных полей, уплотненные северными ветрами, оставались непреодолимыми для этих судов. Между тем эти пароходы следовало продвинуть к месту назначения как можно быстрее, так как на них находилось почти 1000 пассажиров — рабочих Дальстроя.

С подходом *Литке* были предприняты новые попытки преодолеть льды. Но немногие десятки миль, пройденные в дневное время с огромными трудностями и риском, ночью или во время тумана терялись из-за обратного дрейфа под влиянием встречного течения.

Вылазка за вылазкой оканчивались неудачей. Это удручающе сказывалось на настроении моряков. Наиболее опытные капитаны — В.П. Сиднев (пароход *Анадырь*) и Я.Л. Спрингс (пароход *Урицкий*) открыто заявляли, что при таком состоянии льдов достичь Колымы нельзя. Тем более что свободу действия экспедиции сковывают тихоходные и не имеющие ледового класса лесовозы, баржи и малые буксиры.

...Евгенов и Бочек заявили присутствующим на совещании о своем твердом решении продолжать плавание на Колыму, приняв на себя всю полноту ответственности за последствия... «Мы обязаны идти вперед, и мы пройдем», — сказал он (Н.М. Николаев) в заключение своей немногословной речи. К мнению Николая Михайловича

The *Litke* left Vladivostok on 2 July 1932. The ships *Suchan*, *Anadyr* and *Sever* waited for it near Cape Dezhnev. Soon the other vessels came.

This year, the ice was very difficult. Usually, in spring, southerly winds drive the ice away from the coast, forming a free passage for ships near the coast. In the spring of 1932, there were no southerly winds at all. Uncracked ice began immediately behind Cape Dezhnev. A long-time resident of Chukotka, a Norwegian Vool and Chukchis from Cape Serdtse-Kamen, who visited the ship *Anadyr*, said that based on their observations over the past thirty years, such heavy ice conditions had been been seen only once before: 13 years ago, in 1919.

Repeated attempts of the steamers *Suchan* and *Anadyr* (the commander N. Evgenov was on one of ships) to independently go from Cape Dezhnev to the west failed. Heavy, multi-year pieces of ice fields, compressed by northern winds, remained insurmountable for these vessels. Meanwhile, these ships needed to move to their destination as quickly as possible as there were nearly 1000 passengers on board – workers at Dalstroy.

New attempts to overcome the ice were made when the *Litke* arrived. But just a few tens of nautical miles were traversed in the daytime with great difficulty and risk, and travel at night or during fog was impossible due to reverse drift under the influence of the oncoming flow.

Several sorties were made, but all ended in failure. This had a depressing effect on the sailors' moods. The most experienced captains, V. Sidnev (the steamer *Anadyr*) and Y. Springs (the steamer *Uritsky*), openly declared that the Kolyma River was unattainable given such ice conditions. Moreover, the freedom of the expedition was limited by the slow movement and lack of ice-class timber carriers, barges and small tugs.

... Evgenov and Bochek expressed their firm decision to continue the voyage to Kolyma, assuming full responsibility for the consequences ... 'We must go forward and we will go,' he (Nikolaev) said at the end of his short speech. Captains A.O. Schmidt (the steamer *Sever*) and P.P. Karayanov (the steamer *Krasny Partizan*) shared Nikolaev's opinion.

присоединились капитаны А.О. Шмидт (пароход *Север*) и П.П. Караянов (пароход *Красный Партизан*).

На другой день началось форсирование льдов. За первые трое суток с невероятными трудностями удалось осилить всего 30 миль пути. Ледокол, подняв пар во всех котлах, разбегами на полную мощность долбил крупные поля льда, прокладывая дорогу судам. Идущие за ним транспорта, как только поля сходились, застревали во льду, в особенности это относилось к судам, замыкающим строй. *Литке* приходилось возвращаться, окалывать застрявшие суда и опять, выйдя вперед, долбить тяжелый лед. А ведь конструкция *Литке* значительно отличалась от линейных ледоколов, таких как *Ермак, Сибирь, Красин*. Выше мы уже отмечали, что линейные ледоколы вылезают на лед и продавливают его своей тяжестью; *Литке* же, имея узкий корпус, приспособленный для движения в битом льду, мог лишь раздвигать тяжелый лед за счет своего прочного корпуса и мощных машин. Но что значили несколько тысяч его лошадиных сил против могущества сплоченных льдов? То и дело ледокол останавливался перед перемычками, которые не в силах был пробить. На помощь шли подрывники с аммоналом. Но и они пробивали самые малые щели в сплошном фронте ледовой блокады.

…И вот, наконец, экспедиция продвинулась до мыса Ванкарем. Здесь состоялась долгожданная встреча с пароходом *Лейтенант Шмидт*. ... Участок от мыса Ванкарем до мыса Шмидта удалось пройти за четверо суток в основном с использованием узких прибрежных прогалин. Кое-где, правда, встречались перемычки тяжелого сплоченного льда, непосильного для транспортных судов. Но Николай Михайлович мастерски их разрушал. Он вел ледокол на предельно малых для него глубинах, пренебрегая постоянной угрозой очутиться на мели.

27 августа, наконец, обогнули мыс Шмидта. Этот приглубый мыс суда проходили в густом тумане, то и дело, наталкиваясь на крупные стамухи, сидящие на мели. При одном таком столкновении тяжелые повреждения получил пароход *Сучан*. На борту *Красного Партизана* был груз для фактории мыса Шмидта. Судну пришлось остановиться для выгрузки; тут же остался *Литке,* не ровен час, изменится ветер и пригонит с севера льды. Осталь-

The next day, the battle with the ice began. They managed to traverse only 30 nautical miles with incredible difficulty during the first 3 days. The icebreaker, raising steam in all boilers, with the take-off run at full capacity, crushed large fields of ice, clearing the way for the vessels. The transport vessels followed but got stuck in the ice as soon as the fields came together and closed the gap. This was true especially of the vessels at the end of the line. The *Litke* had to come back, chip out the ice around the icebound vessels, and again race ahead, and hammer away the heavy ice. But the construction of the *Litke* differed significantly from that of the linear icebreakers, such as the *Ermak*, the *Sibir*, and the *Krasin*. As was noted above, icebreakers crawl out onto ice and crush it with its weight. The *Litke*, having a narrow body adapted for movement in broken ice, could only push the heavy ice due to the pressure of the firm hull and powerful engines. But what is a few thousand horsepower against compressed ice? Every now and then, the icebreaker stopped in front of an ice isthmus but was unable to penetrate it. There were sappers for assistance with ammonal, but they cut only very small gaps in the solid front of the ice blockade.

…And then, finally, the expedition approached Cape Vankarem. The long-awaited meeting with the steamship *Leytenant Schmidt* took place ... They managed to traverse a section from Cape Vankarem to Cape Schmidt for 4 days, mostly via the narrow coastal glades. In some places, however, they encountered jams of heavy compressed ice, unsustainable for transport ships. Captain Nikolaev skillfully destroyed them. He piloted the icebreaker (the authors call the ice-cutter *Litke* an icebreaker in their book – N.M.) at extremely shallow depths and ignored the constant threat of stranding.

On 27 August, the expedition skirted Cape Schmidt. The vessels passed this steep-to cape in thick fog and kept bumping into large stamukhas sitting on the rocks. One such collision seriously damaged the *Suchan*. Goods for the trading post at Cape Schmidt were aboard the *Krasny Partisan*. The boat had to stop to unload. The *Litke* stayed nearby. It was possible that the wind would shift and drive the ice from the north. The rest of the caravan went further

ные суда пошли дальше на запад, пробираясь по береговым прогалинам. Шли осторожно, стараясь не влезать в лед, и делали за сутки миль 25. Но уже утром 29 августа встретился сплоченный, без малейших признаков каких-либо разрывов, тяжелый лед, вплотную прижатый к берегу. Форсировать его «северники» не могли. К тому же большинство судов имело серьезные повреждения корпуса.

До подхода *Литке* было решено произвести ледовую разведку. На борту *Сучана* находился небольшой самолет типа «Р-5» на поплавках. Пилот А.Ф. Бердник и А.П. Бочек поднялись в воздух. Несмотря на малый запас горючего, они пролетели на запад вдоль побережья около 100 миль и через два часа вернулись. Результаты разведки внушили кое-какие надежды: на 10–12 миль от места стоянки судов вплотную к берегу держался сплоченный лед без малейших разводьев, но затем появлялись береговые прогалины с небольшими перемычками и дальше — широкая полоса открытой воды, зажатая между берегом и кромкой тяжелых сплоченных льдов, нависавших с севера. На участке мыс Якан–мыс Биллингса эта полоса открытой воды значительно расширялась, в ней лишь кое-где был вкраплен мелкобитый лед в 3–4 балла. С высоты 800 метров при отличной видимости разведчики смотрели очень далеко. Они разглядели вершины гор на острове Врангеля. Все видимое пространство на севере было покрыто льдом. А на западе по пути к цели лежала открытая вода. До нее было рукой подать. Оставалось только выждать благоприятного ветра. *Литке* подошел к судам утром 30 августа. Сразу же капитан Николаев со свойственной ему энергией бросил ледокол в бой. Он упорно одно за другим разрушал ледовые препятствия. Суда следовали за *Литке* в четком порядке: *Сучан* (с наиболее серьезными повреждениями), *Север, Анадырь, Микоян, Урицкий,* затем подошел *Красный Партизан*. Баржи и катера буксировали первые три парохода типа «северников», имевшие крейсерскую корму; такая конструкция кормы надежно охраняла рули пароходов от навала буксируемого судна.

В первые часы продвижение было довольно медленным. Проложенный ледоколом путь быстро закрывало льдом, суда беспомощно застревали. *Литке* опять и опять возвращался, обкалывал суда, и это повторялось почти каждые полчаса. Надо было иметь невозмутимость Николая Ми-

to the west, making its way along the shore polynyas. They went carefully, trying not to get caught in the ice, but they went only 25 nautical miles per day. On the morning of 29 August, they encountered compressed heavy ice without the slightest sign of any breaks and pressed closely to the coast. The ships could not pass it. Moreover, most of the vessels had sustained serious hull damage.

It was decided to make ice reconnaissance prior to the approach of the *Litke*. A small aircraft, R-5 on floats, was aboard the *Suchan*. Pilots A.F. Berdnik and A.P. Bochek took to the air. Despite a small fuel supply, they flew to the west along the coast approximately 100 nautical miles and returned in 2 hours. The results of the reconnaissance inspired some hope. Compact ice with no glades was 10 to 12 nautical miles from where the ships were standing. The ships hugged the shore, but then coastal glades with small ridges appeared. And further, there was a broad band of ice-free water wedged between the coast and the edge of heavy compressed ice overhanging from the north. This band of ice-free water was much wider in the area between Cape Yakan and Cape Billings. Only small areas with ice cakes of 3/10 to 4/10 were seen there. The scouts could see very far from an elevation of 800 m with excellent visibility. They spotted the mountain peaks on Wrangel Island. All of the visible space in the north was covered by ice. But ice-free water was visible in the west, towards the goal. The wait for favourable weather was all that remained. The *Litke* went to the vessels in the morning of 30 August. Immediately, Captain Nikolaev, with characteristic energy, set to doing battle against the ice on the icebreaker. One after another he doggedly destroyed the ice barriers. The vessels followed the *Litke* in a clear order: the *Suchan* (which had suffered the most serious damage), the *Sever*, the *Anadyr*, the *Mikoyan*, the *Uritsky*, then the *Krasny Partizan*. The barges and boats were towed by the first three vessels. These vessels (*Suchan*, *Sever*, *Anadyr*) were a special class of ship designed for work in the north. They had a cruising stern; this design protected the rudders of the ships from collisions with towed vessels.

During the first few hours, movement was fairly slow. The channel made by the icebreaker was quickly covered by ice, and the vessels were helplessly stuck. The *Litke* returned again and again to chop the vessels out of the ice, and this was repeated almost every half hour. It was necessary to have an equanimity that im-

хайловича, чтобы безотказно, внешне не проявляя никакого неудовольствия или нервозности, выполнять эту тяжелую обязанность. Его настойчивость производила на людей отличное впечатление, поднимала настроение.

Упорство было вознаграждено. Во второй половине дня судам удалось выбиться в большое разводье. За ним лежало еще одно, другое... Продвижение заметно ускорилось.

Разрушая встречные перемычки, ледокол легко проводил суда по этой цепочке ледовых озер. В конце концов, десятимильная полоса тяжелого льда осталась позади. В сумерках суда подошли к мысу Якан и отдали якоря» (Николаева, Саранкин, 1963, с. 99–104, цитируется с сокращениями).

Оставим здесь суда экспедиции на пути к устью Колымы. Их дальнейший путь и вынужденная зимовка описаны в главе 5 «Восточно-Сибирское море», эпизод № 10. Описание этой экспедиции на английском языке сделано В. Барром (Barr, 1979).

16. На следующий, 1933 год, упомянутый выше караван судов возвращался после зимовки. С большими затруднениями пробивался он через сплоченные льды вдоль Чукотского побережья. Из шести судов, входящих в караван, только одному (*Сучану*) в конце августа удалось выйти на чистую воду к востоку от мыса Дженретлен (Волков, 1945). Остальные суда, в том числе и ледорез *Литке*, были зажаты льдом, вовлечены в дрейф и смогли выйти на чистую воду к югу от Берингова пролива только в конце сентября.

Большую работу по спасению судов проделал ледорез *Литке*.

Сначала вблизи мыса Северного застряло во льдах судно *Микоян*. Ледорез *Литке* вступил в борьбу, пытаясь вызволить *Микоян*. Упорно тараня лед, *Литке* серьезно повредил руль. Еще раньше у *Литке* была отбита лопасть правого винта. Однако упорный труд аварийного ледокола был вознагражден, *Литке* удалось освободить *Микоян* и вывести его к остальным судам своей группы. У мыса Ванкарем попал в ледовый плен пароход *Красный Партизан*. И его сумел вывести из ледяной ловушки ледорез *Литке*. 17 сентября ведомый им караван выбрался на чистую воду в районе мыса Икигур. А 24 сентября *Микоян* и *Урицкий* под проводкой *Литке* благополучно достигли бухты Провидения. *Красный Партизан* шел на буксире у *Литке* (Николаева, Саранкин, 1963).

manent to Captain Nikolaev so that he could carry out his grave duties without any snags and without any apparent displeasure or anxiety.

His perseverance was rewarded. In the afternoon, the ships managed to break out into a large polynya. Another polynya was located beyond it, then several more ... Progress had accelerated markedly.

Breaking the counter ice isthmuses, the icebreaker easily held the vessels along the chain of ice lakes. Ultimately, 10 nautical miles of heavy ice had been passed. At dusk, the caravan came to Cape Yakan and dropped anchor.' (Nikolaeva and Sarankin 1963, pp 99–104)

Let us leave the vessels of the expedition here on the way to the mouth of the Kolyma River. Their future course and forced overwintering are described in Chap. 5, 'The East Siberian Sea'. The description of this expedition in English can be found in Barr (1979).

16. 1933, Caravan of vessels, drift. In the following year (1933), the above-mentioned caravan of ships returned after overwintering. With great difficulties, the caravan fought its way through the tight-knit ice along the Chukchi coast. Only one of the six vessels in the caravan (the *Suchan*) managed to find open water to the east of Cape Dzhenretlen in late August (Volkov 1945). Other vessels, including the ice-cutter *Litke*, were trapped by ice and caught up in a drift. They reached the ice-free water to the south of the Bering Strait only at the end of September.

The ice-cutter *Litke* had its work cut out for it in saving the vessels.

Firstly, near Cape Severny, the *Mikoyan* was stuck in the ice. The *Litke* joined the battle, ramming the ice again doggedly. This time it lost its rudder. Earlier, the blade of the *Litke*'s right propeller had been broken. But the hard work of the emergency icebreaker was rewarded. The *Litke* has liberated the *Mikoyan* and brought it to join the vessels of the caravan. At Cape Vankarem, the *Litke* snatched the *Krasny Partizan* from the ice and brought her out of the ice trap. On 17 September, the caravan, led by the *Litke*, reached ice-free water near Cape Ikigur. On 24 September, the *Mikoyan* and the *Uritsky*, under the escort of the *Litke*, safely reached the Bay of Providenie. The *Krasny Partizan* was towed by the *Litke* (Nikolaeva and Sarankin 1963).

Рис. 6.16 Грузопассажирский пароход *Свердловск*. Построен в 1931 году в СССР. Погиб в 1946 году у Курильских островов. Печатается с разрешения ОАО «Дальневосточное морское пароходство»

Fig. 6.16 Cargo-passenger steamer *Sverdlovsk*. Built in 1931 in USSR. Lost in 1946 near the Kuril Islands. Reproduced with permission from Far Eastern Shipping Company

17. Другая группа судов Колымской экспедиции 1933 года, в том числе пароходы *Свердловск* (рис. 6.16) и *Лейтенант Шмидт*, на обратном пути преодолевала перемычки тяжелого льда в проливе Лонга и 14 сентября прошла мыс Шмидта. В районе острова Колючин суда были вовлечены в дрейф. Пароход *Свердловск* (капитан А.П. Мелехов) несколько раз испытал сильнейшие ледовые сжатия, причем имел крен до 30°.

«Более трех с половиной суток, — вспоминает капитан Мелехов, — наш корабль лежал в диком крене, и мы слушали ледовую канонаду. То и дело я посылал людей взрывать аммоналом лед вокруг судна. Лед был превращен в кашу. Корабль принял, наконец, почти нормальное положение» (цит. по Визе, 1948. с. 318).

Суда запрашивали помощь ледореза *Литке*, но *Литке* так и не смог преодолеть окружающие суда тяжелые льды. Однако то, что оказалось не под силу ледоколу, сделала сама природа. В Чукотском море разыгрался сильный шторм, и северные ветры взломали льды и унесли их к Берингову проливу. На всей прилегающей акватории

17. 1933 Sverdlovsk, *Leytenant Shmidt*, drift, damage. Another group of vessels on the Kolyma Expedition of 1933, including the steamers *Sverdlovsk* (Fig. 6.16) and *Leytenant Schmidt*, overcame the isthmuses of heavy ice in the De Long Strait, and on 14 September they passed Cape Schmidt. In the area of Kolyuchin Island, vessels were caught up in a drift. The steamboat *Sverdlovsk* (Captain A.P. Melekhov) several times experienced hard ice compression and had a list of 30°.

'Over three and a half days', Captain Melekhov recalls, 'our ship had a wild list, and we listened to the ice cannon. Every now and then I sent people to blast ice around the vessel with ammonal. The ice turned to mush. The ship finally assumed an almost normal position.' (Vize 1948, p. 318).

The vessels asked the ice-cutter *Litke* for help. But the *Litke* was unable to get through to them because of heavy ice. However, nature provided help that was beyond the power of the ice-cutter. A violent storm blew up in the Chukchi Sea. Northerly winds broke the ice at this time and carried them to the Bering Strait. The ice had moved significantly and was gone in all

произошли сильные подвижки, льды разошлись, и оба парохода получили возможность идти своим ходом. Суда шли почти вплотную к берегу, где лед двигался на восток. А всего в нескольких милях от берега лед уже перемещался в обратном направлении. Зная эту особенность динамики льдов в данном районе, капитан А.П. Мелехов смог провести суда.

1 ноября 1933 года *Свердловску* удалось выйти на чистую воду в Беринговом проливе. В это время обнаружилось, что израсходован почти весь запас угля, и на дальнейшем пути в Петропавловск-на-Камчатке в топки бросали все, что могло гореть — и судовую мебель, и керосин, и муку (Визе, 1948).

Анализируя дрейф *Свердловска* и полученные повреждения, М.П. Белоусов писал в книге «О тактике ледового плавания» (Белоусов, 1940), что в 1933 году после сжатия в Чукотском море *Свердловск* имел вмятины в первом и втором трюмах со стрелой прогиба в 1 м. Лопались шпангоуты и стрингеры, но обшивка, не встречая сильных сопротивлений внутри судна, продолжала выгибаться внутрь, и дело обошлось без пробоин. Положение спасло то, что на *Свердловске* не было айсбимсов — толстых деревянных балок, которые устанавливали от борта к борту поперек судна на высоте грузовой ватерлинии с упором в узлы, образуемые шпангоутами и стрингерами. В местах упора айсбимсы создавали большую прочность, однако при этом борт не выгибался, и лед неизбежно прорвал бы в некоторых местах обшивку, началось бы поступление воды, что могло привести к затоплению судна.

Наученные уже не раз горьким опытом, моряки к тому времени перестали применять айсбимсы. К числу редких исключений относился ледокольный пароход *Седов*, где айсбимсы еще сохранялись. Так на практике решался вопрос об усилении корпуса и увеличении его способности противостоять ледовым нагрузкам. Сначала для увеличения прочности грузовых судов ставились искусственные временные крепления. Они полностью себя оправдывали, если при сжатии центр напора льдов приходился на эти крепления. Но вскоре выяснилось, что айсбимсы могут сыграть и отрицательную роль. Не имея возможности прогибаться, борта рвутся. Если же судно без айсбимсов подвергается сжатию во льдах, то корпус, не имея избыточной

adjoining areas. Both ships were able to follow the course. They found their way near shore, where ice usually moves east, while the reverse movement of ice is usually observed offshore, a few nautical miles from the cost. The captain of the *Sverdlovsk*, A.P. Melekhov, knew this and took advantage of it.

On 1 November, the *Sverdlovsk* managed to reach ice-free water in the Bering Strait. By this time, the ship had burned almost all of its coal, so furniture, kerosene and flour were thrown into the ship's furnace on the way to Petropavlovsk–Kamchatsky (Vize 1948).

In analysing the drift of the *Sverdlovsk* and the damage it sustained, Belousov (1940) wrote that the *Sverdlovsk* had dents in the first and second holds with a deflection of 1 m after the compressions in the Chukchi Sea in 1933. The frames and stringers burst, and the plank continued to bend inward without encountering strong resistance inside the vessel, but again there were no leaks. But if there were ice beams (Ice beams are thick wooden beams that are installed from side to side across the vessel at the height of the load waterline, with an emphasis on knots formed by ribs and stringers) on the *Sverdlovsk*, its hull would provide more intensive cross-resistance at some points and the board would not be curved. In this case, the ice would inevitably break the plank in some places. A large influx of water would begin that could lead to disaster.

Therefore, ice beams usually have not been used in recent years. The exception is the icebreaker *Sedov*, where the ice beams are still preserved. So the question of strengthening the body and increase its ability to withstand ice loads was decided in practice. The fixing of ice beams on cargo vessels in the past was intended to increase their strength. Ice beams create greater strength at places of contact with the plank. Use of the beams was fully justified if under compression the centre of the pressure from the ice ended up at the ice beams. But, as it had been found, ice beams can play a negative role. If a ship without ice beams is exposed to compression in the ice, the hull dents to the inside without excessive lateral stiffness at the site of compression. Some indentations are formed on board

поперечной жесткости в месте сжатия, вдавливается, и на борту судов образуются вмятины без разрывов. При хорошей упругости бортовой обшивки вмятины могут достигать очень больших прогибов (Белоусов, 1940).

18. В 1933 году только одному пароходу *Хабаровск* не удалось вернуться во Владивосток, и он зазимовал в Чукотском море (Визе, 1948).

19. Дрейф и гибель *Челюскина*. Осенью 1933 года пароход *Челюскин* пробивался к востоку, пытаясь повторить достижение *Сибирякова*. Как было отмечено выше, *Челюскин* уже не раз встречался со льдами, получил повреждения и продемонстрировал свою полную неприспособленность к ледовым плаваниям. И вот настал самый тяжелый этап экспедиции — плавание в Чукотском море. Преодолев значительные трудности между мысом Шелагским и островом Шалаурова, 15 сентября *Челюскин* подошел к мысу Якан. Авиаразведка обнаружила, что море почти всюду забито тяжелыми льдами.

Дальнейшее плавание представляло собой отчаянную борьбу *Челюскина* с непосильным для него врагом. Вскоре *Челюскин* был вовлечен в дрейф и 13 февраля 1934 года затонул в результате ледового сжатия. Команда и пассажиры, всего 104 человека, провели на льдине около двух месяцев и были вывезены на самолетах. Летчики, снявшие челюскинцев со льдины, стали первыми Героями Советского Союза, а сама история широко известна как в России, так и за рубежом.

Кроме глав в обзорных монографиях (Белов, 1959; Визе, 1948), походу Челюскина посвящены книги (Поход «Челюскина», 1934, в двух томах — воспоминания участников экспедиции, опубликованные, что называется, по горячим следам), фотоальбомы (Героическая эпопея, 1935), документальные фильмы («Челюскин», 1934, оператор А.М. Шафран и «Обреченные на подвиг» Телекомпания «Останкино», 2004), а также художественный фильм «Челюскинцы» (Ленфильм, 1984). Начиная с 70-х годов, неоднократно организовывались экспедиции для поиска остова затонувшего судна, которые увенчались успехом только в сентябре 2006 года (http://www.cheluskin.ru).

Когда *Челюскин* шел в Чукотском море, в судовой журнал почти ежедневно записывались все

a ship without breaks due to the large elasticity of the shell in most cases. Dents can reach very large deflections if the vessel's side plating has good elasticity (Belousov 1940).

18. 1933–1934, *Khabarovsk*, overwintering. Only one boat, the *Khabarovsk*, was unable to return to Vladivostok in 1933; it overwintered in the Chukchi Sea (Vize 1948).

19. 1933–1934, *Chelyuskin*, drift, shipwreck. In the autumn of 1933, the steamship *Chelyuskin* hacked its way east, trying to repeat the achievement of the *Sibiryakov*. As noted above, the *Chelyuskin* had repeatedly encountered ice. It had been damaged and had demonstrated complete failure to adapt to ice navigation. Then, the most difficult phase of the expedition arrived – sailing in the Chukchi Sea. After overcoming considerable difficulties between Cape Shelagsky and Shalaurov Island, the *Chelyuskin* approached Cape Yakan on 15 September. Air reconnaissance discovered that the sea was packed with heavy ice.

Further navigation was a desperate struggle for the *Chelyuskin* against an enemy she could not sustainably fight. Very soon the *Chelyuskin* was caught up in an ice drift and sank on 13 February 1934, as a result of ice compressions. The crew and passengers, 104 persons in all, spent about 2 months on the ice floe and were rescued by plane. The pilots who removed the people from the ice became the first heros of the Soviet Union – the entire story became famous both in Russia and abroad.

There are several descriptions of the event. These are the chapters in the fundamental monographs (Belov 1959; Vize 1948) and several books. The first one, *Voyage of the* Chelyuskin, was published right after the shipwreck in autumn 1934, in two volumes. Others include the photo album *Heroic Epic* (1935) and the documentary film *The Chelyuskin* by cameraman A.M. Shafran (1934). A new documentary film appeared in 2004 titled *Destined for Greatness* (telecompany Ostankino). There was also a 1984 movie called *The Men of the Chelyuskin*. Starting in the 1970s, several expeditions were organised to search for the wreck of the *Chelyuskin*. The expedition in September 2006 achieved success (http://www.cheluskin.ru).

When the *Chelyuskin* sailed in the Chukchi Sea, new damages were recorded in the log book almost

Рис. 6.17 Капитан *Челюскина* В.И. Воронин (1890–1952). Печатается с разрешения издательства «Транспорт»

Fig. 6.17 Captain of the *Chelyuskin* V.I. Voronin (1890–1952) (reproduced with permission from publishing house 'Transport')

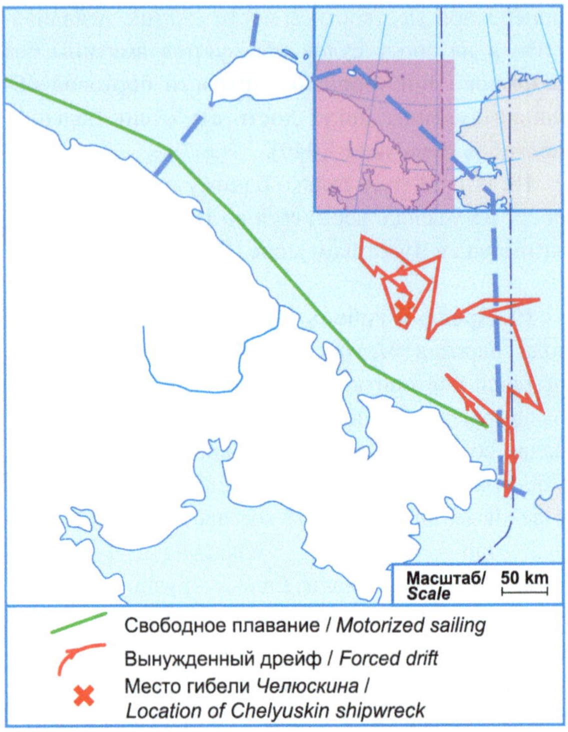

Рис. 6.18 Дрейф *Челюскина* в Чукотском море с 16 октября 1933 по 13 февраля 1934. Составлено на основе (Визе 1948)

Fig. 6.18 Drift line of the *Chelyuskin*, 16 October 1933–13 February 1934 (adapted from Vize 1948)

новые и новые повреждения: лопнувшие шпангоуты, сломанная лопасть, срезанные заклепки. 18 сентября *Челюскин* был зажат в тяжелых льдах, и начался очень медленный дрейф на юго-восток по направлению к острову Колючина, который вскоре прекратился. В это время совсем недалеко от *Челюскина* лед непрерывно несло по направлению к Берингову проливу — туда, где была свободная вода и куда все стремились. Шесть суток весь экипаж и состав экспедиции прилагали героические усилия, чтобы освободить судно из почти неподвижных льдов. День и ночь взрывали аммонал вокруг Челюскина, но все было напрасно.

1 октября все принялись за околку парохода. Лед крошили пешнями и потом отвозили его на санях далеко в сторону. Однако существенных положительных результатов ожидать от этой изнурительной тяжелой работы не приходилось,

daily: torn ribs, a broken blade, cut rivets. On 18 September, the *Chelyuskin* was caught in heavy ice and then began a slow drift towards the southeast in the direction of Kolyuchin Island, which soon came to an end. Meanwhile, not far from the *Chelyuskin*, the ice was constantly drifting towards the Bering Strait, where the water was free of ice and where everyone wanted to be. For six days, the whole expedition made valiant efforts to break the motionless ice. Day and night the air was filled with ammonal explosions, but all in vain.

1 October: the general rush job began. People tried to break the ice around the steamer. They crushed it with ice picks and then drove the ice by sledges far away. But all hopes for a positive outcome from this exhausting work was for naught. because there was

поскольку никакими силами нельзя было вывезти 150 000 льда. Однако никто не хотел сидеть, сложа руки и думать о предстоящей зимовке. Кромка льда была близко, и свободная вода манила к себе.

3 октября с парохода были отправлены на берег восемь человек. По состоянию здоровья зимовка для них была бы опасна, и они на четырех нартах были отправлены в Уэлен. 10 октября путники достигли этого селения у Берингова пролива, где они сели на стоявший там ледорез *Литке* и отправились во Владивосток.

4 октября льды около *Челюскина* внезапно пришли в движение, и на следующий день впереди по курсу образовалась большая полынья. Помогая природе подрывными работами, удалось высвободить *Челюскин* из ледового плена, и он пошел по свободной воде прямо до мыса Сердце-Камень почти без затруднений. Однако дальше путь преградили торосистые льды, возвышавшиеся над поверхностью воды до 3 м.

С 2 по 28 октября *Челюскин* блуждал в различных направлениях, то лежа в дрейфе, то делая попытки двигаться самостоятельно. Одно время судно было уже недалеко от цели — мыса Дежнева, но сильным дрейфом его снова отбросило за мыс Сердце-Камень (рис. 6.18). На судне делали все возможное, чтобы хоть как-то продвинуться на восток — производили взрывы большой мощности, окалывали судно, применяли силу машины. Но все казалось напрасным: судно упорно дрейфовало на запад.

Наконец, 28 октября счастье как будто улыбнулось пленникам льда. Дрейф приобрел юго-восточное направление, и впереди появились большие пространства чистой воды. Однако вблизи самого судна лед оставался совершенно неподвижным, и оно находилось, по выражению капитана В.И. Воронина, в «каком-то проклятом ледяном болоте» (Визе, 1948). При попытке выбиться на свободную воду корабль опять получил серьезные повреждения. Между тем общую массу льда продолжало нести на юго-восток. 4–5 ноября по-прежнему скованный льдом *Челюскин* находился в Беринговом проливе у острова Диомида. Чистая вода была в полумиле. Почти никто на *Челюскине* не сомневался тогда в том, что спасение близко. Молодежь затеяла песни и пляски.

no way we were going to haul away 150,000 tonnes of ice without any help. But no one was about to sit around with their arms folded thinking about staying over the coming winter. The ice edge was close, and ice-free water beckoned.

On 3 October, eight people were sent off the ship as the forced overwintering could be dangerous for their health. They went ashore on four sledges, and on 10 October, they safely reached the village of Uelen in the Bering Strait. They boarded there on the ice-cutter *Litke* and went to Vladivostok.

On 4 October, the ice near the *Chelyuskin* suddenly started moving, and the next day, in front of her course, a large polynya formed. The demolition work began, and soon the *Chelyuskin* found itself in open water. The steamer headed for Cape Serdtse-Kamen almost without any difficultiy. Then, hummocked ice rose above the water surface up to 3 m, blocking any further progress.

From 2 to 28 October, the *Chelyuskin* wandered in different directions and then lay in a drift while attempting to move independently. At one time, the ship was already near its destination – Cape Dezhnev – but a strong drift pushed it beyond Cape Serdtse-Kamen (Fig. 6.18). Doing battle the whole way, the crew on the *Chelyuskin* did everything to move just a little eastwards – they set off powerful explosives, chopped the ice around the vessel, used all the power of the vessel. But all was in vain: the ship kept drifting westwards.

Finally, on 28 October, luck seemed to smile on the prisoners of the ice. The drift was to the southeast, and large areas of ice-free water appeared in front of the ship. However, the ice near the ship remained perfectly motionless, and it was, in the words of V. Voronin (Fig. 6.17), in 'some damned icy swamp' (Vize 1948). When the *Chelyuskin* tried to get free, it again suffered serious damage. Meanwhile, the total mass of ice continued on to the southeast. On 4–5 November, the *Chelyuskin was* still ice bound and in the Bering Strait near the Diomede Islands. The ice-free water was half a nautical mile away. Almost no one doubted that victory was close at hand and the ship would be set free in a few hours. The younger people started to sing and dance.

Но следующий день принес большое разочарование, и все надежды на освобождение рухнули. Несмотря на северо-северо-западный ветер, судно несло беринговоморским течением обратно в Чукотское море, сначала медленно, потом все стремительнее и стремительнее. Через два дня *Челюскин* был уже в 70 милях от Берингова пролива, и выйти на чистую воду ему было не суждено.

На выручку к *Челюскину* был послан ледорез *Литке*. Но ему не удалось пробиться сквозь льды, сковавшие *Челюскин*. Неумолимый дрейф уносил плененное льдами судно все дальше на север.

25 ноября корабль испытал первое сильное сжатие, и на случай гибели судна на лед был выгружен запас продуктов на четыре месяца. Когда сжатие закончилось, продовольствие погрузили обратно, но с этого времени аварийный запас хранился наготове на палубе. Время от времени машина *Челюскина* еще работала, но уже не столько, чтобы выбраться на чистую воду, сколько для того чтобы поставить судно в наиболее безопасное положение в случае сжатия. 3 декабря машина работала в последний раз: больше Челюскин уже не двигался самостоятельно. Началась зимовка в дрейфующих льдах.

2 января 1934 года *Челюскин* достиг самой северной точки своего пути: 69°14′ с.ш., 174° 32′ з.д. Сжатие время от времени продолжалось. В это время сильные удары и зловещий скрип льда были слышны даже вдали от судна.

Полярная ночь прошла быстро, и вскоре начало заметно пригревать солнце. Подвижки льда время от времени возобновлялись, нагромождая вокруг *Челюскина* огромные торосы. Вечером 12 февраля началось новое мощное наступление льда, толчки льда по корпусу сопровождались глухими звуками. Задул сильный северный ветер. Под форштевнем и ахтерштевнем образовались трещины. На следующий день, 13 февраля, началось последнее сжатие, которое испытал *Челюскин*. Огромный вал торосов надвигался прямо на судно — катастрофа началась.

Начальник экспедиции О.Ю. Шмидт рассказывал, что льды перекатывались друг через друга, как гребешки морских волн. Когда высота ледового вала дошла до 8 м над морем, был отдан приказ о всеобщем аврале, и началась немедленная выгрузка аварийного запаса на лед.

«Не успела еще работа начаться, как трещина слева от судна расширилась и вдоль нее, нажимая

The next day brought disappointment, and all hope of liberation collapsed. Despite the wind from the north–northwest, the ship was carried over the Bering Sea and drifted back into the Chukchi Sea, at first slowly, then more rapidly and precipitously. Two days later, the *Chelyuskin* was already 70 nautical miles from the Bering Strait. It was not destined to go out to the ice-free water.

The ice-cutter *Litke* was sent to rescue the *Chelyuskin*, its her attempts to break the ice gripping the *Chelyuskin* were unsuccessful. The inexorable drift of the ice carried away the captive ship farther north.

On 25 November, the ship experienced the first strong compression. A 4-month supply of food was unloaded onto the ice in case the ship was lost. When the compression seized, the food was loaded back on board, and emergency supplies were stored ready on deck. From time to time, the *Chelyuskin*'s engine still worked, not to get to ice-free water, but to position the ship as safely as possible in case of compression. On 3 December, the engine worked for the last time: the ship could no longer move by itself. The overwintering in the pack ice began.

On 2 January 1934, the *Chelyuskin* was at 69°14′N, 174°32′W. It was the northern-most point of her drift. Compressions continued from time to time. There we could here pounding and a devilish creaking of the ice even at a distance from the vessel.

The polar night passed quickly, and soon the sun began to warm things up noticeably. The movements of the ice started up from time to time, and huge hummocks formed all around the *Chelyuskin*. Late on 12 February, strong aftershocks of ice started on the hull. The shocks were accompanied by muffled sounds. A sharp northerly wind whistled in the rigging. Cracks were forming under the cutwater and the stern. The next day, 13 February, there was a great compression – the last that the *Chelyuskin* experienced. A huge hummock was coming straight towards the ship. The disaster was starting.

According to Otto Schmidt, ice ridges rolled over each other like crests of waves on the sea. When the height of the ridge reached 8 m above the sea, orders were given that all hands were to start immediately unloading the emergency reserves.

'The work had not yet started as a crack on the left-hand side of the ship had expanded along it, pressing

на бок парохода, задвигалась одна половина ледяного поля, подгоняемая сзади упомянутым выше валом. Крепкий металл корпуса сдался не сразу. Видно было, как льдина вдавливается в борт, а над нею листы обшивки пучатся, выбиваясь наружу.

Лед продолжал медленное, но неотразимое наступление. Вспученные железные листы обшивки корпуса разорвались по шву. С треском летели заклепки. В одно мгновение левый борт парохода был прорван от носового трюма до кормового конца палубы. Этот пролом, несомненно, выводил пароход из строя, но еще не означал потопления, так как проходил выше ватерлинии. Однако напирающее ледяное поле вслед затем прорвало и подводную часть корабля. Вода хлынула в машинное и котельное отделение. Экономя топливо, мы еще раньше держали только один из трех котлов под паром. Пар был как раз в левом котле, то есть со стороны сжатия. Продрав борт, напор льда сдвинул котел с места, сорвал трубопровод, идущий к спасательной носовой системе, перекосил и зажал клапаны. К счастью не произошло взрыва, так как пар сам быстро вышел через многочисленные разрывы.

Пароход был обречен. Его жизнь измерялась часами. Выгрузка шла быстро, без перебоев, показав прекрасные качества коллектива. Без крайнего напряжения энергии мы не справились бы с делом, так как вместо ожидавшегося медленного погружения лед ускорил потопление. Напором льда был прорван борт у первого и второго носовых трюмов.

Вода устремилась и туда, и нос парохода стал быстро погружаться.

Оставался только один кормовой трюм, отделенный уцелевшей непроницаемой переборкой, но уравновесить всю тяжесть заливаемого водой парохода он не мог. Самолет, стоявший на носу, был сдвинут нами на лед. Через минуту нос судна ушел под воду. Тогда с парохода была послана последняя радиограмма и снято радио. На корме продолжались работы. Выгрузив все намеченное по плану, мы старались сбросить еще дополнительно то, что могло пригодиться. Большинство людей было послано на лед, чтобы оттягивать выгруженные запасы подальше от судна, которое могло бы их увлечь за собой. На пароходе оставалось 15 человек, в том числе руководители, продолжая сбрасывать груз. Стало заливать верхнюю пассажирскую палубу, начиная с погруженного носа

on the side of the steamer. Half of the ice field began to move, hastened by the rear ridge mentioned earlier. The sturdy metal of the hull did not give up immediately. Obviously ice was pressing into the side and the shell-plates bellied and knocked out over the ice cake.

The ice continued its slow but inexorable advance. Expanded iron sheets of the hull plating tore along the seam. Rivets flew out with a crash. In an instant, the left side of the ship was cut off from the forward hold to the aft end of the deck. This gap, of course, was destroying the ship. But it did cause the ship to sink because this deep cut was above the waterline. However, the crushing ice field tore the underwater part of the ship. Water gushed into the engine room and the boiler room. To conserve fuel, we had previously put only one of three boilers under steam. The steam was just in the left boiler, that is, where the ice compression was. Having cut this side, the pressure of the ice pushed the boiler from the floor and tore off the pipeline going to the rescue bow system. It also buckled and squeezed the valves. Fortunately, no explosion occurred because the steam itself quickly dissipated through the numerous fissures.

The ship was doomed. Its life was measured in hours. Unloading went quickly, without interruption, showing the excellent quality of the team. Tasks were completed under extreme tension because instead of the expected slow submersion, the ice accelerated the sinking. The board near the first and second bow holds had been torn by the pressure of the ice.

Water rushed there also, and the ship's bow quickly began to dive.

There was only one aft hold, separated by the undamaged watertight bulkhead. But it could not balance the whole weight of the ship being filled with water. We moved the plane that was standing on the stern to the ice. The ship's bow went under water a minute later. Then, the last radio message was sent from the steamer, and the radio was removed. The work continued at the stern. Having unloaded all of the planned items, we tried to throw off other things that might be useful. Most people were sent onto the ice to carry unloaded stocks away from the vessel, which could drag them down. There were 15 people still on board, including managers. They continued to jettison cargo. The water began to fill the top passenger deck, starting from the embedded steamer stern. Another minute and the water poured from above the

парохода. Еще минута — и вода сверху с палубы хлынула на корму. Тогда был отдан приказ: «Все на лед»» (Шмидт, 1934, с. 287–289).

Первые толчки рокового сжатия стали ощущаться в 13 час, а в 15 час *Челюскин* стремительным движением вперед с одновременным погружением носа скрылся под водой в точке с координатами 68°18′ с.ш., 172° 50′9″ з.д.

В октябре 1933 года, когда дрейф *Челюскина* только начинался, руководители ледореза *Литке* А.П. Бочек и Н.М. Николаев предлагали ему свою помощь. Расстояние между *Литке* и *Челюскиным* было тогда сравнительно небольшим, и вызволить Челюскин из ледового плена было возможно. Через некоторое время предложение о помощи было повторено. Но О.Ю. Шмидт и В.И. Воронин, рассчитывая выйти самостоятельно и зная аварийное состояние *Литке*, отказались от этого предложения помощи.

Однако 10 ноября на ледорезе *Литке* получили телеграмму с просьбой о помощи, подписанную начальником экспедиции О.Ю. Шмидтом и капитаном В.И. Ворониным. В телеграмме выражалась надежда, что *Литке* сможет разломать льдину, в которую вмерз *Челюскин*, при одновременной работе *Челюскина* и взрывах. Если бы лед разломать не удалось, можно было бы по льду перевести бóльшую часть людей на *Литке*, что значительно облегчило бы зимовку остальным.

12 ноября, загрузив уголь, *Литке* взял курс на острова Диомида. Там в районе Малого Диомида беспомощно дрейфовал *Челюскин*. 13 ноября в Беринговом проливе разыгрался шторм. Густой туман закрыл остров Малый Диомид, и *Литке* чуть было не выскочил на берег. К счастью, в поселке на берегу услышали тревожные гудки и разложили на скалах костры, позже зажгли огонь маяка, и катастрофы удалось избежать.

14 ноября туман стал рассеиваться, и задолго до рассвета ледокол продолжил движение. Через 50 миль чистой воды путь преградил тяжелый сплошной лед. *Литке* пытался пройти вдоль кромки, но ни единой прогалины, ни единой трещины во льдах, которой можно было бы воспользоваться, не было видно. *Литке* обошел кромку с юга и с востока, продвинулся немного на север. Нигде ближе, чем на 25 миль подойти к *Челюскину* не удавалось.

deck to the stern. Then the order was given: 'Everybody on the ice.' (Shmidt 1934, pp. 287–289).

The first tremors during the fatal compression began to be felt at 13:00, and at 15:00, the *Chelyuskin* disappeared under the water with a rapid movement forward, with the simultaneous submersion of the bow at latitude 68°18′N, longitude 172°50′9″W.

In October 1933, a few days after the beginning of the *Chelyuskin*'s drift, A.P. Bochek and N.M. Nikolaev (leaders of the ice-cutter *Litke* – N.M.) offered their assistance. The distance between the *Litke* and the *Chelyuskin* was relatively small. Later, the offer of help was repeated. But Otto Schmidt and Vladimir Voronin, hoping to leave on their own and knowing the *Litke*'s urgent state, refused offers of assistance.

However, on 10 November, the *Litke*'s radio accepted a telegram asking for help, signed by the head of the expedition, O. Shmidt, and Captain V.I. Voronin. They wrote that the *Litke* would be able to break up the ice floe that held the *Chelyuskin* if the *Chelyuskin* would work and explosives were set off at the same time. In an extreme case, if the ice didn't break up, most of the people could be moved to the *Litke* over the ice for transfer to the *Smolensk*. That would make it a lot easier for those who stayed behind.

On 12 November, the *Litke* got bunkers, went out to sea and headed for the Diomede Islands. A storm raged in the Bering Strait on 13 November. Dense fog enclosed Little Diomede Island. The *Litke* nearly dashed against the shore, but fortunately people in the village heard the alarming whistling and lit fires on the rocks. Later, they illuminated the lighthouse.

Until the morning of 14 November, the *Litke* had remained under the steep banks of Little Diomede Island. There was ice-free water the first 50 nautical miles of the way. Then the ship encountered heavy and solid ice. The *Litke* tried to pass along the edge, but there was not a single glade or crack in the ice that could be used. Skirting the edge from the south and east, the *Litke* moved slightly to the north. It could not get any closer than 25 nautical miles to the *Chelyuskin*.

«Трое суток бился *Литке*, тщетно надеясь проложить дорогу к бедствующему судну. Встречные льды были ему не под силу. 15 ноября *Литке* сам попал в дрейф, и его начало относить на запад. *Челюскин* в это время со всей массой льда упорно дрейфовал на восток. Так прошли 15 и 16 ноября. Перед *Литке* теперь лежали льды шестифутовой толщины. Штормовой норд-вест не позволял произвести разведку аэропланом. Запасы угля на ледоколе таяли. И хотя водоотливные помпы работали безостановочно, вода внутрь судна все время прибывала.

... На *Челюскине* трезво оценили создавшуюся обстановку. Но прежде чем отпустить *Литке*, было решение предпринять еще одну попытку — на поиск пути во льдах направить М.С. Бабушкина — летчика *Челюскина.* Вылет на разведку долго не удавался из-за штормовой погоды. Только 17 ноября Бабушкин смог подняться в воздух, но при взлете сломалось шасси самолета. К счастью, сам летчик уцелел. Теперь вероятность летной разведки окончательно отпала.

Ни у кого не оставалось сомнений, что дальнейшие попытки *Литке* пробиться к *Челюскину* следует оставить. Ухудшающаяся с каждым часом ледовая обстановка и аварийное положение ледокола грозили трагическим исходом. Насколько это было правильно, стало ясно, когда очередное сжатие чуть было не раздавило *Литке*. И хотя на этот раз дело обошлось, ледокол снова попал в ледяной мешок. Топлива на нем оставалось всего на семь ходовых суток. Положение теперь стало поистине трагическим. Не вырвись *Литке* из ледового плена, он неминуемо должен был пойти ко дну. Ведь запасы топлива таяли, тем самым прекращалась работа водоотливных помп, а вода сквозь пробоины в корпусе все время прибывала.

В каюте начальника экспедиции на *Челюскине* собрался совет. Это было трудное, очень трудное совещание. Челюскинцам предстояло оборвать последнюю ниточку, последнюю надежду на освобождение своего корабля. Все участники совета — бывалые полярники — отлично понимали, чем грозит им дальнейший дрейф в коварной ледовой пустыне Чукотского моря. Однако все высказались за то, чтобы *Литке* отпустить. После некоторого раздумья к ним присоединился О.Ю. Шмидт. Решение это было подтверждено Москвой.

'The *Litke* struggled with ice over 3 days, vainly hoping to carve out a way to the stricken vessel. It didn't have the strength to battle the oncoming ice On 15 November, the *Litke* itself got into a drift and began to move west. All the while the *Chelyuskin* drifted eastwards with the whole mass of ice. On 15 and 16 November, the situation persisted. The 6-foot-thick ice lay before the *Litke* now. Stormy northwesterly winds wouldn't allow air reconnaissance. The coal reserves on the icebreaker diminished rapidly. Although the drainage pumps were working non-stop, water flowed inside the vessel the whole time.

... A sober assessment of the situation had been made on the *Chelyuskin*. However, before the *Litke* left, the decision was made try one more time – to send out the pilot of the *Chelyuskin*, Mikhail S. Babushkin, in search of a way through the ice. The plane couldn't take off for a while because of the stormy weather. Only on 17 November was M. Babushkin able to rise into the air, but his landing gear broke during take-off. Fortunately, the pilot survived. Now, there was no chance for air reconnaissance.

No one doubted that further attempts by the *Litke* to break through the ice to the *Chelyuskin* should be terminated. The ice conditions worsened with each passing hour, and the urgent situation of the icebreaker threatened to end tragically. The decision became clear when the next ice compression nearly crushed the *Litke*. Although the icebreaker did not sink this time, it was caught in the ice bag again. There was enough fuel for 7 days. The situation had now become truly tragic. If the *Litke* didn't break out of its captivity, it was bound to sink. After all, fuel supplies were dwindling and the bilge pumps were failing. Meanwhile, water flowed through the holes in the hull and rose all the time.

A meeting was called in the cabin of the head of the expedition on the *Chelyuskin*. It was a difficult, a very difficult meeting. The crew of the *Chelyuskin* had to break the last hope for the release of their ship. Everyone present was an experienced explorer and well aware of the threats from further drift in the treacherous wilderness of ice in the Chukchi Sea. Yet all were in favour of releasing the *Litke*. After some reflection, they were joined by Otto Schmidt. This decision was confirmed by Moscow.

Командованию *Литке* предстояло найти выход, чтобы спасти судно и людей. Было решено пробиваться на юг. День в ту пору длился не более 3 час. До темноты к кромке льда подойти не удалось. Стали ждать рассвета. Утром 18 ноября *Литке* вновь возобновил попытки пробиться сквозь тяжелые льды. Одно время ситуация складывалась настолько угрожающая, что командование готово было прибегнуть к крайним мерам. В случае, если не удастся одолеть льды на пути к бухте Провидения, решили идти к американскому берегу и там стать на зимовку в припае, спасая тем самым ледокол и людей.

Но *Литке* продолжал упорно бороться, пробивая буквально метр за метром тяжелые льды. Наконец, около полудня, работая разбегами, он медленно выбрался из ледяного плена» (Николаева, Саранкин, 1963, с. 122–123).

22 ноября ледокол прибыл в бухту Провидения. Переход во Владивосток также был крайне тяжел, сопровождался штормами.

20. В следующем, 1934 году *Литке* совершил исторический проход по Северному морскому пути впервые за одну навигацию с востока на запад. Начиная этот переход, *Литке* покинул Владивосток 28 июня 1934 года и 13 июля вошел в Чукотское море. Состояние льдов в Чукотском море было более благоприятным, чем в годы плавания *Сибирякова* (1932) и *Челюскина* (1933). Тем не менее, в районе мыса Шмидта пригнанные северо-западными ветрами льды задержали судно на 10 суток. Было решено выждать и, как только позволит обстановка, двигаться по традиционному пути — прибрежной полыньей. 25 июля льды под влиянием восточных ветров несколько разредило, и *Литке* продолжил свое плавание. Утром следующего дня *Литке* прошел мыс Шмидта, а еще через два дня, благополучно миновав мыс Шелагский, вышел на чистую воду (Сергеев, 1990).

21. Почти 50 лет обстановка в Чукотском море была относительно спокойной. Первый раз стихия напомнила о себе зимой 1982 году, когда Американский ледокол *Поляр Си* мощностью 45 кВт пассивно дрейфовал в течение трех месяцев в морях Бофорта и Чукотском (Арикайнен, Чубуков, 1987).

В конце навигации 1983 года в восточном районе Арктики сложились необычайно тяжелые ледовые условия. Мощный паковый лед толщиной

The command of the *Litke* had to find a way to save the ship and people. It was decided to make their way south. A day lasted no more than 3 hours at that time. They failed to approach the ice edge before darkness and began to wait for dawn. On the morning of 18 November, the *Litke* again resumed its efforts to break through heavy ice. At one time, the situation was so threatening that the command was prepared to resort to extreme measures. If it was not possible to overcome the ice on the way to Provideniya Bay, it was decided to go to the American coast and stay there for the winter, thereby saving the icebreaker and people.

But the *Litke* persisted and punched the heavy ice metre by metre. Finally, around noon, building up its momentum, it slowly extricated itself from its icy captivity. The most important task was finished' (Nikolaeva and Sarankin 1963, pp. 122–123).

On 22 November, the icebreaker dropped anchor in Provideniya Harbour. The way to Vladivostok was also extremely hard and accompanied by storms.

20. 1934, *Litke*, drift. The next year, 1934, the *Litke* made a historic trip along the Northern Sea Route for the first time from east to west during the one navigation. The ship left Vladivostok on 28 June 1934. On 13 July, it went into the Chukchi Sea through the Bering Strait. The state of ice in the Chukchi Sea was more favourable than during the voyages of the *Sibiryakov* (1932) and the *Chelyuskin* (1933). Nevertheless, near Cape Schmidt, the ice rallied under the influence of hard blowing northwesterly winds, and the ship was detained for 10 days. It was decided to wait and, as soon as the ice cleared a little, it would move along the traditional route using coastal polynyas. On 25 July, the ice thinned out under the influence of easterly winds. The *Litke* continued its voyage and the following morning passed Cape Schmidt. It passed Cape Shelagsky 2 days later and came to ice-free water (Sergeev 1990).

21. 1982, *Polar Sea*, drift. For almost 50 years, the Chukchi Sea was relatively calm. The first time the elements reminded people of their presence was in winter 1982, when the American icebreaker *Polar Sea*, with a 45-kW engine, passively drifted for 3 months in the Beaufort and Chukchi Seas (Arikaynen and Chubakov 1987).

At the end of navigation in 1983, the ice conditions in the eastern Arctic were unusually severe. Powerful pack ice with thicknesses of up to 3 to 4 m and as wide

до 3–4 м широкой рекой двинулся из Центральной Арктики между островом Айон и побережьем северной Чукотки, через пролив Лонга. Почти постоянные северо-западные и северные ветры прижали к берегу огромный Айонский массив льда. На сотни километров от берега в этом массиве не было ни трещин, ни разводьев. В прибрежной зоне толщина наслоенного, смерзшегося в монолит льда достигала в торосах 10 м.

Эти тяжелые условия и особенно часто возникающие «ледовые реки» стали причиной гибели теплохода *Нина Сагайдак* и серьезных повреждений более чем 30 судов. Одно из них, *Коля Мяготин*, было спасено только благодаря умелым и самоотверженным действиям экипажа и помощи других судов.

22. В монографии «Безопасность плавания во льдах» (Смирнов и др., 1993) кораблекрушение *Нины Сагайдак* подробно описано в главе 37, которая так и называется «Кораблекрушение теплохода *Нина Сагайдак*».

В 1983 году теплоход (рис. 6.19–6.22) *Нина Сагайдак* выполнял рейс в Певек в составе каравана ледокола *Капитан Сорокин*.

«5 октября в 09 ч 20 мин ледокол *Капитан Сорокин*, получив рекомендацию об использовании Чукотской прогалины вдоль берегового припайного льда, начал проводку в составе танкеров *Уренгой, Каменецк-Уральский,* теплоходов *Нина Сагайдак, Пионер Узбекистана* и дизель-электрохода *Амгуэма*. Лед крупнобитый сплоченностью 8–9 баллов. В 09 ч 53 мин караван вынужден был остановиться, так как в результате дрейфа многолетнего льда Айонского ледяного массива через пролив Лонга с запада на восток началось сжатие, Чукотской прогалины разреженных льдов не стало.

6 октября караван дрейфовал, зажатый крупнобитым многолетним льдом, на теплоходе *Нина Сагайдак* заклинило льдом винт и руль. Кроме судов этого каравана, в тот же период были зажаты еще 17 судов. Находившиеся поблизости ледоколы *Капитан Сорокин* и *Ленинград* сами не имели возможности двигаться, а не только оказывать помощь судам. В результате подвижки сжатого льда вдоль кромки припая расстояние между дрейфующими лишенными возможности двигаться судами постоянно менялось.

7 октября в 01 ч 43 мин теплоход *Нина Сагайдак* кормой прижало к припайному барьеру, и его

as a river moved from the Central Arctic between Aion Island and the coast of northern Chukotka, across the De Long Strait. Almost constant northwesterly and northerly winds pinned the huge Ayon Ice Massif to the shore. There were no cracks or crevasses or other ice-free places for hundreds of nautical miles from the shore. The thickness of the ice consolidated into a monolith reaching 10 m in thickness in the coastal zone.

These harsh conditions and frequent 'ice jets' caused the loss of the motor ship *Nina Sagaydak* and serious damage to more than 30 ships. One of them, the *Kolya Myagotin*, was saved only thanks to the able and courageous actions of the crew and the assistance of other ships.

22. 1983, *Nina Sagaydak*, shipwreck. (Figs. 6.19–6.22) In his book *Safety of Ice Navigation*, Smirnov et al. describe the shipwreck of the *Nina Sagaydak* in detail in Chap. 37, 'Shipwreck of the Motor Ship *Nina Sagaydak* (Smirnov et al. 1993), of their boook.

In 1983, the motor ship *Nina Sagaydak* went to Pevek in a convoy of the icebreaker *Kapitan Sorokin*.

On 5 October, at 09:20, the icebreaker *Kapitan Sorokin*, under advisement to use the Chukotka Polynya along the shore fast ice, began to lead the tankers *Urengoy* and *Kamenetsk–Uralsky*, the motor ships *Nina Sagaydak* and *Pioner Uzbekistana*, and the diesel-electric *Amguema*. The ice was in large pieces with concentrations of 8/10 to 9/10. At 09:53, the caravan had to stop. Ice compression had started as a result of drift of the old ice of the Ayon Ice Massif across the De Long Strait from east to west. The Chukotka Polynya had disappeared.

On 6 October, the drifting caravan was gripped by small floes of multi-year ice. The screw and rudder had been jammed by ice on the *Nina Sagaydak*. Another 17 vessels were caught at the same time. Nearby, the icebreakers *Kapitan Sorokin* and *Leningrad* themselves were unable to move and could not assist the vessels. The distance between the drifting vessels which were prevented from moving was constantly changing as a result of movement in the compressed ice along the edge of fast ice.

On 7 October, at 01:43, the *Nina Sagaydak* pressed the stern to the fast ice barrier, and its drift was slowed.

Рис. 6.19 Корма *Нины Сагайдак* погружается в воду. Печатается с разрешения ОАО «Дальневосточное морское пароходство»

Fig. 6.19 The stern of the *Nina Sagaydak* goes down into the water (reproduced with permission from Far Eastern Shipping Company)

Рис. 6.20 *Нина Сагайдак* погружается с креном на правый борт. Печатается с разрешение музея «Московский дом фотографии»

Fig. 6.20 The *Nina Sagaydak* listing to starboard (reproduced with permission from the Moscow House of Photography)

дрейф замедлился. Через 15 мин танкер *Каменецк-Уральский*, быстро дрейфующий, навалился кормой на левую носовую скулу теплохода *Нина Сагайдак*, который получил крен до 13° на правый борт. В 02 ч 30 мин на левый борт танкера *Каменецк-Уральский* навалился танкер *Уренгой* и все три судна минут 10 дрейфовали рядом. Затем оба танкера протащило льдом вдоль левого борта теплохода Нина Сагайдак, повредив его наружную надводную обшивку от 202-го до 228-го шпангоутов. В 03 ч 35 мин теплоход прижало правым бортом к крупному полю, появился крен на левый борт до 16°. Капитан объявил общесудовую тревогу, экипаж вел наблюдение за уровнем воды в льялах.

В 04 ч 01 мин сжатие временно прекратилось, и теплоход *Нина Сагайдак* работой машины немного смог отойти от поля и крен выровнялся, однако в 08 ч 45 мин сжатие возобновилось, и судно левым бортом опять прижало в танкеру *Каменецк-Уральский*, а правым бортом вновь прижало к полю, крен на правый борт снова стал 10°. В 09 ч 25 мин обнаружили появление воды в льялах трюма № 3, запустили осушительный насос. Вода откачке не поддавалась из-за большого ее поступления в трещину в левом борту. В 10 ч 23 мин теплоход дрейфом отнесло от танкера, и он продолжал дрейф вдоль барьера припая, а с правого борта находилось поле многолетнего льда. Сжатие

After 15 min, the stern of the tanker *Kamenetsk–Uralsky*, which was drifting fast, tilted over to the left-bow luff of the *Nina Sagaydak*, which received a roll of up to 13° to the right side. At 02:30, the tanker *Urengoy* fell on the left side of the tanker *Kamenetsk–Uralsky* and all three ships drifted for 10 min. Then, both tankers were dragged by ice along the left side of the *Nina Sagaydak* and damaged the latter's outer surface plating from frames 202 to 228. At 03:35, the ship was pulled to the right alongside a big ice field, and there was a list to the left side of 16°. The captain sounded the alarm, and the crew watched the water level in the bilges.

At 04:01, compression stopped. The *Nina Sagaydak* was able to move slightly away from the field and the list levelled off, but at 08:45, compression resumed, and the ship's left side again pressed into the *Kamenetsk–Uralsky*, and the right side again pressed to the field; the list to starboard again became 10°. At 09:25, water was discovered in the bilge of hold no. 3. The crew started up a bilge pump. The pumping failed because of the large influx of it through the crack in the left side of the ship. At 10:23, the ship drifted from the tankers and continued to drift along the barrier of ice. There was a large field of multi-year ice on the starboard side. The compression increased, and the crackling of breaking metal could be heard

Рис. 6.21 *Нина Сагайдак* тонет. Фото с ледокола *Капитан Сорокин*. Печатается с разрешения ОАО «Дальневосточное морское пароходство»

Fig. 6.21 The sinking of the *Nina Sagaydak*. Photo from icebreaker *Kapitan Sorokin* (reproduced with permission from Far Eastern Shipping Company)

Рис. 6.22 *Нина Сагайдак* скоро скроется во льдах. Печатается с разрешения ОАО «Дальневосточное морское пароходство»

Fig. 6.22 The *Nina Sagaydak* about to disappear into the ice (reproduced with permission from Far Eastern Shipping Company)

усилилось, слышался треск разламывающегося металла в районе трюмов № 2 и 3, машинного отделения и в корме. В 12 ч 00 мин льдом начало вдавливать в машинное отделение переборку топливного отсека № 3, затем деформировать набор и наружную обшивку правого борта на всем протяжении машинного отделения. Через 5 мин разорвало правый продольный стрингер, оторвались по сварке шпангоуты 84 и 85, разорвав наружную обшивку. Из-за деформации корпуса все механизмы по правому борту начали заваливаться внутрь и разрушать трубопроводы осушения, орошения, масляный и воздушный.

В 12 ч 08 мин экипажу отдана команда «приготовиться покинуть судно». Судно лишилось средств откачки воды, машинное отделение затапливалось. В 12 ч 50 мин экипаж сошел на лед. В 13 ч 30 мин старший механик остановил двигатель и в 14 ч 00 покинул машинное отделение, предварительно загерметизировав его. В 14 ч 30 минут капитан, старший механик, старший помощник капитана и начальник радиостанции последними покинули борт судна.

8 октября в 15 ч 30 мин ледокол *Капитан Сорокин*, двигаясь с большим трудом, отшвартовался кормой к корме теплохода *Нина Сагайдак*, высадили аварийную партию для определения степени затопления машинного отделения и установки

in holds no. 2 and 3, in the engine room, and in the stern. At 12:00, ice began to dent the bulkhead of fuel compartment no. 3 into the engine room. Then, the ice pressure deformed the framework and shell plating on the starboard side throughout the engine room. After 5 min, the right longitudinal stringer had been torn. Frames (ribs) no. 84 and 85 had been torn out along the butt welds, breaking the shell plating. Because of the deformation of the hull, the mechanisms on the starboard side began to fall down inside and destroy the drainage, irrigation, oil and air pipes.

At 12:08, the crew was given the command: 'Prepare to abandon ship.' The ship had lost its means of pumping, and the engine room was flooded. At 12:50, the crew descended onto the ice. At 13:30, the chief engineer stopped the engine, and at 14:00, he left the engine room, sealing it behind him. At 14:30, the captain, chief engineer, first mate and chief of the radio station were the last people to leave the vessel.

On 8 October, at 15:30, the icebreaker *Kapitan Sorokin* was moving with great difficulty and moored stern to stern to the *Nina Sagaydak*. The emergency crew arrived on the ship to determine the extent of flooding of the engine room and to install submerged

погружных насосов ледокола для откачки воды. Уровень воды поднялся в машине с левого борта до цилиндровых крышек главного двигателя, а на палубе до иллюминаторов кают-компании, крен достигал 23° на правый борт. Несмотря на трудности, установили 2 погруженных насоса производительностью 150 тонн в час и в 21 ч 00 мин начали откачку воды из машинного отделения. Но в 21 ч 50 мин вместо уменьшения заметили повышение уровня воды, а корма теплохода начала медленно проседать и уходить под корму ледокола. Пришлось прекратить аварийные работы, и ледокол отошел от теплохода.

9 октября в 02 ч 15 мин теплоход *Нина Сагайдак* затонул против района косы Двух Пилотов в Чукотском море.

Непосредственной причиной катастрофы явились исключительно тяжелые ледовые условия с сильнейшим сжатием и подвижкой (дрейфом) льда, а также предельная возрастная изношенность корпуса судна» (Смирнов и др., 1993, с. 285–287).

23. Когда тонул теплоход *Нина Сагайдак*, драматически развивались события и в западном секторе Чукотского моря. Там шла борьба за спасение теплохода *Коля Мяготин* (рис. 6.23).

Как разворачивались события, рассказал в очерке «Люди и льды» журналист Владимир Георгиевич Мезенцев (Мезенцев, 1986). Во время трудной навигации 1983 года он был командирован в Арктику спецкором газеты «Труд». В.Г. Мезенцев пишет, что сначала теплоход *Коля Мяготин* и еще семь судов стояли в Певеке, ожидая вывода во Владивосток. 3 октября подул, наконец, южный ветер, разрядивший лед у берега, и караван под проводкой ледоколов двинулся на восток. *Коля Мяготин* шел «на усах» — он толстыми стальными тросами был почти вплотную притянут к корме ледокола. Но уже у мыса Якан судно получило первые повреждения корпуса. 5 октября внезапно ветер сменил направление на северо-западный, и началось сжатие.

6 октября караван встал в тяжелых сжимающихся льдах. Атомоход *Леонид Брежнев* (так в те годы, с конца 1982 по 1986, назывался ледокол *Арктика*), пытаясь с помощью околки освободить суда, сломал лопасть левого гребного винта. На *Коле Мяготине* была повреждена рулевая машина.

pumps from the icebreaker to pump out the water. The water level rose in the engine room on the left side to the cylinder covers of the main engine and on the deck to the mess-room windows. The list reached 23° to starboard. Despite the difficulties, the emergency crew set up two submersion pumps with a capacity of 150 tonnes per hour, and at 21:00, they began pumping water from the engine room. At 21:50, instead of reducing the water level, an increase of water was noticed, and the stern of the ship slowly began to sag and to go under the stern of the icebreaker. Emergency work had to cease, and the icebreaker moved away from the ship

On 9 October, at 02:15, the *Nina Sagaydak* sank against the district of Kosa Dvukh Pilotov Island in the Chukchi Sea.

The immediate cause of the accident was extremely heavy ice conditions with strong compression and shearing (drift) of ice and the age-related deterioration of the hull (Smirnov et al. 1993, pp. 285–287).

23. 1983, *Kolya Myagotin*, damage. When the *Nina Sagaydak* was sinking, dramatic events were also unfolding in the western sector of the Chukchi Sea. There was a battle under way to save the motorised vessel *Kolya Myagotin* (Fig. 6.23).

Journalist Vladimir G. Mezentsev described the events in his book *People and Ice* (Mezentsev 1986) as they unfolded. During the difficult navigation of 1983, Mezentsev was sent to the Arctic as a special correspondent for the newspaper *Trud*. According to Mezentsev, initially the *Kolya Myagotin* and seven other ships were in Pevek, waiting for assistance for the voyage to Vladivostok. On 3 October, a southern wind finally blew, and ice conditions had improved. The caravan, under the escort of icebreakers, moved to the east. The *Kolya Myagotin* proceeded, as the sailors say, 'on whiskers', which means that the ship was pulled very close to the stern of the icebreaker by thick steel cables. But at Cape Yakan, the ship's hull was damaged. Suddenly, on 5 October, despite forecasts, the wind changed to northwesterly.

On 6 October, the caravan became stuck. Compression began. The nuclear icebreaker *Leonid Brezhnev* (this was the name of the icebreaker *Arktika* in those days, 1982–1986) chipped out ice around the caravan, trying to liberate the vessels, and broke the blade of the left propeller. The steering gear had been damaged on the *Kolya Myagotin*.

7 октября сжатие продолжилось, и *Коля Мяготин* получил пробоины в четырех междудонных танках. Ледокол *Адмирал Макаров* пытался пробиться на помощь, но преодолеть торосящиеся льды было сложно.

8 октября очередным сжатием у *Коли Мяготина* разорвало обшивку, и положение судна стало критическим. Насосы не справлялись с поступлением воды, и трюм был затоплен по ватерлинию. Судно с креном 13° на левый борт выдавило на лед. Было принято решение эвакуировать людей. Вертолетами с ледоколов *Ермак* и *Капитан Хлебников* (рис. 6.24) сняли 20 человек, и на *Коле Мяготине* осталось 12 моряков. Для организации спасательных работ на аварийное судно перешел опытный капитан-наставник Дальневосточного пароходства Владимир Иосифович Глушак. Вместе с капитаном Валентином Алексеевичем Цикуновым он руководил работой водолазов, перемещением части грузов на лед, чтобы поднять затопленные части. Водолазы спустившись в трюм, обнаружили ужасные повреждения: семиметровая глубокая вмятина, разорваны, деформированы все шпангоуты, в борту — зияющая пробоина длиной

On 7 October, the compression continued, and the *Kolya Myagotin* sustained holes in four double-bottom tanks. The icebreaker *Admiral Makarov* came to help. It struck the ice for a few hundred metres over a few hours.

On October 8, the situation on the *Kolya Myagotin* became critical. The next contraction tore the plank. The pumps failed, and the hold was flooded to the waterline. The ship, with a list of 13° on the left side, squeezed onto the ice. The decision to evacuate the crew was made. The icebreakers *Ermak* and *Kapitan Khlebnikov* (Fig. 6.24) lifted 20 people from the ship by helicopter, and 12 sailors remained on the *Kolya Myagotin*. The experienced captain-coach of the Far Eastern Shipping Company, Vladimir I. Glushak, moved to the emergency ship to organize rescue operations. Along with captain Valentin A. Tsikunov, he oversaw the work of divers and the transfer of some of the goods onto the ice, to raise up the flooded parts. When the divers went under the ice, they discovered horrifying damage: a deep dent 7 m in length; ripped and twisted frames, and a gaping hole 2.5 m long and 0.5 m wide in the board. Through this hole came rushing in 2000 tonnes of water per hour.

Рис. 6.23 Грузовой теплоход *Боря Цариков*, однотипный теплоходу Коля Мяготин. Теплоход Коля Мяготин был построен в 1969 году в Германии, эксплуатировался Дальневосточным морским пароходством и был продан в 1998. Печатается с разрешения ОАО «Дальневосточное морское пароходство»

Fig. 6.23 Cargo ship *Borya Tsarikov* – the same type of vessel as the *Kolya Myagotin*. The *Kolya Myagotin* was built in 1969, operated in Far Eastern Shipping Company, sold in 1998. (reproduced with permission from Far Eastern Shipping Company)

Рис. 6.24 Дизель-электроход ледокол *Капитан Хлебников*. Построен в 1981 году в Финляндии. В настоящее время в составе флота FESCO. Печатается с разрешения ОАО «Дальневосточное морское пароходство»

Fig. 6.24 Diesel-electric *Kapitan Khlebnikov*. Built in 1981 in Finland and still working in Far Eastern Shipping Company (reproduced with permission from Far Eastern Shipping Company)

2,5 и шириной 0,5 м, ежечасно через нее поступало 2000 тонн воды.

Трудно было думать в такой обстановке о спасении судна. Запасов цемента и песка явно не хватало. Но, как говориться, глаза бояться, а руки делают. Вертолетами на *Колю Мяготина* доставили с берега 7 тонн песка, 7 тонн цемента, и экипаж приступил к заделке пробоин. Сначала затычки делали из телогреек и простыней, их выбивало водой. А сварщики варили в это время арматуру, делали опалубку. Условия для работы были чрезвычайно сложные. В узком коридоре между стоящими в трюме контейнерами и искалеченным бортом шириной всего 1,5 м, при температуре, опускавшейся ниже –20 °С, шесть суток без перерыва шла борьба за жизнь судна. Люди валились с ног от усталости, но никто не сдавался, не просил отправить его на ледокол или на материк.

Однако экипаж справился с задачей. Когда пробоина была заделана, атомоход *Леонид Брежнев* и ледокол *Капитан Хлебников* начали выводить *Колю Мяготина* из тяжелых льдов. Не просто было решить, куда вести аварийное судно. Одни советовали, врубив его в припай, оставить на зимовку у мыса Биллингса. Другие рекомендовали попытаться провести его обратно в Певек. Однако путь в Певек был уже перекрыт ледяным массивом.

Оставалась только одна узкая полоска воды, уходящая на восток. Но и по ней рисковано было вести судно — избежать ударов об лед невозможно, и почти наверняка откроются наспех заделанные пробоины. Тем не менее было принято решение вести аварийное судно на восток к кромке льда, а затем — по чистой воде — в бухту Провидения.

Переход был сложным: размывало цемент, сорвало пластырь, вновь лились потоки воды в трюм, с трудом справлялись с этими потоками насосы. Временами, когда ситуация становилась критической, экипаж покидал судно, оставляя на нем только аварийную партию, потом снова поднимался на борт. И все-таки теплоход был выведен на кромку льда и за несколько суток добрался до Провидения.

Подробно события 1983 года описаны также в статье д.т.н., профессора, заведующего лабораторией ледокольной техники ЦНИИМФ Лолия Геор-

In such it situation it was hard to think about saving the vessel. Cement and sand supplies were obviously not enough. On-shore organisation helped the sailors. Helicopters carried 7 tonnes of sand and 7 tonnes of cement from the shore to the ship. The crew began to stop up the hole. They welded armature and made an encasement. They had to work under incredibly difficult circumstances. The width of the corridor between the containers standing in the hold and the damaged board was only 1.5 m. The temperature fell below –20°C, but the struggle for the life of the vessel went on around the clock for 6 days to fill the gap. People were falling over from fatigue, but nobody gave up or asked to be sent to the icebreaker or to the mainland.

But the crew coped with the task. When the hole has been welded, the icebreakers *Leonid Brezhnev* and *Kapitan Khlebnikov* began to withdraw the emergency vessel from heavy ice. The direction was under consideration. Somebody advised leaving it for the winter at Cape Billings, hacking into fast ice. Others said they should try to haul the ship back to Pevek. However, this route was already made impossible by the ice massif.

Only a single narrow strip was left stretching to the east. But that way was very risky. The cement was diluted and the patch was torn off, and once again streams of water poured into the hold. Nonetheless, it was decided to lead the damaged ship to the edge of the ice and further along the ice-free water to Provideniya Bay.

The journey was very difficult: sometimes the cement washed away, the patch broke off, and once again water flowed into the hold, and the pumps had a hard time dealing with the water. Sometimes, when the situation became critical, the crew abandoned ship, leaving only a skeleton crew, and went back up on deck. But after all was said and done, the ship was led to the ice edge and reached Provideniya after a few days.

The events of 1983 are described in detail by professor, Loliy Tsoy (2009) and in the history of the icebreaker *Arktika* on the Polar Mail Web site (http://

гиевича Цоя «Арктика непредсказуема всегда» (Цой, 2009) и в истории ледокола *Арктика* на сайте Полярная Почта (http://www.polarpost.ru). В англоязычной версии особого внимания заслуживает статья В. Барра и Е. Уилсона (Barr, Wilson, 1985).

24. Вывод последнего каравана в 1983 году

Судно *Нина Сагайдак* погибло, *Коля Мяготин* был спасен, но еще более 50 судов оставалось в Арктике, и не были доставлены грузы жителям Северных районов. Положение сложилось критическое. Звучали предложения оставить суда на зимовку, хотя это грозило бы им гибелью. Но капитан ледокола *Леонид Брежнев* (*Арктика*) А.А. Ламехов предложил собрать в единый кулак три мощных ледокола: *Леонид Брежнев, Адмирал Макаров* и *Ермак* и сообща высвобождать суда из ледового плена. Ведь нужно было не только спасти теплоходы и экипажи, но и доставить грузы по назначению, особенно топливо. Было опасение, что северяне останутся без топлива и население придется эвакуировать. Но ледокольщики сумели обеспечить проводку танкеров.

Первыми освободили ледоколы, которые атомоходу *Леонид Брежнев* пришлось выкалывать изо льда. Так ледокол *Ленинград* окалывали в течение полутора суток. Вмерзшим оказался даже атомоход *Ленин*.

Грузы перегружали на большие суда, и их вели в Певек. Ведь впереди был последний этап — проводка каравана из Певека в Берингово море и дальше во Владивосток.

Эпопею вывода последнего каравана Л.Г. Цой (Цой, 2009) описывает так: «В Певеке на рейде собралась армада ледоколов и судов, которые необходимо было вывести из Арктики. Капитан флагманского ледокола *Ермак* Ю.П. Филичев докладывал в Дальневосточное пароходство и Администрацию СМП, что ситуация критическая, безысходная, природа неодолима. Проводку судов в этих условиях осуществить невозможно. Суда необходимо оставить на зимовку в Певеке. Но было принято решение флот из Арктики вывести.

Из трех атомных ледоколов по-настоящему работоспособным был только *Леонид Брежнев*, который летом прошел доковый ремонт. Подводная часть его корпуса была вычищена, зашпаклёвана

www.polarpost.ru/). In English, the most complete description of the events in 1983 can be found in the article by Barr and Wilson (1985).

24. 1983, Rescue of the last caravan. The *Nina Sagaydak* sank, and the *Kolya Myagotin* was saved, but there were still more than 50 vessels in the Arctic. Goods had not been delivered to inhabitants of the northern areas. The situation was critical. Proposals had been made about leaving the vessels for the winter, although this could have destroyed the ships. The captain of the icebreaker *Leonid Brezhnev* (*Arktika*), A. A. Lamekhov, offered to assemble three powerful icebreakers – the *Leonid Brezhnev*, the *Admiral Makarov*, and the *Ermak* – to work together to extricate the vessels from their ice captivity. It was necessary not only to save the boats and crews but also to deliver the goods to their destinations, especially fuel. After all, it was feared that the northerners would be left without fuel and would have to be evacuated. But the icebreakers were able to escort the tankers.

The icebreakers were released first. The nuclear ship *Leonid Brezhnev* had to cut them out of the ice. It took 6 hours to chip the ice around the icebreaker *Leningrad*, for example. Even the nuclear icebreaker *Lenin* was frozen in and needed help.

Cargo was loaded on large ships and carried to Pevek. There was a last stage ahead – the escort of the caravan from Pevek to the Bering Sea and Vladivostok.

Tsoy (2009) describes the epic escape of the last caravan as follows:

'An armada of icebreakers and ships assembled in Pevek. They had to be extricated from the Arctic. The captain on the flagship icebreaker *Ermak*, Yury P. Filichev, reported to the Far Eastern Shipping Company and the Administration of the Northern Sea Route that the situation was critical and hopeless and that nature was insuperable. The ships could not be escorted in these circumstances. The vessels should be left to overwinter in Pevek. However, it was decided that the fleet would withdraw from the Arctic.

Of the three nuclear-powered icebreakers, only one was truly workable, the *Leonid Brezhnev*, which was spent the summer undergoing dock repairs. The underwater part of its hull was cleaned, patched and

и покрыта ледостойкой краской «Инерта-160». Своих ледостойких красок у нас тогда не было. И наши ледоколы до этого момента «Инертой» не покрывались. Сильное коррозионно-эрозионное разъедание корпуса с глубиной шероховатости до 2 мм приводило к значительному возрастанию коэффициента трения льда об обшивку корпуса. Благодаря образовавшейся «терке» увеличение ледового сопротивления атомных ледоколов оказалось равноценным потере мощности в два раза.

Ледокол *Сибирь,* помимо того что не был покрыт «Инертой», еще и не был оснащен креновой системой. После сдачи атомохода *Арктика* в 1975 году было внедрено рацпредложение об отказе от креновой системы на остальных ледоколах серии. Как потом выяснилось, погорячились. Кроме того, на среднем гребном двигателе *Сибири* второй якорь был не в порядке. Поэтому на 1/6 мощность его была меньше.

Операция по выводу судов из Певека началась 18 ноября. В караване лидировал атомоход *Леонид Брежнев,* за ним шли ледокол *Адмирал Макаров* с буксируемым *Самотлором, Красин* с *Пионером России* и *Ермак* с *Амгуэмой* и *Уренгоем* (по очереди менявшимися с *Сибирью*).

Дизель-электрические ледоколы вели суда вплотную на буксире. Лидировал, прокладывал и выравнивал канал, окалывал, осуществлял непосредственную проводку всего каравана атомоход *Леонид Брежнев.*

В Восточно-Сибирском море лед был очень тяжелый, образовались 3–4-метровые сморози. При прокладке канала ледокол то и дело сбрасывало в стороны. Канал был крайне неровный. На поворотах ледоколы зачастую застревали вместе с судами. Без конца рвались стальные буксирные стропы («усы») диаметром 60–65 мм (длиной 20–25 м). Особенно часто стропы рвались на ледоколе *Адмирал Макаров.* Их не хватало. Пришлось использовать якорные цепи с *Самотлора.* Якорные цепи рвались также легко. Суда в караване постоянно растягивались. Ледоколу-лидеру приходилось то прокладывать канал, то возвращаться, чтобы околоть застрявшие суда.

В Чукотском море караван встретился с необычным льдом толщиной всего 40–50 см, очень вязким, мятым, смерзшимся. Он не ломался клас-

covered with ice-resistant paint, Inerta-160. The Soviet Union did not have its own ice-resistant coatings at that time. Soviet icebreakers had not been covered by Inerta before. The strong abrasive corrosion of the hull with a depth of roughness of up to 2 mm resulted in a significant increase in the ice friction coefficient on the hull plating. Due to the formed roughness (a so-called grater), the increased resistance of the nuclear-powered icebreakers was equivalent to twice the loss of capacity.

The icebreaker *Sibir* had no Inerta varnish. Moreover, it had not been equipped with a heeling system. After the NS *Arktika* was put into operation in 1975, a proposal was put forth to discontinue the heeling system on the other icebreaker of the series. This turned out to be a mistake. In addition, the second anchor on the medial ridge of the *Sibir*'s engine was not in order; therefore, one-sixth of its power was lost.

The operation to withdraw ships from Pevek began on 18 November. The nuclear icebreaker *Leonid Brezhnev* led the caravan, followed by the icebreaker *Admiral Makarov* with the *Samotlor* in tow, then the *Krasin* with the *Pioner Rossii* and the *Ermak* with the *Amguema* and the *Urengoy* (by changing places with the *Sibir*).

Diesel-electric icebreakers led the ships closely in tow. The *Leonid Brezhnev* went ahead, established and straightened the passage, chipped and cut out the ships, and served as direct escort of the entire caravan.

In the East Siberian Sea, the ice was very heavy. Ice conglomerates as big as 3 to 4 m were formed. The icebreaker was cast away now and then when laying the channel, which was extremely uneven. The icebreakers often got stuck when turning together with the vessels. The steel tow lines ('whiskers'), with a diameter of 60 to 65 mm (length 20 to 25 m), tore endlessly. The straps on the *Admiral Makarov* tore most often. There weren't enough of them. One had to use the anchor chain from the *Samotlor*. The anchor chains also broke easily. The distance between the vessels in the caravan was constantly growing. The icebreaker leader had to form a channel and then return to chip free the vessels that got.

In the Chukchi Sea, the caravan encountered unusual ice with thicknesses of 40 to 50 cm that was very viscous, crumpled, and frozen. The ice did not break

сически на секторы, не подламывался, а налипал на корпус ледокола вдоль ватерлинии. Ледокол буквально влипал в вязкую ледяную массу и тащил ее вместе с собой. Отходя, ударами о лед приходилось оббивать эту липкую ледовую «вату». Но такой прием удавалось использовать только на небольших участках-перемычках. Когда же вошли в обширное поле, ситуация стала, буквально, безвыходной.

Пневмообмыв корпуса был только у *Охи* и *Ермака.* Ледоколу *Ермак* было предложено встать в голове каравана в надежде, что таким образом удастся справиться с этим необычным льдом. Но мощности пневмообмыва оказалось недостаточно. Выход из патовой ситуации предложил капитан-наставник Юрий Сергеевич Кучиев (под его командованием в 1977 году а/л *Арктика* впервые достиг Северного полюса).

Капитаном *Леонида Брежнева* тогда был Анатолий Алексеевич Ламехов. Атомоход развернулся винтами вперед и начал прокладывать канал за счет размывающего эффекта от работы винтов (рис. 6.25). То есть принцип двойного действия (система DAS) давно использовался российскими судоводителями, а финны впоследствии подхватили это начинание и запатентовали его. Задним ходом ледоколу *Леонид Брежнев* удалось проло-

out into the classical sectors, did not crack, and adhered to the hull of the icebreaker along the waterline. The icebreaker literally got stuck in a sticky mass of ice and dragged it along. The icebreaker had to draw back and chip this sticky ice 'cotton' by pounding on it. This method could only be used in small areas. When the ship entered a vast field, the situation became literally hopeless.

Only the *Okha* and the *Ermak* had a pneumatic washing system. The *Ermak* was asked to be at the head of the caravan in the hope that in this way it would be possible to cope with the unusual ice. But the power of the pneumatic washing was not enough. A way out of the stalemate was proposed by the captain-coach of the ship Yuri Kuchiev (under his command, the *Arktika* reached the North Pole for the first time in 1977). He suggested they go stern ahead.

Anatoly Lamekhov was the captain of the *Leonid Brezhnev* then. The nuclear icebreaker turned with screws forward and began to lay the canal with stern ahead, using the scouring effect of the screws (Fig. 6.25). The principle of double effect (double acting ship – DAS) has been used by Russian skippers for a long time. Finnish engineers used it later and patented it. Moving stern ahead the icebreaker *Leonid Brezhnev* was able to lay a good clean channel. In this

Рис. 6.25 Ледокол Леонид Брежнев ведет караван в вязком льду кормой вперед. Фото Л.Г. Цоя. . Печатается с разрешения автора и агенства ПРоАтом

Fig. 6.25 The icebreaker *Leonid Brezhnev* led the caravan, moving stern ahead. Photo by L.G. Tsoy (reproduced with permission of author and agency PRoAtom)

жить хороший чистый канал. Таким способом всю армаду ледоколов с судами на «усах» удалось провести через эти льды, лидируя задним ходом. Этот случай в очередной раз показал, насколько разнообразны и мало предсказуемы условия проводки судов в Арктике.

Через 8 суток и 5 час караван подошел к Берингову проливу. Всю операцию по выводу застрявших в Певеке судов спасло то, что атомоход *Леонид Брежнев* вовремя покрыли «Инертой». И после 8-летней эксплуатации ледокол полностью восстановил свою ледопроходимость».

25. Повреждения в результате навигации 1983 года. В результате ледовых сжатий в конце навигации 1983 года в ледовом плену оказалось 57 судов. По разным оценкам около 30 судов получили повреждения разной тяжести в ходе навигации 1983 года. Детальный анализ повреждений судов Дальневосточного морского пароходства, проведенный Л.Г. Цоем (Цой, 2009) показал, что с 1 октября по 4 декабря 1983 года (когда последние суда были выведены из ледового плена) получили повреждения 19 судов пароходства, в том числе пять ледоколов (*Капитан Хлебников, Ленинград, Владивосток* (рис. 6.26), *Адмирал Макаров* (рис. 6.27), *Ермак*), два ледокольно-транспорных судна *Амгуэма* и *Нижнеянск* (СА-15) класса УЛА, 12 судов типа «*Пионер*» и «*Беломорсклес*» категории Л1.

Имели место массовые повреждения подводной части транспортных судов. Ледоколы вели суда на буксире вплотную, и винты ледоколов отбрасывали льдины на корпус буксируемого судна. Конструкция скулового района корпуса судов оказалась недостаточно прочной. По результатам этой навигации впоследствии была выполнена корректировка Правил Регистра и усилена конструкция судов ниже ледового пояса (Цой, 2009).

«За 8 дней 5 час перехода из Певека к Берингову проливу было пройдено 770 миль. Средняя скорость составила 3,9 узла. На разводьях скорость достигала 17–18 узлов, а в отдельные вахты (4 часа) при прокладке каналов удавалось проходить не более 2–3 миль. Атомоход *Леонид Брежнев* практически постоянно работал на максимальной мощности. Средний коэффициент использования мощности составил 95,3 %. Сразу вскоре после выхода из Певека начались неприятности из-за по-

way, the whole armada of icebreakers, with vessels on 'whiskers', managed to push through the ice with the leader in reverse. This case once again showed that conditions for navigation in the Arctic are diverse and unpredictable.

The caravan came to the Bering Strait after 8 days and 5 hours. The withdrawal of the ships beset in Pevek was saved by the fact that the nuclear icebreaker *Leonid Brezhnev* was covered by Inerta varnish in time. After 8 years of operation, the icebreaker fully regained its ice passability'.

25. 1983, More than 30 vessels, damage. Fifty-seven ships were ice bound during the ice compression at the end of navigation in 1983. According to various estimations, approximately 30 ships were damaged with varying severity during navigation in 1983. A detailed analysis of damage was carried out by Tsoy (2009) for ships of the Far Eastern Shipping Company. The analysis showed that from 1 October to 4 December 1983 (when the last ships were liberated from ice captivity), 19 ships belonging to the company were damaged, including 5 icebreakers (*Kapitan Khlebnikov*, *Leningrad*, *Vladivostok* (Fig. 6.26), *Admiral Makarov* (Fig. 6.27), *Ermak*), two ice-breaking transport vessels, *Amguema* and *Nizhneyansk* (CA-15), of class ULA, and 12 ships of the Pioneer and Belomorskles category L1.

There were massive damages to the underwater parts of the vessels. Icebreakers towed the ships very close, and the screws of the icebreakers threw aside the ice onto the hulls of the towed vessels. The design of the luff area of the hulls was not sufficiently strong. Adjustments to the Rules of the Register were subsequently made as a result of this navigation, and the vessels were reinforced below the ice belt (Tsoy 2009).

'We covered 770 nautical miles over the 8 days and 5 hours of sailing from Pevek to the Bering Strait. The average speed was 3.9 knots. The speed along the clearing was 17 to 18 knots, and in some watches (4 h) no more than 2 to 3 nautical miles could be covered when forming channels. The *Leonid Brezhnev* worked constantly at maximum capacity. The average capacity of the power utilisation rate amounted to 95.3%. The troubles started shortly after leaving Pevek due to the polar night. There was no continual feed of infor-

Рис. 6.26 Дизель-электроход ледокол *Владивосток*. Построен в 1969 году в Финляндии. Судно было списано в 1997 году. Печатается с разрешения ОАО «Дальневосточное морское пароходство»

Fig. 6.26 Diesel-electric icebreaker *Vladivostok*. Built in 1969 in Finland, decommissioned in 1997 (reproduced with permission from Far Eastern Shipping Company)

Рис. 6.27 Дизель-электроход ледокол *Адмирал Макаров*. Судно типа *Ермак* (1974–1976), к которому относятся также ледокол *Красин*. Построено в 1975 году в Финляндии. В настоящее время в составе флота FESCO. Печатается с разрешения ОАО «Дальневосточное морское пароходство»

Fig. 6.27 Diesel-electric icebreaker *Admiral Makarov*. Built in 1975 in Finland, currently works in Far Eastern Shipping Company. Vessel of *Ermak* type (1974–1976), which includes the icebreaker *Krasin*. Reproduced with permission from Far Eastern Shipping Company

лярной ночи. Постоянной ледовой информации не было. В распоряжении капитанов каравана были только прожекторы и вертолет в светлое время суток. В общей сложности потеряли целые сутки в ожидании светлого времени, чтобы не забраться в ледовые дебри, из которых потом не выберешься.

Больше всего буксировочных стропов порвалось на ледоколе *Адмирал Макаров*. Суммарное число обрывов на всех ледоколах составило 26. Иногда за одну вахту происходило 2-3 обрыва.

За все время проводки ледокол *Леонид Брежнев*, работая ударами, совершил 2405 реверсов, то есть в среднем 12 реверсов в час. Максимальное количество реверсов в час достигло 52. При прокладывании канала набегами ледокол то и дело сбрасывало. Он получал крен, наваливаясь скулой на неломаемые куски пакового льда, его уводило в сторону. Потом он вынужден был выравнивать канал, чтобы суда могли за ним пройти. Количество застреваний и околок судов составило 87, то есть в среднем 10-11 околок в сутки. Сам ледокол, благодаря опыту капитана и гладкости корпуса, в клинениях находился всего 1 час 22 мин, совсем не много для таких тяжелых условий. Умеренная ско-

mation about the ice. The captains of the caravan had only spotlights at their disposal, and a helicopter was used in daylight. In total, a whole day was lost while waiting for daylight so as not to become trapped in the ice maze, which was to become impassable.

Most towing slings were torn on the icebreaker *Admiral Makarov*. The total number of breaks in all icebreakers was 26. Sometimes there were two to three breaks on one watch.

During the escort, the icebreaker *Leonid Brezhnev* made 2405 reverses. That means it made 12 reversals per hour on average. The maximum number of reversals in an hour was 52. The icebreaker rebounded every now and then when it formed a channel by ramming. The ship received a list, leaning by the luff on unbreakable pieces of pack ice. It was led off course. Then it had to align the channel so that ships could pass behind it. The number of jams and chipping of vessels was 87, that is, on average, 10 to 11 chippings per day. The icebreaker, thanks to the experience of the captain and its smooth body, was nipped for only 1 hour 22 minutes. This was not much given such harsh conditions. The moderate acceleration in a range of 6

рость разгона в 6–8 узлов и продвижение на 0,2–0,3 корпуса позволяли избегать частых клинений.

Об атомном ледоколе *Сибирь*, однотипном с а/л *Арктика* (*Леонид Брежнев*), в прессе даже не было слышно. *Сибирь* не была покрыта «Инертой» и не имела креновую систему. Из-за отсутствия покрытия ее ледопроходимость была существенно меньше. В клинениях *Сибирь* провела 58 час, то есть 31 % походного времени. Ее саму приходилось постоянно окалывать. Порой эту операцию по вызволению а/л *Сибирь* из ледового плена осуществляло, будучи в автономном плавании, судно *Оха*. Из-за изъеденного коррозией корпуса могучий атомный ледокол не мог работать эффективно.

Для преодоления сложных ледовых условий ледоколы нуждаются в оснащении различными средствами повышения ледопроходимости: пневмообмывом, креновой и дифферентной системами и т.п. Вместо ликвидированной креновой системы атомоход *Сибирь* вынужден был часто использовать дифферентную систему, но технологически это сложнее и дольше, так как приходится перекачивать большие объемы воды. Дифферентную систему применяют, если не справляется креновая, при тяжелых заклиниваниях. Штатная креновая система работает автоматически. Ее насосы переключаются уже при крене в 2–3°, либо в условиях заклинивания через заданный промежуток времени» (Цой, 2009).

to 8 knots and advancement of 0.2 to 0.3 hull lengths avoided frequent ice jamming.

There was no information about the nuclear icebreaker *Sibir*, which was the same type of icebreaker as the *Arktika* (the *Leonid Brezhnev*), in the press. The *Sibir* did not have Inerta-160 and had no heel system. The ice resistance was substantially less due to a lack of coverage. The *Sibir* spent 58 hours being nipped, which was 31% of the transit time. It needed to be chipped from ice repeatedly. Sometimes the operation to extricate the *Sibir* from ice captivity was carried out by the ship *Okha*, which navigated independently. The powerful nuclear icebreaker could not work effectively because of its corroded hull.

To overcome the difficult ice conditions, icebreakers needed to be equipped with various items to diminish the ice resistance, such as pneumatic washing systems and heeling and trimming systems. The *Sibir* often used its trimming system instead of its liquidated heeling system. It is technically more difficult and takes more time because it is necessary to obtain and pump over large volumes of water. A trimming system is used if the heeling system cannot cope in heavy jamming. An established heeling system works automatically. The pumps are switched on if the ship is inclined at an angle of 2 to 3° or, in jamming conditions, after a specified period of time (Tsoy 2009).

Выводы

Таким образом, нами рассмотрены 25 происшествий в Чукотском море. Среди них девять дрейфов в ледяном поле, 8 зимовок, 6 кораблекрушений и 2 случая серьезных повреждений.

В начальный период освоения Северного морского пути зимовки случались довольно часто. Восемь лет с зимовками за двадцать навигационных сезонов 1914–1934 годов составляют 40 %.

В последнем эпизоде приведена информация и анализ тяжелой навигации 1983 года, когда пострадало более 30 судов. Навигация 1983 года в восточном секторе Арктики — наглядный пример того, как необходимы для навигации в Северном Ледовитом океане мощные ледоколы, хотя такие экстремально тяжелые ледовые условия и спасательные операции случаются не так часто. Но без ледокола *Арктика* в 1983 году многие суда разде-

Summary

We examined 25 accidents in the Chukchi Sea. Among them were 8 drifts in ice fields, 8 overwinterings and 6 shipwrecks and 2 cases of severe damage.

Overwintering occurred quite often during the initial period of Northern Sea Route mastery. There were 8 overwinterings over 20 navigation seasons between 1914 and 1934, or 40% of the years.

The most information on and analysis of heavy navigation in 1983 are provided in the last episode, when more than 30 ships suffered. Navigation in 1983 in the eastern sector of the Arctic is a vivid example of how necessary it is to have powerful icebreakers for mastering the Arctic Ocean. Even if such extremely difficult ice conditions and rescue operations occur less frequently, without the icebreaker *Arktika* in 1983, many ships would have shared the fate of the

лили бы участь *Нины Сагайдак*, а жители северной Чукотки остались бы без топлива и продовольствия, и серьезно встал бы вопрос об их эвакуации и закрытии предприятий.

Оба судна, получивших наиболее серьезные повреждения в ходе навигации 1983 года, давно эксплуатировались в Арктике: затонувшее судно *Нина Сагайдак* 12 лет, а *Коля Мяготин* 13 лет. По итогам навигации 1983 года были сделаны также выводы о необходимости совершенствования арктического флота и целесообразности применения систем, обеспечивающих устойчивость и ледопроходимость.

Nina Sagaydak, and residents of northern Chukotka would have been left without fuel and food. The issue of their evacuation and closure of enterprises would have become serious.

Both vessels were most severely damaged during navigation in 1983 and had been in operation for a long time in the Arctic: the *Nina Sagaydak* for 12 years and the *Kolya Myagotin* for 13 years. Conclusions about the need to improve the Arctic fleet and the appropriateness of systems to ensure sustainability and ice resistance were made after summarising the information about the damage that occurred during the navigation period in 1983.

Заключение

Таким образом, нами рассмотрены четыре моря Российской Арктики, расположенные на трассе Северного морского пути. Здесь дан только краткий обзор географии, истории освоения и происшествий в этих морях на основе опубликованных материалов. Объем приведенного материала ограничен имеющейся информацией (о ряде происшествиях почти ничего не опубликовано) и рамками книги (о некоторых происшествиях написаны тома, и необходимо было отобрать главное). Поэтому довольно большой объем материал не включен в книгу, но о нем можно узнать из списка литературы, кроме того основные произведения упомянуты и в тексте при описании конкретных происшествий.

Пытливому читателю я посоветую обратиться к первоисточникам, на которые даются ссылки. И хотя многие их этих книг стали библиографической редкостью, целый ряд произведенией оцифрован и доступен в электронном виде.

Поистине неисчерпаемым источником информации может служить интернет. Особенно хотелось бы порекомендовать сайты:

– «Полярная почта» (http://www.polarpost.ru). В библиотеке и на форуме сайта находится обширный архив уникальной (в основном русскоязычной) литературы, посвященной истории освоения Арктики, в том числе произведения Н.Н. Зубова, В.Ю. Визе, штурмана В. Аккуратова, сборник «Поход Челюскина», дневники 14 экспедиций Поларштерн (Polar Stern). С «Докладом начальника экспедиции Наркомвода 1934 года» А.П. Бочека можно познакомиться с помощью интерактивной карты на базе Google Earth с названиями географических объектов

Summary

This book examines the four seas of the Russian Arctic, located along the Northern Sea Route. What follows is a brief overview of the geography, history, development and accidents in these seas based on published material. The volume of the presented material is limited by information available (about some incidents almost nothing is published) and the framework of the book (the volumes have been written about certain accidents, and the most important ones were selected). Thus quite a bit of information is not included in the book. However, some things can be inferred about this information from the references at the end of the book. The main works are cited in the text describing specific events.

The interested reader is encouraged to turn to the primary sources cited in the book. Although many of these are hard to come by, a number of works have been digitized and are available electronically.

The Internet is an inexhaustible source of information. We recommend the following Web sites:

– Polar-mail (http://www.polarpost.ru). There is an extensive archive of unique (mostly Russian) literature on the history of Arctic exploration on this site. It includes the works of N.N. Zubov, V.Y. Vize, navigator V. Akkuratov; a collection called 'The Voyage of the *Chelyuskin*'; and logs of 14 expeditions of the ship *Polarstern*. The 'Report of the Head of the Expedition Narkomvoda in 1934' by A.P. Bochek represents a rich source of information. It makes use of interactive maps based on Google Earth, which includes the names of geographical features and positions of vessels, accord-

N. Marchenko, *Russian Arctic Seas*,
DOI 10.1007/978-3-642-22125-5, © Springer-Verlag Berlin Heidelberg 2012

и позициями судов по координатам, приведенным в тексте. Форум поддерживается российскими энтузиастами.

- «Интернет архив» (http://www.archive.org). Здесь представлена англоязычная литература, среди которой произведения Ф. Нансена, Р. Амундсена, Р. Бартлетта, Х. Свердрупа. Архив начал создаваться в 1996 году в Сан-Франциско и сейчас содержит более миллиона книг.
- «Библиотека изображений РИА Новости» (http://visualrian.ru/ru/). Фотоархив включает изображения Челюскинской эпопеи, полярных экспедиции начиная 1920-х годов.
- Оперативная информация о состоянии льдов в Арктике и ее анализ размещается на сайте http://nsidc.org/arcticseaicenews/.
- Текущую ледовую обстановку в Арктике и условия навигации отражают карты на сайте «Единая государственная система информации о Мировом океане» (http://www.esimo.ru). Разработка системы ведется в рамках российской целевой программы «Мировой океан». Карты отражают распределение льда по обобщенным градациям сплоченности и обновляются каждый четверг. На этом же сайте представлены сведения о морских портах (схема порта, сведения о властях, компаниях, портовых сборах, грузоперевозках и другая информация о деятельности).

Я искренне желаю читателям найти нужные им сведения, использовать их в работе или просто получить удовольствие от соприкосновения с загадками Арктики и восхититься героизмом и самоотверженностью первооткрывателей Севера.

ing to the coordinates given in the text. The forum is supported by Russian enthusiasts.

- Internet Archive (http://www.archive.org). This contains literature in English, including the works of F. Nansen, R. Amundsen, R. Bartlett and H. Sverdrup. The archive was established in 1996 in San Francisco and now holds more than one million books.
- RIA Novosti image library (http://visualrian.ru/ru/). This photo archive includes images of the *Chelyuskin* and other polar expeditions since 1920.
- Information about the state of the ice in the Arctic and its analysis is posted at http://nsidc.org/arcticseaicenews/.
- Current ice and navigation conditions in the Arctic are given on the Unified State System for Information on the World Ocean site (http://www.esimo.ru). The system was developed within the framework of the Russian state program known as World Ocean. Maps reflect the distribution of ice on a generalized gradations of cohesion and are updated every Thursday. The same site provides information about ports (diagrams of ports, information about port authorities, companies, port fees, freight and other information regarding port activities.)

It is my sincere hope that the readers will find what they is looking for, either out of professional considerations or for personal pleasure, and will enjoy reading about the mysteries of the Arctic and admire the bravery and self-sacrifice of the explorers of the North.

Литература

References

Произведения, опубликованные на русском языке
Из-за различий русского и английского алфавитных порядков, русский и английский текст в списке литературы не имеет прямого соответствия.

Originally Published in Russian
English (with title translations)
As Russian and English alphabetical orders are different, Russian and English texts do not correspond to each other.

Абоносимов В. И. Искусство ледового плавания. Владивосток, Приморский полиграфкомбинат, 2002.

Абоносимов В.И. За Полярной звездой. Владивосток, Приморский полиграфкомбинат. 2007.

Аксютин Л.Р. Обледенение судов. Л., Судостроение, 1979, 128 с.

Алексеев Д.А., Новокшонов П.А. По следам таинственных путешествий. М., Мысль, 1988, 205 с.

Алексеев Н.Н. Зимовка на «Торосе». Л., Издательство Главсевморпути, 1939, 31 с.

Альбанов В.И. На юг, к Земле Франца-Иосифа! М., Европейские издания, 2007, 272 с. (Первое издание – 1917).

Амундсен Р. На корабле «Мод». Экспедиция вдоль северного побережья Азии. М.-Л., 1929.

Амундсен Р. Моя жизнь. М., Географгиз, 1959, 168 с.

Арикайнен А.И. Транспортная артерия Советской Арктики. М., Наука, 1984, 189 с.

Арикайнен А.И., Чубаков К.Н. Азбука ледового плавания. М., Транспорт, 1987, 224 с.

Арикайнен А.И. Судоходство во льдах Арктики. М., Транспорт, 1990, 246 с.

Атлас океанов. Северный Ледовитый океан. Л., Военно-морской флот СССР, Министерство обороны СССР. Главное управление навигации и океанографии, 1980, 190 с.

Бабич Н.Г. Северный морской путь и ледокольный флот // Север промышленный, 2007, № 1-2, http://www.helion-ltd.ru/babich-rus-variant

Бадигин К.С. На корабле «Георгий Седов» через Ледовитый океан. М.-Л., Издательство Главсевморпути, 1941, 605 с.

Бадюков Д.Д. Моря // Новая Российская энциклопедия. Т. 1, М., Энциклопедия, 2003, с.11–20

Бадигин К. С. Три зимовки во льдах Арктики. М., Молодая гвардия, 1950, 544 с.

Abonosimov VI (2002) The skill of ice navigation. Primorsky, Vladivostok

Abonosimov VI (2007) For the Polar Star. Primorsky, Vladivostok

Aksyutin LR (1979) Icing of vessels. Sudostroenie, Leningrad

Alekseev DA, Novokshonov PA (1988) In the footsteps of mysterious journeys. Mysl, Moscow

Alekseev NN (1939) Wintering on the *Toros*. Glavsevmorput, Leningrad

Albanov VI (2007) Southward, to Franz Josef Land (First edition – 1917). European Publishers, Moscow

Amundsen R (1928) My life. Geografgiz, Moscow

Amundsen R (1929) On the ship *Maud*. Expedition along the northern coast of Asia. Pechatny Dvor, Moscow–Leningrad

Arikaynen AI (1984) The transport line of the Soviet Arctic. Nauka, Moscow

Arikaynen AI (1990) Navigation in the Arctic ice. Transport, Moscow

Arikaynen AI, Chubakov KN (1987) Alphabet of ice navigation. Transport, Moscow

Atlas (1980) Arctic Ocean. Russian Ministry of Defence, Department of Navigation and Oceanography. Voenno-Morskoy Flot, Leningrad

Babich NG (2007) Northern Sea Route and icebreaker fleet, No. 1–2. Available at: http://www.helion-ltd.ru/babich-rus-variant. Last accessed 30 August 2011

Badigin KS (1941) On the ship *Georgy Sedov* through the Arctic Ocean. Glavsevmorput, *Moscow–Leningrad*

Badigin KS (1950) Three overwinterings in the Arctic ice. Molodaya Gvardiya, Moscow

Badukov DD (2003) The seas. In: Nekipelov et al (eds) New Russian Encyclopedia, vol 1. Entsiklopediya, Moscow, pp 11–20

Belousov MP (1940) On ice navigation tactics. Glavsevmorput, Moscow–Leningrad

N. Marchenko, *Russian Arctic Seas*,
DOI 10.1007/978-3-642-22125-5,

Белов М.И. История открытия и освоения Северного морского пути. Т. 1. Арктическое мореплавание с древнейших времен до середины XIX века. Л., Морской транспорт, 1956, 592 с.

Белов М.И. История открытия и освоения Северного морского пути. Т. 3. Советское арктическое мореплавание. 1917–1933. Л., Морской транспорт, 1959, 510 с.

Белов М.И. История открытия и освоения Северного морского пути. Т. 4. Научное и хозяйственное освоение Советского Севера.1933-1945. Л., Гидрометеоиздат, 1969, 613 с.

Белоусов М.П. О тактике ледового плавания. М.-Л., Издательство Главсевморпути, 1940, 156 с.

Бенземан В.Ю. Ледовая река // Труды ААНИИ, 1989, т. 417, с. 91–98.

Бенземан В.Ю. Пространственно-временная изменчивость гидрофизических полей океана. СПб., Гидрометеоиздат, 2004, 277 с.

Бенземан В.Ю., Комендантов В.Н., Шматков В.А. Арктическая морская транспортная система. Краткая история и перспективы. Под ред. В.А. Шматкова. СПб., Бланк Издат, 2004, 94 с.

Болотников Н. Я. Дрейф и освобождение ледокольного парохода «Соловей Будимирович» // Советская Арктика, 1941. № 4.

Большая Советская энциклопедия. М., Советская энциклопедия. 1969–1978, http://bse.sci-lib.com/

Бородачев В.Е. Льды Карского моря. СПб., Гидрометеоиздат, 1998, 189 с.

Бурков Г.Д., Полищук В.И. Легендарный поход «Гижиги». Норильск, Полярная звезда, 2005.

Бурков Г.Д. В стране туманов, около океана, в бесконечной и безотрадной ночи...М., Руда и металлы, 2010, 299 с.

Бурыкин А.А.Хроника морских катастроф и аварий на Северном морском пути в XX веке // Новый часовой, 2001, № 11-12. с. 396–402.

Визе В.Ю. Гидрологический очерк моря Лаптевых и Восточно-Сибирского моря. Л., Академия наук СССР, 1926, 86 с.

Визе В.Ю. Моря Советской Арктики. М.-Л., Издательство Главсевморпути, 1948, 414 с.

Виттенбург П. В. Жизнь и научная деятельность Э.В. Толля. М.-Л., Наука, 1960, 246 с.

Виноградов И.В. Суда ледового плавания. М., Оборонгиз, 1946, 239 с.

Волков Н.А. Ледовитость Чукотского моря в связи с гидрометеорологическими условиями // Труды ААНИИ. Т. 189. Л. Издательство Главсевморпути, 1945, 93 с.

Belov MI (1956) The history of the discovery and mastery of the Northern Sea Route. Vol 1: Arctic navigation from ancient times to the middle of the nineteenth century. Morskoy Transport, Leningrad

Belov MI (1959) The history of the discovery and mastery of the Northern Sea Route. Vol 3: Soviet Arctic Navigation 1917–1933. Morskoy Transport, Leningrad

Benzeman VY (1989) Ice jet. Proc AARI 417:91–98

Benzeman VY (2004) Space-time variation of hydrophysical fields in the ocean. Gidrometeoizdat, St Petersburg

Benzeman VY, Komendantov VN, Shmatkov VA (2004) Short history and prospects. In: Shmatkov VA (ed) Arctic marine transportation system. Blank Izdat, St Petersburg

Borodachev VE (1998) Ice of the Kara Sea. Gidrometeoizdat, St Petersburg

Burkov GD, Polishchyuk VI (2005) Legendary voyage of *Gizhiga*. Polyarnaya Zvezda, Norilsk

Burkov GD (2010) In the land of fogs, near the ocean, in the endless and dreary night. Ruda i Metally, Moscow

Burykin AA (2001) The chronicle of sea accidents and failures on the Northern Sea Route in the twentieth century. Novy Chasovoy (New Sentry) 11–12:396–402

Chernenko MV, Khvat LV (1940) Twenty-seven months on the drifting vessel *Georgy Sedov*. Glavsevmorput, *Moscow*

Chvanov MA (2009) The enigma of the wreck of the schooner *Svyataya Anna*. After the remnants of a lost expedition. Veche, *Moscow*

Davydov BV (1925) In the grip of ice: swimming the cannon boat *Krasny Oktyabr* on Wrangel Island. Marine Office Press, Leningrad

Dobrovolsky AD, Zalogin BS (1982) The seas of the USSR. Moscow State University Press, Moscow

FESCO (2005) 125 year long voyage. OAO Far Eastern Shipping, Vladivostok

Gorbunov YA, Losev SM, Dyment LN (2007) Multiyear stamukhas in the Arctic seas of the Siberian shelf. Izvestiya VGO 138(3):86–89

Gordienko PA, Laktionov AF (1960) The main results of recent oceanographic research in the Arctic basin. Izv RAN Ser Geogr 5: 22–33

Gotsky MV (1957) The experience of ice navigation. Morskoy Transport, Moscow

Granberg AG et al (2006) Problems of the Northern Sea Route. Nauka, Moscow

Guide (1995) Guide to through navigation of ships on the Northern Sea Route. Northern Sea Route Administration, St Petersburg, GUNIO MO, Russian Federation

Heroic epic (1935) Album of photographic documents. Pravda, Moscow

Воронин Ф.И. Плавание в тяжелых условиях. М., Транспорт, 1956, 179 с.

Героическая эпопея. Альбом фотодокументов. М., Правда, 1935.

Горбунов Ю.А., Лосев С.М., Дымент Л.Н. Многолетние стамухи в Арктических морях Сибирского шельфа // Известия ВГО, 2007, т. 138, вып. 3, с. 86–89.

Гордиенко П.А., Лактионов А.Ф. Основные результаты последних океанографических исследований в Арктическом бассейне // Известия АН СССР. Сер. геогр., 1960, № 5, с. 22–33.

Готский М.В. Опыт ледового плавания. М., Морской транспорт, 1957, 272 с.

Гранберг А.Г. и др. Проблемы Северного морского пути. М., Наука, 2006, 581 с.

Давыдов Б.В. В тисках льда: Плавание канлодки «Красный Октябрь» на остров Врангеля. Л. Типография Морского Ведомства, 1925, 32 с.

ДВМП. Рейс длинною в 125 лет. Владивосток, ОАО «ДВМП», 2005, 267 с.

Добровольский А.Д., Залогин Б.С. Моря СССР. М., Издательство МГУ, 1982, 192 с.

ЕСИМО - Единая государственная система информации об обстановке в Мировом океане. http://www.aari.nw.ru

Зингер М.Э. Ленский поход: Очерки первой Ленской экспедиции ледокола «Красин», архангельских судов «Сталина», «Правды», «Володарского» и теплохода «Первая пятилетка» вокруг Таймыра к устью Лены, в бухту Тикси. Л., Издательство Главсевморпути, 1934.

Зубов Н.Н. Льды Арктики. М., Издательство Главсевморпути,1945, 354 с.

Зубов Н.Н. Отечественные мореплаватели – исследователи морей и океанов. М., Географгиз, 1954, 474 с.

Каневский З.М. Льды и судьбы. М., Знание, 1980, 279 с.

Карелин Д.Б. Море Лаптевых. Научно-популярный и физико-георафический очерк. М.-Л., Издательство Главсевморпути, 1947, 199 с.

Красинский Г.Д. На Советском корабле в Ледовитом океане. Гидрографическая экспедиция на остров Врангеля. М., Литиздат Н.К.И.Д., 1925, 76 с.

Купецкий В.Н. Ледовые реки высоких широт // Магаданская правда. 7 августа1983 http://www.polarpost.ru/Library/Kupetskiy/text-reki.html

Купецкий В.Н. В Арктику мы вернемся. Магадан, Новая полиграфия, 2005, 299 с.

Куянцев П.П. Я бы снова выбрал море...: Очерки. Путевые заметки. Воспоминания. Интервью. Владивосток, Дюма, 1998, 131с.

Kanevsky ZM (1980) Ice and destinies, 2nd edn. Znanie, Moscow

Karelin DB (1947) The Laptev Sea. Popular scientific and phyisico-geographical sketch. Glavsevmorput, Moscow

Khmyznikov PK (1937) Description of sailing of vessels in the Laptev Sea and in the western part of the East Siberian Sea from 1878 to 1935. Glavsevmorput, Leningrad

Krasinsky GD (1925) On a Soviet ship in the Arctic Ocean. Hydrographic expedition to Wrangel Island. Litizdat NKID, Moscow

Kupetsky VN (1983) Ice jets of the high latitudes. Magadanskaya Pravda, 7 August 1983

Kupetsky VN (2005) We will come back to the Arctic. Novaya Poligrafiya, Magadan

Kuyantsev PP (1998) I would have chosen the sea again. Sketches. Travel Notes. Memoirs. Duma, Vladivostok

Lavrov BV (1936) The first Lena expedition: sketches of the first caravans of Soviet vessels passing through the Arctic Ocean to the mouth of the Lena River. Moscow State University Press, Moscow

Makarov SO (1901) *Ermak* in the ice. Description of the construction and sailing of the icebreaker *Ermak* and collection of research data from the cruise. Auction Society Publishers, St Petersburg

Maksutov DD (2007) My life. Memoirs of an engineer-ship builder and polar explorer. CNII based on account of A.N. Krylov. St Petersburg

Marchenko NA (2010) The data base 'Shipwrecks and other accidents in the Russian Arctic Seas'. In: Proceedings of State Oceanographic Institute, Moscow, 212:272–300

Members of the Expedition (1935) The Voyage of the *Chelyuskin*. Pravda, Moscow

Mezentsev VG (1986) Ice and people. Mysl, Moscow

Nikolaeva AG, Sarankin VI (1963) Stronger than ice. Morskoy Transport, Moscow

Okladnikov AP (2003) Archeology of Northern, Central and East Asia. Nauka, Novosibirsk

Olshevsky AN, Nakonechny MM, Grigogev NN (2009) Ice navigation – art or craft? Morskaya Birzha 2(28). http://www.maritimemarket.ru/article.phtml?id=1035. Last accessed 15 August 2011

Osichansky PI (2010) Save us on land. Dalpress, Vladivostok

Ostrovsky A (2001) Art is sailing on ice. Vladivostok (newspaper) 11 February 2001

Peresypkin VI, Yakovlev AN (2010) The Northern Sea Route: http://flot.com/editions/nh/6-1.htm. Last accessed 15 August 2011

Peskov NN (1936) The struggle against marine transport accidents. Gostransizdat, Moscow

Лавров Б.В. Первая Ленская: Очерки о первом караване советских судов, прошедших через Северный Ледовитый океан к устью реки Лены. М., 1936.

Макаров С. О. «Ермак» во льдах. Описание постройки и плавания ледокола «Ермак» и свод научных материалов собранных в плавании. СПб., 1901, 507 с.

Максутов Д.Д. Моя жизнь. Воспоминания инженера-кораблестроителя и полярника. СПб., ЦНИИ им. акад. А.Н. Крылова, 2007.

Марченко Н.А. База данных «Кораблекрушения и другие происшествия в Российских арктических морях» // Труды Государственного океанографического института. М., 2010, вып. 212, с. 272–300.

Мезенцев В.Г. Льды и люди // Полярный круг. М., Мысль, 1986.

Николаева А.Г. Саранкин В.И. Сильнее льдов. М., Морской транспорт, 1963, 200 с.

Николаева А. Г., Хромцова М.С. Ледовыми трассами. Л., Гидрометеоиздат, 1980, 127 с.

Окладников А.П. Археология Северной, Центральной и Восточной Азии. Новосибирск. Наука, 2003, 664 с.

Ольшевский А.Н., Наконечный М.М., Григорьев Н.Н. Ледовое плавание – искусство или ремесло? // Морская биржа, раздел «Судоходство», № 2(28), 2009.

Осичанский П.И. Спасите нас на суше. Владивосток, Дальпресс, 2010, 398 с.

Островский А. Искусство плавания по льдах // Газета «Владивосток», 02.11.2001.

Пересыпкин В.И., Яковлев А.Н. Северный морской путь, 2010; http://flot.com/editions/nh/6-1.htm

Песков Н.Н. Борьба с авариями на морском транспорте. М., Гострансиздат, 1936.

Петров М.К. Плавание во льдах. М., Морской транспорт, 1955, 256 с.

Пинхенсон Д.М. История открытия и освоения Северного морского пути. Т. 2. Проблемы Северного морского пути в эпоху капитализма. Л., Морской транспорт, 1962, 766 с.

Полин Л.Е. Плавание во льдах морских транспортных судов. М., Морской транспорт, 1946.

Попов В С. Автографы на картах. Архангельск, Северо-Западное книжное издательство, 1990, 238 с.

Поход «Челюскина». В 2-х томах. М., Правда, 1934.

Правила плавания по трассам Северного морского пути http://www.morflot.ru/about/sevmorput/index.php

Прик З.М. Климатический очерк Карского моря. Труды ААНИИ, т. 187. М.-Л., Издательство Главсевморпути, 1946, 442 с.

Petrov MK (1955) Sailing in the ice. Morskoy Transport, Moscow

Pinkhenson DM (1962) The history of the discovery and mastery of the Northern Sea Route. Vol 2: The problem of the Northern Sea Route in the era of capitalism. Morskoy Transport, Leningrad

Polin LE (1946) Sailing in the ice of sea transport vessels. Morskoy Transport, Moscow

Popov SV (1990) Autographs on the maps. Severo-Zapad, Arkhangelsk

Prik ZM (1948) Climatic sketch on the Kara Sea. In: Proceedings of AARI, vol 187. Glavsevmorput, Moscow

Requirements for the construction, equipage and supply of vessels going along the Northern Sea Route. http://www.morflot.ru/about/ sevmorput/index.php. Last accessed 15 August 201

Rules for navigation along the Northern Sea Route. (1990) Ministry of Transport of Russian Federation, Moscow

Ruzov LV (1957) By land and sea in the Arctic. Morskoy Transport, Moscow

Schmidt OY (1934) As it were. The voyage of the *Chelyuskin*. Pravda, Moscow, pp 287–289

Smirnov AP, Majnagashev BS, Golohvastov VA, Sokolov BM (1993) Safety of ice navigation. Transport, Moscow

Sokolov AP (1854) Lomonosov and the expedition of the Chichagov. St Petersburg

Starkov VF (2001) Review of Arctic pioneering. Vol 2: Russia and the Northeast passage. Nauchny Mir, Moscow, Chap 2

Starokadomsky LM (1916) Through the Arctic Ocean from Vladivostok to Arkhangelsk. Marine Ministry in the Main Admiralty, Petrograd

Starokadomsky LM (1959) Five marine voyages in the Arctic Ocean, 1910–1915, 3rd edn. Geografgiz, Moscow

Storozhev NM (I940) Hydrological work on the drifting ice. Glavsevmorput. Leningrad

Sverdrup OH (1930) Sailing on the vessel *Maud* in the waters of the Laptev and East Siberia Seas (trans. with revisions and preface by P.V. Vittenburg). In: Materials of the Commission on the Study of Yakut ACCR. Release 30. USSR Academy of Sciences Press, Leningrad

Toll E (1959) Voyage on the yacht *Zarya*. Geografgiz, Moscow

Troitsky VA (1989) The exploits of the navigator Albanov. Krasnoyarsk Press, Krasnoyarsk

Tsoy LG (2009) The Arctic is always unpredictable. Atom Strat XXI 5(42):15–19

USIMO (Uniform State System of information on conditions in the World Ocean) (2011) http://www.aari.ru/projects/ecimo/index.php. Last accessed August 2011

Рузов Л.В. На суше и на море в Арктике. М., Морской транспорт, 1957, 244 с.

Руководство для сквозного плавания судов по Северному морскому пути. СПб., ГУНИО МО РФ, Администрация Северного морского пути Министерства транспорта Российской Федерации, 1995, 412 с.

Свердруп Г.У. Плавание на судне «Мод» в водах морей Лаптевых и Восточно-Сибирского. Перевод книги Свердрупа с дополнениями и предисловием П.В. Виттенбурга // Сер. «Материалы Комиссии по изучению Якутской АССР», вып. 30. Л., Издательство АН СССР, 1930, 441 с.

Смирнов А.П., Майнагашев Б.С., Голохвастов В.А., Соколов Б.М. Безопасность плавания во льдах. М., Транспорт, 1993, 335 с.

Соколов А.П. Проект Ломоносова и экспедиция Чичагова. СПб., 1854, 100 с.

Старков В.Ф. Очерки истории освоения Арктики. Т. 2. Россия и Северо-Восточный проход. М., Научный мир, 2001, 116 с.

Старокадомский Л.М. Через Ледовитый океан из Владивостока в Архангельск, Петроград, Типография Морского Министерства в Главном Адмиралтействе, 1916, 104 с.

Старокадомский Л.М. Пять плаваний в Северном Ледовитом океане. 1910–1915. 3-е изд., М., 1959, 294 с.

Сторожев Н.М. Гидрографические работы на дрейфующих льдах. Л.-М., Издательство Главсевморпути, 1940.

Толль Э. В. Плавание на яхте «Заря». Пер. с нем. М., Географгиз, 1959, 340 с.

Требования к конструкции, оборудованию и снабжению судов, следующих по Северному морскому пути, http://www.morflot.ru/about/sevmorput/index.php

Троицкий В. А. Подвиг штурмана Альбанова. Красноярск, Красноярское книжное издательство, 1989.

Хмызников П. К. Описание плаваний судов в море Лаптевых и в западной части Восточно-Сибирского моря с 1878 по 1935. Л., Издательство Главсевморпути, 1937, 180 с.

Цой Л.Г. Арктика непредсказуема всегда // Атомная стратегия, 2009, № 5(42), с.15–19

Чванов М.А. Загадка гибели шхуны «Святая Анна». По следам пропавшей экспедиции. М., Вече, 2009, 480 с.

Черненко М.В., Хват Л.В. Двадцать семь месяцев на дрейфующем корабле «Георгий Седов». М.-Л., Издательство Главсевморпути, 1940, 350 с.

Шмидт О.Ю. Как это было. // Поход Челюскина. М., Правда, 1934, с. 287–289.

USSR Academy of Sciences (1969–1978) Great Soviet Encyclopedia. Soviet Encyclopedia, Moscow

Vize VY (1926) Hydrological sketch of the Laptev Sea and East Siberian Sea. Russian Academy of Sciences, Leningrad

Vize VY (1948) The seas of the Soviet Arctic. Glavsevmorput, Moscow

Vittenburg PV (1960) Life and scientific activity of E.V. Toll. Nauka, Moscow

Vinogradov KV (1946) Vessels for ice navigation. Oborongiz, Moscow

Volkov NA (1945) Ice conditions of the Chukchi Sea in connection with hydrometeorological conditions. In: Proceedings of AARI, vol 189. Glavsevmorput, Leningrad

Voronin FI (1956) Navigation in hard conditions. Transport, Moscow

Zinger ME (1934) The Lena campaign: sketches of the first Lena expedition of the icebreaker *Krasin*, Arkhangelsk vessels *Stalin*, *Pravda*, *Volodarsky*, and the steamship *Pervaya pyatiletka* around Taymyr to the mouth of the Lena, in the Bay of Tiksi. Glavsevmorput, Leningrad

Zubov NN (1945) Arctic ice. Glavsevmorput, Moscow (English translation: 1963, US Navy Hydrographic Office, p 217)

Произведения, опубликованные не на русском языке – перевод названий. Если не оговорено особо, то оригинальный язык – английский. Сохранен алфавитный порядок оригиналов.

Альбанов В.И. В стране белой смерти: эпическая история выживания в Сибирской Арктики. Современная Библиотека, 2000, 240 с. [перевод с русского на английский язык издания 1917 г.]

Альме Йо. Б. Опыт полярных мореплавателей. Книга о льде, ледовых людях, бурях и кораблекрушениях. Тронхейм, Академическое издательство Тапир, 2009 [на норвежском языке].

Альме Йо. Б., Гудместад У.Т. Опыт Арктических полярных экспедиций прошлого. Доклад 153, представленный на АйсТех конференции, Анкоридж, Сентябрь 2010.

Амундсен Р. Моя жизнь как исследователя. 1928 [перевод с норвежского языка на английский издания книги 1927 г.].

Барр В. Рейсы *Таймыра* и *Вайгача* на остров Врангеля, 1910–15 // Polar Record (Полярная запись), 1972, 16 (101), с. 213–234.

Барр В. Русанов, *Геркулес* и Северный морской путь // Canadian Slavonic Papers (Канадские Славянские доклады), 26 (4), 1974, с. 569–611.

Барр В. Отто Свердруп помогает русскому императорскому флоту // Арктика, т. 27, вып. 1, март, 1974, с. 2–14.

Барр В. На юг к Земле Франца-Иосифа! Круиз *Св. Анны* и санное путешествие Альбанова в 1912–14 // Canadian Slavonic Papers (Канадские Славянские доклады), 17 (4), 1975, с. 567–595.

Барр В. Путешествие *Сибирякова* в 1932 // Polar Record (Полярная запись), 1978, т. 19, № 120, сентябрь, с. 253–266.

Барр В. Дрейф шхуны *Святая Анна* лейтенанта Брусилова, 1912–1914 //Musk-Ox (Овцебык), 1978. № 22, с. 3–30.

Барр В. Дрейф и спасение судна *Соловей Будимирович* в Карском море, январь–июнь 1920 // Canadian Slavonic Papers (Канадские Славянские доклады), 1978, т. 20, вып. 4, декабрь, с. 483–503.

Барр В. Первый рейс на Колыму: Советская северо-восточная полярная экспедиция 1932–33 // Polar Record (Полярная запись), 1979, т. 19, № 123, сентябрь, с. 563-572.

Барр В. Дрейф конвоя ледокола *Ленин* в море Лаптевых, 1937–1938 // Арктика, 1980, т. 33, вып. 1, март, с. 3–20.

Барр В. Экспедиция барона Эдуарда фон Толля: Русская полярная экспедиция, 1900–1903. Арктика, 1981, 34(3), с. 201–224.

Барр В. Первый Советский конвой к усттью реки Лена. Арктики, 1982, 35(2), с. 317–325

Printed in English and other non-Russian languages Unless otherwise noted, the original language is English. The alphabetical order of the originals is retained.

Albanov VI (2000) In the land of white death: an epic story of survival in the Siberian Arctic. Modern Library, New York

Alme JB (2009) Ishavsfolk si erfaring. Boka om is, isens menn, storm og forlis. Tapir akademisk forlag, Trondheim (in Norwegian)

Alme JB, Gudmestad OT (2010) Past experience from Arctic commercial expeditions. In: Proceedings of IceTech, SNAME, Anchorage, September 2010, Paper 153

Amundsen R (1928) My life as an explorer (trans. from Norwegian of *Mitt liv som polarforsker*, 1927). Doubleday, New York

Barr W (1972) The voyages of *Taymyr* and *Vaygach* to Ostrov Vrangelya, 1910–1915. Polar Rec 16(101):213–234

Barr W (1974a) Rusanov, *Gerkules,* and the Northern Sea Route. Can Slavon Papers 26(4):569–611

Barr W (1974b) Otto Sverdrup to the rescue of the Russian Imperial Navy. Arctic 27(1):2–14

Barr W (1975) South to Zemlya Frantsa Iosifa! The cruise of *Sv. Anna* and Albanov's sledge journey, 1912–1914. Can Slavon Papers 17(4):567–595

Barr W (1978a) The voyage of the *Sibiryakov*, 1932. Polar Rec 19(120):253–266

Barr W (1978b) The drift of Lieutenant Brusilov's *Svyataya Anna*, 1912–1914. Musk-Ox 22:3–30

Barr W (1978c) The drift and rescue of *Solovei Budimirovich* in the Kara Sea, January–June 1920. Can Slavon Papers 20(4):483–503

Barr W (1979) First voyage to Kolyma: the Soviet north-east Polar expedition 1932–1933. Polar Rec 19(123):563–572

Barr W (1980) The drift of the *Lenin* convoy in the Laptev Sea, 1937–1938. Arctic 33(1):3–20

Barr W (1981) Baron Eduard von Toll's expedition: the Russian Polar Expedition, 1900–1903. Arctic 34(3):201–224

Barr W (1982) The first Soviet convoy to the mouth of the Lena. Arctic 35(2):317–325

Барр В. Судьба судна *Геркулес* экспедиции Русанова в Карском море, 1913; некоторые дополнительные подробности и последние события // Polar Record (Полярная запись), 1984. т. 22, № 138, сентябрь, с. 287–304.

Барр В., Уилсон Э. А. Кризис судоходства в Советской Восточной Арктике в конце навигации 1983 года // Арктика, 1985, т. 38, вып. 1, с. 1–17.

Барр В. Гидрографическая экспедиция в Северный Ледовитый океан 1910–1915 // Polar Geography (Полярная География), 1985, т. 9, вып. 4, с. 257–271.

Бартлетт Р. История *Карлука*, раcказанная Бартлеттом. Нью-Йорк Таймс, 1 июня 1914.

Бартлетт Р. Хейл, Р. Последнее путешествие *Карлука*. Торонто, Мак Лелленд, Гудчайлд и Стюарт, 1916.

Чейф Е. Путешествие *Карлука* и его трагическое окончание // Географический журнал, май 1918.

Йенсен С. Полярное судно Мод. Краткая история создания и описание // Норвежская северная полярная экспедиция на судне Мод 1918–1924. Научные результаты. 1933, с. 1–13

Арктический бассейн: результаты исследования русских дрейфующих станций. Шпрингер, 2005, 272 с.

Хэдли, Дж. История *Карлука*. Как ее рассказал Стефанссон. Опубликовано как приложение к журналу «Friendly Arctic» (Дружественная Арктика). Нью-Йорк, Макмиллан, 1921.

Леппаранта М. Дрейф морского льда. Шпрингер-Праксис, 2009, 266 с.

Марченко Н.А. Опыт русских арктических плаваний // 20-я Межд. конференция по портовым и океаническим конструкциям в арктических условиях, 9–12 июня 2009, Лулео, Швеция.

Марченко Н.А. Ледовые условия и человеческий фактор как причины морских аварий в Арктике. Морская навигация и безопасность морского транспорта. Труды 8-го Международного симпозиума по навигации. 17–19 июня 2009, СРС Пресс Балкема, Гдыня, Польша.

Мак Кинли В.Л. *Карлук*: великая неизвестная история освоения Арктики. Нью-Йорк, Мартинс Пресс, 1976.

Михайличенко В., Ушаков А. Северный морской путь и действующие нормы навигации // Труды Совещания экспертов по Северному морскому пути, 13–14 октября 1992 года, Тромсе, Норвегия, Лисакер, Институт Ф. Нансена, 1993, с. 11–29.

Стефанссон В, Дружественная Арктика: История пяти лет в полярных регионах. Нью-Йорк, Макмиллан, 1921, 784 с.

Свердруп Х.У. Экспедиция *Мод* 1918–1925 // Имер, 1926, с.1–18 [на шведском языке].

Barr W (1984) The fate of Rusanov's *Gerkules* expedition in the Kara Sea, 1913, additional details and recent developments. Polar Rec 22(138):287–304

Barr W, Wilson EA (1985) The shipping crisis in the Soviet eastern Arctic at the close of the 1983 navigation season. Arctic 38(1):1–17

Barr W (1985) The Arctic Ocean Hydrographic expedition 1910–1915. Polar Geogr 9(4):257–271

Bartlett R (1914) Bartlett's story of the *Karluk*. New York Times, 1 June 1914

Bartlett R, Hale R (1916) The last voyage of the *Karluk*. McLelland Goodchild, Toronto

Chafe E (1918) The voyage of the *Karluk*, and its tragic ending. Geograph J

Jensen C (1933) The Polar ship Maud. A brief history of its construction and a description. The Norwegian North Polar Expedition with the Maud 1918–1925. Sci Results 1(2):13

Frolov IE, Gudkovich ZM, Radionov VF, Shirochkov AV (2005) The Arctic Basin: results from the Russian drifting stations. Springer, Berlin Heidelberg New York

Hadley J (1921) The story of the *Karluk*. In: Stefansson V (1921) The friendly Arctic: the story of five years in polar regions. Macmillan, New York, pp 704–730

Leppäranta M (2009) The drift of sea ice. Springer, Berlin Heidelberg New York

Marchenko NA (2009a) Experiences of Russian Arctic navigation. In: Proceedings of the 20th international conference on port and ocean engineering under Arctic conditions, Luleå, Sweden, 9–12 June 2009

Marchenko NA (2009b) Ice conditions and human factors in marine accidents in the Arctic. Marine navigation and the safety of sea transport. In: Proceedings of the 8th international navigational symposium, Gdynya, Poland, 17–19 June 2009. CRC, Boca Raton, FL

McKinlay WL (1976) *Karluk*: the great untold story of Arctic exploration. St Martin's Press, New York

Mikhaylichenko V, Ushakov A (1993) The Northern Sea Route and the applicable regulations for navigation along its course. In: Simonsen H (ed) Proceedings of the Northern Sea Route expert meeting, Tromsø, Norway, 13–14 October 1992, pp 11–29

Stefansson V (1921) The friendly Arctic: the story of five years in polar regions. Macmillan. New York

Sverdrup HU (1926) Maud ekspeditionen 1918–1925. Ymer, pp 1–18 (in Swedish)

Свердруп Х.У. Норвежская северная полярная экспедиция на судне *Мод* 1918–1925. Научные результаты, несколько томов; Берген. Геофизический Институт, 1933.

Толь Е. Русская полярная экспедиция на судне *Заря* 1900–1902 по дневникам барона Эдуарда фон Толля. Берлин, Георг Реймер, 1909 [на немецком языке].

Вадхамс П. Лед в океане. Гордон и Брич, 2000, 351 с.

Sverdrup HU (1933) The Norwegian North Polar expedition with the *Maud* 1918–1925. Scientific results; multiple volumes. Geofysisk Institutt, Bergen, Norway

Toll E (1909) Die Russische Polarfahrt der *Saja* 1900–1902 aus den hinterlassenen Tagebuchern von Baron Eduard von Toll. Georg Reimer, Berlin (in German)

Wadhams P (2000) Ice in the ocean. Gordon and Breach, London

Основные интернет сайты: Internet sites (all last accessed 30 August 2011)

http://forums.airbase.ru
http://lenta.ru
http://morprom.ru/news
http://nsidc.org/arcticseaicenews/
http://rosatom.ru
http://vilda.alaska.edu
http://visibleearth.nasa.gov
http://visualrian.ru/ru/
http://wikimapia.org
http://en.wikipedia.org
http://ru.wikipedia.org
http://www.archive.org
http://www.b-port.com
http://www.cheluskin.ru
http://www.esimo.ru
http://www.fesco.ru
http://www.heritage.nf.ca
http://www.interfax-russia.ru/
http://www.pbs.org/wgbh/nova/arctic/amun-01.html
http://www.polarpost.ru
http://www.rian.ru
http://www.shipmodelsbay.com/
http://www.skitalets.ru
http://www.tiksi.ru

Subject Index

Ship names (italic) and geographical names (upright). If not otherwise stated, geographical names belong to settlements or geographical regions. There is also deciphering of abbreviations.

N. Marchenko, *Russian Arctic Seas*,
DOI 10.1007/978-3-642-22125-5, © Springer-Verlag Berlin Heidelberg 2012

Указатели

Приводятся названия судов (курсивом), географические названия, и расшифровка аббревиатур. Если не оговорено, то географическое название относится к населенному пункту или географической области.

MIX
Papier aus verantwortungsvollen Quellen
Paper from responsible sources
FSC® C105338
www.fsc.org

If you have any concerns about our products,
you can contact us on
ProductSafety@springernature.com

In case Publisher is established outside the EU,
the EU authorized representative is:
Springer Nature Customer Service Center GmbH
Europaplatz 3, 69115 Heidelberg, Germany

Printed by Libri Plureos GmbH
in Hamburg, Germany